内蒙古自治区主要成矿区(带)和成矿系列

NEIMENGGU ZIZHIQU ZHUYAO CHENGKUANGQU(DAI) HE CHENGKUANG XILIE

邵和明　张履桥　著

中国地质大学出版社
ZHONGGUO DIZHI DAXUE CHUBANSHE

图书在版编目(CIP)数据

内蒙古自治区主要成矿区(带)和成矿系列/邵和明,张履桥著.—武汉:中国地质大学出版社,2016.12
ISBN 978-7-5625-3911-7

Ⅰ.①内…
Ⅱ.①邵…②张…
Ⅲ.①成矿区-成矿规律-研究-内蒙古
Ⅳ.①P617.226

中国版本图书馆 CIP 数据核字(2016)第 302421 号

内蒙古自治区主要成矿区(带)和成矿系列 邵和明 张履桥 **著**

责任编辑:胡珞兰 选题策划:毕克成 刘桂涛 责任校对:戴 莹

出版发行:中国地质大学出版社(武汉市洪山区鲁磨路 388 号) 邮编:430074
电 话:(027)67883511 传 真:(027)67883580 E-mail:cbb@cug.edu.cn
经 销:全国新华书店 Http://www.cugp.cug.edu.cn

开本:880 毫米×1230 毫米 1/16 字数:452 千字 印张:14.25
版次:2016 年 12 月第 1 版 印次:2016 年 12 月第 1 次印刷
印刷:武汉市籍缘印刷厂 印数:1—1000 册

ISBN 978-7-5625-3911-7 定价:280.00 元

序

矿产资源是人类社会生存与发展的物质基础。可以说，人类对地球的研究始于研究矿石与矿床。经过成千上万年的探索，尤其是近百年来对矿床的研究，人类对地球的认识取得了巨大的进展，矿床科学领域的研究方向越益清晰；追溯成矿物质来源、成矿物质的运移及堆积富集成矿的机制与过程，始终是研究的重大命题；对单个矿床的研究作为矿床研究的基础已发展到对成矿省（区）内各种矿床内在联系及其时空分布和演化规律的研究，建立矿床成矿系列，研究系列间的联系与演化，进而探索成矿物质在地球各层圈内及其之间的活动与演变过程中的状态、运行规律、成矿演化轨迹将成为研究的趋势。

近10多年来，广大矿产勘查与科研工作者经过对内蒙古自治区成矿省（区）矿产勘查及研究的大量实践，已开展对本省（区）区域矿产及成矿规律的系统总结，河北、新疆、黑龙江、山西等省（区）均已出版了本省（区）的矿床成矿系列专著，这无疑对促进本省（区）的矿产勘查与研究工作是有益的。同时，对进一步推进我国区域成矿规律及矿床地质科学的发展亦有现实意义。

这本与广大读者见面的专著《内蒙古自治区主要成矿区（带）及成矿系列》，是由内蒙古自治区地质勘查局以邵和明为首的研究集体在系统总结全区广大地质工作者所取得的丰富的矿产地质勘查和科学研究成果的基础上完成的。作者们首次对内蒙古自治区的金属矿床的成矿系列进行了全面的划分，对Ⅲ级成矿带矿床成矿系列间的相互关系与演化进行了研究总结，并探讨了成矿演化轨迹；对22个成矿远景区用地球化学块体特征预测了成矿远景，这些成果可供地质工作者参考。在本专著出版之际，特向作者们表示祝贺，并请允许我冒昧地向矿床地质界同行们推荐本专著。

中国工程院院士

2016年11月

前　言

随着我国国民经济的快速发展，客观要求提供更多的矿产资源保障。为此，在新一轮国土资源大调查中，中国地质调查局设定了由陈毓川院士负责的“中国成矿体系与区域成矿评价”项目(k1.4)，目的在于总结我国50余年来地质找矿工作取得的成果，提出中国区域成矿新理论，并进行全国与省(区)区域找矿评价，为地质勘查工作部署提供依据。该项目设立了“中国主要成矿区(带)研究”专题(k1.4-2-1)，按照主题项目要求，内蒙古开展了“内蒙古自治区主要成矿区(带)和成矿系列”项目研究(k1.4-2-1-3)。按建立矿床成矿系列的地质方法，以地质事件为主线，对成矿区(带)内各地质历史时期成矿的时空演化与相互关系进行分析，建立矿床成矿谱系，为全国成矿体系汇总提供了翔实的资料。

本书以程裕淇、陈毓川先生的矿床成矿系列理论为指导，开展了内蒙古自治区境内的“额济纳旗-大兴安岭成矿区(带)(II_2)”和“华北地台北缘成矿区(带)(II_3)”的矿床成矿系列研究和总结，在上述两个Ⅱ级成矿区(带)上又进一步划分出10个Ⅲ级成矿带，并详述了每个Ⅲ级成矿带的成矿特征，总结了区域地质构造、地质事件与区域成矿的关系。矿床成矿系列研究中，划分出4个矿床成矿系列组合；22个矿床成矿系列类型；32个矿床成矿系列；22个矿床成矿亚系列，总结了矿床成矿系列的时空分布规律。尤其对大兴安岭中段海西期和燕山期铁、锌、钨、金、铅成矿带(III_4)，突泉-林西海西期和燕山期铁(锡)、铜、铅、锌、银、铌(钽)成矿带(III_6)，朱拉扎嘎-甲生盘元古宙和古生代金、铅、锌、硫、铁、铜、铂、镍成矿带(III_{12})，以及乌拉山-集宁-阜新太古代和燕山期金、银、铁、铜、铅、锌、石墨、白云母成矿带(III_{10})东段红花沟-金厂沟梁地区等成矿带用区域成矿谱系表述了区域成矿作用的演化和规律。同时，对中元古代海相火山喷流-沉积矿床和白云鄂博铁、铌稀土矿床成矿作用之演化用成矿谱系进行了尝试性的表述。按矿床成因类型分别描述了39个典型矿床，并建立成矿模式。在分析研究区域成矿地质条件，结合区域地球化学场和地球物理场特征的基础上，圈出22个成矿远景区，并对每个成矿远景区的矿产资源远景做出评价。

书中未涉及内蒙古自治区能源矿产的矿床成矿系列和鄂尔多斯盆地成矿带矿床成矿系列之研究和总结是本书的不足。另外，对矿床成矿系列的成矿谱系研究尚需深入。

本书文字和插图由邵和明、张履桥完成，并由邵和明统稿。有关图件的计算机编辑由杨文海、孙玉梅完成，物化探图件由常忠跃、黄增芳、廖蕾完成。专题工作期间，陈毓川院士一直给予指导，周福康、朱裕生、徐志刚等专家对书稿提出了许多宝贵的意见，在此对他们深表感谢。内蒙古自治区国土资源厅资源处、内蒙古自治区地质矿产勘查开发局地矿处、内蒙古自治区地质调查院等为研究工作提供了资料，并给予了工作方便。本书由内蒙古地质调查院出资出版，由陈志勇、张彤、李四娃校稿，图件由胡雯、李杨重新绘制，在这里向他们致以谢忱。由于作者的水平有限，本书难免存在一些不足或疏漏抑或错误之处，衷心希望广大读者不吝赐教和改正。

作　者

2016年9月

目 录

第一章 概 述

1. 成矿区(带)研究范围

内蒙古自治区位于东经97°11′—126°03′,北纬37°24′—53°20′之间,由东北向西南斜伸呈一狭长地带,总面积118.3×10⁴km²。依据大地构造演化和区域成矿演化特点,参照陈毓川等(1998—1999)的研究成果,我们以槽台断裂为界,划分出额济纳旗-兴安岭元古宙海西期及燕山期铜、铅、锌、金、银、铬、铌成矿区和华北地台北缘金、银、铜、铅、锌、铂、钼、硼、石墨、滑石成矿区两个Ⅱ级成矿区(带),并进一步划分出10个Ⅲ级成矿带,46个Ⅳ级矿田分布区和114个Ⅴ级矿田。上述成矿区(带)属于前寒武纪成矿域、古亚洲成矿域和西滨太平洋成矿域。西滨太平洋成矿域是在中生代叠置在前两个成矿域之上而发育起来的成矿域。

2. 成矿区(带)研究历史和现状

自1979年至1985年,根据原地质矿产部的统一部署,内蒙古自治区地质矿产局开展了第一轮成矿远景区划工作。这是首次用统一的标准开展以成矿带为目标区的成矿远景预测工作。当时开展了铁、金、钨、铁锡多金属、铜多金属、煤炭、磷、萤石、石墨、石灰岩等矿种的成矿预测工作。工作区主要集中在内蒙古东部和中部地区。同时对内蒙古鞍山式铁矿、温都尔庙式铁矿、白云鄂博式铁矿、霍各乞式铁矿和宣龙式铁矿、狼山—渣尔泰山一带铜矿、白乃庙-朱日和铜矿、大兴安岭中段和原昭乌达盟(现为赤峰市)北部铜矿、得尔布干多金属成矿带南段铜矿、东乌旗-加格达奇Ⅲ级成矿带铜矿、赤峰市南部金矿等矿种资源总量进行了预测工作①。

1992年至1994年,按照原地质矿产部的要求,开展了第二轮固体矿产成矿远景区划工作。这次工作主要进行了:赤峰市南部金矿区第二轮成矿远景区划;赤峰市北部铅、锌、锡多金属矿第二轮成矿远景区划;大兴安岭萨马街—布敦花地区铜多金属矿第二轮区划;满都拉—白乃庙铜矿第二轮成矿远景区划;包头至乌兰浩特金、铜多金属矿第二轮成矿远景区划成果汇总②。

1988年至1993年进行了《内蒙古自治区区域矿产总结》。

3. 成矿区(带)综合研究进展

通过第一轮、第二轮固体矿产成矿远景区划和内蒙古自治区区域矿产总结等研究,提高了该区固体矿产的研究程度,并对地质勘查工作部署起到了导向作用。

第二轮固体矿产成矿远景区划汇总成果在总结归纳并汇总区内的区域成矿规律及综合找矿信息,建立成矿模式和地质、物探、遥感等综合性找矿模型或类比的基础上,通过成矿远景预测,圈定了Ⅳ级成矿远景区25处(其中A类3处,B类18处,C类4处),选择了可能取得找矿突破和按地区需要或利于

注:①内蒙古自治区成矿远景区划成果摘要汇编,1989年。

②内蒙古自治区地质科技成果汇编,2000年。

勘查开发一体化实施找矿的重点普查区 15 处，并提出了相应的矿产勘查工作部署意见和建议。同时对成矿远景区内主要矿种（铜、铅、锌、金、银等）的资源量进行了 E+F 级估算和汇总。其中金 E 级资源量 41.8t（含伴生金 21.8t），其他矿种 E+F 级资源量为：铜 158.6×10^4t、铅 32.5×10^4t、锌 89.4×10^4t、银 3508t，伴生钼 3.9×10^4t①。

《内蒙古自治区区域矿产总结》较系统地总结了自治区境内 76 种固体矿产的成矿地质条件、控制因素，强调了燕山期成矿的重要性，初步讨论了区域矿产分布不均匀的主要原因，并在成矿规律、成矿地质条件和物化探及重砂资料分析研究的基础上，圈定了 63 处成矿预测区，其中 A 级成矿预测区 11 处，B 级成矿预测区 26 处，C 级成矿预测区 26 处。

4. 存在的主要问题和建议

第一轮、第二轮固体矿产成矿远景区划和内蒙古自治区区域矿产总结取得了许多重要的成果，但亦有不足，主要是对非金属矿产的总结归纳略显不深入，有些重要矿种，例如高岭土未涉及。随着国民经济的发展，非金属矿产资源在工业和人们日常生活中的用途将更加广泛，应该在注重金属矿产资源的研究规划时，加强非金属矿产资源的研究和规划。另外，从“九五”找矿实践来看，当时对主要矿种 E+F 级资源量估算均偏保守。

注：①内蒙古自治区地质科技成果汇编，2000 年。

第二章　区域地质构造发展演化阶段和地质事件分析

矿床或矿化与区域地质历史发展阶段的地质构造环境相关，亦是地质作用的一个组成部分。因此，对成矿区(带)的研究就必须研究区域地质构造发展演化，总结地质构造环境与成矿作用的关系。

内蒙古境内以阿拉善右旗-乌拉特后旗-白云鄂博-化德-赤峰台缘断裂为界，其北部为地槽区，南部为地台区。阿拉善盟西南部为秦祁地槽区的一部分。本次工作主要涉及北部地槽区及地台区北缘。

第一节　区域地质、构造概要

一、区域地质特征

由于内蒙古境内两大地质构造单元各自具有不同的物质组成与演化特点，所以分别概述其区域地质特征。

(一)华北地台北缘的区域地质特征

内蒙古境内的华北地台北缘的中、西段，由基底和盖层组成。显生宙又发生了构造岩浆活化作用，因而具有极为复杂的演化历史。

1. 基底地层特征和构造旋回

1)基底地层

基底由太古宙和古元古代地层组成。

(1)太古宙地层。包括兴和岩群、集宁岩群、乌拉山岩群和色尔腾山岩群。

古太古代兴和岩群($Ar_1X.$)：主要分布在兴和县南部和包头市以东地区。主要岩性为条带状混合质紫苏斜长麻粒岩、二辉麻粒岩夹辉石斜长片麻岩及斜长角闪岩。上部夹透镜状透辉磁铁石英岩，可见厚度大于2377m。其原岩建造主要为拉斑玄武岩、钙碱质火山岩及其碎屑岩夹硅铁质岩，该岩群区域变质作用为麻粒岩相。斜长角闪岩Sm-Nd等时代年龄为(2879±9.8)Ma(王辑，陆松年，1992)。另外，在兴和县境内，该岩群基性麻粒岩中获得(3740±39)Ma透辉石单矿物Sm-Nd同位素一致年龄(河北经济学院，2001)。

综上所述，兴和岩群的时限应大于3200Ma。

中太古代集宁岩群($Ar_2J.$)：主要分布在大青山南麓、集宁、凉城、丰镇及兴和等地。其主要岩石组合为：下部以矽线(堇青石)石榴钾长石(斜长石)片麻岩、含紫苏黑云斜长片麻岩、石墨片麻岩为主，夹浅粒岩、变粒岩、麻粒岩、斜长角闪岩及含石墨透辉大理岩；上部为长石石英岩、浅(变)粒岩夹矽线石榴石片麻岩、黑云斜长片麻岩，局部夹大理岩，厚度大于3313m。其原岩组合为含碳富铝黏土质岩，泥质、凝灰质砂岩，中基性火山岩及碳酸盐岩。

该岩群到目前为止，尚未获得精确年龄，除有Rb-Sr全岩等时线年龄为(2316±38)Ma(韩志，吴昌华，1987)外，沈其韩等报道过(1962±69)Ma、(1821±12)Ma(1987a，1987b，1990)；王辑和陆松年等测得锆石U-Pb年龄(1915±5)Ma(U-Pb法)，(1768±3)Ma(U-Pb法)(1992)。目前来看，这些同位素年龄均系晚期地质事件年龄。

在太仆寺旗分布的红旗营子群一、二岩组的岩性组合与集宁岩群基本一致。

中太古代乌拉山岩群($Ar_2W.$)：主要分布在乌拉山—大青山区，其岩性组合下部为斜长角闪岩-角闪斜长片麻岩，夹条带状磁铁石英岩；上部为长石石英岩-含石墨大理岩，总厚度约4158m。它们的原岩建造：下部为基性、中基性火山岩，拉斑玄武岩，钙碱质火山岩-火山碎屑岩，硅铁质岩建造；上部为陆源碎屑、含碳质砂泥质-碳酸盐岩建造。

阿拉善盟雅布赖山地区的阿拉善群和赤峰南部的建平群上部大营子组等的组合与乌拉山岩群相似。

乌拉山岩群的同位素年龄数据如下：乌拉山地区曾获得该岩群全岩Rb-Sr等时线年龄2650Ma，(2609±326)Ma(吴昌华，1982)；贯入该岩群石英脉铅同位素年龄2810Ma(郎殿有，1989)。在狼山地区东升庙沟、达拉盖沟、格尔敖包沟等地获得该岩群黑云斜长片麻岩的Sm-Nd法年龄值分别为2826.65Ma，2910.56Ma，3000.12Ma(杨海明等，1993)。赤峰喀喇沁地区侵入该岩群的石英闪长岩年龄为2479Ma(U-Pb，崔文元等，1990)。

目前认为，集宁岩群与乌拉山岩群两者应为相同时代而沉积环境稍有差异的产物。区域变质作用为麻粒岩-高角闪岩相。它们的时代为3200～2800Ma。

新太古代色尔腾山岩群($Ar_3S.$)：该岩群主要分布在乌拉山—大青山以北地区。其岩性组合：下部以角闪斜长片麻岩、斜长角闪岩夹黑云斜长片麻岩为主，夹两层条带状磁铁石英岩；中部为黑云斜长片麻岩、黑云变粒岩夹斜长角闪岩；上部为石英岩、大理岩。其原岩：下部以镁铁质火山岩为主，夹超镁质岩、硅铁质岩；中部为中性—中酸性火山岩及其碎屑岩，夹少量陆源碎屑岩；上部为中酸性火山碎屑岩、陆源碎屑岩、碳酸盐岩。区域变质程度为低角闪岩相-低绿片岩相。

该岩群全岩Sm-Nd等时线年龄(2526±43)Ma(王辑，陆松年，1992)。

(2)古元古代地层。古元古代二道洼岩群($Pt_1E.$)：分布在大青山区，其下部岩石为变质砾岩、变粒岩、黑云片岩、二长石英片岩及透闪透辉大理岩；中部为含十字蓝晶石榴黑云片岩、二云石英片岩及透闪透辉大理岩；上部为黑云阳起钠长片岩、角闪(绿帘)黑云石英片岩及透闪橄榄大理岩，总厚度1711m，不整合覆盖在太古宇乌拉山岩群之上。原岩建造：下中部为陆源粗碎屑、砂泥质岩-镁质碳酸盐岩建造；上部为富钠质中基性火山岩-镁质碳酸盐岩建造。区域变质作用为低角闪岩相-低绿片岩相。

该岩群全岩Rb-Sr等时线年龄值为(2389.9±45.9)Ma(贾合义，1985)。该岩群底砾岩之黑云母花岗岩锆石U-Pb年龄为(2264±22)Ma(王辑，陆松年，1992)。因此该岩群的时代为2300～1800Ma。

阿拉善地区的阿拉善群和龙首山群、赤峰喀喇沁地区的明安山群时代与二道洼岩群相当。

2)基底构造

基底的褶皱构造和断裂构造见表2-1和表2-2。

表 2-1　基底褶皱构造表

名称	轴向	组成地层	长(km)	特征	形成时代及构造运动
兴和南背斜	北东	兴和岩群	30	岩层塑性变形	太古宙兴和运动
凉城南向斜	北东	集宁岩群	18	岩层塑性变形	太古宙集宁运动
大青山复背斜	东西	乌拉山岩群	200	紧闭	太古宙乌拉山运动
乌拉山复背斜	东西	乌拉山岩群	>90	紧闭	太古宙乌拉山运动
色尔腾山复向斜	北西	色尔腾山岩群	180	紧闭	太古宙色尔腾山运动
二道洼复向斜	北西	二道洼岩群	>50	紧闭	古元古代二道洼运动
迭布斯格复背斜	北东	迭布斯格群 下阿拉善群	>90	紧闭	太古宙色尔腾山运动
雅布赖山复背斜	北东	下阿拉善群	120	紧闭	太古宙乌拉山运动
阿拉善右旗复背斜	北东东	上阿拉善群	160	紧闭	古元古代二道洼运动

表 2-2　深(大)断裂构造表

名称	展布方向	形成时代	断裂类型	断裂特征	地质依据	地球物理场
阿拉善右旗-乌拉特后旗-白云-赤峰深断裂	西段北东向，中、东段近东西向	新太古代	岩石圈断裂	近东西向，长 2000km，长期活动	地台与地槽分界线	重力梯级带，磁场变异带
临河-集宁深断裂	近东西向	新太古代	岩石圈断裂	近东西向，长 500km，长期活动	中、新太古代地层分界	重力梯级带，磁场异常带
乌拉特前旗-呼和浩特深断裂	近东西向	中太古代	岩石圈断裂	近东西向，长 520km，长期活动	控制乌拉山岩群、集宁岩群分布	重力梯级带，磁场变异带
走廊过渡带北缘深断裂	近东西向	元古宙	岩石圈断裂	近东西向，长 220km	地台与祁连地槽分界线	重力梯级带

3)岩浆岩类型

太古宙—古元古代的岩浆作用强烈，主要表现为强烈的火山喷发活动和侵入作用。基性、中性、中酸性火山喷发作用形成的火山岩均经区域变质作用形成麻粒岩、片麻岩、片岩及变粒岩。岩浆侵入活动形成了太古宙岩浆岩带和古元古代岩浆岩带。现简述如下。

(1)太古宙岩浆岩。太古宙岩浆岩组成：①中太古代乌拉特前旗-集宁岩带；②新太古代书记沟-大怒气岩带。

中太古代岩浆作用分早、晚两期。早期由辉长岩、苏长岩组成，分布在兴和县北京沟、察哈尔右翼前旗以西及丰镇市麻迷图一带，面积 15km²。岩体呈岩株及岩脉状侵入集宁岩群和混合花岗岩中。岩石化学特征富钠质，富含磷灰石和稀土，常形成含磷灰石透辉岩型稀土矿床。晚期主要为闪长岩，分布于乌拉山区及兴和县南部，岩石化学特征富碱质，K_2O+Na_2O 达 9.65，且 $K_2O>Na_2O$。

新太古代侵入岩类为闪长岩和花岗岩。闪长岩主体主要有窝尔兔沟岩体、门斗沟岩体、大怒气岩体。岩体规模小，侵入新太古代色尔腾山岩群。岩体同位素年龄值为 2494Ma，2480Ma，2440Ma(张维杰等，2000)，成因类型为同熔型。花岗岩体主要分布在色尔腾山区，侵入闪长岩，年龄值 2370Ma，以二长花岗岩为主。岩浆来源于上地幔，但受地壳物质混染。新太古代侵入岩岩石化学特征为富碱性。

(2)古元古代岩浆岩。由辉长岩、闪长岩、花岗岩等组成基性—中性—酸性的古元古代演化岩浆旋回。

辉长岩仅艾里崩敖包岩体，面积 $1km^2$，年龄值为 1895Ma，岩石化学特征为富铝碱性镁质辉长岩。

闪长岩类分布在大青山东段，主要岩石类型为闪长岩，次为石英闪长岩，成因类型为同熔型。

花岗岩类分布在集宁—固阳一带，岩体规模较小，多为钾长花岗岩，成因类型为同熔型。本期石片沟花岗岩体，锆石 U-Pb 法不一致曲线年龄为(1820±8)Ma(徐仲元，2001)，呼和浩特北花岗岩 U-Pb 法年龄为 1982Ma。伟晶岩在大青山—乌拉山区发育，侵位于太古宙地层及花岗岩中，伟晶岩年龄值为 1950～1850Ma。

4)构造层和构造旋回

根据地质历史发育特征，地壳运动、沉积环境、岩浆活动和变质作用等因素，可将本区基底地壳演化过程中的构造旋回划分为迁西旋回、阜平旋回、五台旋回和吕梁旋回(任纪舜，1997)。

(1)迁西旋回。迁西旋回的时间上限为 3000Ma，由古太古代兴和岩群和中太古代集宁岩群、乌拉山岩群组成下上构造层。

下构造层由兴和岩群及其相当岩系的麻粒岩相变质岩系组成，具强烈混合岩化作用。混合岩化作用早期以钠质交代为主，晚期以钾质交代为主。兴和岩群的原岩建造为基性—中酸性火山岩建造、硅铁质岩建造。火山喷发活动自早期至晚期逐渐减弱，而沉积作用增强，因此自下而上构成了一个完整的喷发—沉积旋回。

上构造层由集宁岩群和乌拉山岩群及其相当岩系的麻粒岩相-高角闪岩相变质岩系组成，混合岩化作用十分发育。它们的原岩建造为海相陆源富铝黏土岩建造、基性—中酸性火山岩建造，构成了太古宙早期的又一个喷发—沉积旋回。乌拉山岩群较集宁岩群含有更多的火山物质，反映两者所处的构造环境有所差异。但总体来说，它们较兴和岩群具有更多的正常碎屑物质和碱性火山岩，表明该旋回晚期地壳成熟度的提高及构造环境已出现了分异。

下构造层变形以发生塑性流变为主，变质地层与侵入其中的花岗岩体构成卵圆形的花岗-片麻岩穹隆，缺乏醒目的紧密线状褶皱构造。

上构造层发生明显的线性褶皱构造，并伴有强烈的幔源陆壳改造型岩浆侵入活动和混合岩化作用。

迁西旋回下、上构造层的高级变质作用，强烈的混合岩化作用和深熔作用，反映了原始地壳较薄和高热流、高塑性状态的环境。

(2)阜平旋回：该旋回时限为 3000～2600Ma。王惠初等(2001)在固阳朱拉沟获得基性麻粒岩的单颗粒锆岩 U-Pb 法测年为 2673Ma 和锆石 U-Pb 法不一致曲线上交点年龄(2648.5±4.6)Ma，并认为该年龄为一次区域性麻粒岩相变质作用的反映。同时英云闪长岩锆石 U-Pb 年龄 2676Ma(内蒙古自治区地质调查院，2001)和大石窑混合片麻岩的混合岩化年龄 2675Ma(2001)均是该旋回岩浆作用的表现。

(3)五台旋回：该旋回时限为 2600～2400Ma，由新太古代色尔腾山岩群及其相当岩系组成构造层。该岩群原岩组合下部以镁铁质火山岩为主，夹超镁铁质岩和硅铁质岩；中部为中性—中酸性火山岩及其碎屑岩，夹少量陆源碎屑岩；上部为中酸性火山碎屑岩、陆源碎屑岩和碳酸盐岩，构成一个完整的喷发—沉积旋回，具有典型的绿岩建造特征。旋回的岩浆活动早期以闪长岩为主，岩石化学成分特征为 $Na_2O>K_2O$。武川明星沟闪长岩锆石 U-Pb 年龄为 2575～2541Ma(内蒙古自治区地质调查院，2001)。晚期以花岗岩为主，岩石化学成分特征为 $K_2O>Na_2O$。五台运动构造层形成紧密线性褶皱，并发生了低角闪岩-低绿层相的区域变质作用和混合岩化作用。

(4)吕梁旋回：该旋回时限为 2400～1800Ma，由二道洼岩群及其相当岩系组成构造层。构造层的原岩建造为类复理石建造、碳酸盐岩建造和基性火山岩建造，自下而上组成一个沉积—喷发旋回。1800Ma 的吕梁运动使构造层发生线性褶皱，并伴有区域变质作用和花岗质岩浆侵入。

2. 盖层地质特征和构造旋回

1)盖层地层

盖层地层由中—新元古代沉积和显生宙沉积组成。

(1)中—新元古代白云鄂博群($Pt_{2-3}B$):分布在乌拉特中旗,白云鄂博至正蓝旗一带,东西长600多千米。该岩群分为6个岩组,总厚度7234m,向东至化德一带厚度增大。总体而言,其下部由变质砂砾岩、变质长石石英砂岩、石英岩、板岩、碳酸盐岩等组成,亦夹有碱性火山岩及火山-沉积碳酸盐岩,不整合覆盖于早前基底之上;中部以泥质沉积岩为主;上部以陆源细碎屑岩、碳酸盐岩为主,夹变质玄武岩。因此,该岩群岩性以陆源碎屑岩的砂泥质建造为主,夹有火山岩,火山-沉积碳酸盐岩及薄层碳酸盐岩,自下而上构成:下部海侵层序;上部为不完整海退层序。该岩群下部尖山岩组中的玄武岩夹层单颗粒锆石U-Pb年龄为(1728±5)Ma(王辑,陆松年,1992)。因此,该岩系时代为1800~800Ma。

(2)中—新元古代渣尔泰山群($Pt_{2-3}Z$):分布在狼山、渣尔泰山及大青山东段,东西长约500km。该群与白云鄂博群是同期异相沉积物,分4个岩组,总厚度3600m。自下而上由碎屑岩夹中基性火山岩建造、碳酸盐岩建造、泥页岩建造及上部碎屑岩建造组成,岩石已经受低绿片岩变质作用。该群阿古鲁组含矿层中的黄铁矿、方铅矿测得年龄值为1616.8Ma(内蒙古自治区105队,1985),侵入该群花岗斑岩锆石U-Pb不一致曲线上交点年龄(1492±152)Ma(内蒙古自治区区测队,1983)。因此,该群的时代为1800~800Ma。

(3)中元古代蓟县系墩子沟群(Pt_2D):分布在北大山一带,其主要岩性下部为石英砂岩、变质砾岩;中部为泥质条带灰岩;上部为粉砂质千枚岩夹结晶灰岩,局部夹铁矿,总厚度1403m。

(4)新元古代南华系—震旦系韩母山群(ZH):分布在北大山一带,其主要岩性为灰岩、泥质条带灰岩,下部夹千枚岩、砂岩及冰碛砾岩,总厚度1884m。

(5)新元古代震旦系什那干群(ZS):分布在大佘太至集宁一带,其主要岩性由含燧石条带或硅质条带的白云岩和硅质白云质灰岩组成,下部层位夹砂岩、页岩和铁锰质页岩,总厚度528m。与上覆寒武系平行不整合,上覆于1380Ma的钾长花岗岩体和中太古代乌拉山岩群之上。

(6)古生界。

寒武系:在乌拉特前旗大佘太地区及土默特右旗北部零星分布有下寒武统和中寒武统,为砂泥质-碳酸盐岩建造。在赤峰喀喇沁旗青山乡一带分布上寒武统,为砂泥质-碳酸盐岩建造。

奥陶系:与寒武纪地层分布区基本一致,可分为下、中、上奥陶统,为碳酸盐岩建造。

石炭系:仅在阿拉善地区有零星分布,称臭牛沟组,为砂岩、粉砂岩、板岩和灰岩组合。大青山地区有少量分布(拴马桩组)。

二叠系:主要分布在大青山、乌拉山和狼山的山间盆地中,阿拉善右旗亦有零星分布。其岩性主要为砂质页岩、砂岩、中粗砂岩和砾岩,偶夹灰岩和钙质结核,下部多碳质页岩夹煤层,在狼山及阿拉善右旗仅发育下—中二叠统,岩性为砂砾岩、石英砂岩、凝灰质砂岩、板岩和石墨化煤层,局部夹中酸性火山岩。

(7)中生界。

三叠系:分布零星,在大青山区称老窝铺组(P_2T_1lw),岩性为含砾粗砂岩、砂岩、粉砂岩,下部夹紫色页岩。阿拉善左旗地区称二断井组($T_{1-2}ed$),岩性为长石石英砂岩夹暗紫色粉砂岩。珊瑚井组(T_3s)下部石英砂岩夹泥岩、泥灰岩;上部长石石英砂岩、粉砂岩夹泥岩、碳质页岩,局部夹煤。

侏罗系:在中西部多为陆内山间盆地沉积,含煤层。赤峰宁城地区为活动型火山-沉积建造,夹煤层。

白垩系:沉积环境均为陆内断陷盆地的河湖相沉积,岩性为杂色砂砾岩、砂岩、泥岩、粉砂岩、泥灰岩夹煤层。少数盆地中发育火山岩。

(8)新生界。

第三系(古近系、新近系):主要分布在坳陷盆地、断陷盆地和山间盆地中,均为陆相红色地层,其中集宁地区的溢流汉诺坝玄武岩,构成特有的熔岩地形。

第四系:分布在沉积盆地中,主要有湖积层、洪积层、冰水堆积层、马兰黄土冲洪积层和风积层。

2)盖层构造

盖层的褶皱构造和断裂构造见表 2-3 和表 2-4。

表 2-3　盖层褶皱构造表

名称	轴向	长(km)	核部地层	特征	形成时代
渣尔泰山复背斜	北西	＞50	色尔腾山岩群	褶皱轴向北西倾伏	新元古代末
狼山复向斜	北东	60	渣尔泰山群	较紧密	新元古代末
巴音诺尔公复向斜	北东	100	渣尔泰山群	较紧密	新元古代末
白云鄂博复向斜	近东西	120	白云鄂博群	紧密，局部倒转	新元古代末
四子王旗复背斜	近东西	180	同上	褶皱轴向东倾伏	新元古代末

表 2-4　深(大)断裂构造表

名称	形成时代	方向，长(km)	地质依据	地球物理场
石崩岩石圈断裂	中元古代	北西向，长 203km	控制白云鄂博复向斜和狼山-渣尔泰山褶断束分布	重力梯级带
东升庙-大佘太大断裂	古生代	近东西，长 200km	狼山-渣尔泰山褶断束与鄂尔多斯台坳界线	重力梯级带
呼和浩特-河曲深断裂	晚古生代	近南北，长 190km	鄂尔多斯台坳与山西台隆界线	重力梯级带，南北向磁场分界线
和林格尔-黄旗海大断裂	前中生代	北东向，长 260km	集宁岩群有挤压破碎带	磁场分界线
雅布莱-迭布斯格大断裂	古生代	北西向，长 150km	阿拉善台隆次级断隆与断陷分界线	磁场分界线
巴音诺尔公-阿拉善左旗大断裂	古生代	北西向，长 150km	巴彦浩特断陷与吉兰泰断陷分界	

3)岩浆岩类

古、中元古代阿拉善右旗-四子王旗岩浆岩带：由超基性岩—基性岩—闪长岩—花岗岩类组成。

超基性—基性岩类由橄榄岩、二辉橄榄岩、辉石岩、透辉石岩、辉长岩等组成。岩石化学成分偏碱性富镁质。雅布赖山区的哈尔吉登岩体同位素年龄为 1094Ma。

闪长岩以石英闪长岩为主，成因类型为同熔型。旗下营西石英闪长岩 U-Pb 年龄为 2201Ma，大青山北坡出露的花岗岩 U-Pb 年龄值为 1878～1735Ma。

花岗岩类由花岗闪长岩、花岗岩、钾长花岗、花岗斑岩等组成，成因类型为改造型。常呈岩基产出，白音山盘花岗斑岩同位素年龄为 1400Ma，乌兰花岗岩年龄为 894Ma。

加里东中期闪长岩类分布在固阳—乌拉特前旗小佘太一带，以石英闪长岩为主，年龄值为 430.4Ma，455.5Ma，460.4Ma，482.4Ma。成因为同熔型。

加里东晚期花岗岩主要分布在雅布赖山-狼山-渣尔泰山岩浆岩带。成因类型为改造型。

海西早期巴音诺尔公闪长岩-花岗岩带，闪长岩、花岗岩的成因类型为改造型，花岗岩的年龄为 365Ma。

海西中期高家窑-土牧尔台岩浆岩带：闪长岩，年龄为 305Ma，以石英闪长岩为主。花岗质岩为石英花岗闪长岩、花岗岩，花岗岩(白云鄂博南)年龄为 292Ma，308Ma。成因类型为改造型。

海西晚期地台北缘岩浆岩带：闪长质岩体以石英闪长岩为主，成因为同熔型，年龄(角立格太)238Ma，花岗质岩体为花岗闪长岩、二长花岗岩、花岗岩，成因类型为改造型，花岗闪长岩体年龄为 258Ma(白云鄂博西北)，231.9Ma，237.8Ma(雅布赖山岩体)。

印支期阿拉善右旗-白云鄂博带以黑云母花岗岩为主，二长花岗岩为次，大桦背岩体年龄为 219Ma，乌梁斯太岩体年龄为205Ma,红古尔玉林岩体年龄为193Ma,成因类型为改造型。

燕山期狼山-大青山岩浆岩带:以花岗岩为主。太阳庙西狼山岩体年龄187Ma,东升庙岩体年龄166Ma,呼和浩特市北帐房花岗岩年龄(112±10)Ma,大兰旗花岗岩年龄(119±2)Ma。

4)构造层和构造旋回

(1)扬子旋回。时限为1800～600Ma,由中—新元古代的白云鄂博群、渣尔泰山群、墩子沟群和韩母山群、什那干群等组成构造层。

根据构造运动性质、沉积环境及区域变质作用等划分为早、晚两个亚旋回。

早亚旋回:时限1800～800Ma,在台缘坳陷带(或裂陷带槽)中沉积了类复理石建造的白云鄂博群和渣尔泰山群。在1400Ma发生过抬升运动,造成白云鄂博群尖山岩组与哈拉霍疙特岩组之间沉积间断;渣尔泰山群增隆昌组与阿古鲁沟组间古风化壳存在。阿拉善地区长城系与蓟县系间的平行不整合。在1000Ma(芹峪运动)再次发生抬升运动,致使白云鄂博群的比鲁特组与白音宝拉格组间和渣尔泰山群的阿古鲁沟组及刘鸿湾组间存在平行不整合面。在1400～1000Ma之间,阿拉善地区沉积墩子沟群,而缺失青白口纪沉积。

800Ma发生的晋宁运动,使构造层发生强烈的褶皱及低绿片岩相区域变质作用。从此,华北地台北缘进入稳定发育阶段。

晚亚旋回:时限800～600Ma,由韩母山群、什那干群组成构造层。该旋回早期华北地台北缘整体处于隆升状态,仅在北大山地区发育南华系韩母山群冰水沉积和砂泥质碳酸盐岩建造。晚期仅在狼山—色尔腾山地区发育陆表海盆的砂泥质-碳酸盐岩建造沉积的什那干群。600Ma发生张广才岭运动,整体抬升隆起。

构造层形成开阔褶皱,而未发生区域变质作用。中新元古代沉积地层是地台北缘的第一沉积盖层。

(2)加里东亚旋回。

早加里东亚旋回:在陆表海盆沉积了下、中寒武统的砂泥质-碳酸盐岩建造。中寒武世末整体隆升,故缺失晚寒武世沉积。

中加里东亚旋回:陆表海盆沉积了奥陶纪碳酸盐岩建造,在晚奥陶世末,整体抬升,处于隆升状态,故缺失志留纪沉积岩层。因此寒武纪和奥陶纪地层组成第二沉积盖层。

(3)海西旋回。

早海西亚旋回:整体处于隆升状态。

中海西亚旋回:整体仍处于隆升状态,仅在北大山地区局部陆表水盆中沉积了臭牛沟组陆相、海陆交互相沉积,此后又隆升成陆。

晚海西亚旋回:整体仍处于隆升状态,仅在山间湖盆中沉积早中二叠世的砂泥质页岩、砂岩、中粗粒砂岩和砾岩,下部夹煤层和碳质页岩。晚二叠世湖盆消失,整体又处于隆升状态。

因此,石炭纪和二叠纪的地层组成第三沉积盖层。由于是抬升运动,所以形成了非常开阔的褶皱,而且没有发生区域变质作用。海西期末,由于地台与地槽的拼合而形成一个整体,从而进入了一个新的地质历史时期。

(4)印支旋回。整体处于隆起状态,仅在大青山区的山间盆地沉积早三叠世的河湖相的沉积,此后隆起成陆。由于是隆升运动,褶皱变形强烈,且岩浆活动频繁,形成陆壳改造型花岗岩岩带。

(5)燕山旋回。依据地层、岩浆活动和构造运动等又分为3个亚旋回。

早燕山亚旋回:包括早、中侏罗世,地壳活动总体以差异升降运动为主,形成北东向和近东西向断陷盆地。北东向盆地主要分布在阿拉善地区,盆地规模较大。近东西向盆地主要分布在阴山地区,但盆地规模较小。盆地内沉积了河湖相地层并含多层煤,为重要的含煤建造。中侏罗世末发生的构造运动造成中侏罗世与晚侏罗世之间的地层角度不整合,同时产生近东西的断裂和褶皱。

中燕山亚旋回:为晚侏罗世,在大青山区近东西向断陷盆地中沉积了河湖相大青山组。在阿拉善地区沉积了沙枣河组。晚侏罗世末发生的构造运动,使晚侏罗世地层与早白垩世地层呈角度不整合,并发生褶皱交代和产生逆冲断裂,并伴有强烈的岩浆活动。

晚燕山亚旋回：整个白垩纪，由于地壳的伸展拉张，形成了一系列断陷盆地，例如潮水盆地群，固阳盆地、乌兰花盆地等，沉积了河湖相的红色建造、泥页岩建造、磨拉石型含煤建造。在大青山地区伴有强烈的火山喷发活动，形成基性—酸性的火山岩建造。晚白垩世末发生的构造运动，使盆地消失，地层发生轻微褶皱，伴有一定的岩浆活动，并导致地壳整体抬升。

(6)喜马拉雅旋回。时限为第三纪、第四纪。下构造层为第三纪河湖相红色含膏盐砂泥层，上构造层为第四纪河湖相砂砾、泥质堆积，冰水沉积，黄土和现代冲洪积物。由于地壳以垂直升降为主，从而形成继承和上叠于中生代坳陷盆地，例如潮水盆地，但亦形成一些新生的断陷盆地，如河套盆地等，在盆地中堆积了类磨石建造或河湖相泥页岩建造。另外，该旋回还发生多次冰川活动，形成冰水沉积。同时该旋回多次发生大规模基性火山喷发活动，例如中新世的汉诺坝玄武岩和早更新世的赤峰西部河谷玄武岩等。

(二)塔里木板块北东大陆边缘—西伯利亚板块东南大陆边缘—华北板块北部边缘区域地质特征

1. 前古生代结晶岩系

前古生代结晶岩系构成了古生代大陆边缘规模大小不等的地块。

1)古元古界

古元古界有宝音图群、兴华渡口群、北山群。

宝音图群出露于内蒙古中部，主要为一套云母片岩、云母石英片岩和石英岩等，夹有阳起片岩、碳质千枚岩、变质砂岩和大理岩。原岩为陆源细碎屑岩、碳酸盐岩和基性火山岩，区域变质作用程度为低角闪岩相-低绿岩相。该群斜长角闪岩 U-Pb 法全岩等时线年龄为(2485±128)Ma，$\varepsilon_{Nd}(t)$为(2.73±2.83)Ma(徐备，2000)。

兴华渡口群出露于加格达奇和扎兰屯一带。其下部为混合岩化角闪斜长片麻岩、变粒岩、斜长角闪岩、片岩、大理岩夹磁铁石英岩；上部角闪斜长变粒岩、浅粒岩、片岩、变质砂岩及大理岩，原岩为基性—中酸性火山岩和陆源碎屑岩及碳酸盐岩。区域变质作用程度达低角闪岩相-低绿片岩相。该群斜长角闪岩 U-Pb 法全岩等时线年龄为(1157±30)Ma，(1252±28)Ma。

北山群主要分布在马鬃山以北地区，其下部为变粒岩、混合岩化片麻岩、片岩、石英岩夹铁矿等；上部为千枚岩、片岩，夹含铁石英岩、大理岩等。原岩为基性、中酸性火山岩，陆源碎屑岩及碳酸盐岩。区域变质作用程度为低角闪岩相-低绿片岩相。

2)中、新元古界

中、新元古代温都尔庙群：分布在内蒙古中部，其下部为基性枕状熔岩，上部为绿泥(绢云)石英片岩、石英岩、大理岩、硅质岩及铁矿层。其原岩下部为拉斑玄武岩，上部为泥质及硅质沉积岩。区域变质作用为蓝闪片岩相-低绿片岩相，该群 U-Pb 等时线年龄为(1511±28)Ma(徐备，1994)，绿帘阳起片岩锆石 U-Pb 年龄 1691.7Ma(内蒙古区测一队，1995)。

中、新元古代白乃庙群：出露在白乃庙地区，其下部主要为片岩，如绢云石英片岩、绿泥绢云石英片岩、方解绿泥片岩；上部主要为变质砂岩、千枚岩夹结晶灰岩，原岩为中基性、中酸性火山岩-砂泥质岩。区域变质作用为低绿片岩相。该群阳起斜长片岩的锆石 U-Pb 不一致值上交点年龄为(1130.51±16)Ma(聂凤军，1993)。

中元古代长城纪古硐井群：分布在额济纳旗南部望旭山、古硐井一带，其下部为变质粉砂岩、粉砂质板岩；中上部主要为变质细粒石英砂岩夹变质细粒长石石英砂岩。其原岩为成熟度较高的陆源碎屑岩和碳酸盐岩，该群目前尚无精确的测年资料。

中、新元古代园藻山群：在额济纳旗月牙山南—大王山一带最发育，其主要岩性为大理岩、结晶灰岩、硅质条带灰岩和白云岩，其原岩为浅海近岸相碳酸盐岩。

新元古代艾勒格庙群：分布在二连浩特西南的艾勒格庙地区，为一套中浅变质岩系。其下部以大理岩、结晶灰岩及变流纹岩、变晶质凝灰岩为主，夹板岩、片岩、石英岩、变质砂岩；上部以变晶屑凝灰岩、绢云石英片岩为主，夹石英岩、长石石英砂岩及大理岩，局部夹铁、锰矿层，原岩为酸性火山岩-碳酸盐岩、陆源碎屑岩。该群锆石 U-Pb 法年龄为 1058～950Ma，为青白口纪。

新元古代青白口纪佳疙瘩组：分布于额尔古纳河流域，下部为黑云石英片岩、碳质黑云石英片岩；上部为绿泥石片岩、绢云绿泥石英片岩，夹变质砂岩、大理岩等，该群全岩 Rb-Sr 等时线年龄为 1061.6Ma。

新元古代南华纪—震旦纪洗肠井群：分布在额济纳旗月牙山—洗肠井一带，主要为一套杂色冰碛砾岩。含砾砂质泥岩夹含锰板岩及白云岩，与上覆寒武系平行不整合接触。

新元古代震旦纪额尔古纳河组：分布于额尔古纳河沿岸，下部为长石石英砂岩、变粒岩、浅粒岩，夹黑云片岩、绿泥透闪片岩；中部为砂质板岩和灰岩；上部为大理岩，与下伏佳疙瘩组为连续沉积关系，其上被志留系不整合覆盖。

2. 古生界

1)下古生界

寒武系：下寒武统苏中组仅出露于伊尔施地区，为灰岩夹黑色页岩。中上寒武统—下奥陶统西双鹰山组出露于额济纳旗月牙山、阿拉善左旗乌吉力及阿拉善右旗好比等地，主要为硅质岩、硅质板岩、结晶灰岩。

奥陶系：下—中奥陶统包尔汗图群，分布在达茂旗包尔汗图及其周围地区和克什克腾旗五道石门一带。岩性下部为正常碎屑岩；上部为中基性火山岩及其碎屑岩。下—中奥陶统罗雅楚山组分布额济纳旗小狐狸山、月牙山等地，主要为石英砂岩、石英长石砂岩及泥灰岩。中奥陶统咸水湖组分布于北山地区，为一套海相中基性火山岩夹碳酸盐岩及少量碎屑岩。上奥陶统锡林柯博组分布月牙山一带，岩性为结晶灰岩、硅质岩、大理岩及少量硬砂岩。上奥陶统白云山组在北山地区广泛分布，岩性为滨海相的紫红及深灰色粉砂岩，竹叶状灰岩夹安山岩。二连浩特至东乌旗地区下、中奥陶统分为乌宾敖包组和巴彦呼舒组。前者主要为各种板岩夹少量粉砂岩及灰岩，后者主要为长石砂岩、石英砂岩、粉砂岩，夹少量板岩、灰岩。海拉尔地区奥陶系分为铜山组、多宝山组和裸河组，三者关系为一套海相正常碎屑岩-基性中酸性火山岩-正常碎屑岩。

志留系：额济纳旗地区志留系发育齐全。下志留统为园包山组和班定陶勒盖组。前者为一套浅海相黄绿色、灰绿色粉砂岩，石英砂岩夹黑色页岩、粉砂岩；后者为深海相泥质板岩、硅质板岩夹硅质岩。前者分布范围较后者大。中志留统公婆泉组仅分布额济纳旗西部，主要为中基性安山玄武岩、安山岩及流纹岩，下部有少量硅质岩、大理岩和石灰岩。上志留统碎石山组，分布在黑鹰山一带，为一套浅海相粉砂质板岩、变质砂岩、细砂岩夹灰岩及硅质岩。

中志留统徐尼乌苏组出露于白乃庙地区，为海相变质碎屑岩、结晶灰岩，及变凝灰岩、变晶质安山岩等。赤峰地区为八当山片理化流纹岩夹黑色板岩。晒乌苏为一套浅海相碳酸盐岩建造，主要为结晶灰岩，夹少量板岩和酸性火山岩。

上志留统西别河组，时代为晚志留世—早泥盆世，分布在达茂旗至奈曼旗一线，为一套浅海相碎屑岩、砂岩、灰岩、板岩、变泥岩及生物礁。在二连浩特—贺根山—大石寨一线以北广大地区为卧都河组浅海相碎屑岩，以泥质粉砂岩及变质岩为主，夹少量板岩、泥质板岩和变质板岩，以含图瓦贝化石为特征。

2)晚古生代

泥盆系：额济纳旗黑鹰山一带泥盆系雀儿山群，时代为早—晚泥盆世，其下部为中酸性—中性火山岩及其碎屑岩，夹钙质砂岩、砂质灰岩、泥灰岩；上部为砂岩、板岩、大理岩、中酸性火山岩及其碎屑岩。在巴丹吉林地区下泥盆统依克乌苏组，为浅海相长石砂岩、钙质细砂岩、粉砂岩、砂质泥灰岩夹硅质岩和硅质板岩。中泥盆统卧驼山组为杂色粗碎屑岩夹薄层灰岩、凝灰岩。上泥盆统西屏山组下部以砂岩为主夹多层生物礁灰岩；上部以紫灰色厚层长石石英砂岩为主，夹灰岩和砾岩。

赤峰地区发育下泥盆统前坤头沟组，为一套浅海相硬砂岩、暗绿色板岩、砂质板岩、千枚岩夹灰岩和基性火山岩。

苏尼特左旗分布有上泥盆统—下石炭统色日巴彦敖包组，不整合在温都尔庙群之上，为海陆交互相碎屑岩，主要是复成分砾岩、杂砂岩、长石石英砂岩和石英砂岩及少许火山物质。该地还发育安山岩、英安岩、流纹岩及碎屑岩，称为乌兰呼都格火山岩，作为一个非正式岩石地层单位。

在二连浩特—贺根山—大石寨一线以北广大地区泥盆系分为：下—中泥盆统泥鳅河组，为一套滨海相碎屑岩夹碳酸盐岩，下部偶见火山岩，时代为早泥盆世晚期—中泥盆世早期。在乌奴耳地区存在一个非正式岩石地层单位乌奴耳礁灰岩。另外在东乌旗哈诺敖包分布有一套陆相片理化砂岩、板岩、凝灰岩和中基性火山岩，含植物化石，故单独命名为哈诺敖包组，时代同泥鳅河组。中—上泥盆统大民山组，主要分布在大兴安岭大民山一带，为一套海相中基性火山岩、火山碎屑岩、正常碎屑岩、碳酸盐岩、硅质岩、放射虫硅质岩、陆源碎屑岩。时代为中泥盆世晚期—晚泥盆世。而在东乌旗塔尔巴格特一带海退序列的泥质、硅质凝灰质粉砂岩，板岩，硬砂质长石砂岩，含砾粗砂岩，命名为塔尔巴格特组，时代同大民山组。上泥盆统安格尔音乌拉组为一套含动植物化石的陆相及滨海相砂板岩沉积组合，为泥质粉砂岩、板岩、细砂岩、砂岩夹粉砂岩、泥岩。

石炭系：黑鹰山地区石炭系分为绿条山组和白山组，时代为早—晚石炭世。前者为海相碎屑岩沉积，主要为长石砂岩、硬砂岩、黑色千枚岩、硅质板岩，偶夹灰岩和火山岩。白山组为海相火山岩，主要为中酸性火山岩及碎屑岩夹灰岩、砂岩。额济纳旗野马营子—格相沟一带分为红柳园组和芨芨台子组。前者时代为早石炭世早期，为一套海相砾岩、砂岩、页岩夹灰岩和火山岩。后者为海相碳酸盐岩建造。时代为晚石炭世。内蒙古中部草原区发育晚石炭世地层，分为本巴图组、查干诺尔火山岩和阿木山组。本巴图组为浅海相杂砂岩、长石砂岩、石英砂岩和板岩。阿木山组为浅海相碳酸盐岩，由灰岩、白云质灰岩、砂质灰岩、结晶灰岩或大理岩组成，局部夹硅质条带、钙质砂岩。查干诺尔火山岩为一套海相中酸性火山岩，主要为安山岩和英安岩。赤峰地区分朝吐沟组、白家店组和石咀子组。朝吐沟组为一套变质基性、中酸性火山岩及基性碎屑岩夹少量绢云母灰岩，时代为早石炭世。白家店组和石咀子组，时代为晚石炭世，前者为浅海相碳酸盐岩夹一定量碎屑岩，后者为海相砂、泥（板）岩、砂岩、粉砂岩、结晶灰岩。海拉尔地区石炭系分为红水泉组和莫尔根河组。前者为浅海相类复理建造，由硬砂岩、板岩、碳酸盐岩和灰岩组成，时代为早石炭世早期；后者为海相富钠质基性、中酸性火山岩及其碎屑岩夹结晶灰岩，时代为早石炭世晚期。

二叠系：额济纳旗地区二叠系缺失下二叠统，分为双塘堡组、金塔组、方山组、哈尔苏海组。前两者属中二叠世早、晚期沉积物，后两者为晚二叠世早、晚期沉积物。双塘堡组为浅海-滨海相碎屑岩及灰岩；金塔组为一套海相基性火山岩夹正常碎屑岩组合。方山口组为中酸性火山岩及其碎屑岩夹砂砾岩、硬砂岩；哈尔苏海组为一套陆相碎屑岩组合，含植物化石。内蒙古中部草原区二叠系分下二叠统格根敖包组，下中二叠统寿山沟组、大石寨组，中二叠统哲斯组，上二叠统林西组。格根敖包组为海相安山质熔岩、凝灰质正常碎屑岩和英安质碎屑岩夹生物灰岩。寿山沟组为滨海相碎屑岩组合；大石寨组为海相和滨海相中、酸性火山岩及其碎屑岩组合，夹正常碎屑岩；哲斯组为海相砂岩、板岩和灰岩透镜体组合，部分地区有火山碎屑岩和硅质岩。林西组以湖相和湖沼相深黑灰色为主的砂岩板岩组合。赤峰地区二叠系分为下二叠统酒局子组，下中二叠统三面井组，中二叠统额里图组、于家北沟组，上二叠统铁营子组。酒局子组为一套陆相与海陆交互相砂页（板）岩组合，局部夹灰岩和中酸性凝灰岩。三面井组为浅海至滨海相碎屑岩组合，下部发育灰岩和生物碎屑灰岩，额里图组为陆相火山岩及正常碎屑岩，含植物和淡水动物化石。于家北沟组为海陆交互相凝灰质砂岩、砂砾岩、砾岩、粉砂岩夹板岩和火山碎屑岩，含动植物化石。铁营子组下部为砂砾岩与酸性凝灰岩互层，夹板岩；中部为凝灰岩夹粉砂岩；上部为板岩夹砂岩及凝灰岩。二连浩特—贺根山—大石寨一线以北地区二叠系分为新伊根河组、宝力高庙组和格根敖包组，时代为早二叠世，新伊根河组为陆相或海陆交互相碎屑岩含安格拉植物化石。宝力高庙组为陆相中酸性火山岩夹板岩。

3. 中生界

由于晚古生代晚期几个板块的大陆边缘均已由海转成陆地，因此中生代进入了一个新的地质历史发展阶段。

(1)三叠系：仅在一些山间盆地内有沉积物堆积。阿拉善地区上三叠统珊瑚井组，由含砾粗砂岩、硬砂岩、长石砂岩及钙质页岩组成。大兴安岭地区只发育下三叠统老龙头组和哈达陶勒盖组。前者为陆相火山喷发-沉积地层，下部为粉砂质岩泥岩、细砂岩、凝灰岩；上部为中、酸性火山岩夹沉积岩。后者为陆相中酸性火山岩夹沉积岩。

(2)侏罗系：阿拉善地区发育早侏罗世芨芨沟组、中侏罗世龙凤山组和晚侏罗世沙枣河组。前两者为河湖相含煤陆源碎屑岩建造，后者为杂色河流相和湖相沉积。大兴安岭地区分早侏罗世红旗组，中侏罗世万宝组、新民组和塔木兰沟组。它们为一套湖相含煤陆源碎屑岩建造，但在新民组中有中酸性火山岩发育。塔木兰沟组仅发育在大兴安岭地区，为中基性火山岩及其碎屑岩夹正常沉积岩。上侏罗统分为土城子组、满克头鄂博组、玛尼吐组和白音高老组，除土城子组为紫红色碎屑岩外，其他 3 个组均为中酸性火山岩及其碎屑岩，构成了大兴安岭火山岩带。

(3)白垩系：阿拉善地区只发育下白垩统下部，而缺失下白垩统上部。下白垩统以陆相河湖相沉积为主，但在图克木—红墩子一带有基性火山岩喷发。上白垩统为红色河湖相碎屑岩沉积。大兴安岭地区下白垩统下部为陆相中基性、中酸性火山岩及其碎屑岩，上部为陆相含煤地层。下白垩统孙家湾组为一套红色山麓相河流粗碎屑堆积。上白垩统二连组仅仅分布在二连盆地和海拉尔盆地，为湖相沉积地层。

4. 新生界

(1)第三系：分布在彼此隔离的、规模大小不等的盆地中，大多数地区均为红色陆相河湖相碎屑岩，含膏盐碎屑岩。在大兴安岭地区以红色泥岩为主，大青山地区以基性火山岩喷发为主。间歇期为正常碎屑岩。

(2)第四系：分布在盆地中，下更新统为湖积沉积的黏土岩和粉砂岩等。在二连盆地中有冰碛-冰水沉积层，赤峰地区有基性火山岩喷发。中更新统为湖积层和黄土。上更新统以湖积层为主，晚期有玄武岩喷发。全新统为风积层，冲洪积层和湖积层。

5. 褶皱构造和断裂

褶皱构造见表 2-5，断裂构造见表 2-6。

表 2-5 褶皱构造一览表

名称		轴向	核部地层	翼部地层	长(km)	形成时代
额尔古纳区域性复背斜带		北北东	佳疙瘩群	额尔古纳群	450	新元古代
东乌珠穆沁旗区域性复背斜带	加格达奇复背斜	北北东	兴华渡口群	泥盆系	200	泥盆纪
	伊尔施复背斜	北东东	下古生界	泥盆系	200	泥盆纪
	毕力和复背斜	北东	奥陶系	泥盆系	760	泥盆纪
	扎兰屯复背斜	北东东	兴华渡口群	泥盆系	200	泥盆纪
	额仁戈比复背斜	北东	奥陶系 志留系	泥盆系	250	泥盆纪
	呼和陶力盖庙复背斜	北东	奥陶系 志留系	泥盆系	250	泥盆纪
	达布锡勒图复向斜	北东	晚石炭世 宝力格庙组	宝力格庙组	130	石炭纪

续表 2-5

名称		轴向	核部地层	翼部地层	长(km)	形成时代
牙克石区域性复向斜带	三河复向斜	北北东	石炭系	兴华渡口群 下古生界	200	早石炭世
	原林复背斜	北北东	兴华渡口群、 奥陶系	石炭系	150	早石炭世
	乌奴耳复向斜	北北东	下石炭统	泥盆系、 奥陶系	400	早石炭世
温都尔庙-翁牛特旗区域性复背斜带	温都尔庙复背斜	近东西	温都尔庙群、 白乃庙群	包尔汉图群、晒乌苏组	100	中志留世
	查干敖包复背斜	北东	宝音图群	包尔汉图群(北翼巴特敖包组、西别河组)	30	中奥陶世
	翁牛特旗复背斜	近东西	宝音图群	晒乌苏组	90	中志留世
	双井子复背斜	近东西	古元古界 奥陶系、 志留系	二叠系	140	二叠纪
	镶黄旗复向斜	近东西 北东	下二叠统、 上石炭统	下古生界	300	二叠纪
	敖汉旗复向斜	近东西	下二叠统、 石炭系	寒武系、志留系、泥盆系	260	二叠纪
锡林浩特区域性复背斜带		北东	古元古界志留系	石炭系、二叠系	>700	二叠纪
林西区域性复向斜		北东东	二叠系	石炭系或更老地层	750	二叠纪
二连-西乌珠穆沁旗复向斜		北东	二叠系	石炭系或更老地层	900	二叠纪
哲斯复向斜		近东西	下二叠统	石炭系或更老地层	>150	二叠纪
巴音毛道复向斜		北东	上石炭统、二叠系	古元古界、奥陶系	370	二叠纪
北山复背斜		北西	北山群及新元古界、寒武系	奥陶系、志留系、石炭系	180	石炭纪
红柳大泉复向斜		北西	下二叠统	中新元古界、下古生界、石炭系	200	二叠纪
哈珠复向斜		北西	下二叠统	中新元古界、下古生界、石炭系	180	二叠纪
六驼山复背斜		北西	奥陶系、志留系、泥盆系	石炭系	200	石炭纪
雅干复背斜		北西	元古宇、下古生界、泥盆系	石炭系	200	石炭纪
哈日苏海复向斜		北西	二叠系	元古宇、下古生界、石炭系	200	二叠纪

表 2-6　断裂构造一览表

名称	地质意义
额尔古纳断裂带	走向北东，西倾，压扭性，形成于加里东期，控制着额尔古纳兴凯地槽的形成与演化，南、北两端均延入俄罗斯
额尔齐斯-得尔布干断裂带	走向北东，南东侧新元古代洋壳向北西俯冲消减。中生代沿断裂带有岩浆活动。南西延入蒙古国，北东延入黑龙江省
伊列克得-加格达奇断裂带	走向北东，为板块俯冲带，见混杂堆积、双变质带、蛇绿岩。南西延入蒙古国，北东延入黑龙江省
克拉麦里-二连断裂带	走向北东，南部洋壳向北部西伯利亚增生板块俯冲，南西延入蒙古国，北东延入黑龙江省
锡林浩特北缘断裂带	走向北东，为西伯利亚增生板块与爱力格庙-锡林浩特中间地块缝合线，西延入蒙古国
二连-兴和断裂带	北北西走向，横切西拉木伦断裂和槽台边界断裂
西拉木伦断裂带	走向近东西，见蛇绿岩套及混杂堆积，向东延入吉林省
华北陆块断裂带	走向东西，西段北倾，东段陡立，是槽台分界线，对两侧地质构造的演化有明显控制作用，向东延入河北省、辽宁省
阿拉善北缘断裂带	近东西向，北倾，由古生代开始至中新生代长期活动，伴有大规模岩浆活动，是槽台的分界线
集宁-凌源断裂带	东西走向，总体北倾，地表多以韧性剪切带形式出现，控制了太古宇、古元古界的分布，向东延入河北省
甜水井-雅干断裂带	北西西走向，区内规模较大，向西延入甘肃省，由北向南推覆为主
阿尔金断裂带	北东东走向，北盘西滑，它可能是塔里木板块与华北板块的对接带，向西延入甘肃省，向东延入蒙古国
阿拉善南缘-龙首山断裂带	近东西向，北倾，由古生代开始至中新生代长期活动，伴有大规模岩浆活动，是槽台分界线
大兴安岭-太行山断裂带	北北东走向，东倾，形成于晚侏罗世，形成大兴安岭主脊垒、堑构造，向南延入河北省，向北延入黑龙江省
嫩江-青龙河断裂带	北北东向，东倾，正断层，构成大兴安岭山区与平原的分界线。沿嫩江经黑龙江省、吉林省进入工作区，向南延入河北省
迭布斯格-欧布拉格断裂带	北北东向，区内长 240km，左行走滑断裂带，切穿槽台边界，重磁异常明显

6. 岩浆岩类

岩浆活动频繁，特点为多期次多旋回，现简述如下。

1）中、新元古代岩浆岩类

在加格达奇有超基性岩出露，如环二库由辉长岩、辉绿岩、角闪辉长岩、橄榄岩、橄榄辉石岩组成。橄榄岩的 U-Pb 等时线年龄为 1470Ma（胡道功，1995），侵位于兴华渡口岩群。温都尔庙地区图林凯超基性岩 U-Pb 等时线年龄为 1642Ma。花岗岩有狼山北部伊根查干岩体，侵位于宝音图岩群，年龄为 1443Ma。佳疙瘩东花岗岩，具片麻状构造，年龄为（950±50）Ma。

2）加里东期杂岩类

加里东早期—晚期形成了由超基性—基性—闪长岩—花岗岩组成的加里东岩浆旋回。

加里东早期：主要为超基性—基性岩类。分布在温都尔庙-翁牛特旗和苏尼特左旗-锡林浩特构造带。岩石类型有角闪辉长岩、辉长辉绿岩、片橄榄岩、辉石橄榄岩，岩石化学特点为富镁钙碱性超基性岩和基性岩。

加里东中期:超基性—基性岩类。分布在洗肠井、月牙山,主要为蛇纹岩、辉石岩、辉长岩。闪长岩出露在达茂旗巴特敖包、苏尼特左旗及额尔古纳地区,岩石类型为改造型和同熔型。

加里东晚期:主要为花岗岩类。分布在巴特敖包、狼山北部,石板井、哈珠—红石山一带和林西县西北。岩石类型为花岗岩和斜长花岗岩,成因类型为同熔型和改造型,年龄为412.7Ma,409.2Ma。

3)海西期岩浆岩类

(1)海西早期超基性—基性岩类:出露于南翁河—免渡河—苏呼河和二连—贺根山一带。岩石类型为橄榄岩、辉长岩、斜辉橄榄岩等。闪长岩类分布于免渡河,成因类型为同熔型。花岗岩类分布在南翁河—免渡河一带。岩体内部为斑状黑云二长花岗岩,边缘为斜长花岗岩,成因类型为改造型。由上述岩类组成了早海西期岩浆亚旋回。

(2)海西中期岩浆岩类:超基性—基性岩类出露于索伦山、查干诺尔—巴音宝力格、巴嘎毛德和北山一带,岩石类型为二辉橄榄岩、斜辉橄榄岩、纯橄榄岩、辉长岩等。闪长岩类分布范围基本同超基性—基性岩类。岩石类型为闪长岩、石英闪长岩,成因类型属同熔型。花岗岩类分布范围除前述地区外,还出露于苏尼特左旗及二连—东乌旗—额尔古纳、加格达奇一带。后者花岗岩可分3个亚带。北亚带位于得尔布干断裂西北侧,为二长花岗岩,年龄325Ma,同熔型。中亚带为花岗闪长岩、花岗岩,改造型。加格达奇—东乌旗为南亚带,为花岗闪长岩、二长花岗岩、黑云母花岗岩、钾长花岗岩等。后期有花岗闪长斑岩侵入,年龄292Ma,283.1Ma,245Ma。为同熔型,个别岩体为改造型,在北山一带主要为花岗闪长岩、花岗岩。

(3)海西晚期岩浆岩类:基性岩类仅分布在红柳大泉—雅干一带,岩性为辉长岩、闪长岩类,出露于苏尼特右旗—锡林浩特—科尔沁右翼中旗,为闪长岩,同熔型。花岗岩类除分布于上述地区外,还分布于满洲里、查干敖包—东乌旗—扎兰屯,苏尼特左旗及巴音毛道—赤峰等地,岩石以二长花岗岩、花岗闪长岩、黑云花岗岩、钾长花岗岩和花岗闪长岩等为主。大多数岩体成因类型为改造型,而分布在巴音毛道—赤峰一带的花岗岩成因类型为同熔型。岩体的时代为230Ma,231Ma,253Ma,264Ma,296Ma,304Ma。

4)印支期岩浆岩类

海西晚期构造运动使天山-兴安地槽系与华北地台拼合成一体,因而印支期构造岩浆活动进入一新的地质历史阶段,构造线的方向从近东西向转为北东向。岩浆岩带的展布方向亦由东西向转为北东向,而构成了嫩江-扎赉特旗、伊尔施-汗乌拉、苏尼特左旗-察哈尔右翼中旗和南达托隆等岩浆岩带。在岩浆岩带中,以黑云母花岗岩为主,二长花岗岩次之,成因类型为改造型,年龄为203Ma,220Ma,210Ma,191Ma等。

5)燕山期岩浆岩类

燕山期岩浆岩组成北东向的大兴安岭、阿鲁科尔沁旗岩带和近东西向的路井-雅干-英格特岩带。

燕山早期岩浆岩类:闪长岩类不甚发育,以石英闪长岩为主,属同熔型。花岗岩类极为发育,以花岗岩为主,次为花岗闪长岩、花岗斑岩。成因类型既有同熔型,又有改造型,年龄值为166Ma,159Ma,135Ma,156Ma,177Ma,152Ma。

燕山晚期岩浆岩类主要以花岗岩、花岗斑岩、正长斑岩、石英斑岩为主,花岗岩为改造型、同熔型,斑岩类为同熔型。年龄值125Ma,127Ma,129Ma。

7. 构造层和构造旋回

1)吕梁旋回

该旋回时限为2500～1800Ma,由宝音图群、北山群、兴华渡口群等组成构造层,它们的原岩构造为中基性火山岩及其碎屑岩建造,陆源碎屑岩建造和碳酸盐岩建造,构成火山-沉积旋回,1800Ma吕梁运动使构造层发育褶皱变形,并伴随发生低角闪岩相-低绿片岩相区域变质作用。

2)扬子旋回

该旋回时限为 1800～600Ma,分为两个旋回。

早扬子亚旋回:时限为 1800～800Ma,由温都尔庙群、白乃庙群、古硐井群、园藻山群、艾力格庙群、佳疙瘩群等组成构造层。它们的原岩建造一类是火山岩-陆源碎屑岩-碳酸盐岩建造;另一类为陆源碎屑岩-碳酸盐岩建造。800Ma 的晋宁运动使构造层褶皱变形,伴随发生低绿片岩相区域变质作用及蓝闪片岩相变质作用,同时有岩浆岩活动。

晚扬子亚旋回:时限为 800～600Ma,由洗肠井群和额尔古纳河组组成构造层。洗肠井群原岩建造为冰川沉积建造和砂泥质建造,额尔古纳河组为陆源碎屑建造和碳酸盐岩建造。600Ma 的张广才岭运动使构造层褶皱变形,形成开阔褶皱。

3)加里东旋回

该旋回由寒武纪、奥陶纪、志留纪地层组成构造层。

寒武纪:塔里木板块北东大陆边缘马鬃山—红柳园一带沉积了中寒武世—早奥陶世浅海相陆源碎屑-硅泥质-碳酸盐岩建造。西伯利亚东南大陆边缘伊尔施一带沉积了早寒武世浅海相砂泥质-碳酸盐岩建造。华北板块北部大陆边缘赤峰地区沉积了早寒武世浅海相陆源碎屑砂泥质-碳酸盐岩建造。早寒武世末的兴凯运动使西伯利亚东南大陆边缘和华北板块北部大陆边缘抬升成陆,而缺少中、晚寒武世沉积,塔里木板块北东大陆边缘继续下陷沉积了中寒武世—早奥陶世地层。

奥陶纪:塔里木板块北东大陆边缘由于海槽向北扩大而沉积了早—中奥陶世浅海相陆源碎屑岩建造。中奥陶世时,地壳下陷加剧,火山活动增强而堆积了海相基性、中酸性火山岩及其碎屑岩建造,并有少量陆源碎屑岩和碳酸盐岩,由基性火山岩及相关岩石组成蛇绿岩。晚奥陶世火山活动停止,海盆堆积了浅海相陆源碎屑岩、碳酸盐岩及滨海相紫红色陆源细碎屑岩夹碳酸盐岩及少量中性火山岩。

西伯利亚板块东南大陆边缘地壳处于拉张状态而开始下陷。在二连浩特—东乌旗和额尔古纳右旗一带海盆中堆积了早、中奥陶世陆源细碎屑岩-碳酸盐岩建造。大兴安岭地区沉积了早奥陶世浅海相陆源细碎屑岩建造。中奥陶世该地区地壳下陷加剧,引发了大规模火山喷发,海盆中堆积了以中基性火山岩及其碎屑岩为主、硅质岩和陆源细碎屑岩为次的岩层。晚奥陶世火山活动停止,海盆中沉积陆源细碎屑岩建造。

华北板块北部大陆边缘在达茂旗包尔汗图和克什克腾旗三道石门一带海盆地沉积了下部为正常碎屑岩,上部为海相中基性火山岩及硅质岩建造。

志留纪:塔里木板块北东大陆边缘海盆下陷扩大且海水加深,沉积早志留世含笔石砂泥质页岩建造,中志留世地壳活动性加剧,引发了强烈的火山喷发活动,沉积了中基性—酸性火山岩建造,晚志留世地壳处于稳定状态而沉积了浅海相陆源细碎屑岩和硅质岩建造。

西伯利亚板块东南大陆边缘,早、中志留世一直处于稳定的陆地状态而缺少沉积。中志留世末,晚加里东运动Ⅰ幕使它下沉得以沉积了晚志留世浅海相近岸陆源碎屑岩建造,并以含图瓦贝为特征。

华北板块北部大陆边缘中志留世开始下陷成海,堆积了陆源碎屑岩、凝灰岩和碳酸盐岩。赤峰海盆中有酸性火山喷发活动,堆积了流纹斑岩及其凝灰岩夹板岩。中志留世末晚加里东运动Ⅰ幕使本区褶皱成山,同时伴随有岩浆活动和区域动力变质作用。晚志留世在稳定的海盆中堆积了海相陆源碎屑岩、碳酸盐岩等。

4)海西旋回

该旋回由泥盆纪、石炭纪、二叠纪地层组成构造层。

(1)泥盆纪。塔里木板块北东大陆边缘进入泥盆纪后,大部分地壳处于相对平静状态,但海盆已向北扩展,海盆地中沉积了浅海相类复理石建造,但是在北部海盆中却有强烈的基性、中性、酸性火山活动,构成喷发-沉积旋回,故发育有基性、中性、酸性火山岩及其碎屑岩建造,陆相细碎屑岩夹碳酸盐岩建造。早泥盆世末,本区褶皱成山,并相伴岩浆活动,形成造山带,并与塔里木板块联合成一体。

西伯利亚板块东南大陆边缘在早泥盆世时地壳处于相对平静状态,沉积了一套滨浅海相陆源碎屑岩夹碳酸盐岩建造，且在乌奴耳地区发育有生物礁灰岩。在东乌旗哈诺敖包地区沉积了一套陆相细碎屑岩夹凝灰岩，含有植物化石。中泥盆世晚期至晚泥盆世早期，在大兴安岭地区地壳活动性增强，海盆下陷加剧，从而诱发了中基性火山喷发活动，堆积了海相中基性火山岩及其碎屑岩建造、硅质岩建造。然而在东乌旗塔尔巴格特一带发育一套海退序列的浅海相碎屑岩沉积。晚泥盆世整个地区处于稳定的环境，在陆表海盆地沉积了陆相及滨海相陆源细碎屑岩，局部仍有陆相火山活动。

华北板块北部大陆边缘在泥盆纪时绝大部分地区处于陆地状态，仅在赤峰有范围不大的陆表海盆存在，并有一定的基性火山岩喷发，海盆中沉积了早泥盆世的陆源碎屑岩和基性火山岩。早泥盆世末发生的早海西运动Ⅰ幕使该海盆转为陆地，从而华北板块北部大陆边缘全部处于隆升状态。直到晚泥盆世初，在其北部边缘有陆表海盆发育并沉积了一套滨浅海相陆源碎屑岩，夹有少量火山物质沉积。同时在该海盆中曾有中酸性火山喷发活动，堆积了中酸性火山岩及其碎屑岩。在西伯利亚板块东南大陆边缘和华北板块北部大陆边缘的贺根山一带，泥盆纪时发育有一洋盆，其中堆积蛇绿岩套，其下部为上地幔斜辉橄岩相、堆积杂岩相，变基性熔岩、玄武岩，上部为深海硅质碧玉岩、结晶灰岩等。时代为早泥盆世晚期至晚泥盆世。早石炭世末发生的中海西运动Ⅱ幕使其褶皱成陆，同时华北板块与西伯利亚板块东南大陆边缘拼合成一体，使贺根山洋盆消失。

(2)石炭纪。塔里木板块北东大陆边缘在石炭纪时的沉积环境已发生分异。在马鬃山一带为陆地而无石炭纪沉积地层，而其南、北两侧却下陷成海，但活动性却有所不同。北侧黑鹰山一带海盆下陷加剧成新的裂谷，而有中酸性火山活动，故沉积了一套浅海相-半深海的复理石建造和中酸性火山岩及其碎屑岩建造。南侧海盆在早石炭世沉积一套成熟度较高的海相陆源碎屑岩夹少许火山岩。晚石炭世，海盆为更趋于稳定的陆表海而堆积了一套浅海相碳酸盐岩建造，晚石炭世末整个地区褶皱成山，并伴有相应的岩浆活动。

西伯利亚板块东南缘大陆边缘，石炭纪时沉积构造环境发生差异。二连浩特-东乌旗隆升成陆而缺失石炭纪沉积地层。其以北广大地区继承性陆表海下陷并扩展，而沉积了早石炭世早期的浅海相类复理石建造。早石炭世晚期，海盆范围缩小，而海拉尔—牙克石一带海盆下陷加深并伴有富钠基性、中酸性火山喷发，并堆积了基性、中酸性火山岩及其碎屑岩。早石炭世末中海西晚期Ⅰ幕使全区隆起成陆。

华北板块北部大陆边缘广大地区缺失早石炭世沉积地层，晚石炭世地壳缓慢下沉而形成了广阔的陆表海。在海盆中沉积了成熟度不高的浅海相杂砂岩、长石砂岩和石英砂岩，时夹有凝灰质组分，表明当时处于动荡的沉积环境。随着海盆规模的扩大，在海盆中心引发了中基性、中酸性火山岩的喷发，其后趋于稳定，而沉积了一套浅海相碳酸盐岩。靠近华北板块边缘的赤峰海盆中早石炭世有强烈的基性、中性、酸性火山喷发活动。晚石炭世时，海盆处于稳定环境而沉积了浅海相的碎屑岩和碳酸盐岩。

(3)二叠纪。塔里木板块北东大陆边缘缺失早二叠世沉积地层，直到中二叠世早期地壳下降成海，沉积了浅海-滨海相碎屑岩及灰岩，随之地壳活动性增强，而引发了中基性火山喷发，堆积了海相基性火山岩及其碎屑岩、黑色页岩、硅质岩等。晚二叠世早期海盆水域变浅，但地壳活动性仍然强烈而发育一套陆相杂色中酸性火山岩及其碎屑岩，并夹有砂岩和砾岩。晚二叠世晚期地壳已趋于稳定，沉积了一套含植物化石的硬砂岩、含碳泥岩，夹薄层粉砂岩和灰岩。

西伯利亚板块东南大陆边缘早二叠世在额尔古纳河和海拉尔一带沉积了陆相或海陆交互相碎屑岩，并含安格拉植物群化石。二连浩特—扎兰屯一带沉积了陆相中酸性火山岩及其碎屑岩夹正常碎屑岩。在东乌旗贺根山一带残留海盆中堆积了一套滨岸-浅海相的中酸性火山岩及其碎屑岩，夹正常碎屑岩和碳酸盐岩，并含安格拉植物群化石碎片。此后一直处于隆升状态，直到晚二叠世晚期在东乌旗至扎兰屯一带有湖相、深湖相黑色砂岩和板岩沉积，含安格拉植物群化石。

华北板块北部大陆边缘在锡林浩特地区残存海盆中有滨岸相-浅海相中酸性火山岩及其碎屑岩，夹正常碎屑岩和碳酸盐岩。中二叠世时海盆范围扩大，且海盆呈近东西向至北东向展布，早期沉积了滨海相碎屑岩。中二叠世中期海盆中心下陷加剧，引发了海相基性、中性、酸性火山喷发而堆积了海相或滨海相基性、中性、酸性火山岩及其碎屑岩，硅质岩夹正常碎屑岩。中二叠世晚期，海盆活动减弱而趋于稳定，故沉积了一套陆相碎屑岩和碳酸盐岩，有的地区夹有火山岩或火山碎屑岩及硅质岩。晚二叠世沉积湖相、深湖相黑色砂岩和板岩，含安格拉植物群化石。然而赤峰地区早二叠世在封闭性湖盆中沉积了陆相泥砂质（含煤）建造，局部夹灰岩和中酸性凝灰岩。中二叠世时，白乃庙—赤峰一带中二叠世早期沉积了一套浅海相至滨海相碎屑岩；中期沉积了陆相中性火山岩、碎屑岩及正常碎屑岩；晚期沉积了海陆交互相正常碎屑岩和火山岩或火山碎屑岩，含华夏植物群化石。晚二叠世沉积了河湖相凝灰质碎屑岩。

由上可知，晚二叠世时，西伯利亚板块东南大陆边缘和华北板块北部大陆边缘的北部具有了统一的盖层——林西组陆相黑色砂岩和板岩。

5)印支旋回

印支旋回是内蒙古境内几大板块实现拼合一体的第一个构造旋回，因受滨太平洋构造域的影响，本区开始形成东、西分异的新格局。总体来说，全区处于隆升状态，只是在西部阿拉善地区坳陷中沉积了三叠纪河湖相红色磨拉石建造。

东部大兴安岭在有限的几个山间盆地中有陆相中性、酸性火山喷发，在火山活动间歇期有河湖相沉积。此时地壳运动以垂直振荡方式升降运动为主，没有引起明显的褶皱变形。但是岩浆活动在一些隆起带，如阿拉善地区、阴山地区、大兴安岭地区还是十分发育的。岩浆岩体的展布方向为北北东向，花岗岩浆成因类型以陆壳改造型为主。

6)燕山旋回

燕山旋回以形成一系列北东—北北东向的隆起和坳陷的总体构造格局为特征，而且东部地区地壳活动性明显比西部地区更为强烈。

早燕山亚旋回：构造层为早、中侏罗世地层。由于地壳运动以差异性升降运动为主，形成一系列北东向或近东西向的断陷盆地，而且北东向盆地规模大于近东西向盆地。盆地内形成了该区主要的含煤建造。东部盆地的含煤建造中常夹有火山质沉积。早、中侏罗世的燕山运动Ⅰ幕在东部地区造成早、中侏罗世地层间的角度不整合，而在西部地区盆地中该幕运动却表现不明显。中侏罗世末发生的燕山运动Ⅱ幕要比Ⅰ幕更为强烈，在东、西部盆地中均明显地以中、晚侏罗世地层间的角度不整合表现出来，同时造成早、中侏罗世地层的强烈褶皱和断裂，并伴有大规模的岩浆侵入活动。

中燕山亚旋回：构造层为晚侏罗世地层。晚侏罗世地壳活动表现为早、中侏罗世的一些陆相含煤盆地转而表现为受北北东向构造活动带控制的大规模火山喷发活动。火山喷发活动表现为：早期基性火山岩—中期的中酸性火山岩—晚期的基性火山岩，火山活动以酸性和碱性花岗岩的侵入而告终。火山活动强度以大兴安岭地区最为强烈，由东向西而逐渐减弱。晚侏罗世末期的燕山运动Ⅲ幕，造成晚侏罗世地层与早白垩世地层之间的角度不整合。此外，在内蒙古中西部地区，由于该幕造山运动，形成一系列近东西向的逆掩断层，而在大兴安岭地区主要表现为一系列北北东向和北西向断裂及晚侏罗世地层的开阔褶皱，同时伴随有强烈的以酸性岩为主的岩浆活动。

晚燕山亚旋回：构造层为白垩纪地层。由地壳的差异升降运动形成一系列的隆起和坳陷。在坳陷中沉积河湖相-湖相的红色建造、泥页岩建造、磨拉石型含煤建造和油页岩建造。晚燕山亚旋回早期，盆地的沉降是由南向北迁移，沉降中心由东向西迁移，火山活动西部强于东部。晚燕山亚旋回晚期，南部隆起，北部继续下陷，形成乌兰苏海盆地群、海拉尔盆地、二连盆地，接受红色建造沉积。燕山运动Ⅳ幕造成早白垩世和晚白垩世地层间的角度不整合或假整合关系，而且运动的强度西部强于东部。东部表现为抬升，西部表现为挤压。燕山运动Ⅴ幕，是该旋回的最后一幕，表现为区域性抬升，使盆地迁移和消失。断裂主要是继承性活动，褶皱作用极其轻微，岩浆活动不发育。

7)喜马拉雅旋回

喜马拉雅旋回从第三纪开始，以垂直运动占优势的差异升降运动为特点，差异运动导致多数坳陷盆地为继承和上叠盆地，第三纪多为河湖含膏盐红色砂泥质建造。盆地一般来说沉降幅度不大，但亦有少数盆地，如河套盆地，沉降幅度达数千米。

该旋回的另一醒目标志是与断裂活动相随的裂谷性质的基性火山喷发及多期冰川活动。

二、区域地球物理场分布和地质解释

综观内蒙古全区,重力场、磁场具有南北分区、东西分段的特点。

(一)区域磁场特征

以阿拉善盟—临河—赤峰一线和得尔布干断裂为界,全区分为南、中、北 3 个区。

1. 南区

阿拉善盟—临河—赤峰一线以南地区为区域强磁场区。在正区域磁场背景上有不规则带状强磁异常与宽缓负磁异常相间排列,总体呈近东西向展布。根据岩石物性资料推测,近东西向展布的宽缓正负相间带状磁异常是结晶基底隆起、坳陷和岩石磁性不同所引起。

2. 中区

阿拉善盟—临河—赤峰一线以北地区和得尔布干断裂东南广大地区,该区以平静的区域负磁场为特点。在平静的区域负磁场上分布有数条断续延伸、长数百米至千余千米的低缓正磁异常,而形成正负相间平行排列的异常带。据岩石磁性资料分析,平静的区域负磁场是磁性较弱的浅变质岩系和Ⅰ型花岗岩带的反映;条带状正磁异常为超基性岩带、S 型花岗岩带和陆缘火山岩带的反映。

3. 北区

得尔布干断裂的北西地区,总体为负磁场区,局部正磁异常呈北东向狭长带状排列,这可能反映了基底岩系在北西-南东向应力挤压下而形成的北北东向线形褶皱,并有大量岩浆岩体分布。

(二)区域重力特征

全区布格重力异常图清晰地反映出该区从东向西逐渐下降的趋势。从嫩江一线的 $6.7\times10^{-5}m/s^2$ 至阿拉善盟南部龙首山一带下降为 $-253.6\times10^{-5}m/s^2$,降幅超过 $260\times10^{-5}m/s^2$。地震和磁大地电流测深资料表明,东部松辽盆地地壳厚度约 35km,西部龙首山一带为 56km,地壳厚度向西增厚 20km。由此可见,布格重力场的变化反映了现今地壳厚度的变化趋势。

区内有两条大的北东向重力梯度带。一条为大兴安岭重力梯度带,降幅 $80\times10^{-5}m/s^2$,下降梯度约 $1\times10^{-5}ms^2/km$;另一条为狼山-贺兰山梯度带,降幅达 $100\times10^{-5}m/s^2$,下降梯度为 $0.8\times10^{-5}m\ s^2/km$。这两条重力梯度度带是中新生代以来最重要的构造活动带,它们将全区区域重力场分为 3 段:第一段为狼山—贺兰山以西地区,区域布格重力异常自北向南呈波浪式下降。额济纳旗一带布格重力值为 $-140\times10^{-5}m/s^2$,南部龙首山一带为 $-240\times10^{-5}m/s^2$。地震测深和磁大地电流测深表明,额济纳旗一带地壳厚度约 50km,而龙首山一带地壳厚度约 56km。显然莫氏面相差 6km,不能引起 $-100\times10^{-5}m/s^2$ 的重力差。因此,基底的存在和隆起是引起这一差异的主要原因。第二段是上述两条北东向重力梯度带之间的广大地区。该地段的重力场呈近东西展布,并具有南北高、中间低的特点。南部区域重力高场基本上与华北地台对应;北部区域重力高场位于北纬 42°以北,重力值强度与南部相当,地表出露前寒武纪地层,故推测它为基底引起。中间近东西向重力低异常带,依据电法和地质资料推测为花岗岩及中新生代二连盆地群引起。第三段为大兴安岭重力梯度带东侧,总体反映重力高,反映了该段区上地幔隆起的特点。

(三)重力场、磁场分区及地质解释

根据重力场、磁场的展布特征及以往地质构造单位的划分，将全区分为 7 个异常区，并进一步划分 20 个异常带(图 2-1)。分述如下。

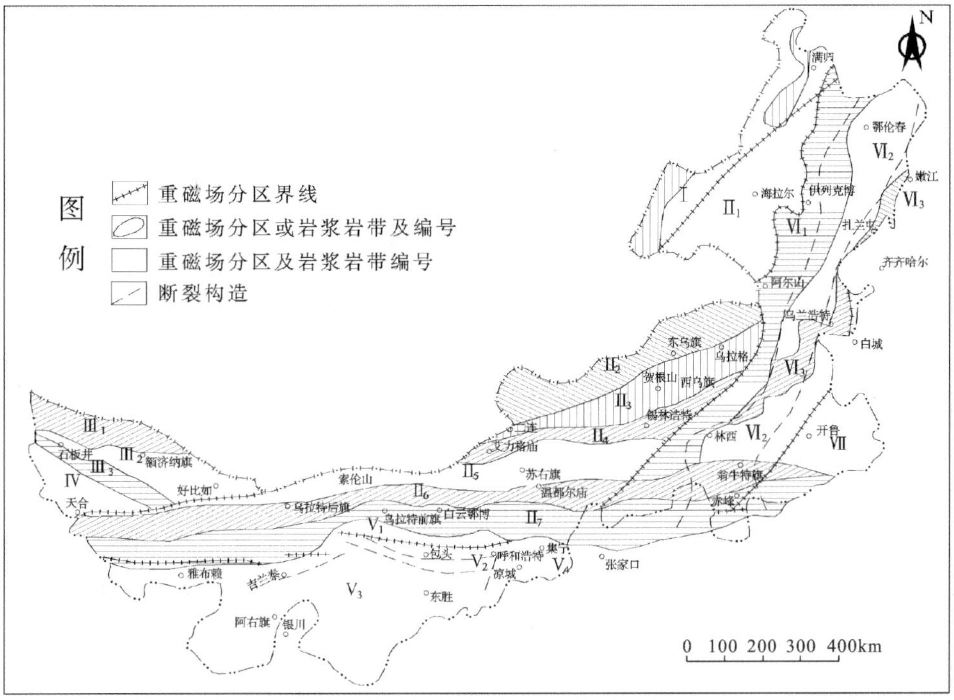

图 2-1　内蒙古自治区重力场、磁场分区示意图

1. 额尔古纳异常区(Ⅰ)

该异常区位于得尔布干断裂带北西地区。重力异常多呈北东向狭窄带状、紧密线性排列，反映该区基底褶皱的特点。

2. 内蒙古中部异常区(Ⅱ)

该异常区位于阿拉善盟南部、内蒙古中部地区的北部及海拉尔一带。进一步分为 7 个带。分述如下。

1)海拉尔-牙克石异常带($Ⅱ_1$)

得尔布干断裂与伊尔施-鄂伦春断裂之间地区。航磁以平行的负磁场为背景，在其上叠加着北北东向狭长异常。重力反映为宽缓开阔的相对重力高，推断航磁负磁场背景是浅变质岩系的反映，狭长磁异常是火山岩带的反映，重力高反映了基底的隆起。

2)查干敖包-东乌旗-阿尔山异常带($Ⅱ_2$)

该异常带位于二连盆地群北侧向北延至蒙古国境内。航磁总体显示为一北东延伸的低缓异常，其上叠加不规则块状或条带状局部正磁异常；重力反映为北东向延伸的重力低带。地表广泛发育奥陶系、志留系、泥盆系及石炭系，推断重力场是由火山岩引起。

3)二连-贺根山-乌拉盖异常带($Ⅱ_3$)

该异常带西起二连，经贺根山延至乌拉盖南。重力场表现为北东向重力高带，航磁异常多呈长条形、椭圆形和不规则块状沿北东向断续分布。该带是蛇绿岩(或洋壳残片)分布带。

4)艾力格庙-锡林浩特异常带（Ⅱ$_4$）

该异常带以负磁场为背景，镶嵌着不规则块状正磁异常，断续延伸。重力总体表现为重力低带。结合地表地质推断，该带是侵入艾力格庙群和温都尔庙群的S型花岗岩带的反映。

5)索伦山-苏右旗异常带（Ⅱ$_5$）

该异常带西起索伦山南，东至苏右旗延到大兴安岭西坡。重力总体反映重力低带。航磁为平缓的负磁场，推断为中—新生代二连盆地群所致。

6)巴丹吉林-乌拉特后旗-翁牛特旗异常带（Ⅱ$_6$）

该异常带是华北板块北缘重力低带的北半部分。航磁为低缓正磁异常带。推断其为Ⅰ型花岗岩带引起。

7)山丹-乌拉特中旗-商都异常带（Ⅱ$_7$）

该异常带是华北板块北缘重力低带的南半部分。航磁为低缓的负磁场。推断为S型花岗岩带引起。

3. 额济纳旗异常区（Ⅲ）

1)黑鹰山-居延海异常带（Ⅲ$_1$）

该异常带位于额济纳旗北部地区(北纬42°以北地区)。航磁由北西走向狭长带状局部正异常组成，强度一般100～400nT。重力为高背景中的低缓重力低异常。地表主要出露奥陶纪、石炭纪火山岩。推断该异常带主要是火山岩引起。

2)石板井-额济纳旗异常带（Ⅲ$_2$）

该异常带重力反映的区域重力高异常。航磁反映为平静的负磁场。推断为弱磁性结晶基底引起。

3)石板井-西湖村异常带（Ⅲ$_3$）

航磁异常呈明显的狭长正异常带。布格重力异常呈北西向延伸的过渡带。结合地质推断为构造岩浆岩带的反映。

4. 天仓北异常区（Ⅳ）

该异常区位于内蒙古西南，延至甘肃省境内。区域航磁反映平静的负磁场区。重力反映重力低异常区。推断是龙首山、黎合山“山根”的反映。局部重力高是前寒武纪地层的显示。

5. 华北板块异常区（Ⅴ）

1)乌拉山-大青山异常带（Ⅴ$_1$）

该异常带东西向重力高、磁力高异常带与山体对应，是乌拉山群的反映。

2)河套盆地异常带（Ⅴ$_2$）

该异常带反映东西向重力低异常带，北部等值线密集，南部稀疏，反映了中新生代断陷盆地。

3)阿拉善-鄂尔多斯异常带（Ⅴ$_3$）

该异常带大体位于阿拉善右旗—巴彦诺尔公—东胜一线。重力反映平稳的区域重力高，场值由东向西逐渐降低，反映了该区为较稳定的原始陆块，场值东高西低表现莫霍面东高西低的特征。航磁局部异常以银川为界，两侧走向不同，反映了不同方向位移的结果。

4)凉城-兴和异常带（Ⅴ$_4$）

该异常带为重力高、平稳的负磁场背景区。物性资料表明，集宁群有高密度、弱磁性的特点，为该区地表主要出露的地层。

6. 大兴安岭异常区（Ⅵ）

该异常区大致位于额尔古纳左旗—阿尔山—林西一线以东，嫩江—白城—开鲁一线以西地区。

1)兴安里-五岔沟-黄岗重力低异常带($Ⅵ_1$)

该异常带在重力梯度带上发育局部重力低异常带，局部重力异常呈长条形或长椭圆形展布，轴向以北东向和北北东向居多。推断由花岗岩和火山岩引起。

2)大兴安岭重力梯度带($Ⅵ_2$)

该异常带位于大兴安岭东坡，北起鄂伦春北，经索伦镇、甘珠尔庙、林西、翁牛特旗至赤峰，延入河北省境内。重力梯度带总体走向北北东。由地震测深和磁大地电流测深资料可知，该带是莫霍面陡变引起。

3)嫩江-龙江-白城-开鲁异常带($Ⅵ_3$)

该异常带大致沿内蒙古自治区与吉林、黑龙江两省交界处分布。总体为重力、磁力低带，呈北东向延伸。推断为花岗岩带引起。

7. 开鲁异常区(Ⅶ)

该异常区的范围大体与开鲁盆地相当。为较稳定的重力高值区，局部呈不规则椭圆形或长椭圆形，轴向以南北向和北东向为主。航磁为平静的负磁场区。根据上述物理场特征，推断开鲁盆地基底为浅变质岩系。盆地西缘有一“S”形低缓开阔的正磁异常带，对应不连续的局部重力低，推断为沿嫩江断裂侵入的花岗岩带。

(四)莫霍面

综观莫霍面等深线图，可分为以下几个分区。

大兴安岭及东部地区：莫霍面深度为38～43km，呈北北东向伸展，中间紧密，南、北宽缓，西部也较宽缓。该分区可划出：通辽幔隆、大兴安岭幔坡、大兴安岭幔坳、海拉尔幔凸等深部构造单元。它们的总体特征：①是全区莫霍面最浅的地区，即地壳最浅地区，莫霍面西深东浅、南深北浅，相应地壳西厚东薄、南厚北薄；②莫霍面起伏与地壳厚浅相对应。

阴山及中部地区：包括锡林浩特—乌海地区。莫霍面深度为44～52km。莫霍面等深线除锡林浩特地区呈北东向展布及乌海地区呈宽缓的南北向展布外，其他地区均呈宽缓的东西向展布。根据莫霍面起伏可分为：锡林浩特幔坎、白云鄂博幔凹、狼山幔凹、苏尼特幔坡、阴山幔坡、包头幔坪、鄂尔多斯幔坳等深部构造单元。它们的总体特征是：①全区莫霍面中浅区域，即全区地壳由浅向厚变化的中间过渡区，莫霍面东浅西深，地壳厚度东薄西厚、南厚北薄；②莫霍面起伏与地表地形不协调。

西部区(乌海以西地区)：莫霍面深度为50～53km，莫霍面等深线基本上呈北西伸展，而且向西较紧密，向东通过贺兰幔坪平缓地与乌海幔凸、狼山幔凹相接。深部构造单元分为：额济纳旗幔坪、阿拉善幔坡和贺兰幔坪。总体特征为：①是全区莫霍面最深的区域，亦是地壳最厚处，在该区地壳西厚东薄，南厚北薄；②莫霍面起伏与地表地形协调。

(五)地壳结构

根据深部物探资料，全区地壳结构如下。

(1)盖层：<5km，为各时代沉积地层和岩浆岩体。

(2)上地壳：5～25km，为硅铝质陆壳，华北板块上地壳厚度及各大陆边缘上地壳厚度。

(3)中地壳：25～30km，物探资料推测为似层状微起伏的低速高导层。低速层可能由裂隙带引起，并含有流体和部分熔浆。中地壳顶部有一滑脱面，控制着上地壳的变形和断裂构造的产状。

(4)下地壳：30～50km，为硅镁质地壳。

（六）区域地球物理场与区域矿产的关系

(1)重力梯级带/幔坡：由于地壳薄，活动强，断裂构造和岩浆活动强烈，从而形成重要的内生金属成矿带。例如大兴安岭海西期、燕山期铁、锌、钨、金、银、铅成矿带，龙首山元古宙铜、镍、铁、稀土成矿带，以及乌拉山-集宁太古宙、燕山期金、银、铁、铜、铅锌、白云母成矿带。

(2)幔坎：处于幔凸与幔坳过渡带，地壳活动性强，引起岩浆活动。例如额尔古纳河燕山期铜、钼、金、银、铅、锌成矿带和贺根山铬铁矿。

(3)上地幔剪切坡垂向低速带：由于深断裂发育，为上地幔物质向上运移提供了良好的通道，因此岩浆活动强烈，为多金属成矿提供了良好的环境，例如地台北缘金、银、铜、铅、锌铂、钼成矿带。

三、区域地球化学场和成矿效应特征

（一）主要成矿元素的地球化学场特征

根据项目的主要目标，选择了 Au、Ag、Pb、Zn、Cu、Sn、Mo、W、Nb 九个主要成矿元素，现将它们的区域地球化学特征分述如下。

1. 金(Au)

金的区域地球化学场异常主要集中分布在：①华北板块北缘，呈近东西条带状分布，且在其中有相对高值异常，其最高值可达 70×10^{-9}；②塔里木板块北东大陆边缘的旱山隆起区及其北侧甜水井—雅干一带，其北西西向带状延伸，局部高值可达 70×10^{-9}，多数为 4×10^{-9}；③华北板块北部大陆边缘，仅在靠近嫩江重力梯度带附近莲花山—布敦花一带有呈北东向展布的异常带，但规模不大；④海拉尔—根河一带形成规模不大的金异常带，最高值可达 70×10^{-9}，沿得尔布干断裂带亦有零星分布的金异常，其值为$(1.5\sim3)\times10^{-9}$。由上可知，从金的区域地球化学场异常规模和局部异常的多少而论，主要是华北板块北缘异常带，次为塔里木板块北东大陆边缘的旱山隆起区及其北侧甜水井—雅干一带。金在这两个区域异常带内相对集中而构成金地球化学块体。

2. 银(Ag)

银的区域地球化学场异常可分为：①华北板块北缘中段银地球化学异常带；②突泉-林西银地球化学异常带；③海拉尔-根河银地球化学异常带；④得尔布干银地球化学异常带。从异常规模和强度来看，上述 4 个异常带中以②和④为最佳，并构成银地球化学块体。

3. 铅(Pb)

铅的区域地球化学场异常带与银的地球化学场异常带分布特征基本相同，只是华北板块北缘异常带向西扩展了。

4. 锌(Zn)

锌的区域地球化学场异常带分布为：①华北板块北缘异常带，其高值区在赤峰地区，最高值为 795×10^{-6}；②甜水井-雅干异常带，局部最高值达 150×10^{-6}；③突泉-林西异常带，该异常的特点是异常值普遍高，大于 120×10^{-6} 的局部异常多；④海拉尔-根河异常带，其大于 120×10^{-6} 的局部异常有两处；⑤得尔布干异常带，其特点是大于 120×10^{-6} 异常呈北西分布。从异常规模来看，首推华北板块北缘异常带，从异常强度考虑，以③和⑤两个异常为佳。

5. 铜(Cu)

铜的区域地球化学异常带可分为：①华北板块北缘铜区域地球化学异常；②甜水井-雅干铜区域地球化学异常带；③突泉-林西铜地球化学异常带；④得尔布干铜地球化学异常带。以铜区域地球化学异常规模和异常强度分析，上述几个异常带几乎差不多，但得尔布干铜异常带的特点是局部异常突出，呈点状分布，而其他几个异常的局部高异常成串珠状分布。

6. 锡(Sn)

锡区域地球化学场异常带分布在突泉-林西成矿带，构成了锡区域地球化学异常带，最大值达 68.03×10^{-6}。其次在华北板块北缘赤峰地区亦有局部异常分布，其高值达 20×10^{-6}。得尔布干带上亦有两处局部异常存在，其高值为 20×10^{-6}。

7. 钼(Mo)

钼的区域地球化学场异常带主要有：①得尔布干带，构成钼的区域地球化学异常带，且高值异常规模大，最高值达 16.8×10^{-6}；②海拉尔-根河钼区域地球化学异常带，且局部异常突出；③雅干钼区域地球化学异常带，局部异常规模较小；④华北板块钼区域地球化学异常带，但该异常带赤峰地区局部异常相对集中成片。

8. 钨(W)

钨的区域地球化学场异常带主要是突泉-林西钨区域地球化学异常带，呈北东向展布，局部异常呈串珠状分布。次为华北板块北缘钨区域地球化学异常带，以赤峰地区局部异常相对集中成片。在额济纳旗老洞沟—七一山和得尔布干带均有局部高异常分布。

9. 铌(Nb)

铌的区域地球化学场异常未能构成区域异常带，而是形成几个大的局部异常相对集中区：①乌奴克头山铌异常集中区；②集宁铌异常集中区；③白云鄂博铌异常集中区；④苏红图铌异常集中区；⑤甲生盘南铌异常集中区。这些铌异常集中区的特点是规模大，强度高，最高值达 52×10^{-6}。

(二)地球化学场异常与成矿的关系

Au、Ag、Cu、Pb、Zn、Sn、W、Mo、Nb 等元素的区域地球化学场异常带，均与目前已知成矿区带的主要矿种一致。例如额尔古纳燕山期铜(钼)、铅、锌、金银成矿带就是 Ag、Cu、Mo、Pb、Zn 等元素的区域地球化学场异常带，其中的局部异常即是已知的铜钼、铅、锌矿床。又如突泉-林西海西、燕山期铁(锡)、铜、铅、锌、银、铌(钽)成矿带同样是 Sn、Pb、Zn、Ag 等元素的区域异常带，局部异常亦是已知矿床。只是有些元素区域地球化学异常带由于以往地质勘查工作程度低而未能发现相应元素的矿床，例如甜水井-雅干 Cu、Au、W 区域地球化学异常带，目前仅发现了一些金、铜矿化点。随着地勘工作程度的提高，在这些元素区域地球化学异常带将可能陆续发现相应的金属矿床。

总之金属元素的区域地球化学异常带是开展相应元素矿产资源地质勘查工作的有效依据，或者说是地质勘查的目标区。

在这些元素的区域地球化学异常带中的许多局部异常，其实质是一些成矿元素组成的地球化学块体——矿源场，而多数是通过岩浆作用，将成矿元素活化，聚集成矿。例如，突泉-林西海西期、燕山期铁

（锡）、铜、铅锌、银成矿带中就存在有 Sn、W、Pb、Zn、Cu、Ag 等元素的地球化学块体。这些地球化学块体由早二叠世基性火山岩及其碎屑岩与燕山期中酸性岩浆侵入体共同构成。早二叠世基性火山岩及其碎屑岩的 Sn、Pb、Ag 的丰度值均大于地壳克拉克值。因此它们构成了这些元素的初始矿源场。燕山期的中酸性岩浆岩虽然来源于下地壳-上地幔，但它们富碱质的挥发分 F、Cl 等，在岩浆上涌过程中一方面混染了部分上地壳物质，这样将地壳中的 Sn、Ag、Pb、Zn 等成矿元素带入了岩浆后期的热流体之中，提高了其成矿元素的浓度；另一方面在岩浆上升过程中，由于其热力作用而使地下水由冷变热，从而加快了其对流并加速了水岩反应，而使热水流体从地层中萃取了成矿元素，这部分含有丰富成矿元素的热流体同样进入成矿热流体中，这样就大大地提高了成矿热液流体中成矿元素的浓度。当成矿热液流体进入一定的空间，由于温压条件和氧逸度（f_{O_2}）、pH 值、Eh 值等诸多因素的变化而促使成矿元素沉淀、富集而形成矿床。这些从黄岗铁锡矿床，白音诺尔、浩布高铅锌矿床的硫、铅、氧同位素组成特征均得到充分的反映。

第二节　成矿区（带）地质构造演化

一、成矿区（带）的重大地质事件、地质构造发展阶段的划分

（一）华北地台北缘成矿区（带）的重大地质事件、地质构造发展阶段

根据华北地台北缘各地质时代的沉积作用、岩浆活动和变质作用所反映的构造要素组合，将其地质构造发展阶段、重大地质事件叙述如下。

1. 始—古太古代陆核形成的萌芽阶段

近年在兴和一带获得呈包体分布在 TTG 岩系中的基性麻粒岩透辉石的 U-Pb 等时线年龄（3740±39）Ma（石家庄经济学院，2001），表明在兴和一带存在以太古宙镁铁质火山岩为主的表壳岩。

兴和岩群表壳岩主要分布在兴和、丰镇和乌拉山—大青山山区，是研究区最古老的地层。由于它呈大小不等的包体分布在 TTG 岩系中，所以其层序不连续亦不完整。但其岩石组合以暗色麻粒岩为主，夹角闪斜长片麻岩、斜长角闪岩；中上部有薄层或透镜状透辉磁铁石英岩，局部形成具有工业意义的铁矿。其原岩为基性火山岩及碎屑岩、硅铁质岩。其底部常有超镁铁质火山岩。

2. 中太古代陆核初步形成阶段

中太古代内蒙古境内已存在一定规模的表壳岩，2900Ma 左右的迁西运动，发生了构造岩浆活动，在乌拉山—大青山区，狼山、集宁—兴和一带形成陆块。集宁岩群其原岩为富黏土质、泥质岩夹基性火山岩及其碎屑岩。同时代的乌拉山岩群原岩比集宁岩群含有更多的中、基性火山物质，表明在太古宙沉积环境已发生分异，集宁岩群形成于稳定的浅水海盆中；乌拉山岩群形成于活动性较强的大陆边缘，它们的沉积物的成熟度高于兴和岩群，这表明它们附近有硅铝质古陆壳存在。狼山东的东升庙、达拉盖、格尔敖包等地的乌拉山岩群之黑云斜长片麻岩的 U-Pb 法年龄分别为 2826.65Ma，2910.56Ma，3000.12Ma（杨海明，1993）。

迁西期使乌拉山—大青山区、狼山、集宁—凉城—兴和等地原来规模不大的始—古太古代陆壳因中

太古代的火山-沉积作用而增生，迁西运动形成具有一定规模的古陆核，同时古、中太古代地层发生构造变形，成形以卵形穹状构造为特征的高级变质区，伴随发生高级区域变质作用，形成各种麻粒岩。中基性岩浆侵入形成辉石岩、苏长岩和闪长岩体。

3. 新太古代陆块汇聚和古大陆克拉通化

新太古代是主要造壳时期。固阳朱拉沟基性麻粒岩单颗粒锆石 U-Pb 不一致曲线年龄 2648.5Ma 和(2673±8)Ma 的 $^{207}Pb/^{206}Pb$ 表面年龄(王惠初等，2001)，大石窑混合片麻岩的混合岩化年龄为 2675Ma(2001)，武川东柜石英闪长岩锆石 U-Pb 年龄为 2538Ma，2676Ma(内蒙古自治区地质调查院，2001)，这些资料表明，新太古代早期阜平运动使古、中太古代陆核地壳增厚，并使陆壳发生首次克拉通化。

新太古代晚期，即 2600～2500Ma 间，在古陆核周边发生强烈的火山沉积作用，形成了色尔腾山岩群及其相当岩系等表壳岩系，它们为太古宙绿岩建造。五台运动，使这些古、中太古代陆核通过新太古代绿岩建造拼合成一体，同时绿岩发生强烈的线性构造变形，伴随发生低角闪岩-低绿片岩相的区域变质作用。大规模的岩浆活动形成 TTG 岩系。固阳地区 TTG 岩系云英闪长岩体单颗粒 U-Pb 不一致线上交点年龄分别为 2494Ma，2480Ma，2440Ma(张维杰，2000)，(2455±5)Ma(张履桥等，1986)。由此表明，五台运动使新太古代洋盆消失，地壳强烈缩短，并发生广泛的深熔作用引起大规模岩浆侵入，从而形成统一的太古宙末陆块。

4. 古元古代裂谷和古大陆增生阶段

古元古代在新太古代末形成的统一古陆块的内部发生分裂形成裂陷，并由火山-沉积作用形成二道洼群及相当年龄的表壳岩，为类绿岩建造。同时在古陆块边部海盆中火山-沉积作用形成宝音图群、龙首山群、明安山群等表壳岩。吕梁运动使大陆内的裂谷消亡，边缘侧向增生，古大陆规模进一步扩大。岩浆侵入作用形成辉石岩(1895Ma)、闪长岩和花岗岩[(1820±8)Ma；徐仲元，2001]，同时发育具一定规模的伟晶岩，其年龄为 1850Ma 左右。因此，吕梁运动使古大陆地壳增厚，而发生第二次克拉通化，因此地壳更趋稳定。

5. 中、新元古代裂解和汇聚阶段

中元古代初，古大陆边缘和内部发生裂解，形成巨型拗拉谷——白云鄂博裂谷、渣尔泰裂谷。在其中堆积了类复理石建造，同时发育有火山活动。白云鄂博群尖山子组玄武岩单颗粒锆石 U-Pb 年龄为(1728±5)Ma(王辑，陆松年，1998)，标志裂陷作用达到了顶峰。1400Ma 左右的抬升运动造成白云鄂博尖山组与哈拉霍疙特组之间的沉积间断和渣尔泰山群增隆昌组与阿古鲁沟组间的古风化壳。同时渣尔泰山地区有花岗斑岩侵入(1492Ma；内蒙古自治区区测队，1983)。1000Ma 再次发生抬升，除造成沉积间断外，同时标志发生海退事件。1400～1000Ma 间在阿拉善北大山地区拗拉槽中堆积了墩子沟群，并有超基性—基性岩侵入，其年龄为 1094Ma。800Ma 发生的晋宁运动使巨型拗拉谷消亡，同时地层发生褶皱，并伴随低绿片岩相区域变质作用。岩浆活动不甚发育，但仍有花岗岩侵入，其年龄为 894Ma。从古大陆第三次克拉通化，古大陆才真正稳定。新元古代晚期初古大陆隆起处于剥蚀状态，仅在阿拉善北大山一带形成冰水沉积。新元古代末，在色尔腾山地区陆表海盆中沉积了砂泥质-碳酸盐岩建造，是古大陆上的稳定盖层。

古大陆北部，即乌拉特后旗—白云鄂博—化德—赤峰一线以北地区，在中元古代初期裂解形成一定规模的陆间洋盆，并有强烈火山喷发，堆积了基性火山岩及其碎屑岩、硅铁质岩，锆石 U-Pb 年龄为 1691.7Ma，同时有超基性岩侵入，年龄为 1642Ma，同时辉长岩、花斑岩发育，表明为非造山环境。1000Ma 左右抬升运动使洋盆消亡。在白乃庙和艾力格庙地区，1000Ma 初两次下陷，白乃庙地区有基性、中酸性火山喷发沉积，锆石 U-Pb 不一致线上交点年龄(1130.51±16)Ma(聂凤军，1993)。艾力格庙地区有中酸性火山喷发沉积，同时沉积了砂泥质-碳酸盐岩。该群锆石 U-Pb 年龄为 1058～950Ma。

800Ma 的晋宁运动，使这些海盆关闭而拼合。

6. 古亚洲洋边缘演化阶段

沿阿拉善右旗—狼山—白云鄂博—化德—赤峰一线深断裂，新元古代末期活动使其以北的古大陆与华北陆块分离成为古亚洲洋中大小不一的老地块。古亚洲洋在古生代经多次洋壳扩张、俯冲和碰撞造山，规模和范围不断缩小，直至古生代末最后关闭，实现西伯利亚板块和华北板块拼合，成为欧亚大陆板块的一部分。

在古亚洲洋整个演化过程中，华北陆块北缘西段一直处于稳定的大陆和陆表海环境，形成克拉通的沉积盖层。寒武纪—奥陶纪在大青山区堆积了浅海相砂泥质-碳酸盐岩。石炭纪在阿拉善地区沉积了陆源碎屑岩-碳酸盐岩。二叠纪在一些大青山区、色尔腾山区、狼山及阿拉善一带山间盆地中堆积了海陆交互相和河湖相沉积。由于受北部古亚洲洋演化的影响而发生构造岩浆活化，有闪长岩、石英闪长岩、花岗闪长岩、花岗岩侵入。

7. 滨西太平洋构造陆缘陆内造山阶段

（1）印支期：本区绝大部分处于隆升状态，仅在大青山区形成一些近东西向的山间盆地，其中沉积早三叠世河湖相沉积，其后又隆升成陆。地层褶皱不强烈，但花岗质岩浆活动强烈，形成以大桦背岩体为代表的数十个花岗岩体。同时在包头庙沟有碱性含霓辉正长岩侵入，K-Ar 法年龄 229.9～222.3Ma。喀喇沁地区田家营子伟晶岩 230Ma，头道营子花岗闪长岩 218.5Ma，石虎子山黑云母花岗岩 236Ma。

（2）燕山期：本区地壳运动强烈，形成鲜明的盆岭构造格局。

燕山早期：地壳运动以差异升降运动为主，形成北东向和近东西向断陷盆地。前者规模较大，主要分布在阿拉善和喀喇沁地区；后者规模较小，分布在大青山区，盆地内堆积了河湖相含煤建造。在喀喇沁地区有火山喷发活动。中侏罗世末燕山运动Ⅱ幕造成近东西向褶皱和断裂，同时伴随强烈的花岗岩浆侵入。

燕山中期：在大青山、阿拉善等地断陷盆地中沉积了河流相和湖相沉积。在喀喇沁地区断陷盆地中发生了强烈的中基性火山喷发，喷发间歇期有河湖相沉积，同时伴随强烈的花岗质岩浆侵入。燕山运动Ⅲ幕造成地层褶皱变形，并产生逆冲断裂。

燕山晚期：在伸展拉张作用下形成一系列断陷盆地，在这些盆地沉积了河湖相红色建造、泥页岩建造和磨拉石含煤建造。在大青山区和喀喇沁地区断陷盆地有强烈的火山喷发活动。白垩纪末的燕山运动Ⅴ幕使盆地消失，地层轻微褶皱并伴有一定的岩浆活动。地壳整体抬升成山，形成明显的盆岭构造格局。

（3）喜马拉雅期：由于地壳以垂直差异升降为主，形成一些继承性盆地和新生的上叠盆地，盆地中堆积了红色膏盐建造、类磨拉石建造。同时有大规模基性火山岩浆喷发，形成高原玄武岩台地及河谷玄武岩。第四纪发生冰川活动，有冰水沉积。由于地壳抬升和断裂活动，形成现今的山川地貌。

总体来说，华北地台北缘从太古宙至今，经历了 8 次重大地质事件和演化，在地壳演化的各阶段形成各不相同的矿产资源。

（二）额济纳旗-兴安岭元古宙、海西期、燕山期铜、铅、锌、金、银、铬、铌成矿区（带）重大地质事件、地质构造发展

该成矿区（带）由塔里木板块北东大陆边缘，西伯利亚板块东南大陆边缘和华北板块北部大陆边缘组成，它们是古亚洲洋的一部分，它们的演化就是古亚洲洋的生成、发展、消亡的过程。因此，它们的地质构造发展可划分为：前寒武纪古大陆形成阶段、古亚洲洋阶段和板内造山阶段。

1. 前寒武纪古大陆形成阶段

古元古代在太古宙陆核周边出现了大陆边缘环境的沉积环境，由于火山-沉积作用形成类绿岩建造——北山群、新华渡口群和宝音图群。1800Ma 左右发生的吕梁运动使古元古代地层强烈变形，形成线形褶皱，伴随低角闪岩相-低绿片岩相的区域变质作用和岩浆岩侵入，克拉通化使陆核范围扩大成原始古陆。

中元古代，由于原始大陆产生裂陷，而坳陷在华北原始古大陆间形成陆间海槽，塔里木原始古大陆形成陆表海。前者形成基性火山岩及其碎屑岩、硅铁质岩，后者形成熟度较高的陆源碎屑岩、碳酸盐岩，成为原始大陆的沉积盖层。

新元古代早期，在华北原始古大陆边缘由于中酸性火山活动，形成中酸性火山岩及其碎屑岩、碳酸盐岩。西伯利亚原始大陆东南部边缘海盆中形成类复理石建造和碱性火山岩。新元古代晚期西伯利亚原始大陆边缘沉积了浅海相碳酸盐岩。塔里木原始大陆北东部接受了冰水沉积物。

新元古代早期 800Ma 的晋宁运动使华北原始大陆和塔里木原始大陆拼合成一体，成为原始中国大陆的一部分。新元古代晚期张广才岭运动使塔里木陆块的北东边缘裂解，脱离古大陆，开始进入古亚洲洋演化阶段。新元古代晚期，西伯利亚东南大陆边缘由于洋壳向北西方向俯冲，洋陆碰撞，地层褶皱，伴随区域变质作用和岩浆活动，并拼贴在西伯利亚板块东南缘。

2. 古亚洲洋的开合发展阶段

1)早古生代

塔里木板块与脱离塔里木板块的前寒武纪古陆块间及古陆块北侧产生陆间海槽——古亚洲洋。中寒武世，该古陆南侧沉积了半深海-深海相硅质岩、碳酸盐岩。早—中奥陶世，古陆两侧海盆范围扩大，沉积了海进序列的复理石建造，此时为被动陆缘发展阶段。中奥陶世古陆南侧海槽强烈下陷扩张，引发了强烈的中基性火山喷发，间歇期沉积正常细碎屑岩、碳酸盐岩，而为洋缘裂谷。在白云山、月牙山、洗肠井等地有镁铁质岩分布，与中基性火山岩组成边缘海型蛇绿岩带，在石板井—小黄山一带形成洋壳。古陆北侧，大陆斜坡扩张裂陷，引发中酸性火山喷发。沉积地层由上而下为细碎屑岩、硅质岩-安山岩、硅质岩-安山玄武岩、安山质火山角砾岩、红色硅质岩，表明为洋缘裂谷。晚奥陶世—早志留世古陆南侧发生洋壳向古陆块俯冲而发育火山弧；而古陆北侧，晚奥陶世为稳定的大陆斜坡环境，沉积了复理石建造。早志留世，进入深海环境，沉积了浊积岩。中、晚志留世，古陆南侧火山弧继续发育，北侧形成火山岛弧。早泥盆世，石板井-小黄山洋壳向南、北两侧古陆俯冲，并发生陆陆碰撞，对接而形成缝合带。其两侧不同时代地层发生褶皱变形和变质作用，同时发生混合岩化，伴随有大规模花岗岩侵入，地壳挤压造山，在山岭两侧盆地堆积了磨拉石建造。早泥盆世为海相磨拉石建造，中泥盆世为造山后期陆相磨拉石建造，并伴随有陆相火山喷发。

华北板块北部大陆边缘寒武纪整体处于隆升状态而缺失寒武纪地层，仅在赤峰地区有陆表海的碎屑岩、碳酸盐岩沉积。早奥陶世开始，在达茂旗包尔汉图地区由于强烈中性火山喷发，堆积了岛弧型火山岩建造，而克什克腾旗五道石门一带因地壳强烈拉张而发育洋壳。中奥陶世末，洋壳向南俯冲，海水退出，地层发生褶皱变形而成为陆地。直到中志留世，地壳下陷再度成海，沉积了浅海相陆源碎屑岩、碳酸盐岩，但有一定的中酸性火山活动，表明当时处于不太稳定的大陆斜坡环境。晚志留世沉积了海相复理石建造。

西伯利亚板块东南大陆边缘寒武纪处于稳定的大陆边缘环境，在海槽沉积了早寒武世碳酸盐岩和砂泥质岩。早寒武世末，整体抬升成陆而缺失中、晚寒武世沉积。早、中奥陶世，西伯利亚东南大陆边缘因地壳拉张裂解，沉积构造环境发生分异。二连浩特至东乌旗阿拉坦合力一带和额尔古纳右旗一带为大陆斜坡环境，沉积了类复理石建造。东乌旗达来—兴隆广大海区，为火山岛弧环境，有强烈中性、酸性火山喷发，间歇期有正常沉积，组成了岛弧型火山复理石建造。晚奥陶世，火山活动停止，环境稳定的浅海盆中沉积陆源细碎屑岩、碳酸盐岩。晚奥陶世末，可能因俯冲作用成陆，从而缺失早、中志留世沉积。晚志留世又开始下沉，在陆表浅海中沉积了陆源碎屑岩建造，并含图瓦贝动物化石。

2)晚古生代

塔里木板块北东大陆边缘经历了泥盆纪碰撞造山形成造山带，结束了洋、陆对峙格局的板块构造运动。晚古生代，由于岩石圈深处的上地幔物质开始上涌，从而引发了板内构造新时期。

早石炭世，在拉张作用下，马鬃山古陆北侧形成近东西向延伸的陆内裂谷带，而南侧形成断陷盆地。北侧裂谷带早期堆积了浅海相复理石建造，晚期以强烈的中性、酸性火山喷发为主，夹砂岩、灰岩。南侧断陷盆地内早期沉积了陆源碎屑岩，局部夹火山岩，晚期为浅海相碳酸盐岩。晚石炭世发生挤压造山作用，地层褶皱并伴有强烈的岩浆侵入活动。

早二叠世，全区处于隆起状态，中二叠世，在白石土—红沙山和卢草井—芒帘超克形成裂谷，早期堆积了陆源碎屑岩、碳酸盐岩；晚期以基性火山喷发为主，夹正常细碎屑岩堆积。晚二叠世，裂谷逐渐关闭，早期以中酸性火山岩为主，夹正常碎屑岩沉积；晚期为陆相类磨拉石建造，含植物化石。晚二叠世后，全区进入中生代构造发展时期。

华北板块北部大陆边缘早泥盆世继承了晚志留世陆表海盆，沉积了滨海相-浅海相碎屑岩、碳酸盐岩。赤峰地区浅海盆中有中基性火山活动，表明当时总体为相对稳定的大陆边缘环境，中泥盆世因洋壳俯冲隆起成陆而缺失沉积。晚泥盆世—早石炭世，由于洋壳俯冲，陆陆碰撞，堆积了造山期后海陆交互相的碎屑岩夹中酸性火山岩磨拉石建造。由此表明古亚洲洋消亡，华北板块与西伯利亚板块拼合成一体，结束了洋陆对峙的格局。

晚石炭世有地幔物质上涌，沿索伦山—二连—西乌旗一带和赤峰地区形成裂谷带，早期沉积了海相碎屑岩、火山岩，晚期裂谷带海侵扩大，沉积了浅海相碳酸盐岩。早二叠世裂谷带闭合，在贺根山一带沉积了海陆交互相的中性火山岩及其碎屑岩夹正常碎屑岩、碳酸盐岩。赤峰地区沉积陆相泥砂质(含煤)建造夹中酸性火山碎屑岩。

中二叠世以发育板内裂谷构造为特点，但规模要比晚石炭世裂谷大，其延展方向由近东西转为北东向。早期沉积滨海相陆源碎屑岩建造；中期由于拉张作用增强，下陷更深而向两侧扩展，规模扩大，同时有强烈的中基性和酸性火山喷发，火山间歇期有正常沉积岩沉积，沉降中心在西里庙、大石寨；晚期火山活动减弱，而海水变浅，沉积一套正常碎屑岩、碳酸盐岩，局部仍有微弱的火山活动。镶黄旗-正蓝旗-赤峰裂陷中，早期为滨海相碎屑岩夹碳酸盐岩；中期为陆相火山岩夹正常碎屑岩；晚期为海陆交互相碎屑岩夹中性火山岩。晚二叠世，由于裂谷的闭合，海水变浅，有的成为河湖环境，因此沉积了一套陆相黑色细碎屑岩，广泛分布于西拉木伦河以北，以含安格拉植物群为特点。西拉木伦河以南地区沉积了河湖相凝灰质砂岩、砂砾岩、粉砂岩等，以含华夏植物群为特点。

西伯利亚板块东南大陆边缘，早泥盆世—中泥盆世基本继承了晚志留世海盆，但沉积环境有分异，在广大地区沉积了滨海相-浅海相陆源碎屑岩、碳酸盐岩。在乌奴耳地区形成生物礁灰岩。东乌旗哈诺敖包地区却发育陆相沉积，含植物化石。中泥盆世—晚泥盆世早期，由于南侧洋壳向北俯冲，在海拉尔地区形成弧后盆地，发育中基性、酸性火山岩及其碎屑岩，夹正常碎屑岩、碳酸盐岩、硅质岩等。而在二连浩特—东乌旗一带发育海退序列的浅海-滨海相碎屑岩，应为海相磨拉石建造。由于挤压造山，在伊敏河有高压低温蓝片岩产出。由于陆陆碰撞，造山作用并不十分强烈，地形差异亦不甚明显，因此晚泥盆世晚期陆表水域沉积了陆相-滨海相碎屑岩，局部仍有火山活动，含动、植物化石。由此可知，西伯利亚板块与华北板块在中泥盆世—晚泥盆世早期已拼合成一体，并成为亚欧大陆的一部分。

早石炭世西伯利亚板块东南大陆边缘亦以发育板内裂谷构造为特征。但仅在海拉尔地区发育伸展方向为北东向的裂谷，早期沉积了陆源碎屑岩、碳酸盐岩的类复理石建造；晚期由于裂谷下陷加剧而发育基性—酸性火山岩，夹有硅质岩、碳酸盐岩和细碎屑岩等。随之裂谷闭合成陆，缺失晚石炭世沉积。早二叠世在二连浩特—扎兰屯一带发育陆相中—酸性火山岩及其碎屑岩，夹正常碎屑岩，含安格拉植物群化石，火山活动中心在宝力高庙一带。而贺根山地区发育滨海相中酸性火山岩及其碎屑岩，夹正常碎屑岩、碳酸盐岩，含安格拉植物群化石。然而在大兴安岭地区陆表水域中沉积了陆相碎屑岩，含安格拉植物群化石。随之整体隆起成陆，绝大部分地区缺失中、晚二叠世沉积，而索伦镇—扎兰屯一带有晚二叠世陆相黑色细碎屑岩沉积，并含安格拉植物群化石。

综观上述可知，古亚洲洋是发育于塔里木板块、华北板块与西伯利亚板块之间的陆间洋盆。由于洋壳俯冲、陆陆碰撞时间的不一致，所以洋盆闭合消亡亦有先有后。塔里木板块与华北板块于晚石炭世完成拼合。西伯利亚板块东南大陆与华北板块于中泥盆世—晚泥盆世早期拼合为统一大陆。

晚古生代石炭纪、二叠纪以发育板内构造为特征。

3. 滨西太平洋大陆边缘板内构造发育阶段

1)早中生代

进入中生代后，构造格局发生了明显变化，开始了东西分异的新格局。表现为东隆西陷的特征。东部仅在少数几个盆地中有早三叠世的陆相火山喷发-沉积地层，而缺少中、晚三叠世地层。西部阿拉善地区，三叠系发育完整，为内陆河湖相红色碎屑岩和河湖相碎屑岩夹碳质沉积岩，含植物化石。晚三叠世末的印支运动，一些近东西向的古断裂复活，为晚中生代断陷盆地形成和火山喷发提供通道。同时伴有沿断裂侵入的岩浆活动。岩体的展布方向为北北东向。

2)晚中生代

地壳运动以断块升降差异运动为主，形成一系列互不相通的断陷盆地。盆地延展方向在东部为北东—北北东向，西部为近东西向，而且前者规模大于后者。

早、中侏罗世断陷盆地内沉积了河湖相含煤建造，东部的断陷盆地中已开始有火山喷发活动。

晚侏罗世受北东—北北东向、近东西向和北西向断裂控制，在东部大兴安岭地区发生强烈的火山喷发活动，由早期至晚期火山岩成分变化为基性—中性、酸性、酸性—基性岩，火山活动末期，以酸性和碱性花岗岩类的侵入而告终，在大兴安岭和阴山地区形成以酸性岩为主的岩浆岩带。火山活动强度自西乌旗—多伦一线以西显著减弱，至集宁—二连浩特一线以西更为微弱。构造变形形成一系列褶皱和近东西的逆冲推覆。在大兴安岭形成北东—北北东向和北西向张性断裂，构成盆岭构造格局。

白垩纪基本继承了晚侏罗世的构造格局。早期断陷盆地沿沉降中心向西迁移，断陷盆地沉积了河湖相含煤建造，火山活动西强东弱；晚期南部地区抬升成陆，北部地区断陷盆地继续下降，接受了河湖相红色建造。白垩纪末期的构造运动使盆地迁移消失。断裂主要是继承性活动，地层褶皱轻微，岩浆活动亦不甚强烈。

3)新生代

地壳以垂直升降运动为主，形成现代山系和断陷盆地，同时受断裂控制的基性火山喷溢以及多期冰川活动为这一阶段的醒目特点。

在断陷盆地中形成第三纪红色含膏盐砂泥质建造，同时盆地沉积中心不断迁移。中新世沿断裂有汉诺坝玄武岩浆喷溢。上新世末，第三纪湖盆萎缩，第四纪湖盆形成。早更新世初出现冰川活动和冰水沉积，中更新世又一次发生冰川活动，晚更新世初期再次发生冰川活动和冰水沉积。晚更新世发生阿巴嘎组、大黑沟组玄武岩浆喷溢。

全新世地壳活动普遍以抬升和局部坳陷为特点，低洼处沉积了湖积、冲积、冲洪积、残积、风积和混合类型的草原堆积。现今河套平原仍处于地幔上隆的拉张状态，故乌拉山-大青山前古断裂处于复活状态，成为地震多发地带。由于乌拉山—大青山区在全新世持续抬升，迫使黄河河道南移。

二、成矿区（带）内构造单元划分及其特征

（一）构造单元划分

根据板块构造理论，按各大板块间缝合线的位置确定内蒙古元古宙—古生代3个Ⅰ级大地构造单元：塔里木板块、华北板块和西伯利亚板块。塔里木板块与华北板块以阿尔金断裂为界，华北板块与西伯利亚板块以克拉麦里—二连断裂为界。Ⅱ级构造单元根据陆壳基底特征及构造环境不同划分为地块和大陆边缘。根据沉积建造与古生物群落划分Ⅲ级构造单元。以构造环境和沉积特征划分Ⅳ级构造单元。成矿区（带）内构造单元划分如下。

Ⅰ西伯利亚板块

- I_1^1 额尔古纳非火山被动陆缘
  - I_1^{1-1} 额尔古纳地块
  - I_1^{1-2} 小伊诺盖沟古生代非火山增生陆缘
- I_1^2 喜桂图火山型被动陆缘
  - I_1^{2-1} 陈巴尔虎旗-根河晚古生代大陆坡
  - I_1^{2-2} 牙克石-甘河裂谷带
  - I_1^{2-3} 乌奴耳-吉文镇晚古生代大陆坡
- I_1^3 东乌旗-扎兰屯火山型被动陆缘
  - I_1^{3-1} 博克图古生代陆缘
  - I_1^{3-2} 加格达奇地块
  - I_1^{3-3} 苏呼河-大杨树镇早古生代火山岛弧
  - I_1^{3-4} 查干敖包-扎兰屯古生代增生陆缘

Ⅳ塔里木板块

- IV_1 塔里木板块北东大陆边缘
- IV_1^1 黑鹰山火山型被动陆缘
  - IV_1^{1-1} 碎石山-园包山边缘弧
  - IV_1^{1-2} 六驼山活动大陆坡
  - IV_1^{1-3} 旱山地块
- IV_1^2 马鬃山-红柳园火山型被动陆缘
  - IV_1^{2-1} 斜山-东七一山火山弧
  - IV_1^{2-2} 白云山-洗肠井陆缘裂谷带
  - IV_1^{2-3} 马鬃山地块

Ⅴ华北板块

- V_1 华北板块北部大陆边缘
- V_1^1 宝音图-锡林浩特火山型被动陆缘
  - V_1^{1-1} 宝音图地块
  - V_1^{1-2} 艾力格庙-锡林浩特地块
  - V_1^{1-3} 乌力吉古生代增生陆缘
  - V_1^{1-4} 索伦-西乌旗晚古生代增生陆缘
  - V_1^{1-5} 乌兰浩特-林西晚古生代裂谷带
- V_1^2 镶黄旗-赤峰火山型被动陆缘
  - V_1^{2-1} 包尔汗图早古生代火山岛弧
  - V_1^{2-2} 克什克腾旗早古生代增生陆缘
  - V_1^{2-3} 镶黄旗-赤峰晚古生代增生陆缘
  - V_1^{2-4} 白乃庙-温都尔庙地块

V_2 华北地块

V_2^1 阴山隆起
- V_2^{1-1} 白云鄂博中—新元古代裂谷带
- V_2^{1-2} 渣尔泰山中—新元古代裂谷带
- V_2^{1-3} 巴音诺尔公断隆
- V_2^{1-4} 雅布赖山断隆
- V_2^{1-5} 北大山断隆
- V_2^{1-6} 乌拉山-大青山断隆
- V_2^{1-7} 凉城断隆
- V_2^{1-8} 喀喇沁断隆

V_2^2 鄂尔多斯坳陷
- V_2^{2-1} 鄂尔多斯西缘坳陷
- V_2^{2-2} 东胜凸起
- V_2^{2-3} 赛乌素坳陷
- V_2^{2-4} 伊陕斜坡

V_3 华北西部大陆边缘

V_3^1 北祁连非火山被动陆缘

(二)构造单元特征

1. 西伯利亚板块东南大陆边缘

以得尔布干断裂和头道桥-鄂伦春自治旗断裂为界划分3个Ⅲ级构造单元。

1)额尔古纳非火山型大陆缘

由新元古代青白口纪佳疙瘩群浅变质岩系和震旦纪额尔古纳组碳酸盐岩、碎屑岩组成前古生代结晶岩系。早、中奥陶世和晚志留世以及早石炭世为海相陆源碎屑岩,早二叠世为陆相沉积岩。新元古代末拼合于西伯利亚板块东南边缘。古生代为稳定大陆边缘环境,早二叠世接受陆相河湖相沉积。中生代发育断陷盆地,岩浆活动强烈,形成火山-深成岩。

本单元可划分两个Ⅳ级构造单元。

2)喜桂图火山型被动陆缘

早中奥陶世发育浅海复理建造和岛弧火山岩建造,晚奥陶世为浅海相复理石建造,缺失志留纪地层。泥盆纪本区为弧后盆地环境,早泥盆世晚期—中泥盆世早期沉积了浅海碳酸盐岩和类复理石建造。中泥盆世晚期—晚泥盆世早期,地壳强烈拉张,海相火山喷发活动强烈,发育中基性火山岩、硅质岩。晚泥盆世海盆缩小成陆,沉积了海陆交互相或陆相碎屑岩。早石炭世地壳下陷拉张形成裂谷,早期为浅海相碎屑岩、碳酸盐岩,晚期为海相基性—酸性火山岩夹正常沉积岩。早石炭世末成陆,缺失晚石炭世地层。早二叠世为陆相河湖沉积。海西期岩浆活动强烈,形成岩基。中生代形成断陷盆地,堆积了火山岩和含煤建造,并有花岗质岩浆活动。

本单元可划分3个Ⅳ级构造单元。

3)东乌旗-扎兰屯火山型被动陆缘

由古生代中浅变质岩和新元古代浅变质岩系组成前古生代地块。在伊尔施一带沉积了早寒武世砂泥质岩和碳酸盐岩,缺失中、晚寒武世地层。早奥陶世早期—中奥陶世二连北—东乌旗沉积了滨海相陆源碎屑岩。早奥陶世中期—中奥陶世在东乌旗以北地区发育浅海相复理石建造和岛弧型火山岩建造,晚奥陶世发育浅海相复理石建造,缺失早、中志留世地层,广泛发育晚志留世浅海近岸砂泥质沉积。早泥盆世—中泥盆世沉积环境发生分异。二连以北的查干敖包庙地区沉积了滨浅海相陆源碎屑岩,其他广大地区沉积了浅海相碳酸盐岩和类复理石建造。同时在东乌旗哈诺敖包地区沉积了陆相碎屑岩和火山凝灰岩。中泥盆世晚期—晚泥盆世早期，由于洋壳俯冲，陆陆碰撞，在弧后盆地中发育基性—酸性火山岩，夹正常沉积岩。在弧后盆地的前缘地区沉积了海退序列的海相磨拉石建造，并有火山喷发活动，含植物化石碎片。晚泥盆世晚期，海盆缩小成陆，沉积了陆相或海陆交互相砂泥质岩石、硅质岩，并有火山活动，含植物化石。早石炭世仅在伊尔施—扎兰屯以北沉积了浅海相类复理石建造，缺失晚石炭世地层。早二叠世发育陆相或海陆交互相火山岩，缺失中二叠世地层，晚二叠世沉积了陆相黑色细碎屑岩，含安格拉植物化石。晚古生代岩浆活动发育，形成岩基、岩株。

中生代形成断陷盆地和隆起，岩浆活动强烈，形成火山-深成岩。断陷盆地沉积了含煤建造。

本构造单元包括 4 个Ⅳ级构造单元。

2. 塔里木板块北东大陆边缘

以石板井断裂为界划分两个Ⅲ级构造单元：黑鹰山火山型被动陆缘和马鬃山-红柳园火山型被动陆缘，它们的特征如下。

1）黑鹰山火山型被动陆缘

该构造单元可划分 3 个Ⅳ级构造单元。它由古元古代中低级变质岩系和奥陶纪、志留纪、泥盆纪、石炭纪和二叠纪地层组成。中奥陶世被动大陆斜坡地壳强烈拉张下陷，有强烈火山喷发活动，发育中基性火山岩和硅质岩。中、晚志留世，本区处于火山岛弧环境，发育钙碱性火山岩。早泥盆世由于洋壳俯冲作用，陆陆碰撞而造山成陆。

晚古生代处于板内造山阶段，由于地幔上涌，地壳拉张形成裂谷带，并有强烈火山喷发活动及花岗质岩浆侵入。中生代发育北东向或近东西向上叠盆地，同时发育大规模推覆构造。

2）马鬃山-红柳园火山型被动陆缘

由 3 个Ⅳ级构造单元组成。由古元古代中低级变质岩系组成结晶地块，上覆中、新元古代沉积盖层，新元古代有冰水沉积发育，早古生代寒武纪—早奥陶世为被动大陆边缘环境。板块构造活动在中奥陶世最为强烈，形成再生洋盆。晚奥陶世—早志留世为火山弧环境，中、晚志留世，由拉张体制转为挤压体制，发育火山岛弧。早泥盆世，由于洋壳俯冲，陆陆碰撞，在石板井—白云山—洗肠井形成缝合带，并发育火山磨拉石建造。中泥盆世发育造山期后磨拉石建造。随着洋盆逐步消亡，褶皱造山成陆的过程中伴随花岗质岩浆侵入。

晚古生代沉积了裂谷带的火山岩和碎屑岩，石炭纪时，塔里木板块与华北板块拼合在一起。中生代形成断陷盆地，发育含煤建造。

3. 华北板块北部大陆边缘

1）宝音图-锡林浩特火山型被动陆缘

由古元古代和中新元古代中浅变质岩系组成前古生代地块，其中中元古代温都尔庙群发育高压低温蓝片岩相变质岩系。广大地区缺失早古生代地层，仅在宝音图地块北部中蒙边界地区分布有早—中奥陶世的岛弧型火山岩石，夹碎屑岩和碳酸盐岩。缺失晚奥陶世和早志留世地层。中志留世地层分布范围基本同早—中奥陶世，为一套浅海相变质碎屑岩，结晶灰岩和变凝灰岩、变晶屑安山岩。晚志留世—早泥盆世仅在阿巴嘎旗查干诺尔地区，为浅海相碎屑岩夹碳酸盐岩，为海相磨拉石建造，缺失中泥盆世地层。由于陆陆碰撞造山，晚泥盆世—早石炭世地层只分布在苏尼特左旗和阿巴嘎旗一些地区，为滨海相的碎屑岩夹碳酸盐岩和安山岩，可能为造山期后的产物。晚石炭世和二叠纪由于地壳拉张下陷，形成规模巨大的裂陷，所以沉积了晚石炭世浅海相碎屑岩、火山岩和碳酸盐岩，以及二叠纪的浅海相碎屑岩、碳酸盐岩和中基性火山岩。晚二叠世海水退出而沉积了陆相黑色砂泥质岩石，并含安格拉植物群化石。中生代发育断陷盆地，沉积了含煤建造和火山岩。加里东期、海西期和印支期—燕山期均有岩浆活动。

本构造单元可划分 5 个Ⅳ级构造单元。

2)镶黄旗-赤峰火山型被动陆缘

由古元古代和中新元古代中浅变质岩组成前古生代地块。缺失早、中寒武世地层，晚寒武世地层亦仅在喀喇沁旗地区有少量分布，为浅海相碎屑岩和碳酸盐岩。早—中奥陶世在克什克腾旗五道沟门等地发育海相基性火山岩和硅质岩。缺失晚奥陶世地层。中志留世为变质的浅海相碎屑岩、碳酸盐岩及火山岩等。由于洋壳俯冲，陆陆碰撞造山，晚志留世—早泥盆世沉积了海相磨拉石建造，同时发育加里东期岩浆侵入活动。早泥盆世地层仅分布在敖汉旗前坤头一带，为海相碎屑岩，夹碳酸盐岩和基性火山岩。石炭纪和二叠纪以发育裂陷槽为特征。石炭纪裂陷槽中在赤峰地区沉积了早石炭世基性、中酸性火山岩，夹正常碎屑岩，早—晚石炭世沉积了浅海相碎屑岩和碳酸盐岩。西部别鲁乌图地区却发育晚石炭世中酸性火山岩及其碎屑岩，而多数地区沉积了浅海相碳酸盐岩。二叠纪裂陷槽早期沉积了陆相或海陆交互相砂泥质岩夹劣质煤层，局部有中酸性火山活动。中期沉积了滨海-浅海相碎屑岩、碳酸盐岩，陆相中酸性火山岩和碎屑岩含植物化石，海陆交互相碎屑岩，局部有火山活动。晚期为陆相河湖沉积，含华夏植物群化石。中生代发育断陷盆地，堆积了火山岩及含煤建造。海西期、印支期、燕山期岩浆活动强烈。

本单元由 4 个Ⅳ级构造单元组成。

4. 华北地块

1)阴山隆起

它是内蒙古变质岩系集中分布区，由太古宙变质岩系和古元古界构成原始古陆块，中新元古代浅变质岩为准稳定盖层，新元古代什那干群和古生代地层为它的稳定盖层。目前，已知变质岩系的年龄为(3740±39)Ma，出露在兴和县南部。太古宙 TTG 岩系发育，使高级变质岩系呈包体分布于其中。由于多期变形变质作用，中高级变质岩系呈花岗-片麻穹隆构造形式；中、浅变质岩系线形构造明显，混合岩化作用发育，形成混合花岗岩。中生代以断陷盆地发育为特征，沉积了含煤建造、红色建造，并有火山喷发活动。第三纪沉积了红色含膏盐建造，中新世基性岩浆喷发形成规模宏大的熔岩台地。由于晚古生代、中生代的构造岩浆活化作用，除分布有太古宙、元古宙岩浆活动外，海西期、印支期、燕山期岩浆岩均有分布。

2)鄂尔多斯坳陷

它是华北地块古生代强烈沉降地区，其基底是由太古宙中高级变质岩系组成，古生代由于受构造运动的影响，该区下沉形成浅海盆地，沉积了含煤建造、碳酸盐岩建造。中生代上叠盆地发育，沉积了含煤建造及红色建造。由于一直处于稳定状态，岩浆活动不发育。

三、区域构造单元与区域演化特征

古、中元古代由火山沉积岩系组成华北原始古陆壳，但中太古代沉积构造环境已有分异，所以形成了组成物质略有差异的乌拉山岩群和集宁岩群。2600Ma 左右的阜平运动，岩系发生褶皱及高级区域变质作用，并伴有花岗岩侵入，地壳首次克拉通化。新太古代这些古陆壳周边发育绿岩建造，2500Ma 的五台运动，形成华北统一的陆块。古元古代末，在古陆块周边或内部发生裂解，发育类绿岩建造，1800Ma 左右的吕梁运动裂谷闭合，伴随发生低温动力变质作用和局部混合岩化，并有花岗岩侵入，地壳第二次克拉通化，华北陆块进入相对稳定的发展阶段。中新元古代华北陆块边缘和内部发生裂陷，沉积了白云鄂博群和渣尔泰山群复理石建造，初期并有火山喷发活动。1400Ma 和 1000Ma 曾发生两次地壳抬升运动，造成岩系内部的平行不整合接触关系。800Ma 左右晋宁运动，裂陷槽闭合，并伴随发生低级区域变质作用，同时与塔里木地块拼合成一体。震旦纪在塔里木-华北地台的内蒙古西部沉积了冰水沉积，而中部沉积了砂泥质岩组成的第一稳定盖层。600Ma 左右张广才岭运动，统一的塔里木-华北地台北缘发生裂解开始进入陆缘演化阶段。新元古代佳疙瘩群和震旦纪额尔古纳组组成的额尔古纳地块于 600Ma 左右拼合于西伯利亚古陆块的东南边缘。

古生代是亚洲洋形成、发展和消亡的时期。塔里木板块北东大陆边缘在中寒武世开始形成再生亚洲洋，并堆积了海相陆源碎屑岩、碳酸盐岩、硅质岩。华北板块北部大陆边缘仅在赤峰地区晚寒武世下沉，大陆斜坡沉积浅海相碎屑岩和碳酸盐岩。西伯利亚板块东南大陆边缘早寒武世下沉，在大陆斜坡环境沉积了碳酸盐岩和碎屑岩，早寒武世末上升成陆而缺失中奥陶世沉积。塔里木板块被动大陆边缘，随着地壳下沉加剧，形成洋缘裂谷和洋盆，而发生强烈基性、中酸性火山岩喷发。同时旱山古陆块北侧大陆斜坡裂陷带亦发生强烈的中基性火山喷发活动。西伯利亚板块东南大陆边缘早奥陶世又下沉，形成浅海盆地，但构造沉积环境已有分异。二连浩特北查干敖包—额尔古纳河的七卡一带为大陆斜坡环境，沉积早—中奥陶世浅海复理石，而其余广大地区处于火山岛弧环境，形成火山-复理石建造。晚奥陶世早期由于俯冲作用成陆，缺失晚奥陶世中、晚期沉积。华北板块北部大陆边缘早奥陶世发生裂解，形成再生洋盆，在赤峰克什克腾旗五道沟门一带形成深海，发育有洋壳和强烈的基性火山喷发活动，而在达茂旗包尔汗图一带处于岛弧环境，堆积了火山-复理石建造。中奥陶世末成陆而缺失晚奥陶世沉积。

晚奥陶世—晚志留世，塔里木板块北东大陆边缘由于横峦山—洗肠井一带洋壳俯冲，旱山古陆南侧形成火山弧和弧后盆地环境，沉积了晚奥陶世复理石建造，为碳酸盐岩和浊积岩。早志留世沉积了海退序列的浅海相碎屑岩夹碳酸盐岩。中—晚志留世为岛弧型基性—酸性火山岩夹正常沉积岩。旱山古陆北侧处于相对稳定环境，沉积了晚奥陶世复理石建造，早志留世沉积了深海浊积岩系，中—晚志留世处于火山岛弧环境而形成一套岛弧型基性—酸性火山岩、正常沉积岩。由于陆陆碰撞洋盆消亡，因此早泥盆世形成了海相磨拉石建造，同时伴有花岗质岩浆侵入和混合岩化作用。

华北板块北部大陆边缘中志留世复又下沉，并有火山活动，堆积了浅海相碎屑岩、碳酸盐岩夹凝灰岩。中志留世末，由于陆陆碰撞，洋盆消失，褶皱成山，并伴有花岗岩侵入。晚志留世在陆表海中沉积了浅海相磨拉石建造。

西伯利亚板块东南大陆边缘在晚志留世初复又下陷形成广阔浅海，沉积了浅海近岸相陆源碎屑岩。

塔里木板块北东大陆边缘，由于晚志留世—早泥盆世的碰撞造山作用，构造沉积环境发生分异。黑鹰山一带中泥盆世由于地壳活动较强，陆表海盆中仍有中酸性火山喷发活动，并一直持续到晚泥盆世。北山地区地壳活动性相对较弱，陆表海盆中沉积了杂色粗碎屑岩。晚泥盆世，地壳活动性时有加强，所以沉积了海退—海进—海退序列的滨海相碎屑岩，夹生物礁灰岩，晚泥盆世末海水彻底退出成陆。华北板块北部大陆边缘早泥盆世仅在赤峰地区有浅海相类复理石建造沉积，并夹有基性火山岩。全区缺失中泥盆世沉积。晚泥盆世—早石炭世早期，由于北侧洋壳的俯冲、碰撞，故在苏尼特左旗—锡林浩特一带沉积有海陆交互相陆源碎屑岩夹中酸性火山岩。西伯利亚板块东南大陆边缘早泥盆世—中泥盆世处于弧后盆地构造环境，所以沉积环境有所分异，广大地区沉积了浅海相类复理石建造；乌奴耳地区形成生物礁灰岩；东乌旗哈诺敖包地区沉积了陆相地层。中—晚泥盆世，由于东南侧洋壳俯冲作用，弧后盆地下陷加剧，引发了强烈的火山喷发。

然而在其东南边缘沿二连浩特市北阿尔格勒图—忠工屯一线沉积了一套海退序列的碎屑岩、硅质岩、砾岩。沉积物由下至上粒度越来越粗，并出现砾岩，应为海相磨拉石建造。晚泥盆世，由于东南侧洋壳俯冲，洋盆消亡，陆陆碰撞，海水退出，而沉积海陆交互相或陆相地层。由于陆陆碰撞缓慢，造山作用显得不强，但仍伴有强烈的花岗岩浆侵入，而形成早海西期造山带，并与华北板块北部大陆边缘拼合成一体，成为古亚洲大陆的一部分。

石炭纪、二叠纪，统一的古亚洲大陆进入板内造山活动阶段，由于地幔上涌，岩石圈减薄以形成板内裂谷带为特征。石炭纪在黑鹰山裂谷中堆积了海相类复理石建造和基—中、酸性火山岩建造，含有安格拉植物化石；二叠纪为海相碎屑岩-碳酸盐岩建造和基性火山岩建造。北山裂谷带石炭纪为海相类复理石建造和碳酸盐岩建造；二叠纪为陆相火山岩和碎屑岩。内蒙古中东部地区晚石炭世形成乌力吉-索伦山-西乌旗裂谷带，早期堆积了陆源碎屑岩、火山岩，晚期海盆扩大，沉积了碳酸盐岩建造；早二叠世在北侧边缘发育陆相火山岩和滨海相基性火山岩夹正常沉积岩，早二叠世末裂谷闭合。镶黄旗-赤峰裂陷带早石炭世为基性—中酸性火山岩，早—晚石炭世为陆源碎屑岩和碳酸盐岩；早二叠世沉积了海陆交互相地层，末期裂陷闭合。伊尔施-博克图裂陷带早石炭世早期为陆源碎屑岩，晚期为基性火山岩，晚期末裂陷槽闭合成陆，而缺失中、晚二叠世地层。中二叠世，索伦山-西乌旗、大石寨-林西和镶黄旗-赤峰裂陷带形成，早期为陆源碎屑岩，中期火山活动强烈，晚期沉积浅海相碎屑岩、碳酸盐岩，晚二叠世裂陷渐渐闭合，沉积了陆相地层。石炭纪、二叠纪岩浆活动强烈，形成规模宏大的岩浆岩带。

华北地块古生代基本处于稳定状态，寒武纪—奥陶纪沉积了浅海相细碎屑岩、碳酸盐岩。晚奥陶世抬升成陆，石炭纪复又下沉，沉积了浅海相地层，晚石炭世沉积海陆交互相含煤地层。二叠纪海水退出，沉积了河湖相沉积，晚期气候干燥而沉积了红色建造。晚古生代在阴山台隆内由于北部亚洲洋的俯冲作用，发育有岩浆活动，并形成山间盆地，沉积了陆源碎屑岩。

中生代由于滨太平洋构造域的影响，地质构造环境发生明显变化，总体以形成近东西向和北东—北北东向断陷盆地和隆起相伴的格局为特征。同时大兴安岭地区强烈火山喷发形成举世瞩目的火山构造岩浆带。构造岩浆活动程度总体东强西弱。在断陷盆地中形成了含煤建造。

华北地块的鄂尔多斯中生代早期以沉陷为特征，沉积了红色建造；晚期沉积陆相含煤建造。

新生代，由于地壳以断块升降运动为主，基本形成了现今的盆山体系。第三纪在盆地中沉积了河湖相含膏盐砂泥质建造。中新世初沿断裂有大规模玄武岩浆喷发，形成熔岩台地。渐新世在河套断陷内形成生油层，而在吉兰泰等地沉积了含膏盐红色碎屑岩沉积。第四纪总体抬升，但断块差异升降运动仍在继续。早、中更新世在大兴安岭和阿拉善地区有 3 次冰川活动，形成冰水沉积。晚更新世在阿巴嘎旗和赤峰地区有玄武岩浆喷发。全新世地壳活动仍以抬升和局部坳陷为特征，河套平原处于地幔上涌拉张状态，故临河-包头-呼和浩特山前断裂处于复活状态，成为现在地震多发地带。

第三章 成矿区(带)、成矿系列划分及典型矿床

第一节 成矿区(带)划分及各区(带)成矿特征

一、成矿区(带)划分原则

成矿区(带)分5级，即Ⅰ、Ⅱ、Ⅲ、Ⅳ、Ⅴ级，由大到小分级圈定，它是研究成矿规律的必要手段，也是成矿作用和经济概念的统一。一个成矿区(带)是某矿种(或几个矿种)一组或几组矿床集合在四维空间的定值，表达了矿床时空分布规律。

Ⅰ级：是全球成矿区(带)，也称全球成矿单元，用“成矿域”来表达。它反映全球范围内地幔物质巨大的不均一性，常与全球性的巨型构造相对应。它可能是在几个大地构造岩浆旋回期间发育形成的，每一旋回有其特定的矿化类型。随着构造-岩浆旋回的发展、演化，出现多期次叠加和改造的成矿作用，展示全球性的成矿作用。

Ⅱ级：是Ⅰ级成矿单元内部的次级成矿区(带)，与大地构造单元相对应或跨越多个大地构造单元的含矿领域，其成矿作用是经几个或单一大地构造演化旋回的地质历史时期形成的，发育有特点的区域矿化类型。区域成矿作用演化过程中，成矿物质的富集受壳幔作用、表生作用及物质不均匀性的控制，赋存的矿床类型明显受多级或多序次构造的控制，矿化集中分布在该级矿带内特定的构造部位。它揭示了一(或二级)大地构造单元区域成矿作用的总体特征。

Ⅲ级：是在Ⅱ级成矿区(带)范围圈定的次级成矿区(带)，在有利的成矿区段内受几类区域的或同一地质作用控制的某几种矿床类型集中分布的地区，反映了区域成矿专属性的特征。它控制了巨型矿化富集区的成矿作用特征。

Ⅳ级：是受同一成矿作用和几个主导控矿因素控制的矿田分布区，展示了矿化富集区的成矿作用特征。

Ⅴ级：是受有利成矿地质因素中同类成矿因素控制的矿田。控矿因素通常指地层、岩浆岩、构造、地球物理场和地球化学场等因素，控制形成某矿种中一定类型矿床组合在一起的矿床集中分布区。其控矿因素与矿床的空间定位有关。一般来说，一个矿田包括一组有成因联系的矿床组合，表示了矿田内成矿作用的特征。

成矿区(带)与地质构造单元的关系是多样的，不同级别的成矿区(带)可以与不同级别的地质构造单元重合，亦可以跨越多个不同时代的地质构造单元，或在同一个地质构造单元内。成矿区(带)与不同时期成矿作用的关系亦是多样的，有的成矿区(带)是由一个时期的成矿作用所形成，更多的成矿区(带)是多期次成矿作用叠加的产物。

成矿区(带)通常冠以构造单元或地区名称和区域成矿作用限定的成矿元素(或矿物)组合予以命名。

二、成矿区(带)的划分

根据上述成矿区(带)划分原则,内蒙古成矿区(带)划分为Ⅱ级成矿区(带)2个,Ⅲ级10个,Ⅳ级46个,Ⅴ级115个,它们分别属于古亚洲成矿域、前寒武纪成矿域、滨西太平洋成矿域。各成矿区(带)名称如下。

$Ⅱ_2$ 额济纳旗-兴安岭元古宙、海西期、燕山期铜、铅锌、金、银、铬、铌成矿区

$Ⅲ_4$ 大兴安岭中段海西期、燕山期铁、锌、钨、金、铅、铬成矿带

$Ⅳ_4^1$ 陈巴尔虎旗-根河市金成矿带

$Ⅴ_4^{1-1}$ 四五牧场金成矿带

$Ⅳ_4^2$ 谢尔塔拉-甘河铁、锌、硫铁矿成矿带

$Ⅴ_4^{2-1}$ 谢尔塔拉-六一铁、锌、硫铁矿成矿带

$Ⅳ_4^3$ 博克图-朝不楞钨、铁、锌、铅成矿带

$Ⅴ_4^{3-1}$ 塔尔其-梨子山铁成矿带

$Ⅴ_4^{3-2}$ 苏呼河-八十公里铁、铅、锌成矿带

$Ⅴ_4^{3-3}$ 朝不楞-查干敖包、铁、锌、铅成矿带

$Ⅴ_4^{3-4}$ 沙麦钨成矿带

$Ⅳ_4^4$ 奥尤特-古利库金、铜成矿带

$Ⅴ_4^{4-1}$ 古利库金成矿带

$Ⅴ_4^{4-2}$ 巴林金、铜成矿带

$Ⅴ_4^{4-3}$ 奥尤特铜成矿带

$Ⅳ_4^5$ 贺根山铬、金、铜成矿带

$Ⅴ_4^{5-1}$ 贺根山铬成矿带

$Ⅴ_4^{5-2}$ 小坝梁金、铜成矿带

$Ⅲ_5$ 额尔古纳河(得尔布干)燕山期铜(钼)、金、银、铅、锌成矿带

$Ⅳ_5^1$ 莫尔道嘎金、铅、锌成矿带

$Ⅴ_5^{1-1}$ 小伊诺盖-吉兴沟金成矿带

$Ⅴ_5^{1-2}$ 下护林-三河铅、锌成矿带

$Ⅳ_5^2$ 八大关-新巴尔虎右旗铜(钼)、银、铅、锌成矿带

$Ⅴ_5^{2-1}$ 八大关-乌努格吐山铜(钼)成矿带

$Ⅴ_5^{2-2}$ 甲乌拉-额仁陶勒盖银、铅、锌成矿带

$Ⅲ_6$ 突泉-林西海西期、燕山期铁(锡)、铜、铅、锌、金、银、铌(钽)成矿带

$Ⅳ_6^1$ 索伦镇-黄岗铁(锡)、铜、锌成矿带

$Ⅴ_6^{1-1}$ 毛登铜、锡成矿带

$Ⅴ_6^{1-2}$ 巴洛哈达铜、铁成矿带

$Ⅴ_6^{1-3}$ 沙不楞山铜、铅、锌成矿带

$Ⅴ_6^{1-4}$ 黄岗铁、锡、铜、铅、锌成矿带

$Ⅳ_6^2$ 神山-白音诺尔铜、铅、锌、铁、铌(钽)成矿带

$Ⅴ_6^{2-1}$ 神山铁、铅、锌成矿带

V_6^{2-2} 巴尔哲铌、钽成矿带
V_6^{2-3} 石长温都尔-敖林达铅、锌、铁成矿带
V_6^{2-4} 浩布高-敖脑大坝铜、铅、锌成矿带
V_6^{2-5} 白音诺尔-碧流台铜、铅、锌成矿带
IV_6^3 莲花山-大井子铜、银、铅、锌成矿带
V_6^{3-1} 莲花山-长春岭铜、铅、锌、银成矿带
V_6^{3-2} 孟恩陶勒盖-布敦花银、铜、铅、锌成矿带
V_6^{3-3} 水泉铜、铅、锌成矿带
V_6^{3-4} 敖尔盖-大井子铜、银成矿带
IV_6^4 硐子-汤家杖子钨、金、钼、铅、锌、铜成矿带
V_6^{4-1} 小东沟-柳条沟钼、铅、锌成矿带
V_6^{4-2} 硐子-小营子铅、锌、铜成矿带
V_6^{4-3} 撰山子-各力各金成矿带
V_6^{4-4} 库里吐钼、铜、铅、锌成矿带
V_6^{4-5} 汤家杖子-五家子钨、铜成矿带
III_7 乌力吉-锡林浩特元古宙、海西期、燕山期铜、铁、铬、金、钨、萤石成矿带
IV_7^1 苏木查干敖包-二连萤石成矿带
V_7^{1-1} 白银脑包萤石成矿带
V_7^{1-2} 敖包图、苏木查干敖包萤石成矿带
IV_7^2 温都尔庙-红格尔庙铁成矿带
V_7^{2-1} 卡巴-红格尔庙铁成矿带
V_7^{2-2} 大敖包-小敖包铁成矿带
IV_7^3 索伦山-查干哈达庙铬、铜成矿带
V_7^{3-1} 索伦山-乌珠尔铬成矿带
V_7^{3-2} 克克齐-查干哈达庙铜成矿带
IV_7^4 查干此老-巴音杭盖金成矿带
V_7^{4-1} 查干此老-巴音杭盖金成矿带
IV_7^5 白乃庙-哈达庙铜、金、萤石成矿带
V_7^{5-1} 黑沙图萤石成矿带
V_7^{5-2} 乌花敖包-宫胡洞铜、金成矿带
V_7^{5-3} 白乃庙-谷那乌素铜、金成矿带
V_7^{5-4} 别鲁乌图铜成矿带
V_7^{5-5} 毕力赫-哈达庙金成矿带
IV_7^6 乌力吉-欧布拉格铜、金成矿带
V_7^{6-1} 欧布拉格铜金成矿带
IV_7^7 卯都房子-毫义哈达钨、萤石成矿带
V_7^{7-1} 卯都房子-三胜村钨成矿带
V_7^{7-2} 石匠山-达盖滩萤石成矿带
III_8 额济纳旗-雅干海西期铁、金、钼、铜、锑、萤石成矿带
IV_8^1 黑鹰山-雅干铁、钼成矿带
V_8^{1-1} 黑鹰山-乌珠尔嘎顺铁、铜、金成矿带
V_8^{1-2} 流沙山钼成矿带

Ⅳ$_{8}^{2}$ 石板井-东七一山钨、钼、铜、铁、萤石成矿带

Ⅴ$_{8}^{2-1}$ 东七一山钨、钼、萤石成矿带

Ⅴ$_{8}^{2-2}$ 索索井铜、铁成矿带

Ⅳ$_{8}^{3}$ 阿木乌素-老硐沟金、钨、锑成矿带

Ⅴ$_{8}^{3-1}$ 阿木乌素-鹰嘴红山钨、锑成矿带

Ⅴ$_{8}^{3-2}$ 老硐沟金成矿带

Ⅳ$_{8}^{4}$ 玉石山萤石成矿带

Ⅴ$_{8}^{4-1}$ 神螺山-玉石山萤石成矿带

Ⅱ$_{3}$ 华北地台北缘金、银、铜、铅锌、铂、钼、硼、石墨、滑石成矿区

Ⅲ$_{10}$乌拉山-集宁-阜新太古宙、燕山期金、银、铁、铜、铅、锌、石墨、菱铁矿、白云母成矿带

Ⅳ$_{10}^{1}$乌拉山-大青山金、银、铁、白云母成矿带

Ⅴ$_{10}^{1-1}$乌拉山金成矿带

Ⅴ$_{10}^{1-2}$梁前-摩天岭金、银成矿带

Ⅴ$_{10}^{1-3}$乌拉山白云母成矿带

Ⅴ$_{10}^{1-4}$壕赖沟铁成矿带

Ⅳ$_{10}^{2}$五当召-什报气石墨成矿带

Ⅴ$_{10}^{2-1}$五当召-庙沟石墨成矿带

Ⅴ$_{10}^{2-2}$什报气-灯笼素石墨成矿带

Ⅳ$_{10}^{3}$卯独庆金成矿带

Ⅴ$_{10}^{3-1}$卯独庆金成矿带

Ⅳ$_{10}^{4}$旗下营-土贵乌拉金、银、白云母成矿带

Ⅴ$_{10}^{4-1}$金盆金成矿带

Ⅴ$_{10}^{4-2}$李清地-土贵乌拉银、白云母成矿带

Ⅴ$_{10}^{4-3}$大阳坡-驼盘金成矿带

Ⅳ$_{10}^{5}$黄土窑-南井石墨成矿带

Ⅴ$_{10}^{5-1}$黄土窑石墨成矿带

Ⅴ$_{10}^{5-2}$南井石墨成矿带

Ⅳ$_{10}^{6}$红花沟-索虎沟金成矿带

Ⅴ$_{10}^{6-1}$官地-红花沟金、银、铜成矿带

Ⅴ$_{10}^{6-2}$索虎沟-石人沟金、铅、锌成矿带

Ⅳ$_{10}^{7}$大水清-热水金、铜成矿带

Ⅴ$_{10}^{7-1}$明于山-大水清铜、金成矿带

Ⅴ$_{10}^{7-2}$热水-东风金成矿带

Ⅳ$_{10}^{8}$陈家杖子金成矿带

Ⅴ$_{10}^{8-1}$陈家杖子金成矿带

Ⅳ$_{10}^{9}$金厂沟梁-大黑山金、铁成矿带

Ⅴ$_{10}^{9-1}$奈林沟-大黑山铁、金成矿带

Ⅴ$_{10}^{9-2}$金厂沟梁金成矿带

Ⅳ$_{10}^{10}$南弯子-哈拉火烧铁、铅、锌成矿带

Ⅴ$_{10}^{10-1}$南弯子-长岭铁、铅、锌成矿带

Ⅴ$_{10}^{10-2}$哈拉火烧-伊河沟铁、锌成矿带

$Ⅲ_{11}$白云鄂博-宝昌元古宙、海西期、燕山期金、铅锌、铜、镍、铁、稀土成矿带
$Ⅳ_{11}^{1}$白云鄂博铁、稀土、金成矿带
$Ⅴ_{11}^{1-1}$白云鄂博铁、稀土、金成矿带
$Ⅳ_{11}^{2}$黄花滩-小南山铜、镍、铂成矿带
$Ⅴ_{11}^{2-1}$黄花滩-小南山铜、镍、铂成矿带
$Ⅳ_{11}^{3}$老羊壕-白石头洼铁、金、钨、铜、镍成矿带
$Ⅴ_{11}^{3-1}$高腰海-黑脑包铁成矿带
$Ⅴ_{11}^{3-2}$浩牙日胡都格-老羊壕金、磷、铁成矿带
$Ⅴ_{11}^{3-3}$合教-周喜才铁成矿带
$Ⅴ_{11}^{3-4}$高台-古营子铁、金成矿带
$Ⅴ_{11}^{3-5}$白石头洼钨成矿带
$Ⅴ_{11}^{3-6}$克布铜镍成矿带
$Ⅳ_{11}^{4}$三合明-伊胡赛铁、金、钨成矿带
$Ⅴ_{11}^{4-1}$三合明铁成矿带
$Ⅴ_{11}^{4-2}$中石拉-银宫山锡、金成矿带
$Ⅴ_{11}^{4-3}$新地沟金成矿带
$Ⅴ_{11}^{4-4}$伊胡赛金成矿带
$Ⅲ_{12}$朱拉扎嘎-甲生盘元古宙、古生代金、铅、锌、硫、铁、铜、铂、镍成矿带
$Ⅳ_{12}^{1}$碱泉子金成矿带
$Ⅴ_{12}^{1-1}$碱泉子-卡休他他金成矿带
$Ⅴ_{12}^{1-2}$卡休他他铁成矿带
$Ⅳ_{12}^{2}$阿拉腾敖包-沙拉西别铂、铜、铅、铁成矿带
$Ⅴ_{12}^{2-1}$阿拉腾敖包铂成矿带
$Ⅴ_{12}^{2-2}$沙拉西别-克布勒铁、铜、铅成矿带
$Ⅴ_{12}^{2-3}$迭布斯格铁成矿带
$Ⅳ_{12}^{3}$朱拉扎嘎金成矿带
$Ⅴ_{12}^{3-1}$朱拉扎嘎金成矿带
$Ⅴ_{12}^{3-2}$巴彦乌拉山金成矿带
$Ⅳ_{12}^{4}$霍各乞-东升庙铜、铁、硫、铅、锌成矿带
$Ⅴ_{12}^{4-1}$霍各乞铜、铁、铅、锌成矿带
$Ⅴ_{12}^{4-2}$炭窑口-东升庙硫、铅、锌、铜成矿带
$Ⅴ_{12}^{4-3}$盖沙图铜成矿带
$Ⅳ_{12}^{5}$对门山-甲生盘铁、硫、铅、锌成矿带
$Ⅴ_{12}^{5-1}$对门山锌、硫成矿带
$Ⅴ_{12}^{5-2}$西德岭铁成矿带
$Ⅴ_{12}^{5-3}$甲生盘-三片沟铅、锌、硫成矿带
$Ⅳ_{12}^{6}$书记沟-西乌兰不浪铁、金成矿带
$Ⅴ_{12}^{6-1}$书记沟-公益明铁、金成矿带
$Ⅴ_{12}^{6-2}$白银洞-大地渠铁成矿带
$Ⅴ_{12}^{6-3}$西乌兰不浪-中后河金成矿带
$Ⅲ_{22}$龙首山元古宙铜、镍、铁、稀土成矿带
$Ⅳ_{22}^{1}$桃花拉山-宽湾井铁、稀土成矿带
$Ⅴ_{22}^{1-1}$桃花拉山稀土成矿带
$Ⅴ_{22}^{1-2}$宽湾井铁、磷成矿带

Ⅲ$_0$ 新生代蒸发盐类成矿带

Ⅳ$_0^1$ 吉兰泰-额吉淖尔盐成矿带

Ⅴ$_0^{1-1}$ 吉兰泰-雅布赖盐成矿带

Ⅴ$_0^{1-2}$ 额吉淖尔盐成矿带

Ⅳ$_0^2$ 巴音达来湖-查干诺尔碱、芒硝成矿带

Ⅴ$_0^{2-1}$ 巴音达来湖-通湖芒硝成矿带

Ⅴ$_0^{2-2}$ 盐海子-合同查干淖尔碱、芒硝成矿带

Ⅴ$_0^{2-3}$ 达拉特旗芒硝成矿带

Ⅴ$_0^{2-4}$ 查干诺尔-上马塔拉碱、芒硝成矿带

Ⅳ$_0^3$ 哈达贺休-巴杨查岗芒硝成矿带

Ⅴ$_0^{3-1}$ 哈达贺休-中泉子芒硝成矿带

Ⅴ$_0^{3-2}$ 二连-巴杨查岗芒硝成矿带

三、各成矿区(带)的成矿特征

(一)额济纳旗-兴安岭元古宙、海西期、燕山期铜、铅、锌、金、银、铬、铌成矿区(Ⅱ$_2$)

本区跨越了塔里木板块北东大陆边缘、西伯利亚板块东南大陆边缘和华北板块北部大陆边缘3个Ⅱ级大地构造单元，包含古亚洲成矿域、滨西太平洋成矿域和前寒武纪成矿域。由于本区经历了陆壳分离，古亚洲洋的生成、发展和消亡，以及滨西太平洋构造域的叠加，所以构造演化历史复杂，岩浆作用强烈，因此成矿具有多期次叠加特点，从而形成了我国铜、铅、锌、金、银、铬、铌的重要成矿区。

1. 大兴安岭中段海西期、燕山期铁、锌、钨、金、铅、铬成矿带(Ⅲ$_4$)

本成矿带北西界为得尔布干断裂，东南界为阿荣旗-东乌旗-二连断裂，北东端进入黑龙江省，西南端延入蒙古人民共和国，面积约$31.5\times10^4 km^2$，属西伯利亚板块东陆大陆边缘，包括了喜桂图火山型被动陆缘和东乌旗-扎兰屯火山型被动陆缘两个三级大地构造单元。

古元古代围绕古陆核周边发育大陆边缘沉积环境，沉积了类绿岩兴华渡口群，1800Ma左右的吕梁运动，使兴华渡口群形成紧密线型褶皱，并伴随发生低角闪岩相区域变质作用和强烈混合岩化，使陆核进一步固结，扩大为原始古陆。新元古代沉积了类复理石建造和钙碱性火山岩佳疙瘩组及碳酸盐岩建造额尔古纳河组，600Ma左右张广才岭运动使得额尔古纳地块拼合于西伯利亚地块东南边缘。早寒武世大陆边缘下沉为大陆斜坡沉积环境，沉积了砂泥质岩和碳酸盐岩，末期成陆，缺失中、晚寒武世地层。早奥陶世原始古陆边缘裂解、离散，古亚洲洋形成。早—中奥陶世本区处于岛弧构造环境，但各地段沉积环境有所不同，岛弧前缘沉积了海相复理石建造，而岛弧区沉积了岛弧型火山岩及火山复理石建造。晚奥陶世成陆，而缺失早、中志留世地层。晚志留世本区复又下沉为大陆陆棚环境，沉积了浅海近岸相砂泥质岩。由于东南侧二连-贺根山洋壳向北西俯冲，本区喜桂图—鄂伦春自治旗一带处于弧后盆地环境，随着洋壳的不断俯冲，盆地下陷加剧，引发了强烈的中泥盆世晚期至晚泥盆世早期的基性—酸性火山喷发沉积作用。而二连—东乌旗—忠工屯一带为大陆前弧环境，沉积中泥盆世晚期—晚泥盆世早期的造山期磨拉石建造。随着贺根山洋盆消亡，陆陆碰撞成山，并伴随大规模花岗质岩浆侵入。蛇绿岩套的超镁铁质岩中赋存有铬铁矿成矿作用，与基性火山岩相关的金、铜成矿作用。

早石炭世头道桥—鄂伦春自治旗一线发生陆内拉张，扩展成裂谷，早石炭世晚期有大规模基性—酸性火山喷发活动，末期裂谷闭合，所以早石炭世形成与海相火山岩相关的铁锌矿床。二连—东乌旗—扎兰屯一带有强烈的陆相或海陆交互相火山喷发活动。海西中、晚期花岗质岩浆侵入活动强烈，成为中亚

造山期后碱性花岗岩带的一部分。花岗质岩体与碳酸盐岩接触形成矽卡岩型铁、锌、铅矿床。

三叠纪开始成为滨西太平洋构造域的一部分，进入板内造山发展阶段，逐渐形成断陷盆地和隆起的盆岭构造格局。侏罗纪—早白垩世早期有强烈的岩浆活动，构成了大兴安岭岩浆构造带的一部分，形成中心式火山喷发和二长花岗岩、碱性花岗岩的侵入。与燕山期花岗质岩浆相关的成矿作用有铁、铅、锌、金、铜、钨等矿种。早白垩世晚期，沉积了含煤建造。

由上述可知，本成矿区的成矿一方面与地质构造演化密切相关，另一方面古亚洲成矿域又叠加了滨西太平洋成矿域。

本成矿带为 W、Mo、Zn、Ag、Au 等成矿元素的地球化学块体，因此是寻找这些矿种的有利地区。

2. 额尔古纳河（得尔布干）燕山期铜（钼）金、银、铅、锌成矿带（$Ⅲ_5$）

本成矿带北西侧与俄罗斯、蒙古人民共和国接壤，北东端延入黑龙江省，西南延入蒙古人民共和国，东南界为得尔布干断裂，面积约 $6.21\times10^4 km^2$，属额尔古纳非火山型陆缘三级大地构造单元。

古元古代兴华渡口群和新元古代佳疙瘩组和额尔古纳组于 600Ma 左右拼合在西伯利亚地块东南边缘，成为西伯利亚板块东南大陆边缘的一部分。古生代一直处于非火山型被陆缘环境，沉积了早—中奥陶世海相复理石建造，晚志留世为浅海近岸相碎屑岩，早石炭世早期为碎屑岩、碳酸盐岩夹凝灰岩的沉积，早二叠世为陆相河湖沉积。

中生代侏罗纪—早白垩世形成断陷盆地和断隆构造格局，强烈的基性—中酸性火山喷发和花岗质岩浆侵入使其成为大兴安岭西坡火山岩带的一部分。

本成矿带的铜（钼），银、铅、锌、金的成矿主要与侏罗纪—早白垩世火山-深成岩相关，但不同的前中生代基底，形成不同的矿种，因此可以认为中生代的岩浆活动有效地提高了成矿元素的富集程度。

本成矿带是 Cu、Mo、Pb、Zn、Ag 等成矿元素浓集区，组成大小不一的地球化学块体，所以是寻找这些矿种的有利地区。

3. 突泉-林西海西期、燕山期铁（锡）、铜、铅、锌、银、铌（钽）成矿带（$Ⅲ_6$）

本成矿带的北西以二连-贺根山-扎兰屯断裂为界，西界呈折线状，即毫沁庙-达来诺尔-克什克腾旗-御道口，南界为槽台断裂，东南以嫩江-八里罕断裂为界，总面积约 $14.52\times10^4 km^2$。本区跨越了宝音图-锡林浩特火山型陆缘和镶黄旗-赤峰火山型陆缘两个三级大地构造单元的东段，属华北板块北部大陆边缘二级大地构造单元。

早、中寒武世末华北板块北部边缘发生裂解，由古元古代地层组成的微地块脱离华北板块，而生成古亚洲洋，早—中奥陶世在克什克腾旗五道石门一带形成洋盆，有大洋拉斑玄武岩喷发、硅质岩沉积，并有超镁铁质岩侵位，组成蛇绿岩套，在中奥陶世末，因洋壳俯冲而洋盆闭合。中志留世地壳再次裂陷，堆积了酸性火山岩、结晶灰岩等物质。中志留世末，早古生代地层褶皱，并伴有花岗质岩浆侵入和低级区域变质作用。晚志留世沉积了海相磨拉石建造。

早泥盆世仅在赤峰地区有类复理石沉积并有基性火山活动，早泥盆世末，全区处于隆起。晚泥盆世—早石炭世早期，因二连-贺根山洋壳向南、北两侧俯冲，闭合成山，赤峰地区处于拉张状态而形成裂陷槽，故有早石炭世海相基性—中酸性火山岩堆积，早石炭世—晚石炭世沉积海相碎屑和碳酸盐岩。突泉—西乌旗一带晚石炭世裂陷海槽沉积了陆源碎屑岩、中酸性火山岩、碳酸盐岩。晚石炭世末期，裂陷海槽萎缩，在赤峰地区沉积了海陆交互相沉积。

中二叠世初，裂陷槽下陷，扩张在中二叠世中期达到顶峰，故有强烈基性火山岩喷发夹正常沉积。中二叠世晚期，地壳处于稳定，海水变浅而沉积了碳酸盐岩、碎屑岩。晚二叠世，裂陷海盆渐渐闭合成陆，沉积了河湖相岩层，但以西拉木伦河为界，其北晚二叠世陆相地层含安格拉植物群化石，以南晚二叠世陆相地层含华夏植物群化石。海西期岩浆活动强烈，尤以海西晚期为主，构成走向北东和近东西向的花岗岩岩浆带。

自三叠纪开始本区进入了滨西太平洋构造域发展阶段。早中侏罗世在断裂控制下形成串珠状的北东向断陷盆地和隆起。断陷盆地中堆积陆相含煤建造，并已有火山喷发活动。晚侏罗世—早白垩世喷发活动强烈，尤以晚侏罗世最强烈，造成巨厚的陆相火山岩堆积，并可划分4个火山喷发旋回，火山岩性总体为基性—中性—酸性—基性的变化。

随着研究工作的深入，印支期岩浆岩体已有发现，主要为花岗闪长岩、花岗岩，但数量不多。

燕山期强烈的火山喷发活动的同时，岩浆侵入活动亦极为强烈，其中燕山早期晚阶段花岗岩、钾长花岗岩分布更为广泛。燕山晚期以钾长花岗岩和碱性花岗岩为主，但岩体规模不大，多呈岩株产出，从区域上由东南往北西方向燕山期花岗岩类、时代有变新趋势，成分有酸、碱度增高的趋向。区内众多有色、稀有稀土、贵金属矿床成矿作用主要与燕山期花岗岩浆活动有关。

本区存在众多且具一定规模的Au、Cu、Pb、Zn、Sn、W、Mo等成矿元素的地球化学块体，因此本区是上述元素成矿潜力最大的地区。

4. 乌力吉-锡林浩特元古宙、海西期、燕山期铜、铁、铬、金、萤石成矿带（$Ⅲ_7$）

本区南界以槽台断裂为界，西北侧以阿尔金断裂为界，北侧为二连-贺根山断裂，东侧呈折线状与突泉-林西成矿带为界，总面积约$15.2\times10^4 km^2$。本区大地构造单元属华北板块北部大陆边缘二级单元，跨越宝音图-锡林浩特火山型被动陆缘的中西段和镶黄旗-赤峰火山型被动陆缘中、西段两个三级大地构造单元。

本区的地质构造演化基本与突泉-林西成矿带相似，但亦有所不同。本区有宝音图微地块，艾力格庙-锡林浩特微地块，白乃庙-温都尔庙微地块等嵌布在古亚洲洋内，同时这些组成微地块的地层中亦都赋存与海相火山岩相关的铁、金、铜、钼等矿床，这些矿床受到了古生代成矿作用的改造。早古生代古亚洲洋开合过程中，本带处于火山岛弧环境，堆积了钙碱性火山岩，并有金、铜成矿作用。晚石炭世裂陷海槽沉降中心在本区，堆积了碎屑岩、火山岩和碳酸盐岩，并有与中二叠世火山岩相关的铜、金、铅、锌裂陷海槽成矿作用，同时还有与晚石炭世侵位的超基性岩相关的铜、铬成矿作用。

本带发育有加里东期闪长石、花岗岩及海西期花岗岩类侵入体，后者与金、铜成矿作用密切相关。

中生代形成近东西和北东向展布的断陷盆地，但火山活动较弱，堆积了含煤建造，但燕山期花岗岩类分布较广并与金、铜、萤石的成矿作用有着重要的关系。

本区有规模较大的Au、Mo、Zn、Sb成矿元素的地球化学块地，预示本区具有寻找上述成矿元素矿种的巨大潜力。

5. 额济纳-雅干海西期铁、金、铜、钼、镍成矿带（$Ⅲ_8$）

本区东南侧以阿尔金断裂与乌力吉-锡林浩特成矿带为界，北与蒙古人民共和国相邻，西侧和南侧与甘肃省接壤，总面积约$6.48\times14^4 km^2$。本区所属Ⅱ级大地构造单元为塔里木板块北东大陆边缘，可划分为黑鹰山火山型被动陆缘和马鬃山-红柳园火山型被动陆缘两个三级大地构造单元。

本区由古元古代地层、中新元古代地层组成的马鬃山、旱山、雅干等微地块自震旦纪末从塔里木板块北东缘裂解与离散后，便开始了本区古亚洲洋的生成和消亡的演化过程。寒武纪—早中奥陶世马鬃山微地块北侧处于被动大陆边缘构造环境，堆积了海相复理石建造，而中奥陶世在横蛮山—洗肠井发育成洋缘裂谷，其北侧石板井—小黄山发育成洋盆，并伴随超基性岩侵位，形成蛇绿岩套。晚奥陶世—志留纪，由于洋壳的俯冲作用，发育完整的弧沟体系，堆积了火山-沉积组合。早泥盆世，古洋盆消失，陆陆碰撞，沉积了造山期海相磨拉石建造，并伴有大规模海西期花岗质岩浆侵位。黑鹰山地区，早奥陶世处于大陆斜坡环境，沉积了复理石建造，中奥陶世，在大陆坡发生裂陷，故有强烈的火山喷发，中晚志留世本区处于火山岛弧环境，形成火山复理石建造。早泥盆世由于北侧南蒙古洋的向南俯冲，发育了海相火山磨拉石建造，并有大规模海西期岩浆侵入。

石炭纪在黑鹰山地区有强烈的海相基性—酸性火山喷发，沉积了与海相火山岩相关的铁矿床。海西晚期花岗质岩浆侵位，并与铜、钼、金、铅、锌成矿相关。

中生代受断裂构造控制形成断陷盆地，堆积了含煤地层。

燕山期花岗质岩浆活动，呈岩株产出，并且与成矿关系密切。

本区分布有具一定规模的Au、Ag、Mn、Sb、Zn、W等成矿元素的地球化学块体，表明本区这些矿种具有较大的找矿潜力。

（二）华北地台北缘金、银、铜、铅、锌、铂、钼、硼、石墨、滑石成矿区（$Ⅱ_3$）

本区位于华北地台北缘中西段，是内蒙古矿产资源产出重要地区之一，并仍具有较大的找矿潜力。

1. 乌拉山-集宁-阜新太古宙、燕山期金、银、铁、铜、铅、锌、石墨、菱铁矿、白云母成矿带（$Ⅲ_{10}$）

本区由乌拉山—集宁段和赤峰段组成，其间为河北省北部地区，总面积约 $4.23\times10^4 km^2$。大地构造单元属华北地块阴山断隆。

本区主体由太古宙高级变质岩区，中、新太古代绿岩带，古元古代类绿岩带及 TTG 岩系等组成，在这些建造形成过程中，相应有铁矿及金矿、石墨的初始矿源层形成，在经历了 2600Ma 左右和 1800Ma 左右的两次克拉通化后而形成陆核和陆块。伴随 1800Ma 克拉通化的花岗伟晶形成白云母矿床。800Ma 的晋宁运动地壳稳定固结而形成中国原始大陆。

古生代由于北侧古亚洲洋的俯冲、碰撞作用，本区发生构造岩浆活化作用而有加里东期和早海西期花岗岩侵位。因中生代滨西太平洋构造域的叠加，本区形成近东西向山间断陷盆地，堆积含煤建造，并有火山活动，伴随有燕山期花岗岩侵位，与金、银矿化密切相关。

本区乌拉山—集宁段存在有规模较大 Au、Ag、Mo、Cu 成矿元素的地球化学块体，而赤峰段亦有这些成矿元素的地球化学块体，但规模较小。

2. 白云鄂博-宝昌元古宙、海西期、燕山期金、铅、锌、铜、镍、铁、稀土成矿带（$Ⅲ_{11}$）

本区北以槽台断裂与乌力吉-锡林浩特成矿带为邻，南以乌拉特中旗-石崩-合教-三合明-集宁断裂与朱拉扎嘎-甲生盘成矿带及乌拉山-集宁-阜新成矿带相毗邻，总面积约 $5.94\times10^4 km^2$，大地构造单元属华北地块阴山断隆。

本区是中、新元古代巨型裂陷槽，堆积了一套复理建造白云鄂博群，早期有碱性火山岩喷发活动，并有含钠闪石的正长岩侵入。岩相古地理研究表明（谭琳等，1990），裂陷槽由受断裂控制、规模不一的断陷盆地构成，而且往往在三级断陷盆地中发生喷流沉积铁、稀土等成矿作用。800Ma 晋宁运动裂陷槽闭合，白云鄂博群成为华北陆块的准盖层。本区加里东期深部成矿流体活动而使中新元古代形成的矿体受到叠加改造。晚泥盆世早期，北侧古亚洲洋闭合造山成陆，本区有较强烈的海西期花岗质岩浆侵位。中生代受滨西太平洋构造域的影响，形成断陷盆地，其中有基性—酸性火山喷发活动，同时发育有印支期和燕山期花岗岩体，并发生金、钨的矿化作用。

本区有较大规模的 Au、Pb、Mo 成矿元素的地球化学块体及规模较小的 W 地球化学块体，因此本区具有较大的金矿找矿潜力。

3. 朱拉扎嘎-甲生盘元古宙、古生代金、铅、锌、硫、铁、铜、铂、镍成矿带（$Ⅲ_{12}$）

本区北与乌力吉-锡林浩特成矿带西段和白云鄂博-宝昌成矿带相邻，南与乌拉山-集宁-阜新成矿带相邻，总面积约 $6.12\times10^4 km^2$，大地构造单元属华北地块阴山断隆中西段。

本区是华北陆块太古宇、古元古代基底内于 1800Ma 左右发生裂解而形成的中新元古代巨型裂陷槽。海槽中堆积类复理建造，渣尔泰山群早期有基性火山喷发活动。岩相古地理资料表明（谭琳，1990），裂陷槽由一系列受不同级别同生断裂控制的规模不一的断陷盆地组成，而且在三级断陷盆地中发生喷流沉积成矿作用。800Ma 左右晋宁运动裂陷槽闭合，渣尔泰山群构成华北陆块的准盖层。在古亚洲洋的俯冲、碰撞作用下，本区发生构造岩浆活化作用，故分布有加里东期和海西期花岗质岩浆侵入体，海西期花岗岩与铜、铁成矿密切相关。中生代形成受断裂控制的近东西向和北东向展布的断陷盆地，同时有印支期和燕山期花岗质岩类侵位。

本区有规模较大的 Au、Pb、Zn 等成矿元素的地球化学块体，所以是这些矿种的找矿潜力区。

4. 龙首山元古宙铜、镍、铁、稀土成矿带（$Ⅲ_{22}$）

本区北东侧与朱拉扎嘎-甲生盘成矿带西段相邻，西南、东侧则均延入甘肃省境内，总面积约0.27×10^4km^2。大地构造单元属华北地块阴山断隆西南端。

本区古元古代中—低级变质岩系龙首山群组成结晶基底，其上不整合覆盖中元古代墩子沟群硅质条带灰岩和正常碎屑岩、新元古代韩母山群碳酸盐岩和千枚岩，古生代基本处于隆起状态而缺失寒武纪—泥盆纪地层，早石炭世沉积了臭牛沟组，其下部为含植物化石砂泥质岩，上部为浅海相碳酸盐岩，早石炭世末隆起成陆。本区有零星中元古代花岗闪长岩、加里东期和海西期花岗岩体出露。

中生代受断裂控制形成断陷盆地，堆积了红色碎屑岩建造。

本区以赋存于龙首山群大理岩中稀土成矿为特点。

5. 新生代蒸发盐类成矿带（$Ⅲ_0$）

第四纪盐、碱、芒硝等盐类矿产亦是内蒙古的重要化工原料，它们分布在干旱寒冷的高原区，如鄂尔多斯高原、阿拉善地区、锡林郭勒草原及呼伦贝尔草原。

第四纪盐类矿床的盐矿床赋存于第四纪全新统湖相化学沉积中，而碱和芒硝矿床赋存于全新统和更新统的湖相化学沉积层及亚黏土、亚砂土及淤泥中。空间上含盐矿床，一般分布于地势相对低的地区，而碱、芒硝分布在地势相对较高地区，因此呈现含盐成矿带在中间，而碱、芒硝成矿带在两侧，第四纪盐类成矿带呈北东向展布，表明它们完全受气候带的控制。

第二节 区域地质构造、地质事件与区域成矿关系

一、区域地质构造与区域成矿的关系

区域成矿作用是区域地质构造演化的结果，因此区域地质构造是控制成矿诸因素中最重要的因素。它主要表现为以下几个方面。

（一）不同的大地构造与区域成矿的关系

内蒙古境内可分为前寒武纪构造域、古亚洲构造域和滨西太平洋构造域，后者叠加在前两者之上。

前寒武纪构造域是由太古宙高级变质区，太古宙、古元古代花岗岩-绿岩带及中新元古代巨型裂陷带组成。这些不同的构造成矿环境形成了不同的区域矿产资源。太古宙高级变质区主要赋存变质成因的石墨矿和与混合岩化相关的花岗伟晶岩型的云母矿床。太古宙、古元古代花岗岩-绿岩带，因基性火山岩喷发及其间歇期而形成条带状铁矿（鞍山式铁矿）和金初始矿源层，后者经后期岩浆作用或构造变形变质作用而形成金矿床。中新元古代由于太古宙、古元古代基底的拉张裂陷发育巨型裂陷海槽，其内因受同生断裂控制在三级断陷盆地中形成喷流沉积铁、铅、锌、铜、硫、稀土矿床，以及与沉积岩相关的浸染型金矿床。

前寒武纪构造域常因受古亚洲洋俯冲闭合的影响而引起构造岩浆活化作用，所以形成了与此相关的金、铜、镍、铂成矿作用。

古亚洲洋盆中镶嵌有诸多前寒武纪微地块，它们有的是由元古宙类绿岩建造组成的，例如宝音图微地块、旱山微地块、马鬃山微地块、加格达奇微地块等，有的是由中新元古代海相火山岩或洋壳组成，例

如白乃庙-温都尔庙微地块、锡林浩特微地块。目前白乃庙-温都尔庙微地块和锡林浩特微地块赋存有洋壳基性火山沉积作用形成的铁矿床（温都尔庙式铁矿床），新元古代白乃庙群海相火山岩相关的铜、金、钼矿床。由于它们受古亚洲洋拼合碰撞作用影响，而叠加后期热液的改造。

古亚洲构造域成矿与古亚洲洋的演化过程密切相关。早古生代在古亚洲洋的俯冲过程中形成与中奥陶世斑岩及岛弧型基性火山岩相关的铜、金矿床。早泥盆世—晚泥盆世早期形成的洋壳中，形成与超镁性质岩相关的铬铁矿矿床及与洋壳基性火山岩相关的铜、金矿床。古亚洲洋于晚泥盆世早期闭合，陆陆碰撞造山，形成与海西中、晚期花岗岩相关的矽卡岩型的铁、锌、铅、铜矿床。早石炭世在喜桂图地区的陆内裂谷中形成与海相火山岩相关的铁、锌矿床。在黑鹰山地区形成与石炭纪海相火山岩相关的铁矿床。在乌力吉-锡林浩特成矿带中形成与晚石炭世海相火山岩密切伴生的铜金矿床。中二叠世发育的基性火山岩及正常沉积岩富含铜、铅、锌等成矿元素而成为这些元素的矿源层。

滨西太平洋构造域是叠加在前述两个构造域上的构造域，其构造活动强度表现为东强西弱，构造岩浆带的展布为北东至北北东向，其成矿作用亦反映为东强西弱，形成了举世瞩目的北北东向大兴安岭铜、铅、锌、金、银、锡、钼成矿带。

（二）深断裂板块缝合带及韧性剪切变形变质带与区域成矿的关系

（1）断裂与区域成矿的关系。区域性深断裂具有复杂而长期活动的演化历史，在其演化过程中往往形成密集的地壳破裂面而成为具有一定宽度和长度的裂隙渗透带。这种区域性的渗透带就成为岩浆侵入就位和成矿流体沉淀的理想场所。换句话说，它们是深部物质上涌的通道，所以它们成为控制区域成矿极为重要的因素。

另一方面，区域性深断裂，往往是地球物理场变异带，表明它们切割地壳的深度较大，甚至可切割到岩石圈、上地幔，从而引起深部物质沿其上涌到地壳浅部，例如得尔布干深断裂控制了额尔古纳成矿带的铅、锌、金矿产分布。嫩江深断裂和西拉木伦河深断裂控制了大兴安岭成矿带铜、铅、锌、银等矿产分布。槽台边缘深（大）断裂控制华北板块北缘铁、稀土、金、铅、锌、铜等矿床的分布。

（2）板块缝合带控制了与蛇绿岩相关的铬、铜、金矿床。

（3）区域性韧性剪切带同样具有长期演化的过程，这些剪切带自然也就成为流体上升的通道和矿体就位的理想空间，所以它亦成为区域成矿的重要控制因素之一。例如固阳-武川-察右中旗韧性剪切变形变质带就控制了其两侧金矿的分布。又例如石崩-合教-三合明韧性剪切变形变质带同样控制了其两侧金矿的分布。

（三）区域性裂陷槽或裂谷与区域成矿关系

中新元古代巨型裂陷槽（裂谷带）由于受不同级别同生断裂控制而形成不同规模的断陷盆地，往往在三级断陷盆地成矿。同生断裂就成为深部成矿物进入断陷盆地的通道，而盆地就成为成矿物质沉淀就位的空间。例如白云鄂博裂陷槽控制了白云鄂博超大型铁、稀土矿床；渣尔泰山裂陷槽控制甲生盘、东升庙、炭窑口、霍各乞铜、铅、锌、硫矿床及朱拉扎嘎金矿床的分布。

早石炭世裂谷控制了与早石炭世海相火山岩密切相关的铁、锌矿床分布，例如谢尔塔拉铁锌矿床、黑鹰山铁矿等。晚石炭世裂陷槽中海相火山岩喷发，形成喷流沉积的别鲁乌图多金属矿床。

（四）区域性断隆和断陷构造带与区域成矿关系

区域性断陷与断隆构造格局是滨西太平洋构造域的一个特征。这种区域性构造控制区域成矿在大兴安岭成矿带表现尤为突出。大兴安岭东侧为北北东向嫩江深断裂，其南端为东西向西拉木伦河深断裂，因此在中生代形成了受东西向断裂和北北东向断裂控制的格子状构造格局，由此而组成断陷和断隆相间组成的断隆和断陷区域性构造带，控制着该区矿床的区域性分布。大多数矿床(点)分布于断隆区内，部分矿床(点)分布于断陷带的边部—坳中隆的部位，其中锡多金属矿床分布在断隆区，铅、锌多金属矿床主要分布在断陷区中的隆起部位，铜多金属矿床主要分布在断隆和断陷交接部位，稀有稀土矿床(点)位于断陷区的边部。北东向或北北东向断裂和东西向断裂的分布具有等间距性，其间距一般为40～60km，它们控制了断陷和断隆的分布，亦控制了矿床的分布格局。总之，大兴安岭成矿带内嫩江深断裂和西拉木伦河深断裂控制了该成矿带的两个以铜为主的多金属成区(带)，而其间的铅、锌、银、铜多金属矿化则受格子状构造控制，格子状断裂的交点往往是重要的矿化集中区或矿床。

二、地质事件与区域成矿的关系

地质事件是大地构造演化过程的反映，是构造变形变质作用和岩浆作用的综合表现，成矿作用是地质构造演化过程中某一阶段的产物，因此两者存在紧密的关系。

综合分析表明，内蒙古境内大地构造演化过程中发生的主要地质事件与区域成矿关系如下。

(1)2900Ma 小块陆壳增生，地壳逐步增厚。古、中太古代地层发生构造变形和区域高温变质作用，伴随混合岩化和花岗岩化作用。古、中太古代条带状铁矿形成，例如包头壕赖沟铁矿床、小壕赖铁矿床、老营河铁矿床等。

(2)2600Ma 小块陆壳拼合形成华北陆核，并发生区域变质作用，伴有混合花岗岩形成，地表首次克拉通化，乌拉山岩群和集宁岩群中形成石墨矿，例如庙沟石墨矿、什报气石墨矿、黄土窑石墨矿等。

(3)2500Ma 华北陆核周边裂陷槽闭合，新太古代花岗岩-绿岩形成，伴有 TTG 岩系侵位，发生中—低温区域变质作用，形成条带状铁矿和金初始储集层，例如东五分子铁矿床、书记沟铁矿、公益明铁矿床等。

(4)1800Ma 古元古代裂陷槽闭合，岩层褶皱，区域性韧性剪切变形变质带发育伴随中低温区域变质作用和花岗岩侵位，第二次克拉通化，形成华北陆块。此事件中有条带状铁矿和与混合岩化相关的花岗伟晶岩白云母矿床形成，例如三合明铁矿和乌拉山白云母矿、土贵乌拉白云母矿等，及受韧性剪切变形变质带控制的绿岩型金矿形成，例如十八顷壕金矿、哈达门沟金矿和卯独庆金矿床等。

(5)1700～800Ma：1700Ma 左右，华北陆块边缘发生裂陷，形成巨型白云鄂博-渣尔泰山裂陷带。1600Ma 左右，在渣尔泰山裂陷带中形成大型喷流沉积铜、锌、硫、铁金矿床，例如炭窑口、霍各乞、东升庙、甲生盘等矿床，朱拉扎嘎金矿床。在白云鄂博裂陷带中碱性岩浆喷发活动形成喷流热水沉积，白云鄂博铁矿和稀土矿化(1683Ma，1692Ma)。1300～1200Ma，有碱性岩浆侵位，形成与火成碳酸岩有关的富稀土流体交代了先期沉积的稀土铁矿床，从而使稀土进一步富集。

在温都尔庙地区形成了 1691Ma 的洋壳，并赋存温都尔庙式火山沉积铁矿床。1130Ma 形成与洋壳基底相关的岛弧火山岩型白乃庙铜钼矿床。

800Ma 华北陆块与塔里木陆块拼合，第三次克拉通化，从而形成原始中国大陆。

(6)中奥陶世早古生代洋壳俯冲，由拉张体制转为挤压体制，岛弧构造环境，所以形成了与岛弧型火山岩相关的铜、金矿床。中志留世末，早古生代洋闭合，伴随有花岗闪长岩、花岗岩侵位。花岗闪长岩 Rb-Sr 法年龄 419Ma，并有铜、金矿化，叠加在白乃庙铜、金矿体之上。

(7)晚古生代古亚洲洋拉张生成早泥盆世—晚泥盆世洋壳，形成与蛇绿岩套相关的铬铁矿床，与基性火山岩相关的铜金矿床，超基性岩 K-Ar 同位素年龄为 430～346Ma。晚泥盆世早期古亚洲洋闭合，陆陆碰撞造山，伴随海西期花岗质岩浆侵位。

(8)早石炭世陆内地壳裂陷生成裂陷槽，形成与海相火山岩相关的铁矿床、铁锌矿床。

(9)燕山早期中酸性超浅成—浅成侵入岩相关的铜、银、锡、钨多金属成矿作用，燕山晚期铅、锌成矿作用和铌钽成矿作用。

(10)喜马拉雅期，由于地壳差异升降运动造成地势差异，加上气候带的差异影响，在干旱寒冷气候条件下发生第四纪盐类成矿作用。

综上所述，在某一重大地质事件的发生过程中，总要引起构造变形和岩浆活动。前者为成矿流体提供通道和矿体定位空间，后者为成矿提供热动力和成矿物质，所以区域重大地质事件必然引起区域成矿作用，两者有着密切的成因关系。

第三节　矿床成矿系列划分及各系列基本特征

一、矿床成矿系列划分原则

自1979年程裕淇、陈毓川等正式提出"矿床成矿系列"以来，经过20余年来的探索和实践，已经逐步形成了较为完整的理论和方法。国内近年来的矿产勘查和研究实践表明，矿床成矿系列理论是进行区域矿床分析、确定区域矿产勘查战略行之有效的理论。

矿床成矿系列是指在一定的地质构造单元和一定的地质发展阶段内与一定的地质作用有关的，并在各成矿期和各地质构造部位所形成的在时空上和成因上相互有联系的各矿种的矿床组合。

根据当前的研究现状和我国地质实际情况，矿床成矿系列分为以下6个级别。

一级矿床成矿系列组合：按地质作用划分出与沉积作用、变质作用和岩浆作用有关的三大类矿床成矿系列组合，有一些成因尚不清楚的矿床划归第四类成因不明的矿床成矿系列组合，可按其产出的地质构造位置及赋矿围岩命名成矿系列，待成因研究清楚后再分别归入，例如滇、黔、桂低温热液矿床。

二级矿床成矿系列类型：是指在不同地质构造单元或不同地质时代的相似地质构造环境中形成的具有相似的矿床成矿系列，同时也具有时代和地区性的各自特征。据此将此类矿床成矿系列共性概括称之为"矿床成矿系列类型"。

三级矿床成矿系列是指在一定的地质构造单元和一定地质构造运动阶段内，与一定的地质作用有关，形成在成因上有联系的各矿种、各种成因类型、不同地质位置产出矿床组合。

四级矿床成矿亚系列：指有的矿床成矿系列产出的地质构造区较大，形成时间相对较长，成矿强度亦较大，在地质构造区内不同地段地质条件具有某些差异，成矿作用在这些地段内的时间和空间上有一定的演化规律，除具有成矿共性外，亦有明显的特性，在这些地段的地质构造条件下形成的矿床组合列为矿床成矿系列的成矿亚系列。

五级矿床式：属矿床成矿系列或成矿亚系列中代表性矿田或矿床，代表在成矿发展的某一时期，在相似地质条件下形成同类矿床。

六级矿床：是矿床成矿系列中的基本组成，亦是研究矿床成矿系列的基础。

以上6个级次的矿床成矿系列中，二级是对三级、四级在时空分布中重复出现系列的归纳，并列为同一类；五级是根据六级抽象出的代表性矿床。

研究矿床成矿系列必须从成矿区（带）着手。成矿区（带）的构造背景和成矿环境是决定赋存不同级次矿床成矿系列的地质基础，研究不同级次成矿系列在成矿区（带）中的时空分布又是深化认识成矿区（带）成矿规律的关键内容。这是在过去研究全国矿床成矿系列分类的共性基础上，进一步按成矿区（带）研究不同矿床成矿系列特性的发展。

二、矿床成矿系列划分

按照上述成矿系列划分的原则，各成矿区（带）矿床成矿系列见表3-1。

表 3-1　各成矿区(带)矿床成矿系列一览表

矿床成矿系列		矿床成矿亚系列	成矿元素	矿床	类型	矿床式	成矿时代
Ⅲ$_4$大兴安岭中段海西期、燕山期铁、锌、钨、金、铅、铬矿床成矿系列	1. 与海西期超基性—基性岩浆活动有关的铬、铜(金)矿床成矿系列	与海西期超基性岩浆活动有关的铬矿床成矿亚系列	铬	赫格敖拉	岩浆熔离型	赫格敖拉式	K-Ar 法:460~364Ma
		与海西期基性岩浆活动有关的铜(金)矿床成矿亚系列	铜(金)	小坝梁	热液型	小坝梁式	Rb-Sr 法:242Ma
	2. 与海西期基性—中酸性岩浆活动有关的铁(锌)、铁(钼)、铍、硫矿床成矿系列	与海西期海相基性—中酸性岩浆活动有关的铁(锌)、硫(铜)矿床成矿亚系列	铁(锌)	谢尔塔拉	火山-沉积型	谢尔塔拉式	早石炭世
			硫(铜)	六一牧场	火山-沉积型	六一牧场式	中泥盆世—晚泥盆世早期
		与海西期中酸性岩浆活动有关的铁、铁(钼)矿床成矿亚系列	铁(钼)	梨子山	接触交代型	梨子山式	海西中期(白岗质花岗岩)
			铁	塔尔其中道山	接触交代型	塔尔其式	海西中期(黑云母花岗岩)
		与海西期酸性岩浆活动有关的铍矿床成矿亚系列	铍	127	热液型	127 式	海西晚期(花岗岩)
	3. 与燕山期中酸性岩浆活动有关的铁、锌、铅、铜、金、钨、银矿床成矿系列	与燕山期酸性岩浆活动有关的铁、锌、铅、铜、钨、银矿床成矿亚系列	钨	沙麦	石英脉型	沙麦式	燕山早期(黑云母花岗岩)
			银	吉林宝力格		吉林宝力格式	燕山早期(花岗岩)
			铁、锌、铅铜、钨	朝不楞、八十公里、苏呼河、查干敖包	接触交代型	朝不楞式	燕山早期(黑云母花岗岩)
		与燕山期超浅成—浅成酸性岩浆活动有关的铜(金、银)、金(银)矿床成矿亚系列	金(银)	古利库、四五牧场	爆破角砾岩型	古利库式	早白垩世
			铜(金、银)	奥尤特、巴林	火山热液型	奥尤特式	晚侏罗世
	4. 与第四纪冲积沉积作用有关的金矿成矿系列		金	古利库	冲积砂金	古利库式	第四纪全新世

续表 3-1

矿床成矿系列		矿床成矿亚系列	成矿元素	矿床	类型	矿床式	成矿时代
Ⅲ$_5$额尔古纳河(德尔布干)燕山期铜、钼、金、银、铅、锌矿床成矿系列	与燕山期中酸性火山-侵入岩浆活动有关的铜(钼)、金、银、铅、锌矿床成矿系列	与燕山早期酸性火山-侵入杂岩岩浆活动有关的铜(钼)、金(银)矿床成矿亚系列	铜(钼)	乌奴克吐山、八大关、八八一	斑岩型	乌奴克吐山式	晚侏罗世—早白垩世 K-Ar 法：(183.5±1.7)Ma 辉钼矿的 Re-Os 法等时线年龄 (155±17)Ma (165±20)Ma
			金(银)	小伊诺盖沟、小干沟、下吉宝沟	火山热液型	小伊诺盖沟式	
		与燕山晚期超浅成—浅成中酸性火山-侵入岩浆活动有关的铜 、铅、锌、银矿床成矿亚系列	铜、铅、锌、银	甲乌拉、查干布拉根	次火山热液型	甲乌拉式	早白垩世 K-Ar 法：英安岩全岩 121.7Ma；石英斑岩全岩 117～115Ma；花岗斑岩全岩 109.9Ma； Rb-Sr 等时线年龄(120±6)Ma
			铅、锌(银) 银	三河、二道河、下护林 额仁陶勒盖	火山热液型	三河式	
					次火山热液型	额仁陶勒盖式	
	与第四纪冲积沉积作用有关的金矿床成矿系列		金	吉拉林、莫尔道嘎、乌玛、恩和哈达	冲积	吉拉林式	第四纪全新世

续表 3-1

矿床成矿系列		矿床成矿亚系列	成矿元素	矿床	类型	矿床式	成矿时代
Ⅲ$_6$ 突泉-林西海西期、燕山期铁(锡)、铜、铅、锌、银、铌、钽矿床成矿系列	与海西期超基性—基性—中酸性岩浆活动有关的铬、铁、铍、铌、钽矿床成矿系列	与超基性岩浆活动有关的铬矿床成矿亚系列	铬	呼和哈达	岩浆熔离型	呼和哈达式	早二叠世
		与海相基性—中酸性火山活动有关的铁矿床成矿亚系列	铁	呼和哈达	火山-沉积型	呼和哈达式	早二叠世大石寨组
		与中酸性岩浆活动有关的金、铍(铌、钽)矿床成矿亚系列	铍(铌、钽)	碧流台	伟晶岩型	碧流台式	海西晚期(花岗闪长岩)
			金	各力各	热液型	各力各式	海西晚期
	与燕山期超浅成—浅成中酸性岩浆活动相关的铜、银、铅、锌、锡矿床成矿系列		铜	闹牛山、莲花山、布敦花、长春岭、敖尔盖	热液型	闹牛山式 布敦花式	Pb-Sr 等时线年龄:161.75Ma; Rb-Sr 等时线年龄:(166±2)Ma
			铜、锡、银、铅、锌	大井子、孟恩陶勒盖	热液型	大井子式	K-Ar 法:英安玢岩 132.8Ma
			铜(金、铅、锌)	后扑河、哈拉白旗	热液型	后扑河式	侏罗纪
			铅、锌	哈达吐、小井子	接触交代型	哈达吐式	K-Ar 法:169～126Ma
	与燕山期中酸性火山—侵入杂岩有关的铅、锌(银、铜、锡)矿床成矿系列		铅、锌(银、铜、锡)	白音诺尔、浩布高	接触交代型	白音诺尔式	Rb-Sr 法:171Ma,160Ma; U-Pb 148Ma
			铅、锌(银、铜)	收发地	热液型	收发地式	Rb-Sr 法:132.2Ma
				石长温都尔、水泉、敖林达	热液型	水泉式	晚侏罗世—早白垩世

续表 3-1

矿床成矿系列	矿床成矿亚系列	成矿元素	矿床	类型	矿床式	成矿时代
与燕山期酸性岩浆活动有关的铁、锡、铜矿床成矿系列		铁、锡	黄岗	接触交代型	黄岗式	Rb-Sr 法：140Ma（钾长花岗岩） 燕山早期（花岗闪长岩） Rb-Sr 法：148.3Ma（花岗斑岩） Pb 模式年龄：184Ma
		铁（铜）	神山	接触交代型	神山式	
		锡	莫古吐	接触交代型	莫古吐式	
		铜多金属	宝盖沟	热液型	宝盖沟式	
			敖脑达坝	斑岩型	敖脑达坝式	
		锡、铜	毛登、安乐	热液型	安乐式	
与燕山期酸性岩浆活动有关的铅、锌、钼、钨、金矿成矿系列	与燕山期酸性岩浆活动有关的铅、锌、钼、钨、铜矿床成矿亚系列	铅、锌	小营子、敖包山	接触交代型	小营子式	K-Ar 法：170～153Ma K-Ar 法：154Ma 燕山早期（黑云母花岗岩） 燕山早期（二长花岗岩）
			硐子、荷尔乌苏、天桥沟、后公地	热液型	硐子式	
		铜	五家子、白马石沟	热液型	五家子式	
		钨	汤家杖子、大麦地、赵家湾子	热液型	汤家杖子式	
		钼	小东沟、库里吐	斑岩型	库里吐式	
	与燕山期酸性岩浆活动有关的金、铅、锌矿床成矿亚系列	铅、锌	余家窝铺	接触交代型	余家窝铺式	K-Ar 法：125Ma K-Ar 法：123Ma
		金	撰山子、奈林沟	热液型	撰山子式	
与燕山晚期碱性花岗岩有关的稀有、稀土矿床成矿系列		铌、钽、钇、铍	巴尔哲	岩浆岩型	巴尔哲式	Rb-Sr 法：125Ma

续表 3-1

矿床成矿系列		矿床成矿亚系列	成矿元素	矿床	类型	矿床式	成矿时代
Ⅲ₇乌力吉-锡林浩特元古宙、海西期、燕山期铜、铁、铬、金、钨、萤石矿床成矿系列	与中元古代基性—中酸性岩浆活动有关的铁、铜(钼、金)矿床成矿系列		铁	大敖包、小敖包、卡巴、包尔汉、白银敖包、红格尔庙	火山-沉积型	温都尔庙式	U-Pb 法:1691Ma U-Pb 法:1511Ma
			铜(钼、金)	白乃庙、谷那乌苏	火山喷流-沉积型	白乃庙式	U-Pb 法:(1130±16)Ma
	与海西期超基性—基性—中酸性岩浆活动有关的铬、铜、金矿床成矿系列	与海西期超基性—基性岩浆活动有关的铬、铜矿床成矿亚系列	铬	索伦山、乌珠巴尔	岩浆熔离型	索伦山式	海西期
			铜	克克齐、查干哈达庙	热液型	查干哈达庙式	晚石炭世
		与海西期中酸性岩浆活动有关的铜多金属、金矿床成矿亚系列	铜多金属	别鲁乌图	火山喷流-沉积型	别鲁乌图式	晚石炭世
			铜(金)	宫胡洞	接触交代型	宫胡洞式	海西期
			金	白乃庙	热液型	白乃庙式	263～218Ma
	与燕山期酸性岩浆活动有关的铁、金、钨、萤石矿床成矿系列		铁	额里图	接触交代型	额里图式	燕山早期(钾长花岗岩)
			金	哈达庙、毕力赫	斑岩型	哈达庙式	
				乌花敖包、巴音杭盖、图古日格、查干此老	热液型	乌花敖包式	K-Ar 法:(182±2.6)Ma
			钨	毫义哈达、三胜村、卯都房子	热液型	毫义哈达式	K-Ar 法:150Ma
			萤石	苏莫查干敖包、北敖包吐、白银脑包、石匠山、达盖图	似层状热液交代型	苏莫查干敖包式	燕山早期(黑云母花岗岩) 燕山晚期

续表 3-1

矿床成矿系列		矿床成矿亚系列	成矿元素	矿床	类型	矿床式	成矿时代
Ⅲ$_8$ 额济纳旗-雅干海西期铁、金、钼、铜、锑、萤石矿床成矿系列	与海西期基性—中酸性岩浆活动有关的铁、铁（铅、铜）、钼、金、萤石矿床成矿系列		铁	黑鹰山、碧玉山	火山沉积型	黑鹰山式	早石炭世 海西晚期（钾长花岗岩）、 海西中期（黑云二长花岗岩）、 海西晚期（闪长玢岩）、 海西期
			铁（铅、铜）	乌珠尔嘎顺、索索井	接触交代型	索索井式	
			钼	流沙山	斑岩型	流沙山式	
			金	老硐沟	热液-氧化淋滤型	老硐沟式	
			萤石	玉石山、神螺山	热液脉型	玉石山式	
	与燕山期中酸性岩浆活动有关的钨（钼、锡）、锑、萤石矿床成矿系列		钨（钼、锡）	东七一山、鹰嘴红山	热液复网型	东七一山式	燕山晚期（钠长石化花岗岩）
			锑	阿木乌素	低温热液脉型	阿木乌素式	燕山期
			萤石	东七一山	热液脉型	东七一山式	燕山晚期
Ⅲ$_{10}$ 乌拉山-集宁-阜新太古宙（元古宙）、燕山期金、银、铁、铜、铅、锌、石墨、菱铁矿、白云母矿床成矿系列	与太古宙（或元古宙）受变质火山-沉积作用，混合岩化作用有关的铁、金、石墨、白云母矿床成矿系列		铁	壕赖沟、老营河、小壕赖、大黑山	变质火山沉积型	鞍山式	太古宙
			金	卯独庆	变质热液型	卯独庆式	古元古代
				乌拉山、摩天岭大阳坡、驼盘	热液型	乌拉山式	U-Pb 法：1922Ma，(132±2)Ma
			石墨	什报气、黄土窑、海沟	沉积变质型	黄土窑式	太古宙
			白云母	乌拉山、土贵乌拉	伟晶岩	土贵乌拉式	古元古代

续表 3-1

矿床成矿系列		矿床成矿亚系列	成矿元素	矿床	类型	矿床式	成矿时代
	与燕山期中酸性岩浆活动有关的铁、金、银、铅、锌矿床成矿系列		铁	大南洼	矽卡岩型	大南洼式	燕山期
			金(银)	金厂沟梁、官地、大水清、红花沟、莲花山、东伙房、后石花、梁前	热液型	金厂沟梁式	K-Ar 法：100.02 Ma；121.71Ma K-Ar 法：159Ma，晚侏罗世—早白垩世 燕山期
				柴火栏子	接触交代型	柴火栏子式	
				陈家杖子	爆破角砾岩型	陈家杖子式	
			银(铅、锌)	潘家沟、李清地	热液型	李清地式	
			铅、锌	满洲窑子、长岭	热液型	满洲窑子式	
	与第四纪冲积沉积有关的金矿床成矿系列		砂金	金盆、乌兰板申	冲积型	金盆式	第四纪全新世
Ⅲ$_{11}$白云鄂博-宝昌元古宙、海西期、燕山期金、铅锌、铜、镍、铁、稀土矿床成矿系列	与太古宙(或元古宙)变质火山作用有关的铁、金矿床成矿系列		金	新地沟	变质热液型	新地沟式	古元古代
			铁	高腰海、黑脑包、合教、三合明	变质火山沉积型	鞍山式	太古宙
	与中元古代碱性岩浆活动有关的铁、稀土、金矿床成矿系列		金	赛乌素	热液型	赛乌素式	K-Ar 法：965～963Ma
			铁、稀土	白云鄂博	火山喷流沉积型	白云鄂博式	中元古代 U-Pb (1278±2)Ma，1692～1683Ma，1300～1200Ma，(555±17)Ma，(398±10)Ma
	与海西期基性岩浆活动有关的铜、镍、铂矿床成矿系列		铜、镍、铂	小南山、黄花滩、克布	岩浆熔离型	小南山式	K-Ar 法：265Ma

续表 3-1

矿床成矿系列		矿床成矿亚系列	成矿元素	矿床	类型	矿床式	成矿时代
	与燕山期酸性岩浆活动有关的金、钨矿床成矿系列		金	伊胡赛、老羊壕、银宫山、高台	热液型	老羊壕式	燕山期
			钨	中斯拉、白石头洼	热液型	白石头洼式	燕山期
	与第四纪冲积沉积作用有关的金矿床成矿系列		砂金	哈尼河、上花河、段油房、五福堂	冲积沉积型	哈尼河式	第四纪全新世
Ⅲ$_{12}$ 朱拉扎嘎-甲生盘元古宙、古生代金、铅、锌、铜、铁、镍、铂、硫矿床成矿系列	与太古宙受变质火山-沉积作用有关的铁、金矿床成矿系列	与太古宙受变质火山-沉积作用有关的铁矿床成矿亚系列	铁	迭布斯格、书记沟、公益明、东五分子	变质火山-沉积型	鞍山式	太古宙
		与古元古代韧脆性剪切变形变质作用有关的金矿床成矿亚系列	金	十八倾壕、水泉头分子	变质热液型	十八倾壕式	古元古代
	与中元古代基性—中酸性火山作用有关的金、铁、铅、锌、铜、硫矿床成矿系列	与中元古代海相基性—中酸性火山喷流-沉积作用有关的铁、铜、铅、锌、金、硫矿床成矿亚系列	铜、铅、锌	霍各乞、东升庙、	火山喷流-沉积型	霍各乞式	U-Pb 法：(1679～1656)Ma
			铅、锌、硫	炭窑口、甲生盘、对门山		甲生盘式	
			硫	三片沟	火山喷流-沉积型	三片沟式	中元古代
			金	朱拉扎嘎	火山喷流-沉积型	朱拉扎嘎式	U-Pb 法：(1293～1187)Ma
		与中元古代海相化学沉积作用有关的铁、锰、磷矿床成矿亚系列	铁	西德岭山、王成沟	变沉积型	西德岭式	中元古代
			锰	红壕	变沉积型	红壕式	中元古代

续表 3-1

矿床成矿系列		矿床成矿亚系列	成矿元素	矿床	类型	矿床式	成矿时代
	与古生代基性—中酸性岩浆作用有关的铁、金、铅、锌矿床成矿系列	与早古生代基性岩浆作用有关的铁(金)矿床成矿亚系列	铁(金)	卡休他他	接触交代型	卡休他他式	早古生代
		与晚古生代中基性岩浆活动有关的铁、铜、铅、锌、金矿床成矿亚系列	铁、铜、铅、锌	沙拉西别克布勒	接触交代型	沙拉西别式	晚古生代
			金	碱泉子	热液型	碱泉子式	晚古生代
	与第四纪冲积沉积作用有关的铂、金矿床成矿系列		铂	阿拉腾哈拉、阿尔腾敖包	冲积沉积型	阿拉腾敖包式	第四纪全新世
			金	西乌兰不浪、中后河	冲积沉积型	西乌兰不浪式	第四纪全新世
Ⅲ$_{22}$ 龙首山元古宙铜、镍、铁、稀土矿床成矿系列	与元古宙岩浆岩作用有关的铜、铁、稀土矿床成矿系列		稀土、铌	桃花拉山	喷流沉积型	桃花拉山式	元古宙
	与新元古代冰水沉积作用有关的铁、磷矿床成矿系列		铁	宽湾井	沉积型	宽湾井式	新元古代
			磷	青井子、爽沟、哈马胡头沟	沉积型	青井子式	新元古代

续表 3-1

矿床成矿系列		矿床成矿亚系列	成矿元素	矿床	类型	矿床式	成矿时代
Ⅲ$_0$新生代蒸发盐类成矿带	与湖相沉积蒸发作用有关的盐、碱、芒硝、石膏矿床成矿系列		盐类	吉兰泰、额吉诺尔、查汗池、塔日根	蒸发岩型	吉兰泰式	第四纪全新世
			碱	查干诺尔、哈马太、察汗淖、合同察汗淖、乌都淖	蒸发岩型	查干诺尔式	全新世、更新世
			芒硝	白音陶力木、巴杨查岗、布达期恩诺尔、上马塔拉、达拉特旗、阿拉善庙、盐海子、基龙通古、和屯池、达拉图鲁、白音淖塔希脑海淖、巴音达来湖、通湖	蒸发岩型	巴杨查岗式	全新世、更新世
			石膏	代庆台、罗拜台、苏海图、拿个、苏级切斯特、乃麻代	蒸发岩型	苏级式	第三纪渐新世
			石膏	图兰泰	蒸发岩型	图兰泰式	早白垩世
			石膏	野猫子山	蒸发岩型	野猫子山式	早石炭世前黑山期

三、矿床成矿系列基本特征

(一)与岩浆作用有关的矿床成矿系列组合

与岩浆作用有关的矿床成矿系列非常发育，从太古宙到中生代均有产出，且以元古宙、海西期和燕山期3次成矿高潮为特征，尤以燕山期成矿最为重要。其中元古宙岩浆矿床成矿系列组合多产于太古宙陆核边缘，而海西期和燕山期岩浆矿床成矿系列组合则产于古亚洲洋和滨西太平洋构造成矿带。

岩浆矿床成矿系列组合所属矿床成矿系列类型的划分主要依据地质构造环境、岩浆组合、产出的岩相条件(海相、陆相、喷出相、浅成相、中深成相)、成矿元素组合等，划分如下。

1. 活动区造山带沿深断裂与超基性—基性侵入岩有关的铜、金矿床成矿系列类型

本系列类型产于造山带，出露于东乌旗南部，成矿时代为海西晚期，出露地层为晚古生代碎屑岩、火山岩，与成矿相关的岩浆岩为辉长岩和辉绿岩。小坝梁铜、金矿区的蚀变辉绿岩Rb-Sr等时线年龄为242Ma，锶同位素初始比值0.7047。辉绿岩含铜量高达109×10^{-6}，金160×10^{-9}，低Rb/Sr(0.04)，高Ba/Rb(3.07)比值，$\sum$REE在$(76.7\sim151.9)\times10^{-6}$之间，$\sum Ce/\sum Y$ 0.56～0.65，$\delta Eu=0.48\sim0.91$，具大洋拉斑玄武岩特点。这些特征表明，辉绿岩可能为来自上地幔玄武岩浆的堆晶侵入体。矿石铅同位素($\mu=8.89$)与地幔铅演化曲线一致，也反映成矿金属组分具幔源特征。矿床成因为基性岩衍生热液成矿，构成与超基性—基性岩活动有关的铜、金矿床成矿系列，代表性矿床：小坝梁铜、金矿床。

2. 活动区造山带与洋壳蛇绿岩套有关的铬、铜、镍矿床成矿系列类型

本系列类型产于造山带，分布于索伦山—贺根山一带，与板块俯冲带的残余洋壳有关，与成矿有关的超基性岩组合为：纯橄榄岩-斜辉辉橄岩-橄长岩-辉长岩，纯橄岩-斜辉辉橄岩-二辉辉橄岩。铬铁矿与纯橄岩相关。贺根山矿区超基性岩K-Ar法同位素年龄为430～346Ma，矿床成因为岩浆熔离型，构成与超基性岩相关的铬矿床成矿系列，代表性矿床：贺根山敖拉铬铁矿矿床。

3. 稳定区边缘沿深断裂带与超基性—基性侵入岩有关的铁、铜、镍、铂、钛、磷、蛭石矿床成矿系列类型

本系列类型主要产于阴山隆起带，成矿带的延伸方向与区域性深断裂带方向一致，矿床与铁质基性—超基性侵入杂岩体密切相关，主要岩石类型为辉长岩、辉石岩、橄榄岩、橄长岩。

铜、镍、铂矿床与辉长岩、橄长岩相关，以岩浆熔离方式成矿，矿体为似层状、透镜状产于岩体底部，矿石以浸染状构造为主，具海绵陨铁结构和嵌晶结构，成矿时代为海西晚期。

铁、磷、蛭石与辉石岩相关，铁、磷以岩浆结晶分异方式成矿，矿石具浸染状构造。铁、磷矿体集中产于岩体顶、底边缘，成矿时代为海西晚期。

与海西晚期辉长岩热液作用有关形成热液型铁矿。

加里东期辉长岩作用形成岩浆分异型钛铁矿，矿体呈透镜状产出。另外，还形成接触交代型铁、金矿床。

由上可知，构成了与超基性—基性岩有关的铁、钛、铜、镍、金、磷、蛭石矿床成矿系列。矿床类型和代表性矿床：岩浆熔离型，小南山铜、镍、铂矿床；岩浆分异型，文圪乞铁、磷、蛭石矿床，伊克田钛铁矿床；接触交代型，卡休他他铁、金矿床；热液型，百灵庙铁矿床。

4. 活动区造山带与海相中基性—酸性火山-侵入岩有关的铁、锌、铜、金、硫铁矿床成矿系列类型

本系列类型分布在温都尔庙—白乃庙、谢尔塔拉、黑鹰山等地。在成因上与地槽发展阶段的海底火山喷发-侵入活动有密切联系，发育的时代为晚古生代和中元古代。本系列类型有以下两类矿床组合。

1)海相中基性火山岩型铁、铁锌、硫铁(铜)矿床组合

该组合主要分布在谢尔塔拉、黑鹰山、温都尔庙等地，矿化作用以火山喷发-沉积-热液交代以及矿浆充填为主，但都不同程度地受到后期变质作用及热液活动的叠加影响。成矿时代为海西期和中元古代。海西期的矿床有谢尔塔拉铁锌矿床，黑鹰山、碧玉山铁矿床，时代为早石炭世；六一牧场硫铁(铜)矿床，时代为中泥盆世—晚泥盆世。中元古代的铁矿床有大敖包、小敖包、红格尔庙、包日汗、卡巴、白银敖包等，构成了与海相中基性火山-沉积有关的 Fe、Zn 矿床成矿系列。

2)海相与中基性、中酸性火山岩有关的铜、金、多金属矿床组合

该组合分布在白乃庙地区。由于地壳强烈拉张下陷，伴随有强烈的海相火山-潜火山活动，形成了一系列基性到酸性的火山熔岩、凝灰岩及沉积碎屑岩。矿化产于基性—酸性熔岩和凝灰岩中，矿体呈似层状、透镜状产出，并遭受了后期变质作用及热液活动的叠加影响。中元古代矿床有白乃庙、谷那乌苏铜(钼)矿床；晚石炭世矿床为别鲁乌图铜多金属矿床。从而构成与海相中基性—中酸性火山-沉积有关的铜、金多金属矿床成矿系列。

5. 活动区造山带与花岗岩有关的铁、铁钼、铁(铅、锌)、钼、金、铍、铜、锡、铅、锌、银、水晶矿床成矿系列类型

本系列类型在成因上与地槽发育后期产生的壳源(或壳幔混合源)花岗质岩浆活动有密切的成因联系，矿床类型包括伟晶岩型、接触交代型、斑岩型、热液型等，构造上分布于造山带中。与成矿相关的花岗质岩类主要为花岗闪长岩、黑云母花岗岩、白岗质花岗岩，时代主要为海西期，次为印支期。

该系列类型的矿床有如下几类。

伟晶岩型矿床：阿布吉敖包水晶矿床(印支期)。

接触交代型：索索井铁(铅、锌)矿床(印支期)。

海西期有梨子山铁锌矿床，塔尔基、中道山铁矿床，乌珠尔嘎顺铁铜矿床，巴林铜、锌矿床，宫胡洞铜矿床。

热液型：海西期有查干哈达庙、克克齐铜矿床，白乃庙、老洞沟、各力各等金矿床，127 铍矿床，西里庙锰矿床，鹰嘴红山钨矿床，阎地拉图铁矿床，玉石山、神螺山、黑沙图、白银脑包、北敖包、苏木查干敖包萤石矿床等。

斑岩型：流沙山钼矿床。构成了与酸性岩浆活动有关的 Fe、Mo、Cu、Au、Be、Sn 矿床成矿系列。

另外，在西拉木伦河以北的大兴安岭中南段亦发育该矿床成矿系类型，成矿时代为侏罗纪，与成矿有关的花岗质岩类有闪长岩、花岗闪长岩、黑云母花岗岩、二长花岗岩、斜长花岗岩、花岗斑岩、石英斑岩等，赋矿围岩为二叠纪地层和侏罗纪火山岩。

矿床类型如下。

接触交代型：神山、巴洛哈达等铁、铜多金属矿床，浩布高铜、铅、锌矿床，白音诺尔铅、锌、银矿床，小井子、哈达吐铅锌矿床，黄岗铁锡矿床，莫古吐锡矿床。

热液型：马鞍山铁铜矿床，闹牛山、莲花山、敖尔盖等铜矿床，布墩花、水泉、沙不楞、哈拉白旗、后卜河、大井子等铜、银、铅、锌矿床，长春岭、石长温都尔、敖林达、孟恩陶勒盖、收发地、碧流台等铅、锌、银矿床，宝盖沟锡矿床，安乐锡铜矿床。

斑岩型：敖脑大坝铜多金属矿床。

从而构成与中酸性岩浆活动有关的铁、铜、铅、锌、锡、银矿床成矿系列。

6. 稳定区沿深断裂与碱性岩、碳酸岩有关的铁、铌、稀土、磷矿床成矿系列类型

本系列类型产于稳定的古隆起区，与区域性深断裂有密切的联系，目前有白云鄂博铁、铌、稀土矿床和桃花拉山铌、稀土矿床。白云鄂博铁、铌、稀土矿床产于中元古代大陆斜坡裂谷构造环境。赋矿围岩以白云岩为主，矿体呈似层状、透镜状及脉状产出，矿化作用与碱性岩浆作用有关。碱性火山岩锆石的U-Pb法年龄为(1728±5)Ma，钠闪石的Ar-Ar坪谱年龄为(1648±40)Ma和409Ma，表明该侵入体受到加里东期构造热事件的影响。在1300～1200Ma有碳酸岩侵入活动，同时发育脉状碳酸岩，二者均有稀土矿化。碱性闪石的Ar-Ar坪谱年龄为1208～1180Ma。含独居石和碳铈钠矿的碱性闪石脉的碱性闪石Ar-Ar坪谱年龄为800～700Ma。条带状铌稀土矿石和含钠闪石白云石型矿石的钠闪石Ar-Ar坪谱年龄为400Ma。海西晚期碱性花岗岩侵入，形成东接触带含稀土矽卡岩。由上可知，白云鄂博铁、铌、稀土矿床的形成经过以下几个阶段：1692～1683Ma海底喷流以形成铁矿为主，同时有稀土矿化；1300～1200Ma碳酸岩浆侵位，富含稀土的成矿流体交代先期沉积的铁、稀土矿体，使稀土进一步富集；800～700Ma碱性闪石脉侵位，并有稀土矿化；400Ma左右，韧性剪切变形变质作用并伴有富稀土流体，使已先存在的铁、铌、稀土矿体进一步改造和富集；海西晚期碱性花岗岩侵位，形成含稀土矽卡岩型矿体。同时，不同成矿阶段形成不同类型的矿体，从而构成了一个发育良好的矿床成矿系列，即喷流沉积铁稀土矿体→沉积-交代铁、铌稀土矿体→热液脉状铌稀土矿体→稀土矽卡岩矿体。

7. 地块边部过渡区沿深断裂与中、酸性火山-侵入岩有关的铜、铅锌、金、银、铀矿床成矿系列类型

本系列类型矿床分布在额尔古纳褶皱带，大兴安岭-东乌旗褶皱带及华北板块北部大陆边缘，成矿时代为燕山期。

(1)额尔古纳褶皱带中与燕山期中酸性火山-侵入岩有关的铜(钼)、铅、锌、金、银矿床成矿系列，并可进一步划分为：①与燕山早期中酸性火山-侵入岩有关的铜(钼)、金、银矿床成矿亚系列，成矿时代为165～155Ma，矿床类型为斑岩型，有八大关、乌努格吐山、八八一等铜(钼)矿床；热液型，小伊诺盖沟金矿床；②与燕山晚期超浅成—浅成中、酸性火山-侵入岩有关的铅、锌、银、铜矿床成矿亚系列，成矿时代为130～115Ma，矿床类型为热液型，代表性矿床有甲乌拉铅、锌、银矿床，三河铅锌矿床及额仁陶勒盖银矿床。

(2)大兴安岭-东乌旗褶皱带中，与成矿有密切联系的中酸性岩浆岩类为花岗岩、黑云母花岗岩、花岗斑岩、白岗质花岗岩及粗安岩。成矿时代以燕山早期为主，少量为燕山晚期，矿床类型及代表性矿床为：接触交代型，朝不楞铁多金属矿床；苏呼和铁、锌、铀矿床。热液型，沙麦钨矿床；毛登锡、铜矿床；吉林宝力格银矿床；隐爆角砾岩型：四五牧场金矿床。

(3)华北板块北部大陆边缘赤峰地区：①与中、酸性火山-侵入岩有关的铜、铅、锌、钼矿床成矿系列，该系列矿床类型及代表性矿床为：斑岩型，小东沟、库里吐钼矿床；接触交代型，小营子铅锌矿床，敖包山铜、铅、锌矿床；热液型，五家子铜矿床。成矿时代为燕山早期，175～153Ma。②与酸性火山-侵入岩有关的铜、锌、钨、金矿床成矿系列，该系列矿床类型及代表性矿床：热液型，后公地铅、锌矿床；大麦地钨矿床；撰山子、奈林沟金矿床。成矿时代为燕山晚期。

(4)镶黄旗地区与酸性火山-侵入岩有关的金、钨矿床成矿系列。该系列的代表性矿床为：斑岩型，哈达庙金矿床；热液型，毕力赫金矿床、毫义哈达钨矿床、石匠山萤石矿床。

(5)巴音杭盖地区与中酸性火山-侵入岩有关的金、铜矿床成矿系列，代表性矿床为：热液型，巴音抗盖金矿床；欧布拉格铜、金矿床。成矿时代为晚侏罗世—早白垩世，154～90Ma。

8. 地块边部过渡区与花岗岩、碱性岩有关的钨、钼、铅、锌、金、银矿床成矿系列类型

该系列类型分布在华北板块北缘，与成矿有成因关系的花岗岩类岩石为花岗闪长岩、闪长岩、钾长花岗岩、正长斑岩、黑云母花岗岩。成矿时代为中生代，并以晚侏罗世—早白垩世为主，赋矿岩石为太古宙片麻岩、二叠纪板岩、侏罗纪火山岩等，矿床类型有斑岩型热液型和隐爆角砾岩型，构成与酸性岩浆活动有关的钨、钼、铅、锌、银、金矿床成矿系列。

矿床类型与代表性矿床为斑岩型：车户沟铜、钼矿床；热液型：长岭山铅、锌矿床；满洲窑铅、锌矿床；白羊沟铅、锌、银矿床；官地银、金矿床；索虎沟、大西沟、二道沟等金矿床；白石头洼钨矿床；隐爆角砾岩型：陈家杖子金矿床。

9. 活化区与壳源花岗岩类有关的有色、稀土、稀有、铀金属矿床成矿系列类型

该系列类型主要分布在华北板块北缘和塔里木板块北东大陆边缘，矿化是与构造-岩浆活化作用侵位的花岗岩类有关。

华北板块北缘主要分布在东段赤峰地区和西段阿拉善地区。赤峰地区分布有与花岗岩有关的铁，为铁、锌矿床系列，成矿时代为海西晚期，赋矿围岩为太古宙片麻岩，矿床类型为接触交代型。矿床有哈拉火烧铁矿床、伊河沟铁锌矿床。

阿拉善地区分布有与石英闪长岩、花岗闪长岩、花岗岩有关的铁、铁铜、金矿床成矿系列，成矿时代为海西晚期，矿床类型和代表矿床为接触交代型：沙拉西别铁铜矿床、克布勒铁矿床；热液型：盖沙图铜矿床、碱泉子金矿床、恩格勒萤石矿。

印支期在华北板块北缘中段，分布与花岗岩有关的铍、宝石矿床成矿系列，矿床类型为伟晶岩型，代表性矿床：角力格太铍、宝石矿床。

塔里木板块北东大陆边缘分布有与燕山晚期花岗岩和花岗斑岩有关的钨、钼、锑矿床成矿系列，代表性矿床和矿床类型为热液型：七一山钨、钼矿床，阿木乌素锑矿床，七一山萤石矿床。成矿时代为早白垩世。

另外在大兴安岭中段，由于滨西太平洋大陆边缘活动而形成的与碱性花岗岩有关的稀土矿床成矿系列，代表性矿床为 801 稀土矿床，矿床类型为碱性花岗岩型，成矿时代为 127Ma。

10. 大陆边缘褶皱带与陆相中酸性火山-侵入岩有关的锡、铁、钨、钼、铅、锌、银、铜、金、稀土、非金属矿床成矿系列类型

本系列类型分布在滨西太平洋大陆边缘，活动带大兴安岭火山岩带，发育有巨厚的燕山期陆相酸性火山-侵入岩，构成与陆相中酸性火山-侵入岩有关的锡、铁、铜、铅、锌、非金属矿床成矿系列，并可进一步划分为：①与花岗岩有关的铁、锡（铜、铅、锌）银矿床成矿亚系列，容矿岩石为新元古代大理岩和侏罗纪火山岩、砂岩，矿床类型为热液型，代表性矿床有地营子铁矿床、千斤沟锡矿床、潘家沟银矿床。成矿时代为晚侏罗世。②与花岗岩有关的水晶、萤石矿床成矿亚系列，容矿岩石为二叠纪板岩、砂岩和侏罗纪火山岩。矿床类型及代表性矿床为伟晶岩型：银洞子、龙头山、小大青山水晶矿床；热液型：大西沟、富裕屯、昆库力萤石矿床。③与中酸性火山岩有关的膨润土、沸石、玉石矿床成矿亚系列，容矿围岩为侏罗纪火山岩。矿床类型和代表性矿床为火山热液型：巴林石玉石矿床；蚀变火山岩型：高庙子膨润土矿床，莫古吐膨润土矿床，白庙子膨润土、沸石、珍珠岩矿床，查布干山沸石矿床。成矿时代以晚侏罗世为主，少量为早白垩世。

11. 稳定区及其边部与变质-岩浆作用有关的金（银、铜）、菱镁矿、滑石、石墨矿床成矿系列类型

本系列类型分布在华北板块北缘，出露太古宙和元宙代变质岩系，该系类型可划分为如下两个矿床成矿系列。

1）与燕山期中酸性岩浆活动有关的金、银矿床成矿系列

该矿床成矿系列的特征是，金的成矿作用与燕山期中酸性岩浆活动密切相关，与金成矿有成因的岩浆岩类为闪长岩、花岗闪长岩、钾长花岗岩、二长花岗岩、花岗岩、花岗斑岩、正长斑岩等，岩石化学以富含碱质为特征。金矿体赋存于太古宙—元古宙的变质岩系中，受构造破碎带控制，矿体呈脉状产出，成

矿时代为 164～143Ma 和 120～100Ma。矿床类型和代表性矿床为接触交代型：柴火栏子金矿床；热液型：金厂沟梁金矿床、后石花金矿床、李清地银矿床。

2）与变质-岩浆作用有关的金（银）矿床成矿系列

该矿床成矿系列的特征是，金矿床明显受韧性剪切变形变质带控制，金矿化体呈似层状、透镜状产出。金成矿作用呈多期多阶段，明显地表现出受后期混合岩浆热液或岩浆热液作用的叠加改造。成矿时代以前寒武纪为主，后期热液作用的时代为中生代。矿床类型和代表性矿床为变质热液型：卯独庆金矿床；热液型：乌拉山金矿床。

（二）与沉积作用有关的矿床成矿系列组合

1. 陆相表生风化残积带矿床成矿系列类型

本系列类型是近代（第三纪—第四纪）地质作用的产物，不同类型岩石的表生风氧化带产出不同的矿床，因此可分两个矿床成矿系列。

1）表生风化淋滤残积矿床成矿系列

该矿床成矿系列是由于不同岩石类型经风化-淋滤作用形成的代表矿床：六大股锰矿床和白音查干膨润土矿床。六大股锰矿床是由中元古代渣尔泰山群的含锰粉砂岩、含锰泥灰岩经风化-淋滤残积形成的似层状矿床。

2）表生喀斯特岩溶堆积矿床

碳酸盐岩受表生岩溶淋滤作用形成岩溶堆积矿床，代表性矿床为老硐沟金矿床。

2. 陆相砂矿矿床成矿系列类型

内蒙古境内砂矿分布广泛，主要是砂金矿，但亦有砂铂矿，并可将砂矿床划分如下。

1）与冰水作用有关的砂金矿床成矿系列

由于第四纪冰川作用而形成的砂金矿床主要分布在内蒙古中部石哈河地区，代表性矿床为小乌淀砂金矿床。

2）与河流搬运作用有关的砂金、砂钼矿床成矿系列

该系列又可根据水动力条件分为以下两个亚系列。

（1）山麓带-辫状河砂金矿床成矿亚系列。该亚系列砂金矿床主要由山麓堆积物和沿河流的冲积物组成，代表性矿床为吉兴沟、恩和哈达、古利库等砂金矿床。

（2）曲流河-河口带砂金、砂铂矿床成矿亚系列。其中一类是近河沟、沟口冲积扇砂矿体为不成熟碎屑型砂矿，代表性矿床为哈泥河、浩牙日胡都格砂金矿床；另一类为河床、河漫滩砂金、砂铂矿床，为中等成熟度碎屑砂矿，代表性矿床为金盆砂金矿床，阿拉腾敖包砂铂、金矿床。

3. 与蒸发岩有关的盐类、自然硫矿床成矿系列类型

本系列矿床属于与蒸发沉积作用有关并赋存于蒸发沉积岩中的矿床，包括有天然碱、芒硝、石膏等矿床，其成矿时代以新生代为主，中生代和晚古生代为次，根据成矿作用和成矿时代可分为以下几个矿床成矿系列。

1）与近代盐湖蒸发沉积作用有关的盐、碱、芒硝矿床成矿系列

该矿床成矿系列为第四纪成矿，矿床类型为现代盐湖型，代表性矿床为查干诺尔碱矿床，达拉特旗芒硝矿床，吉兰泰、额吉诺尔盐矿床，盐海子碱、芒硝矿床。

2）与红层有关的石膏矿床成矿系列

石膏矿赋存在红色地层中，成矿时代为第三纪和早白垩世，但以第三纪为主，代表性矿床为苏海图、

代罗台石膏矿，图兰泰石膏矿（早白垩世）。

3）与海相沉积有关的石膏矿床成矿系列

与海相碳酸盐岩建造有关，硬石膏和石膏组成矿石，矿体呈层状、似层状产出，成矿时代为早石炭世，代表性矿床为野猫子山石膏矿床。

4. 与海陆过渡相沉积有关的铁、铝、煤、油页岩、黄铁矿、耐火黏土、高岭土矿床成矿系列类型

本系列类型以石炭纪最为发育，分布在华北板块，构成与海陆过渡相沉积有关的铝、铁、硫铁矿床成矿系列，其矿床类型和代表性矿床为：①内陆沼泽相褐铁矿，代表性矿床为西窑磁沟褐铁矿床；②海湾-潟湖相铝土矿，代表性矿床为城坡铝土矿床；③三角洲相、滨海沼泽相煤层和黄铁矿，代表性矿床为榆树湾矿区。上述铁矿、铝土矿和黄铁矿均赋存在石炭纪含煤建造内。

其次，第三纪淡水湖沉积作用形成硅藻土矿床，构成与淡水湖相沉积有关的硅藻土矿床成矿系列，代表性矿床有哈达乌素、谢家坊硅藻土矿床。

5. 与海相化学沉积岩有关的铁、锰、磷矿床成矿系列类型

本系列类型主要包括与浅海相陆源碎屑岩和碳酸盐岩等有关的铁、锰、磷沉积矿床，矿层稳定，矿石品位均匀，矿体多呈层状或似层状、透镜状。这类矿床均分布在华北板块北缘和西南缘，成矿时代为中新元古代。

该系列类型在华北板块北缘构成了与海相化学沉积岩有关的铁、锰、磷矿床成矿系列。矿床均赋存在渣尔泰山群和白云鄂博群中，前者构成的矿床成矿系列完整，后者到目前为止，还未发现锰矿。铁、锰、磷等沉积矿床均赋存在海侵阶段，铁矿沉积在近古陆边缘最浅部位，矿层位于海侵层序下部，矿石为赤铁矿；锰矿的沉积位置比铁矿距海岸远些，沉积深度也较大，矿石矿物为软锰矿、硬锰矿；磷矿床形成于浅海中较深水环境，矿石矿物以胶状磷灰石为主。铁矿床代表为西德岭铁矿床，锰矿床代表为红壕、东加干锰矿床，磷矿床代表为布龙土磷矿床。它们的成矿时代为中元古代。

该系列类型在华北板块西南缘的南华系—震旦系中构成了与冰水沉积有关的铁、磷矿床成矿系列，代表性矿床为宽湾井铁矿床、哈马胡头沟磷矿床。成矿时代为新元古代。

（三）与变质作用有关的矿床成矿系列组合

与变质作用有关的矿床成矿系列组合主要包括受区域变质作用较强的矿床和主要在变质过程再形成的矿床两部分。该组合主要产于古老变质岩系中，成矿时代为太古宙和元古宙，在古生代也有这类矿床产出。

1. 稳定区与变质火山-沉积作用有关的铁（铜、铅、锌、金、硫）矿床成矿系列类型

本系列类型产于华北板块北缘的古老隆起区，是与前寒武纪变质火山岩硅铁质建造有关的条带状（条纹状）铁矿床，含矿岩系原岩为前寒武纪含铁石英岩和基性—中酸性火山岩系，受后期混合岩化及其他变质作用改造，成矿时代为太古宙，物质来源为壳幔混源，铁矿赋存在乌拉山岩群和色尔腾山岩群中，变质程度为高角闪岩相-麻粒岩相和低角闪岩相-绿片岩相。这套含矿岩系中金亦有产出，与铁矿构成统一的矿床成矿系列，代表性矿床：壕赖沟铁矿床、三合明铁矿床、书记沟铁矿床；金矿床有十八倾壕金矿床。

华北板块北缘中元古代裂陷槽（裂谷）的渣尔泰山群中赋存有与裂陷槽岩浆活动“双峰式”演化顺序，即早期基性火山活动，晚期向酸性火山活动方向分异演化有关的铁、铜、铅、锌、金、硫矿床，构成一个完好的矿床成矿系列，矿床成因类型为海底火山喷气-沉积改造矿床。矿体呈似层状、透镜状产出，矿床有用元素组合自西向东变化为：Cu（PbZn）（霍各乞）→Zn 为主多金属，Cu＞Pb（炭窑口）→Zn 为主多金属，Cu≈Pb（东升庙）→Zn、Pb、S，无 Cu（甲生盘），并且与裂谷“双峰式”岩浆活动的演化顺序相符，基性火山岩活动(霍各乞)→酸性火山活动(炭窑口、东升庙)火山凝灰岩(甲生盘),成矿时代的变化为:1900Ma(霍各乞)→1900～1800Ma(炭窑口)→1805Ma(东升庙)→1679.65Ma(甲生盘)。上述表明,该矿床成矿系列的演化在时空上的演化完全受裂陷槽的演化所控制。

2. 稳定区与受变质沉积作用有关的铜、铁、金、银、菱镁矿、滑石、石墨矿床成矿系列类型

本系列类型分布在华北板块北缘阴山台隆区,赋矿地层为太古宙集宁岩群和乌拉山岩群,含矿建造由石墨橄榄大理岩、斜长片麻岩和白云质大理岩及含石墨钾长片麻岩组成。矿体呈似层状、透镜状产出。另外,区域变质作用形成石榴石矿床,赋矿地层为太古宙色尔腾山岩群和古元古代宝音图群,从而石墨和石榴石构成了与受变质沉积作用有关的石墨、石榴石矿床成矿系列。

海西晚期,形成与花岗质岩浆活动有关的石墨、红柱石、石榴石矿床成矿系列,矿床类型为接触交代型,代表性矿床为红旗店石墨矿床、苏木挺高勒红柱石矿床、巴颜套海石榴石矿床。

3. 古活动区(带)与混合岩化气液作用有关的硼、铁、铀、稀土矿床成矿系列类型

该系列类型分布在华北板块北缘阴山隆起,含矿岩系为太古宙乌拉山岩群和集宁岩群及古元古代二道洼岩群,由区域变质作用与混合岩化作用而形成伟晶岩型和热液型两类矿床,构成与混合化气液作用有关的铍、白云母、金云母、稀土、磷、石棉矿床成矿系列。伟晶岩型:土贵乌拉铍、白云母矿床,乌拉山白云母矿床,旗杆梁稀土、磷矿床;热液型:稍林沟金云母、蛭石矿床,桃儿湾石棉矿床。容矿围岩为大理岩、石榴石钾长片麻岩等。成矿时代为古元古代。

(四)其他成因的矿床成矿系列组合

将一些与一定层位有关、受多种成矿作用叠加或改造所形成的矿床,以及部分成因不明的矿床,暂归于其他成因的矿床成矿系列组合。

稳定区边部活化区金、锑、汞矿床成矿系列类型

该系列类型分布在华北板块北缘西段阿拉善隆起区。产于中元古代裂陷槽(裂谷)中的朱拉扎嘎金矿床,即归于此类型。赋矿岩石为中元古代渣尔泰山群阿古鲁沟组的酸性火山岩、粉砂岩、砂岩。矿体呈似层状、透镜状产出,矿石具浸染状构造、条带状构造,具变余砂状结构、自形粒状结构和交代残余结构。矿体受层位控制,产状与岩层产状基本一致,亦有切层矿体。矿区仅有煌斑岩脉、闪长玢岩脉和花岗细晶岩脉分布。矿化蚀变粗面流纹岩和石英角斑岩的 U-Pb 年龄分别为 1293Ma,1187Ma(杨岳清,2001),矿石 Rb-Sr 等时线年龄为(275±6)Ma(江思宏等,2001)。

第四节　矿床成矿系列时空分布规律

矿床成矿系列是四维空间中具有内在联系的矿床自然组合,它反映了一定地质历史时期和一定地质构造区域内地质背景的统一性和具体成矿条件的差异性。因此,在地球的形成和发展过程中,矿床成矿系列的时空分布具有一定的规律性,通过矿床成矿系列图件的编制,可初步认识以下一些规律。

一、矿床成矿系列的时空分布受大地构造单元的控制

矿床成矿系列在空间分布上具有时代特征和受大地构造单元控制的特征。

前寒武纪形成的矿床成矿系列分布在华北陆块及其边缘裂陷（裂谷）构造带中。太古宙形成的与受变质火山-沉积作用有关的铁、金矿床成矿系列分布在华北陆块的阴山隆起区和阿拉善隆起区。中元古代形成的与受变质火山-沉积作用有关的铁、铜、铅、锌、金、硫矿床成矿系列和与碱性岩、碳酸岩有关的铁、铌、稀土矿床成矿系列则分布在上述两个隆起区的边缘或内部的白云鄂博裂谷和渣尔泰山裂谷中。新元古代形成的与冰水沉积有关的磷、铁矿床成矿系列分布于阿拉善隆起区的西南边缘。

晚古生代形成的矿床成矿系列主要集中分布在古亚洲构造域中，但亦有分布在华北陆块边缘部位。例如，海西晚期形成的与海相火山-沉积作用有关的铁、铁锌、硫矿床成矿系列分布在西伯利亚板块东南大陆边缘和塔里木板块北东大陆边缘。海西晚期形成的与海相中基性、中酸性火山作用有关的铜、金多金属矿床成矿系列分布在华北板块北部大陆边缘。海西晚期与超基性—基性岩浆活动有关的铜、金矿床成矿系列，与洋壳蛇绿岩套有关的铬、铜、镍、蛇纹岩矿床成矿系列分布在华北板块北部大陆边缘。海西晚期与花岗岩类有关的锡、铜、铅、锌、铁、铁锌、金、钼、锰、萤石矿床成矿系列分布在西伯利亚板块东南大陆边缘、塔里木板块北东大陆边缘及华北板块北部大陆边缘。华北板块北缘亦分布有海西晚期与超基性—基性岩浆活动有关的铜、镍、铂、铁、磷、蛭石矿床成矿系列。另外，在华北板块晚古生代沉积盖层中分布有与海陆过渡相沉积有关的铁、铝、黄铁矿矿床成矿系列。

中生代形成的矿床成矿系列主要分布在滨西太平洋活动大陆边缘。例如，燕山期与中酸性火山-侵入岩浆活动有关的铜、铅、锌、金、银、萤石矿床成矿系列，及与花岗岩、碱性岩有关的钨、钼、铅、锌、金、银矿床成矿系列，与陆相中酸性火山-侵入岩有关的锡、铁、钨、钼、铅、锌、铜、非金属矿床成矿系列均分布在滨西太平洋活动大陆边缘。

根据不同矿床成矿系列组合的分布情况分析，与岩浆活动有关的矿床成矿系列组合和与变质作用有关的矿床成矿系列组合一般均分布在构造长期活动及岩浆活动强烈的地区，而沉积作用有关的矿床成矿系列组合则分布在华北板块内部的稳定区。

二、不同地质时期形成同一主矿种的矿床成矿系列的继承性和新生性

以铁矿为例，太古宙形成的与受变质火山-沉积作用有关的铁、金矿床成矿系列是与基性火山岩作用相关，但到中元古代时期，与海相火山岩有关的铁、金矿床成矿系列仍然出现，但铁矿床的组分有区别。中元古代的铁矿床中，P、S含量高于太古宙—古元古代的铁矿床。同时，该时期出现了与海相化学沉积作用有关的铁、磷、锰矿床成矿系列，铁矿床中铁矿物为赤铁矿。晚古生代形成了与海陆过渡相沉积有关的铁、铝、黄铁矿矿床成矿系列，即山西式铁矿床，它分布于稳定的板内环境。

三、不同地质历史时期的矿床成矿系列在空间上具有重叠性和迁移性

同一地区或同一构造带，不同地质历史时期矿床成矿系列在空间上具有重叠性和迁移性。

华北板块阴山隆起区，不同地质历史时期形成的矿床成矿系列在空间上具有重叠性和迁移性。该区太古宙—古元古代形成与受变质、火山-沉积作用有关的铁、金矿床成矿系列和受变质沉积作用有关的铜、铁、金、石墨、石榴石矿床成矿系列，及与混合岩化气液作用有关的铁、稀土、石棉、云母矿床成矿系列。中元古代在隆起区边缘发育两个裂谷带，其北部边缘为白云鄂博裂谷带，形成与碱性岩、碳酸岩有关的铁、铌、稀土矿床成矿系列，内侧为渣尔泰山裂谷带，形成铁、铜、铅、锌、金、硫矿床成矿系列。海西晚期，发育与超基性—基性岩浆活动有关的铜、镍、铂、铁、磷、蛭石矿床成矿系列。印支期形成与花岗岩活动有关的铍、宝石、水晶矿床成矿系列。燕山期形成与中酸性岩浆活动有关的铁、铜、铅、锌、金、银矿床成矿系列。

塔里木板块北东部大陆边缘，在海西中期，形成与海相火山-沉积作用有关的铁矿床成矿系列，与酸性

岩浆活动有关的钼、铜矿床成矿系列。海西晚期，形成与中、酸性岩浆活动有关的钨、金矿床成矿系列，空间上由北向南，成矿时代变新。在南部地区，印支期形成与花岗岩活动有关的铁、铜矿床成矿系列和燕山晚期形成与酸性岩浆活动有关的钨、钼、锑矿床成矿系列在空间上与海西晚期形成矿床成矿系列重叠。

四、不同阶段形成的矿床成矿系列具有分带性和迁移性

同一地区同一地质历史时期不同阶段形成的矿床成矿系列具有分带性和迁移性。

以突泉-林西成矿带为例，在燕山早期早阶段 171～161Ma 形成与中酸性超浅成—浅成岩浆活动有关的铜、铅、锌、锡、银（钼、金）矿床成矿系列分布在嫩江深断裂西侧附近；燕山早期晚阶段 160～140Ma 形成与酸性岩浆活动有关的锡、钨、铜、铁多金属矿床成矿系列和与中酸性火山-侵入岩浆岩活动有关的铅、锌多金属矿床成矿系列，向北西方向迁移而远离嫩江深断裂。燕山晚期 127Ma 形成与碱性花岗岩有关的稀有稀土矿床成矿系列，则向北东方向迁移。

五、不同地质历史时期形成的矿床成矿系列具有迁移性和对称分布性

同一地区或同一成矿带不同地质历史时期形成的矿床成矿系列在空间分布上具有迁移性和对称分布性。

乌力吉-锡林浩特成矿带与海相火山-沉积作用有关的铁、金矿床成矿系列形成于 1691Ma，分布在温都尔庙—红格尔庙地区。与海相火山-侵入岩有关的铜、金矿床成矿系列形成于 1130Ma，分布在白乃庙地区。海西期与洋壳残片有关的铬矿床成矿系列，与中酸性岩浆活动有关的铜、金矿床成矿系列，及与海相火山-侵入岩有关的铜多金属矿床成矿系列分别分布在北侧索伦山—查干哈达庙地区和南侧宫胡洞—别鲁乌图地区。燕山期与中酸性岩浆活动有关的金、铜、钨矿床成矿系列北侧分布于巴音杭盖—欧布拉格，南侧则分布在乌花敖包—哈达庙—毫义哈达。不同时期形成的矿床成矿系列自北东向南西方向时间逐渐变新，且同时代形成的不同矿床成矿系列分别在空间分布上略显对称性。

六、同一矿床成矿系列类型在不同的地质时代可以具有不同的特征

与蒸发岩有关的盐类矿床成矿系列类型，在海西期与海相沉积作用有关，中生代则与红色陆源碎屑岩沉积有关，而新生代则与内陆盐湖相沉积相关。

七、同一地质时代的矿床成矿系列类型在不同地质构造区域具有不同的发育特征

例如：海西期与海相中基性和中酸性火山-侵入岩有关的铁、铜、铅、锌、金、银矿床成矿系列类型在塔里木板块北东大陆边缘为铁矿床，西伯利亚板块东南大陆边缘为铁、锌矿床，而华北板块北部大陆边缘为铜多金属矿床，明显地表明，同一矿床成矿系列类型在不同地质构造区域发育特征不同。

八、从太古宙到中生代，成矿作用的矿化类型、分布范围和成矿作用的旋回性

太古宙到中生代，成矿作用的矿化类型从简单到复杂。太古宙—古元古代矿床成矿系列分布在陆

块范围，中元古代矿床成矿系列向陆块边缘裂谷带扩展，而新元古代矿床成矿系列分布范围扩展到沉积盖层范围内。太古宙—古元古代的主要成矿元素为铁、金及一些非金属，金属矿床规模以中小型为主，非金属矿床以大型为主；中元古代的成矿元素则为铁、铜、铅、锌、硫、金、钼、稀土，且金属矿床规模以大型为主；海西期，成矿元素为铁、铜、铅、锌、硫、金、银、钼、铍、铬，金属矿床数量众多，但以中小型为主，亦有一些大型矿床。中生代的成矿元素以铜、铅、锌、银、金、钼、锡、铁、稀土为主，且金属矿床中大型矿床和富矿占有较大比例，尤其是燕山期形成的矿床中。同时表明，中元古代、海西期和燕山期为 3 次重要的金属矿床形成时期，成矿作用具多旋回性。

第五节　典型矿床及成矿模式

典型矿床及其成矿模式按矿床成因类型分别叙述如下。

一、岩浆岩型

岩浆岩矿床分布在华北板块北缘及其北部大陆边缘，可分为：与超基性—基性杂岩有关的铜、镍、铂、铁、磷矿床；与洋壳残余超基性岩有关的铬铁矿床及与碱性花岗岩有关的稀土矿床。

（一）与超基性—基性杂岩有关的铜、镍、铂、铁、磷矿床

该类矿床有小南山、黄花滩、克布等铜、镍、铂矿床和文各乞铁、磷、蛭石矿床，分布在华北板块北缘阴山隆起区，矿床规模皆为小型。

下面以典型矿床——小南山含铂铜镍矿床为例加以介绍。

1. 矿区地质

该矿床位于四子王旗大井坡乡南东 8km 处，大地构造位置为白云鄂博裂谷带，而晚古生代为构造-岩浆活化区。

矿区出露地层为中元古代白云鄂博群哈拉霍圪特岩组的变质石英砂岩和泥灰岩互层。褶皱构造有北东向展布的白音敖包背斜和吴力敖包向斜。小南山含矿辉长岩呈不规则状，沿背斜的两翼侵入。矿区断裂构造分为东西向、北东向和北西向 3 组，北东向断裂被含矿岩体所充填，并被北西向断裂所切割。矿区岩浆岩除含矿辉长岩外，还有石英闪长岩、花岗闪长岩及闪斜煌斑岩，岩体时代皆为海西晚期(图 3-1)。

2. 矿床地质

含矿辉长岩由 5 个不规则的脉状岩体组成，Ⅰ、Ⅳ号脉岩体沿北东向断裂充填，位于矿区东部和西部；Ⅱ、Ⅲ、Ⅴ号脉岩体沿北西向断裂侵位，位于矿区中部，这 3 个脉岩体由南至北依次呈雁行状排列，其中Ⅱ号脉岩体含有铜、镍、铂工业矿体。Ⅱ号脉岩体长 370m，宽 55m，产状为 $200°\angle 45°$。

含矿辉长岩岩石化学成分：SiO_2 含量为 43.56%～48.08%，MgO 为 11.84%～17.66%，K_2O 为 0.31%～0.61%，Na_2O 为 0.13%～1.68%，a/c 比值<1，为 SiO_2 不饱和岩石。扎氏向量图解分析表明该岩体为基性向超基性过渡的岩体，故为富镁铁质基性岩。

辉长岩经受了次闪石化、绿泥石化、钠黝帘石、绢云母化、碳酸盐化，其中次闪石化最为强烈。

矿体形态、产状、规模及变化：主要含铂铜镍矿体赋存于Ⅱ号脉岩体的底盘及外接触带围岩中，Ⅲ号脉岩体底盘及外接触带中亦有少量工业矿体。矿体由于受脉岩体控制，故矿体呈似层状、透镜状产出。

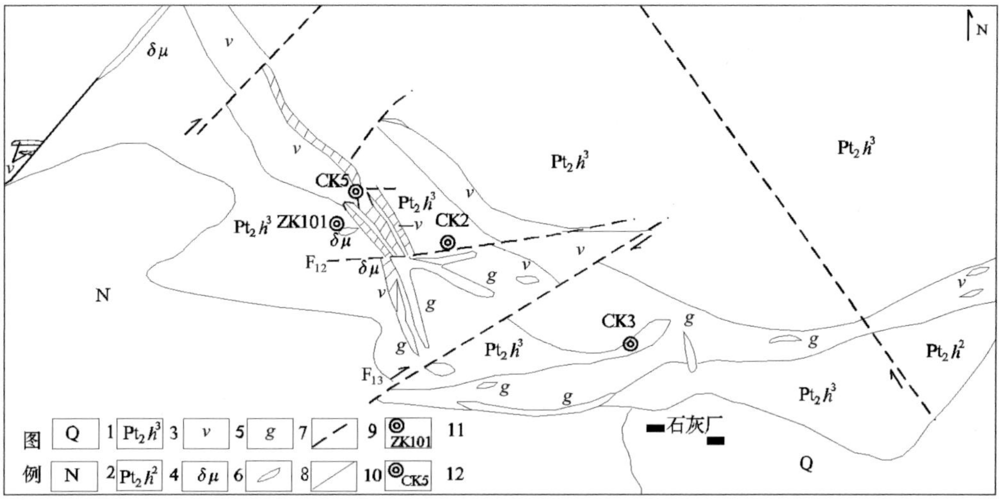

图 3-1　小南山含铂铜镍矿床地质简图(据王楫等,1983)

1.第四纪残坡积层;2.第三纪红色砂泥岩;3.白云鄂博群哈拉霍圪特岩组三岩段结晶灰岩及硅化灰岩;4.白云鄂博哈拉霍圪特岩组二岩段变质石英砂岩夹板岩;5.辉长岩;6.石英闪长玢岩;7.石英脉;8.铜镍矿体;9.扭行断裂;10.正断层;11、12.钻孔及其编号

此矿体长 50m,最大宽度为 18m,沿走向和倾向均有分支膨缩现象,矿体走向 315°～330°,倾向 225°～240°,倾角 60°～80°,倾角由东向西逐渐变缓。矿体向北西方向侧伏,侧伏方向 300°左右,侧伏角 38°～50°。矿体氧化带深度一般为 28～38m,个别可达 50m。

矿石结构构造及矿物:矿石以他形粒状结构、交代结构和残晶结构为主,次为包裹结构和海绵陨铁结构。矿石构造以细脉浸染状、浸染状构造为主,次为斑点状、角砾状构造。矿石矿物:金属矿物以黄铁矿、紫硫镍铁矿、黄铜矿、磁黄铁矿、辉铜矿为主,次为斑铜矿、辉砷钴镍矿、锑针镍矿、方黄铜矿、砷铂矿、碲钯矿、锑碲钯矿等。脉石矿物主要为方解石、白云石、次闪石、绿泥石、石英、长石、绿帘石等。

控制条件:东西向深断裂的次级北东向断裂及沿断裂侵位的富镁铁质基性岩为其控制条件。

矿床成因类型:岩浆熔离型;其矿床成因模式如图 3-2 所示。

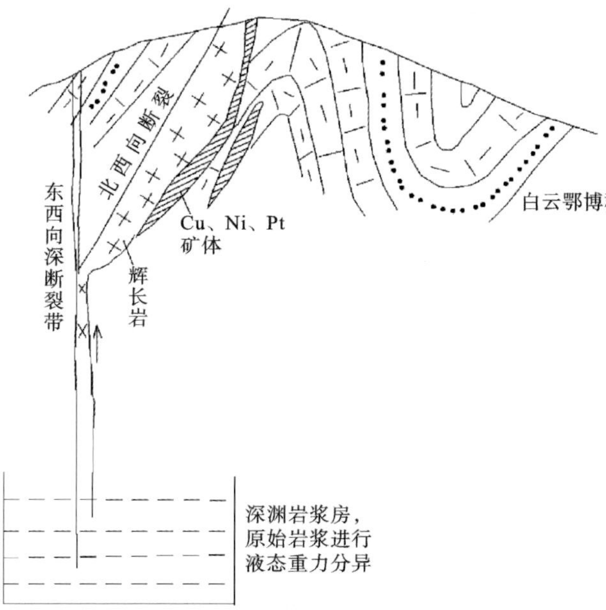

图 3-2　小南山含铂、铜、镍矿床成矿模式示意图

（二）与洋壳残片超基性岩有关的铬铁矿床

该类铬铁矿床主要分布在索伦山—贺根山一带，已知有索伦山、乌珠尔、呼和哈达、赫格敖拉等铬铁矿床。矿床规模前三者为小型，后者为中型。

下面以典型矿床——赫格敖拉铬铁矿床为例进行介绍。

该矿床位于锡林浩特北东贺根山矿区，大地构造位置为西伯利亚板块与华北板块对接带之贺根山复式背斜。

1. 矿区地质

洋壳残片自下而上分别为：中泥盆世砂岩、粉砂岩、凝灰岩、火山碎屑岩、灰岩、硅质岩与变基性熔岩互层。

变基性熔岩：紫色、绿色和暗绿色变基性熔岩，黑云母片岩，杏仁状玄武岩等。

由纯橄岩、含长石纯橄岩、斜辉辉橄岩、暗色长橄岩、浅橄长岩和辉长岩组成堆积岩相。

变形斜辉辉橄岩相：由约90%的变形斜辉辉橄岩和10%的各种镁铁岩以及超镁铁岩岩脉组成。其中纯橄榄岩岩脉成群分布，与围岩斜辉辉橄岩呈突变或过渡接触关系（图3-3）。

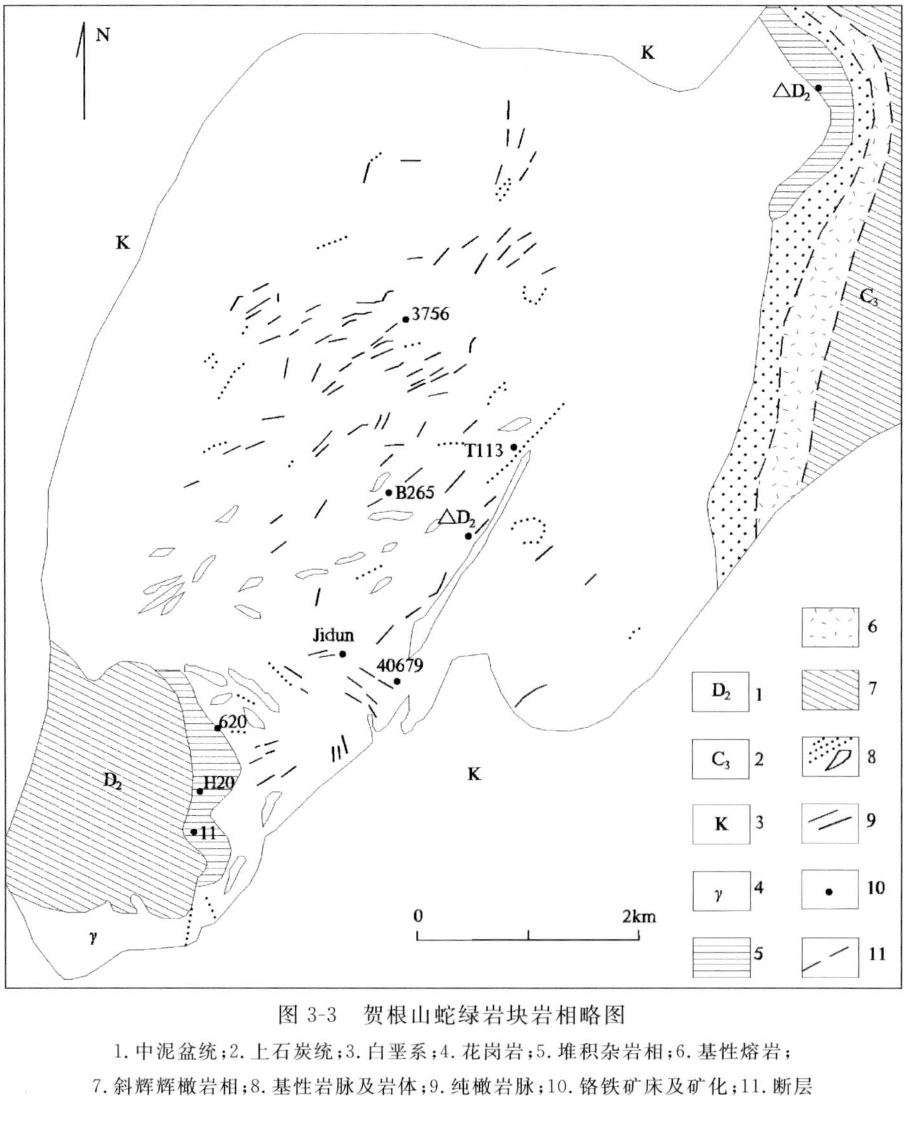

图3-3 贺根山蛇绿岩块岩相略图

1.中泥盆统；2.上石炭统；3.白垩系；4.花岗岩；5.堆积杂岩相；6.基性熔岩；7.斜辉辉橄岩相；8.基性岩脉及岩体；9.纯橄岩脉；10.铬铁矿床及矿化；11.断层

矿区其他地层有晚石炭世本巴图组安山岩、玄武岩、火山碎屑岩和长石砂岩、灰岩透镜体。早二叠世格根敖包组中—酸性火山岩、砂岩、灰岩。早中侏罗世砂岩、砾岩。晚白垩世之泥岩、砾岩、砂岩和褐煤。

矿区构造:古生代地层均强烈褶皱。断裂构造对超基性岩有破坏作用,主要有贺北和贺南两条断裂。同时还发展有推覆构造,使白音山一带超基性岩呈低角度推覆于中、下侏罗统和早二叠世地层之上。

岩体特征:贺根山岩体属纯橄岩-斜辉辉橄岩-橄长岩-辉长岩型。该岩体平面形状为一椭圆透镜状,长轴方向呈北东向,长约 8km,宽约 6km,面积约 $48km^2$。岩体走向北东 30°,倾向 120°,倾角 67°～78°。

岩体岩石类型:以斜辉辉橄岩为主,含有纯橄岩。含辉纯橄岩,含长纯橄岩、橄榄岩及橄辉岩等异离体。同源分异的橄长岩、长橄岩、辉长岩及其他晚期脉岩也较发育。

岩体分异程度好,根据岩石组合分为以下岩相带:①边缘岩相带,处于岩体边缘,其岩石类型由纯橄岩、含长纯橄岩及斜辉辉橄岩等组成,含较多的蚀变辉长岩。其中含矿纯橄岩带具一定规模,但岩石镁铁比值、镁硅比值低,铝铬比值小,所以铬铁矿显示规模小。②斜辉辉橄岩岩相带,分布于岩体中部,岩石类型主要由斜辉辉橄岩及少量纯橄岩异离体组成。纯橄岩呈透镜状及疙瘩状产出,并密集成群出现。岩石基性程度高,镁铁比值、镁硅比值及铝铬比值高。纯橄岩和斜辉辉橄岩硅的差值大,是成矿的有利岩相带。其中造矿铬尖晶石以铝铬铁矿为主。根据纯橄岩密集程度、产状及含矿性可进一步分为 3756 岩相带及基东岩相带。

3756 岩相带处于岩体中部,基性程度最高,斜辉辉橄岩的辉石含量一般小于 17%,构成低辉石带,两侧斜辉辉橄岩的辉石含量一般为 20%～25%。纯橄岩异离体较为密集,呈北东向展布。

基东岩相带呈北西向延伸,基性程度较 3756 岩相带差,但比边缘岩相带好。

斜辉辉橄岩岩石化学成分为:SiO_2 为 35.5%～37.8%,TiO_2 为 0～0.3%,Al_2O_3 为 0.27%～0.5%,Cr_2O_3 为 0.05%～0.17%,Fe_2O_3 为 0.71%～3.18%,FeO 为 1.63%～4.29%,MgO 为 56.85%～59.28%,CaO 为 0～0.13%,K_2O 为 0～0.01%,Na_2O 为 0～0.2%。由此表明斜辉辉橄岩镁高,钛低,钾、钠极低。3756 地段 m/f 比值为 10.56,表明基性程度高。41 地段 m/f 比值为 9.4,基性程度低。基东地段 m/f 比值为 10.08,介于两者之间。斜辉辉橄岩 MgO/SiO_2 比值与辉石含量成反比,与橄榄石含量成正比。

纯橄岩岩石化学特征:3756 地段 m/f、MgO/SiO_2 值分别为 9.73 和 2.76;41 地段这两个比值最低。含矿纯橄岩与一般纯橄岩相比,Mg 含量高,镁硅比值高,表明铬铁矿形成与富镁纯橄岩关系最为密切。

铬铁矿多分布在基性程度高的岩相带中,赫格敖拉矿床即产于岩体近中轴部位的斜辉辉橄岩岩相带中。基东地段一些小型铬铁矿床则产于斜辉辉橄岩偏南部边缘的岩相带内。由此可见,铬铁矿的形成与岩相带关系密切。

2. 矿床地质

铬铁矿床产于岩体中部斜辉辉橄岩岩相带纯橄岩异离体中。它由 10 余个纯橄岩异离体组成。纯橄岩异离体长约 400m,平均宽 12m。矿床由 186 个大小不等的铬铁矿体组成。矿体总体走向为北东向,倾向南东,倾角 20°～70°,矿体向北东东侧伏,侧伏角 20°～90°。轴向最大延伸已控制 930m,沿倾斜最大延深 280m。

矿体呈透镜状、豆荚状、似脉状和囊状等产出。矿体有急剧变薄,尖灭再现的现象,而且产状陡缓变化大,从而造成复杂的矿体形态。

矿体主要以纯橄岩为直接围岩,少数为斜辉辉橄岩。矿体与围岩接触关系呈清晰的迅速渐变或突变关系。

近矿围岩蚀变:通常为致密隐晶质—微晶质的绿泥石集合体,形成很薄的矿体外壳,并与纯橄岩呈渐变过渡关系。绿泥石外壳厚 10cm 至数十厘米。

矿石结构构造：矿石具有半自形细粒—中粒结构及半自形—自形粒状结构。矿石构造以稠密浸染状构造为主，少数为致密块状构造，条带状构造。

矿石矿物：金属矿物以铬尖晶石为主，尘点状磁铁矿为次，极少量黄铁矿、黄铜矿和赤铁矿。脉石矿物以叶蛇纹石为主，绿泥石次之。

铬尖晶石主要为镁质铝铬铁矿，次为富铬尖晶石和富铁铬铁矿。在不同矿石类型中，铬尖晶石化成分变化规律为：由稀疏浸染状—致密块状矿石，铝镁含量及 Mg/FeO、Mg/Al_2O_3 比值递增。

成矿物化条件：海底环境下的低压条件，在 800℃ 形成铬铁矿体。铬铁矿形成的氧逸度（f_{O_2}）为 10^{-6}。

矿床成因类型：岩浆熔离-贯入型，其矿床成矿模式如图 3-4 所示。

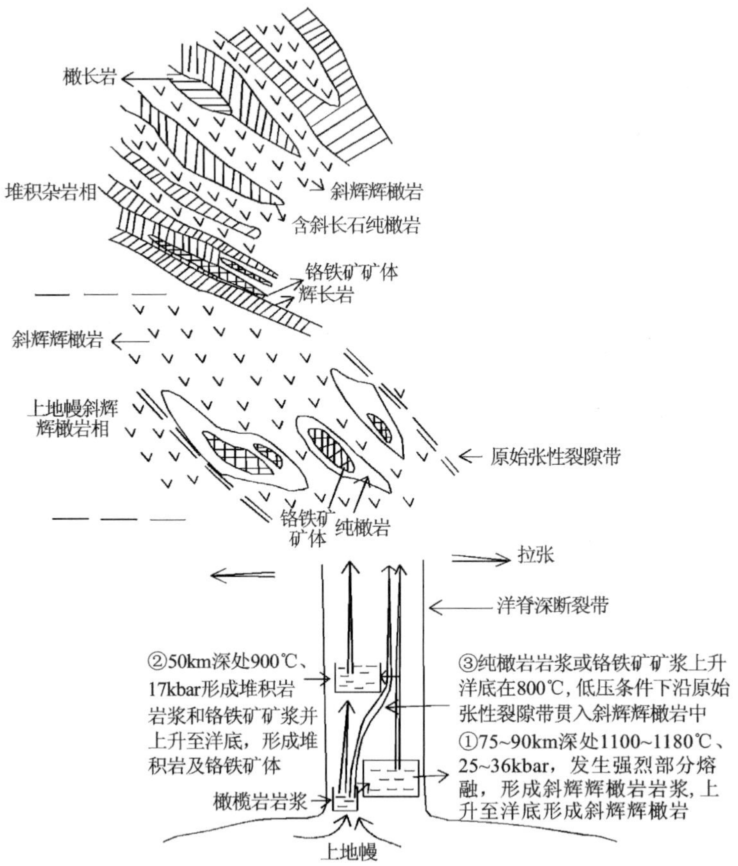

图 3-4　贺根山矿区铬铁矿成矿模式示意图（$1bar=10^5Pa$）

（三）碱性花岗岩型稀有、稀土矿床

该类矿床仅有 801 稀有、稀土矿床 1 处，矿床规模为大型。位于扎鲁特旗乌兰哈达乡巴尔哲扎拉格北侧，距霍通线吐列毛杜车站 80km。

1. 矿区地质

该矿区的大地构造位置属苏尼特右旗晚海西期地槽褶皱带之哲斯-林西复向斜。中生代宝石火山岩盆地东缘部位。矿床位于巴尔哲扎拉格东西向断裂构造和北北东向背斜的复合部位。北北东向背斜为矿区主体构造。北北东向断层只有一条并切穿矿体，其倾向北西西，倾角 30°～50°。

矿区出露地层为晚侏罗世满克头鄂博组，为一套酸性火山熔岩及其碎屑岩，其上覆盖有第四纪砂砾层、黄土、亚黏土及冰川漂砾等。

岩浆岩主要为侵入晚侏罗世地层的含矿钠闪石花岗岩。岩体Rb-Sr等时线测年值为127.2Ma，Isr＝0.7071。脉岩有花岗细晶岩脉、闪长玢岩脉、长石斑岩脉及石英斑岩脉等。脉岩走向北东，个别走向北西，脉岩长30～50m，宽1～5m(图3-5)。

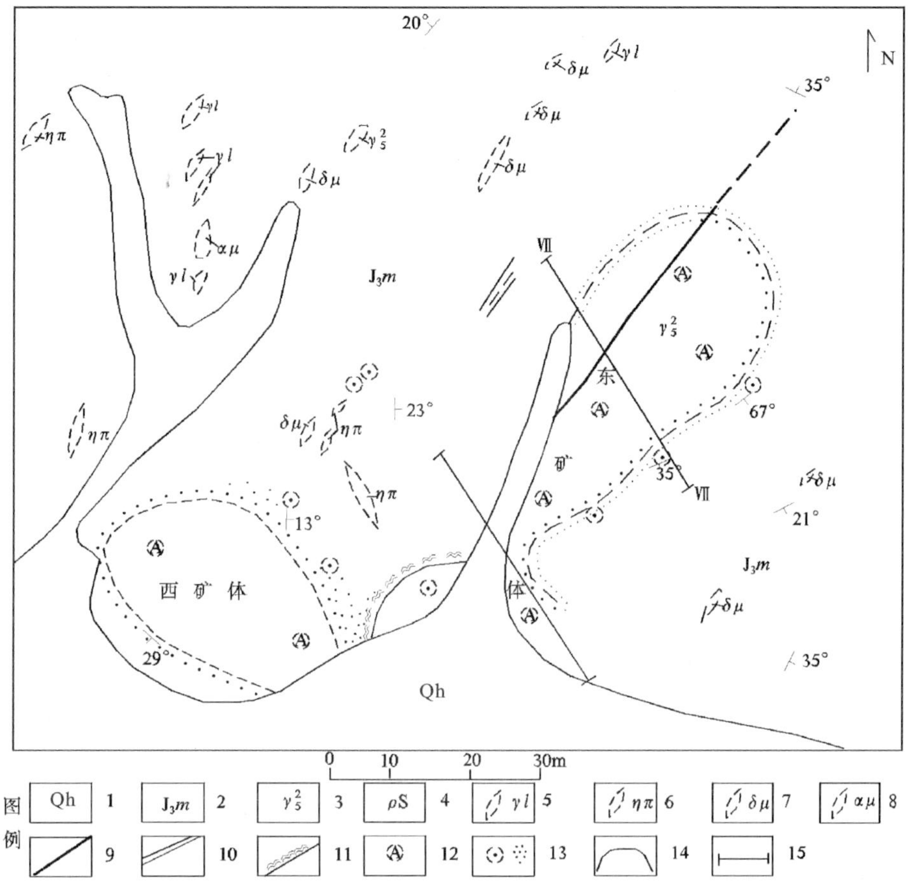

图3-5　801矿区地质略图

1.第四系；2.灰黑色晶屑凝灰岩夹流纹岩；3.晶洞状碱性花岗岩矿体；4.伟晶状花岗岩；5.花岗细晶岩；6.长石斑岩；7.闪长玢岩；8.安山玢岩；9.断层；10.片理化带；11.侵入接触界线；12.钠长石化；13.硅化及角岩化；14.相变界线；15.勘探线编号

含矿钠闪石花岗岩岩体特征：地表为东、西两个小岩体。西岩体近圆形，面积0.11km²；东岩体呈哑铃状，面积0.24km²。经证实，东、西两岩体至深部汇合成一体。岩体向深部膨大，与围岩的侵入接触面均倾向围岩，倾角29°～57°。根据岩体内部结构、构造及蚀变强弱差异，在垂向和水平方向均有分带现象。水平方向从岩体边缘向中心依次出现：晶洞状钠闪石花岗岩带、伟晶状花岗岩带、强蚀变钠闪石花岗岩带。在垂直方向自上而下为：强蚀变钠闪石花岗岩带、弱蚀变似斑状花岗岩带、似斑状钠闪石花岗岩带。各岩带特征如下。

(1)晶洞状钠闪石花岗岩带：整个西岩体都属此带。岩石呈灰白色，中细粒花岗结构，具晶洞构造。晶洞内常见水晶、板状钠长石、柱状氟碳钙铈矿等矿物晶体。主要造岩矿物有微斜条纹长石、石英、钠长石、霓石等，副矿物有锆石、独居石、氟碳钙铈矿、黑稀金矿、烧绿石、铁钍石等。相带厚已控制283m，尚未穿透。稀有稀土矿化均匀，平均Nb_2O_3为0.032%，$[Y]_2O_3$为0.065%。

(2)伟晶状花岗岩带：对称出现在晶洞状钠闪石花岗岩带和强蚀变钠闪石花岗岩带之间，呈环状，带厚6～12m，呈灰白色，粗粒花岗结构，局部为伟晶结构或文象结构，造岩矿物有微斜条纹长石、石英、钠长石及少量锆石。Nb_2O_3 为 0.1%，[Y]$_2O_3$ 为 0.15%。

(3)强蚀变钠闪石花岗岩带：岩体上部整体都属此带，厚 120～150m，是稀有稀土金属的主要富集带。岩带水平节理发育，风化作用强烈，风化后呈褐色、赭色或樱红色。岩石具中细粒花岗结构。矿物成分有微斜条纹长石、石英、钠长石、钠闪石、锆石、羟硅铍钇铈矿、霓石、钛铁矿、磁铁矿、独居石、铌铁矿、锌日光榴石、烧绿石、铁钍石、铌铁金红石、铈铀铁矿等。蚀变主要为钠长石化、硅化，次为霓石化、泥化。

(4)中等蚀变钠闪石花岗岩带：距地表 120～160m 深处，与上、下岩带呈渐变过渡关系。蚀变不均匀，呈团块状、脉状分布在似斑状钠闪石花岗岩内，形成交代残留角砾状构造。原岩具似斑状结构、花岗结构、斑杂结构等。

(5)弱蚀变似斑状钠闪石花岗岩带：距地表 150～200m 深处，厚 30～60m。岩石蚀变弱，仅见钠长石沿微斜条纹长石边缘或纹理面交代。

(6)似斑状钠闪石花岗岩：距地表 200m 以下，与前带无明显界线，岩石呈灰白色，似斑状结构，块状构造，主要矿物为微斜条纹长石，次为石英。岩体岩石化学成分特征为 SiO_2 67.98%～75.36%，Al_2O_3 8.86%～11.57%，(Na_2O+K_2O) 7.58%～9.12%，(<FeO>+MgO) 6.29%～7.81%。岩体富含 Nb(216～1563)×10^{-6}，Ta(3～116)×10^{-8}，Zr(1128～18 826)×10^{-6}，高 Rb(514～1269)×10^{-6}，低 Sr(7～24)×10^{-6}，LREE/HREE 值小，铕强烈亏损，δEu=0.03～0.40，$^{87}Sr/^{86}Sr$ 初始值为 0.707；$^{143}Nd/^{144}Nd$ 为 0.512 706～0.512 761；$\varepsilon_{Nd}(t)$为+1.88～+2.40。

2. 矿床地质

钠闪石花岗岩体中钇、铌、钽等稀有稀土金属矿化普遍，矿化富集部位在岩体顶部自变质交代作用强烈部位。已查明东岩体顶部为一富含钇、铌、钽的厚大板状矿体。

矿体地质特征：分三元素矿体和二元素矿体。

三元素矿体，即含钇、铌、钽三元素矿体，产于东岩体顶部，与强蚀变钠闪石花岗岩带相吻合。自地表向深部达 110～150m，地表出露长 1090m，宽 90～347m，平面呈哑铃状，矿体产状与东岩体产状一致，向四周倾伏，倾角 35°～60°。其与二元素矿体呈渐变关系。矿体四周倾伏部位有 8m 厚的伟晶岩体(贫矿体)。普遍硅化、角岩化，近矿体处见有萤石、钠闪石、石英等细脉。矿体稀有、稀土金属矿化均匀，在水平方向由南西向北东矿体增厚，品位增高。在垂直方向，地表品位高，向下逐渐降低，矿石品位与蚀变强弱呈正相关关系。

二元素矿体，产于蚀变钠闪石花岗岩岩体深部，即三元素矿下盘。矿化自上而下逐渐减弱。矿体长 1090m，宽 300～478m，厚 206～245m。

矿石结构、构造：矿石具半自形粒状结构、斑状结构、包含结构。矿石构造为稀疏浸染状构造、斑杂状构造。

矿石矿物：矿体中共有 44 种矿物，其中稀有、稀土、放射性矿物 12 种，其他金属矿物 17 种，硅酸盐矿物 11 种，其他矿物 4 种。稀有、稀土矿物主要为羟硅铍钇铈矿、铌铁矿、锌日光榴石、烧绿石、独居石、锆石，次要的有铈铀钛铁矿、黑稀金矿、氟碳钙铈矿、钍石、硅铅铀矿、方解石。

矿物生成顺序：稀有、稀土、放射性矿物，从岩浆期原生结晶阶段的晚期开始形成，即主要在岩浆晚期交代阶段形成。矿物生成顺序是：造岩矿物→铁矿物→稀有、稀土、放射性矿物→金属硫化物→次生矿物。

稀有、稀土元素的分布：含矿岩体内稀有、稀土元素的分布与其蚀变强弱有密切关系。自上而下蚀变由强减弱，稀有、稀土元素含量由高逐渐降低。但各元素含量降低速度不是同步的，[Y]$_2O_3$ 和 Ta_2O_3 的含量降低较快，而[Ce]$_2O_3$ 和 Nb_2O_3 的含量降低较慢，故使矿体中[Ce]$_2O_3$/[Y]$_2O_3$ 和 Nb_2O_3/Ta_2O_3 的比值发生变化，即从上到下其比值逐渐增大。前者由 0.529 增大到 1.258，后者由 12 增大到 21。

石英包裹体特征：气液包裹体，由气体和少量液体组成，气液比大于 50%，一般均一到液相，形态呈椭圆形，大小为 8～50μm，有关矿物石盐，均一温度 290～440℃，流体盐度(NaCl)为 31%～33%。氢同位素钠闪石花岗岩石英 $\delta^{18}O$ 为 5.59‰～5.99‰，伟晶状花岗岩石英 $\delta^{18}O$ 为 5.77‰。总体说来，该岩体石英 $\delta^{18}O$ 在幔源岩石 5.5‰～7.0‰范围内，说明花岗岩来源于地幔。

矿床成因类型：岩浆晚期交代矿床。

二、伟晶岩型

伟晶岩矿床主要矿种为云母、水晶、绿柱石、宝石。其中白云母矿床大型 2 个，小型 1 个；水晶矿床大型 3 个，中型 1 个；绿柱石、宝石矿床小型 1 个。

(一)白云母矿床

典型矿床——土贵乌拉白云母矿床区。

1. 矿区地质

该矿区位于察哈尔右翼前旗土贵乌拉镇境内，包括天皮山、二窑沟、大货地、大西沟、平顶山 5 个矿床。

花岗伟晶岩脉成群产出，平行分布，出露范围 3km。花岗伟晶岩脉走向北东，倾向北西，倾角 30°，呈板状体，长 50～600m，厚 0.8～7m。岩脉两侧有 0.5～5m 黑云母蚀变带。

花岗伟晶岩脉具钠长石化、白云母化，微弱者为高温伟晶岩。白云母化、钠长石化强烈，并常富集成带状，属中温伟晶岩。

现以天皮山白云母矿床为例加以介绍。

该矿床出露地层为太古宙集宁岩群，岩性为矽线石榴石片麻岩、条带状矽线石榴石片麻岩、紫苏辉石片麻岩、花岗片麻岩。岩浆岩有细晶岩、花岗伟晶岩、辉绿岩。在含矿白云母伟晶岩两侧有黑云母化蚀变带发育，且愈近伟晶岩，蚀变现象愈强烈。

2. 矿床地质

1)①号白云母矿脉

该矿脉分东、西两部分。①号白云母矿脉东部：矿脉长 120m，具明显分带性，由上而下为小片白云母结集带，称上盘边缘带，厚 5～10cm，薄而稳定，与白云母接触界线平整，由白云母夹少量石英和微斜长石组成。白云母呈菱形，板状结晶，晶体厚 3cm，片度 6～20cm²。白云母带，由巨晶白云母组成。晶形呈四边形或菱形截锥体。厚 30～50cm，高 30cm。薄片面积 300cm²。个别高 1m，面积 1000cm²。晶体密集，垂直脉壁生成。块体长石带，微红色，厚 3～3.5m，块度大，局部为钠长石化的微斜长石和石英，多数由交替带的白云母、石英、长石和残余物组成。白云母、石英晶体厚 3m。准文象带，厚 0.5～1.5m。灰白色石英与斜长石呈共生结构，石英呈条带而嵌于长石中。似云英岩带，由白云母和石英组成，白云母为粉红色，富含锂，平行排列。似细晶岩带，矿脉底盘边缘带，厚 0.1～0.3m，由正长石、微斜长石、石英、黑云母组成。

①号白云母矿脉西部：地表长 210.75m，深部长 525m。由上而下分为 4 个带：似细晶岩带，矿脉上盘边缘带，厚 0.2～0.3m。由微斜长石、石英、黑云母组成。含少量白云母、磁铁矿，局部有小柱状长石斑晶；小块体长石、石英带，由微斜长石、石英组成，厚 3～4m，晶体为 10～20cm，微斜长石有轻微钠长石化。白云母呈菱形，3～5cm，偶见 30cm²。交替结构不太发育；似云英岩带，其特征与东段相同；似细晶

岩带，与上盘该带特征相同。

①号矿脉在斜深 130m 处，白云母富集带长 110m，矿脉东段最富，而矿脉西段在斜深 30m 处，白云母晶体大，含量富。

2)②号白云母矿脉

该矿脉具对称分带现象，由脉壁至中心，分 4 个带。

似细晶岩带，在脉体边缘部分，厚 0.5～2m，结晶细，向内颗粒增大。由正长石、石英，少量黑云母、白云母及假象赤铁矿组成似云英岩带，与①号脉相同，厚度较大，结晶完整，大者 2cm，一般为 0.5cm；准文象带，厚 0.5～3m，边缘具有文象与粗文象结构，由石英与微斜长石组成，呈楔形花纹，粗、准文象结构，位于脉体中部；块体长石、石英带，厚 3～5m，由微斜长石、条纹长石、石英、白云母组成，含少量石英带，长石呈连晶，有直径 1m 之巨大晶体，具钠长石化现象，横切面见菱形白云母晶体。在块体石英边部或钠长石化较强地段，白云母较富集，偶成小矿囊。局部有交替带，呈不规则状，有磷灰石、萤石、块状绿柱石，产于块体长石带。

②号矿脉在斜深 90m 处，长 197m，白云母在矿脉东、西段富，而中段贫。

矿床成因类型：花岗伟晶岩型。

（二）水晶

典型矿床——阿布吉敖包水晶矿。

该矿床位于西乌珠穆沁旗高力罕牧场。

1. 矿区地质

矿区出露地层为早二叠世格根敖包组三岩段，主要岩性由凝灰质砂岩、硬砂岩、板岩夹灰岩透镜体，普遍混合岩化和强烈的接触蚀变而角岩化、硅化和矽卡岩化。

矿区出露有印支期黑云母花岗岩体，面积约 90km^2。脉岩有伟晶岩脉、细晶岩脉、花岗斑岩脉、闪长玢岩脉等。

含矿伟晶岩主要分布于阿布吉敖包北部，共有 98 条伟晶岩脉，产于花岗岩体顶部，与内部相中粗粒黑云花岗岩关系密切(图 3-6)。伟晶岩带长 1.5km，宽 200～300m。伟晶岩脉规模大小不一，一般长几米至几十米，长者 40 余米，宽 10～20m；短者长仅几米，宽 1m。

2. 矿体地质特征

含水晶伟晶岩脉体有 18 条，现以②号、㉑号脉为例，简述如下。

②号伟晶岩脉：长 15m，宽 1.5m，走向北西，倾向 210°，倾角 74°，在脉体膨大处晶洞长 6m，宽 2.5m，该岩脉分异良好，可分准文象、文象、伟晶、块体长石、石英核 5 个带。石英核长 6m，宽 0.5～1m，成分为石英，受构造影响，裂隙发育。晚期热液沿裂隙渗入、溶解、再结晶，在裂隙面上生成小晶体。

伟晶岩组分为微斜长石、条纹长石和石英，含少量黑云母，共生矿物有黄玉、绿柱石、萤石、锰铝榴石和绿色云母等。

含晶晶洞特征：含晶晶洞位于伟晶结构带和文象带接触处，晶洞长 6m，宽 1.5～2.5m，呈枝杈状。晶体多从洞壁上脱落，均为墨晶和烟水晶。呈短柱状、柱状，长十几厘米至几十厘米，直径几厘米至十几厘米，大部分透明度好，多节瘤。

㉑号含晶伟晶岩脉：呈岩枝状，一岩脉长 17m，宽 9m，另一岩脉长 20m，宽 8～10m，此外，3 处露头连起来长 50m，宽 20m，倾向 150°，倾角 40°～60°。该脉分异良好，可分为细晶岩、准文象、文象、伟晶、块体长石、石英核、钠长石交代体、叶片状钠长石交代体、钠长石-白云母-石英交代体 9 个带。

矿物组分有微斜长石、正长石、条纹长石、奥长石、石英、黑云母、白云母，副矿物有黄玉、绿柱石、萤

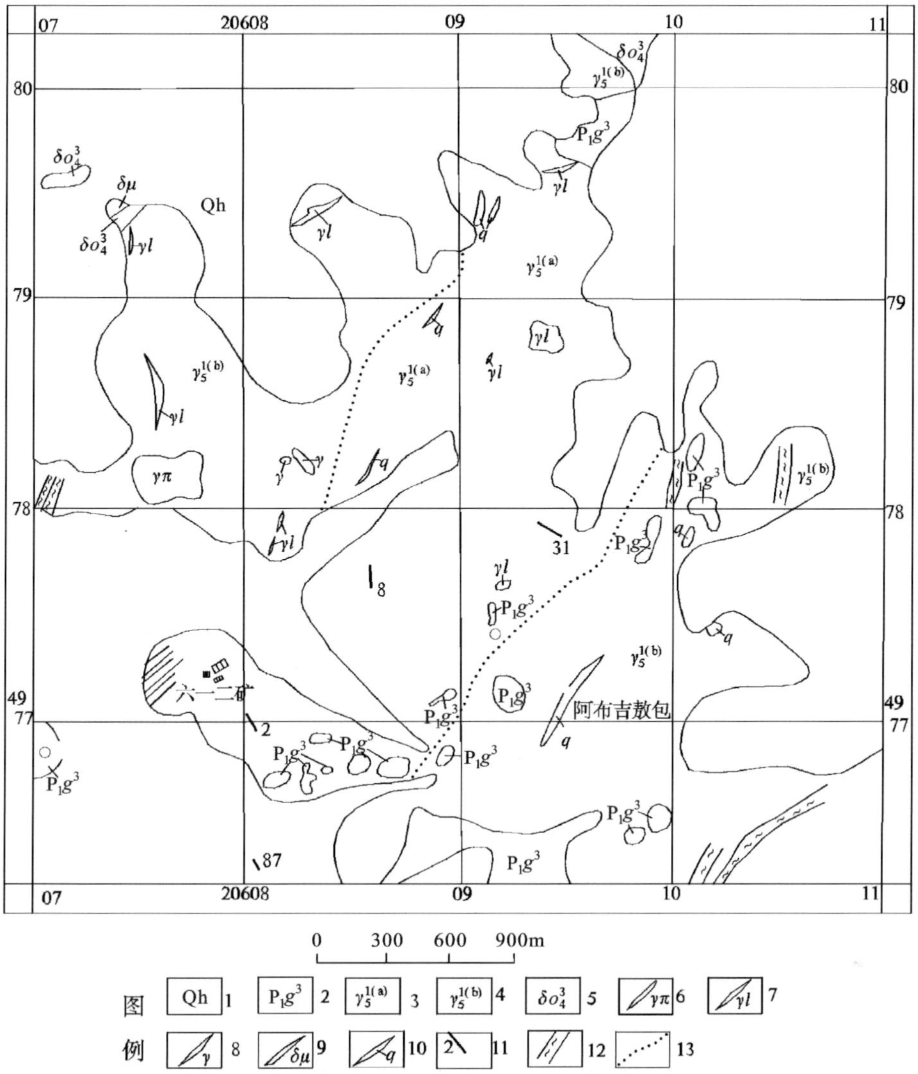

图 3-6 阿布吉敖包水晶矿床地质草图

1.第四纪风成砂;2.角岩矽卡岩;3.黑云母花岗岩;4.似斑状黑云母花岗岩;
5.石英闪长岩;6.花岗斑岩;7.细晶岩;8.细粒花岗岩脉;9.闪长玢岩脉;
10.石英脉;11.伟晶岩脉及编号;12.糜棱岩化带;13.相带界线

石等。伟晶岩富含挥发分及少量锂,钠交代作用强烈。

含晶晶洞特征:共有 5 个晶洞,晶洞大小约几十立方米。9 号平巷内晶洞长 3.4m,宽 1.5m,高 2m,石英核位于伟晶带和长石带接触处。有的晶体长在晶洞壁上。在次生断口上,有再生现象。再生部分的晶体颜色浅,透明度较好。另一小晶洞呈葫芦状,位于石英核尖灭处与长石带接触处。再有一晶洞呈等轴状,位于伟晶结构带中。

矿床成因类型:岩浆期后伟晶岩型。

三、斑岩型

目前已发现有斑岩型铜(钼)、铜多金属,钼及金等矿床,其中铜(钼)大型矿床 1 处,小型矿床 4 处;铜多金属小型矿床 1 处;钼中型矿床 2 处,小型矿床 2 处;金小型矿床 1 处。

（一）乌努格吐山铜矿床

乌努格吐山斑岩铜矿床大地构造上位于额尔古纳隆起带(图 3-7)。

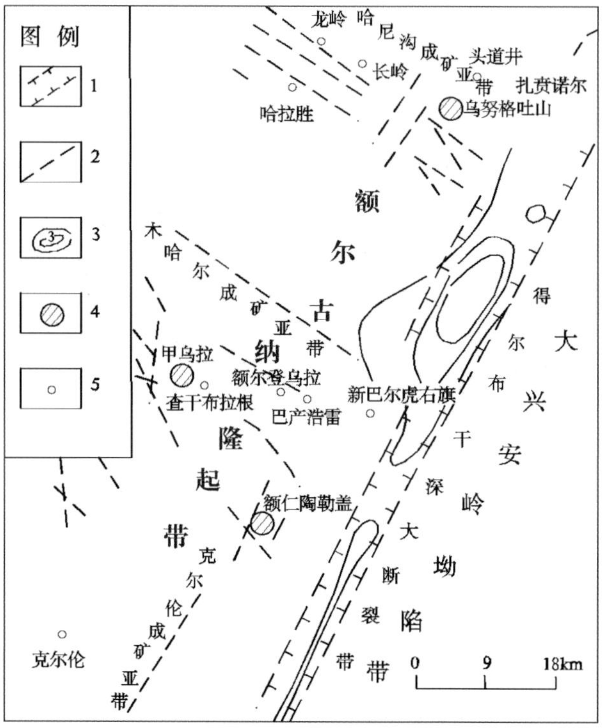

图 3-7　乌努格吐山斑岩铜矿区域构造示意图

1.呼伦湖地堑;2.断裂;3.基底等深线;4.大型矿床;5.小型矿床、矿点

1. 矿区地质

1)地层

矿区分布主要地层有:新元古界佳疙疸组,岩性为古老的片岩类;中泥盆统乌奴尔组,岩性为变质较深的碎屑岩、火山岩及碳酸盐岩;上二叠统老龙头组,岩性为浅变质中酸性火山岩及变质砂砾岩;中侏罗统南平组,岩性为陆相粗—细碎屑岩、含凝灰质成分;上侏罗统塔木兰沟组、木瑞组和上库力组,岩性为中酸性火山岩及次火山岩,共分 3 个喷发和溢流旋回,也是斑岩矿床和浅成热液矿床成矿的最佳阶段:白垩系伊列克得组和大磨拐河组,岩性为陆相碎屑岩及中基性—中性—酸性钙碱系列火山岩和碱性玄武岩。

本区除中生代地层广泛发育外,古生界和前古生界只有零星出露。

2)构造

得尔布干深断裂带是区域控岩控矿的主导因素。地球物理资料表明,该断裂已切穿壳层达到上地幔,在地壳浅部表现为两侧内倾陡立正断层,构成地堑构造。地堑下陷深度可达 3000m,得尔布干深断裂带发生于古生代内蒙古-鄂霍次克海封闭时,中生代由太平洋板块北西向推挤而活化,在中生代这种构造动力因素带动下,造成深部岩浆房的物质分异、岩浆上侵及成矿物质迁移沉淀,导致北北东向满洲里-新巴尔虎右旗多金属成矿带的形成。

与得尔布干深断裂相配套的有一系列北西向和北西西向张性及张剪性断裂,其中哈尼沟和木哈尔北西向断裂带构成重要的成矿亚带(图 3-7)。乌努格吐山斑岩铜矿即位于哈尼沟成矿亚带上。北西向和北西西向断裂带在燕山早期为压性和压剪性,到燕山中晚期才转为张性或张剪性(李伟实,1994)。这种断裂性质的转变与成矿时间是一致的。

在北西向成矿亚带中，火山-次火山构造往往控制矿体的定位。例如乌努格吐山斑岩铜矿产于破火山构造中；哈拉胜和大坝火山热液多金属矿床产于火山穹隆构造；甲乌拉浅成热液银-多金属矿床产于火山-次火山复合构造，乌努格吐山矿区环状火山断裂系统对于控矿容矿作用十分明显。

3)侵入岩

王之田等(1988)认为乌努格吐山斑岩铜(钼)矿床的近矿围岩为黑云母花岗岩(187Ma，K-Ar 法)。成矿母岩为二长花岗斑岩(138Ma，K-Ar 法)。李伟实(1994)称成矿岩体为花岗闪长斑岩(138Ma，K-Ar 法)。笔者认为王之田等的命名较为合理，故称成矿主要斑岩为二长花岗斑岩。

实际上，成矿岩体为同源多期喷发和浅成侵位的复式岩体，平面上呈北西向拉长的椭圆形，剖面近于陡立略向北西侧伏，出露面积大约为 0.12km^2，呈一岩株，分 3 个时期侵位：①成矿早期为充填于火山通道中的流纹质角砾凝灰岩；②主成矿期为沿火山管道侵位的二长花岗斑岩；③成矿期后为英安质角砾岩。此外，还有花岗斑岩、石英斑岩及闪长玢岩等脉岩充填于四周环状裂隙中。

黑云母花岗岩为成矿的主要围岩，灰色略带粉红色。其矿物组成为：石英大于 30%，条纹长石和正长石约占 30%，钠长石为 15%，黑云母占 5%～15%，其他矿物 10%～20%。

二长花岗斑岩为灰白色，岩体上部以细粒或霏细结构为主，少斑晶，多晶屑；岩体下部斑晶明显增多，中细粒，基质为显微晶粒结构。斑晶以斜长石为主，其次为石英和黑云母，斑晶占 43%～50%，基质为石英、钾长石和斜长石。暗色矿物含量少于 6%。

二长花岗斑岩的 SiO_2 含量平均为 70.5%，K_2O+Na_2O 为 8.27%，K_2O/Na_2O 为 0.83。其复式杂岩体组合指数(δ)为 1～2.9，碱度(AR)为 2.4～3.8，属于钙碱系列岩石。固结指数 SI 较低，为 1.2～6.8。拉森指数(LI)较高，为 22～31。以上数据反映乌努格吐山复式岩体总的基性程度低，酸度较高，蚀变后 SI 降低，LI 增大 1，长英指数 FI 增大。斑岩分异指数(DI)为 85～90，比我国其他几个主要斑岩铜(钼)矿床的都高(德兴 68.14，多宝山 78.38，玉龙 79.61)。

乌努格吐山二长花岗斑岩和黑云母花岗岩的副矿物组合为磁铁矿、磷灰石、锆石和榍石型。

黑云母花岗岩的 $^{87}Sr/^{86}Sr$ 初始值为 0.7065。二长花岗斑岩的 $^{87}Sr/^{86}Sr$ 初始值为 0.7064。并且 $\sum$REE值低，$\sum Ce/\sum Y$ 值高，δEu 值高，稀土配分模式为右倾曲线，Cu、Mo、Pb、Zn、Pt、Pd 等元素丰度高。综上所述，其岩源系来自上地幔与下地壳的混合源，岩浆属于同熔型。黑云母花岗岩的 K-Ar 法全岩年龄为 201.6～176.9Ma，一组 Rb-Sr 等时线年龄为 198.11Ma，定为印支期—燕山早期的产物。二长花岗斑岩的 K-Ar 法全年年龄为 164Ma，属于晚侏罗世的产物。

4)与成矿有关的火山岩

矿区共发育有 3 个火山亚旋回：第一亚旋回为火山沉积旋回，时代属于中侏罗世，第二亚旋回为岩浆侵入亚旋回，是黑云母花岗岩侵位的主要时期，时代属于中、晚侏罗世：第三亚旋回为得尔布干地堑火山喷发的主要时期，时代属于晚侏罗世，最上部有一部分已跨早白垩世，第三亚旋回又划分成 4 个火山喷发阶段。

这些火山岩岩石化学特征为：大部分属于正常系列，铝过饱和，少数为碱过饱和，$K_2O>Na_2O$。每个阶段从碱钙性开始，终于钙碱性和钙性，硅质和碱质含量递增，Al_2O_3、CaO、MgO、Fe_2O_3、FeO 含量偏低。在火山喷发的间隙期有斑岩侵位，为热液蚀变和矿化的主要时期。

5)铜矿床地质

矿体：全矿区共探明 33 个铜矿体，13 个钼矿体。北矿段矿体主要赋存在斑岩体的内接触带，受围绕斑岩体的环状断裂控制。在剖面上矿体向北西倾斜，铜矿体向下分支。南矿带矿体形态不规则，以钼为主。整个矿带呈哑铃状，中间变窄，矿带呈北东-南西向，长 320m，宽 130～780m，延伸大于 550m(图 3-8)，铜储量 223.2×10^4t，品位 0.46%；钼储量 25.8×10^4t，品位 0.019%；银储量 175t；铼储量 99t。

矿石矿物成分：主要金属矿物为黄铁矿、黄铜矿、辉钼矿、斑铜矿、闪锌矿、黝铜矿、砷黝铜矿、方铅矿、磁黄铁矿和毒砂等；主要非金属矿物为石英、绢云母、钾长石和方解石等。

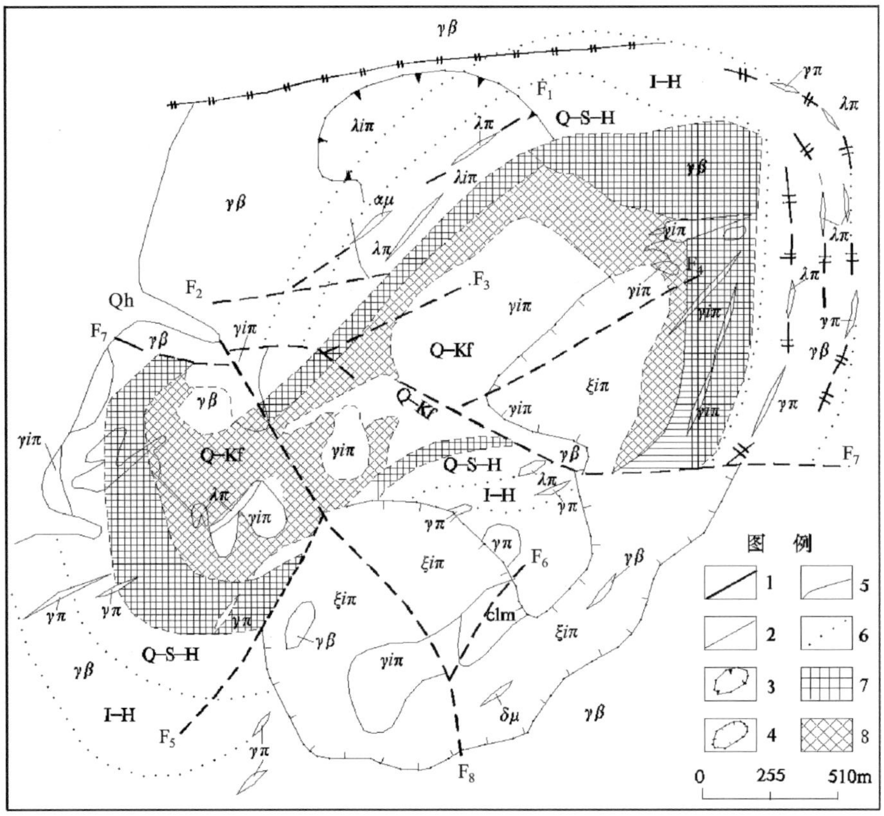

图 3-8　乌努格吐山斑岩铜（钼）矿床地质略图

Qh. 第四系；clm. 古生代安山岩、结晶灰岩；$\xi i\pi$. 次英安质角砾熔岩；
$\gamma i\pi$. 二长花岗斑岩；$\lambda i\pi$. 次流纹质晶屑凝灰熔岩；$\gamma\beta$. 黑云母花岗岩；
$\alpha\mu/\delta\mu$. 安山玢岩；$\lambda\pi$. 流纹斑岩；$\gamma\pi$. 花岗斑岩；I-H. 水云母化带；
Q-S-H. 石英绢云母化带；Q-Kf. 石英钾长石化带。1. 断层；2. 环状断裂系统；
3. 火山管道构造；4. 爆发角砾岩筒；5. 地质界线；6. 蚀变带界线；7. 铜矿化；8. 钼矿化

矿石构造：矿石主要为半自形—他形粒状结构、斑状结构为主，浸染状和细脉浸染状构造。

矿石化学成分：矿石中主要工业元素为 Cu 和 Mo，伴生有益组分为 Ag、Au、Re 等，矿石中微量元素有 Ag、Pb、Zn、Au、Re、Co、Ni、Pt、Pd、As、Ti、Mg、Bi、Se、Sb、Sn、Te 等。

矿化分带：金属矿物组分由中心向外依次为：磁黄铁矿-黄铁矿-辉钼矿→黄铁矿-辉钼矿-黄铜矿→黄铁矿-闪锌矿-方铅矿组合。

成矿阶段：李伟实（1994）将该矿床划分为 4 个成矿阶段：①石英-铁硫分化阶段，主要形成石英和黄铁矿；②石英-硫化物阶段，产于石英-钾长石带，主要形成石英、钾长石、黄铁矿、辉钼矿和黄铜矿，为钼矿的主要成矿阶段；③石英-绢云母-硫化物阶段，主要形成石英、绢云母、黄铁矿、黄铜矿、辉钼矿、方铅矿和闪锌矿等，为铜矿主成矿阶段，产于石英-绢云母化带；方解石-硫化物阶段，主要形成方解石和黄铁矿带。

6）近矿围岩蚀变

矿床围岩蚀变分带明显，但青磐岩化带不发育。北矿带以斑岩体为中心形成环带状蚀变带，从内到外可分 3 个带：内带为石英-钾长石化带；中带为石英-绢云母化带；外带为水云母化带。

7）物化探综合异常

（1）矿床位于平静低磁异常区（ΔZ 100～200nT），外围磁场强度增高且杂乱（ΔZ 200～500nT）。

（2）激电异常在矿体上方有一 100mV 左右的异常。

（3）激电幅频率异常在矿体上方呈弱异常（4%）至中等强度异常（6%～8%），背景值 2%～4%；矿体上呈低阻率100～300Ωm，而围岩电阻率300～700Ωm。

(4)电阻率联合剖面在矿体上有明显的低阻正交点。

(5)在矿体上方次生晕具有Pb、Zn、Mo、As内带异常，F、Hg、S、Mn外带组合异常及Cu的中带异常。

(6)矿体上方地表原生晕有Pb、Zn、Cd内带异常，As、Ag、W、Ni、Co中带异常及F、Hg、Cu、Mo、Sb、Au、Sn、Mn、Rb、Ba外带异常。矿体头部晕特征元素为Pb、Zn、S、Ni(Cd、Ag、As)内带异常；矿体中部晕特征元素为Ag、As(Pb、Zn)内带异常，Hg (Cu)中带异常，Mn外带异常；矿体尾部晕特征元素为Bi、W内带异常和Co、Sn、Cu、Mo中带异常。

(7)矿石元素垂向变化自上而下Ag、Pb含量呈低—高—低变化，Pb、Ag主要富集在近地表300m深之内；Cu含量从上至下增加，Cu在深部富集；Zn量呈低—高—低—高变化，有两个富集段，即650～550m标高和310m标高以上。

2. 成矿条件

1)稳定同位素

金属硫化物的硫同位素组成接近陨石硫，为正值，$\delta^{34}S$平均为+2.24‰，极差小，离散度小，频率图呈塔式分布。硫源明显属于深部来源(上地幔)。

矿石铅同位素组成：$^{206}Pb/^{204}Pb$为18.327～18.526，$^{207}Pb/^{204}Pb$为15.436～15.633，$^{208}Pb/^{204}Pb$为37.997～38.421，比值波动不大。$^{238}U/^{204}Pb$变化为9.422 92～9.267 62，9个样品均属在正常铅增长曲线上及卡农三角图的小三角图形内，与火成岩的初始铅组成非常一致，表明铅源来自深部岩浆房。

石英-钾长石化带的$\delta^{18}O$为−119.56‰，$\delta^{18}O_{H_2O}$为+6.28‰；石英绢云母化带的δD为−120.89‰，$\delta^{18}O_{H_2O}$为+1.31‰，表明成矿热液属于以天水为主的混合热流体。

2)稀土元素

二长花岗斑岩的$\sum Ce/\sum Y$值为4.8，δEu为1.08，无铕异常，相当于下地壳的稀土特征。

3)流体包裹体及成矿物理化学条件

温度：矿物流体包裹体的温度变化范围为180～650℃；石英钾长石化带的均一温度变化范围为380～650℃，叠加有280～430℃和130～210℃两组后期蚀变温度；石英绢云母化带的均一温度为280～130℃，叠加一组130～310℃蚀变温度；水云母化带的均一温度为110～310℃。蚀变和矿化都是多期叠加的。

压力：成矿早期，体系处于相对封闭状态，压力可高达1000×10^5Pa，例如石英-钾长石化带的压力变化范围为$(200\sim1000)\times10^5$Pa。随着构造裂隙的复杂化，体系趋于开放，例如石英-绢云母化带的压力变化范围为$(200\sim300)\times10^5$Pa，而到水云母化带的压力已降到$(50\sim180)\times10^5$Pa。

酸碱度：据H_2CO_3-HCO_3^-平衡反应可估算成矿流体的pH值，石英-钾长石化带(钼矿体)的pH值为5.47，呈弱酸性；石英-绢云母化带的pH值为5.3，酸度稍稍增强了；水云母化带的pH值为5.69，呈弱酸性到中性；无矿正常场的pH值为6.04，呈中性状态。总的来说，成矿流体的酸碱度变化不大，在弱酸性条件下成矿，故缺乏泥化带的发育。

氧逸度：利用矿物平衡反应可以估算成矿的f_{O_2}。从成矿早期到成矿中晚期，f_{O_2}值变化范围为$10^{-44}\sim10^{-13}$Pa，表现为成矿流体向氧逸度降低的方向演化。

成矿流体的演化：从斑岩岩浆房分馏出来的成矿流体温度最早高达800～900℃，并富Cl^-、F^-、SO_2、CO_2等挥发性组分，还携带碱质K^+、Na^+和重金属元素。早期成矿流体与二长花岗斑岩、黑云母花岗岩和火山岩等发生交代反应，即形成黑云母化和钾长石化。这种超临界状态的成矿流体冷凝后形成高盐度流体，其含盐度$w(NaCl)$可达60%，均一温度达500～800℃，压力达1000×10^5Pa，有时可见到含子晶的气相包裹体，金属硫化物以辉钼矿为主。

早期成矿流体向上向外运移，温度和压力逐渐降低，从岩浆熔融体中分馏出来的 SO_2，发生水解，产生 H_2S 和 SO_4^{2-}，同时由于物理化学条件的骤变，促使金属硫化物大量析出和沉淀。首先是 $[Mo_2O_7]^{2-}$、$[MoO_2S_2]^{2-}$ 等配合物的分解，生成辉钼矿矿体，随后生成铜硫化物矿体，此时温度为 340～430℃，压力为（200～300）$\times 10^5$ Pa，含盐度 w(NaCl) 可达 42%～68%。此阶段有部分钾长石分解成绢云母，即石英-绢云母化叠加于石英-钾长石化之上。

成矿体系进一步开放，循环天水大量参与，在大量酸性介质（Cl^-、F^- 等）的影响下，钾长石、斜长石和黑云母分解为绢云母及水云母，形成石英-绢云母化带和水云母化带，同时 $[CuCl_3]^-$、$Cu[S_2O_3]^{3-}$、Cu、S_2O_3 等络合物分解，生成大量黄铜矿，形成主要铜矿体。此时的温度为 240～340℃，压力大于 200 $\times 10^5$ Pa，含盐度可达 w(NaCl) 12%～50%。

成矿流体演化的晚期，对流循环的天水大量加入，其温度、压力和含盐度大大降低，硅酸盐矿物进一步水解，最终生成水云母化带，矿体边缘及外围生成铅锌硫化物，如方铅矿和闪锌矿，此时的温度为 180～310℃，压力为（50～180）$\times 10^5$ Pa。

4）成矿模式

乌努格吐山斑岩铜（钼）矿床的成矿模式可概括如图 3-9 所示。

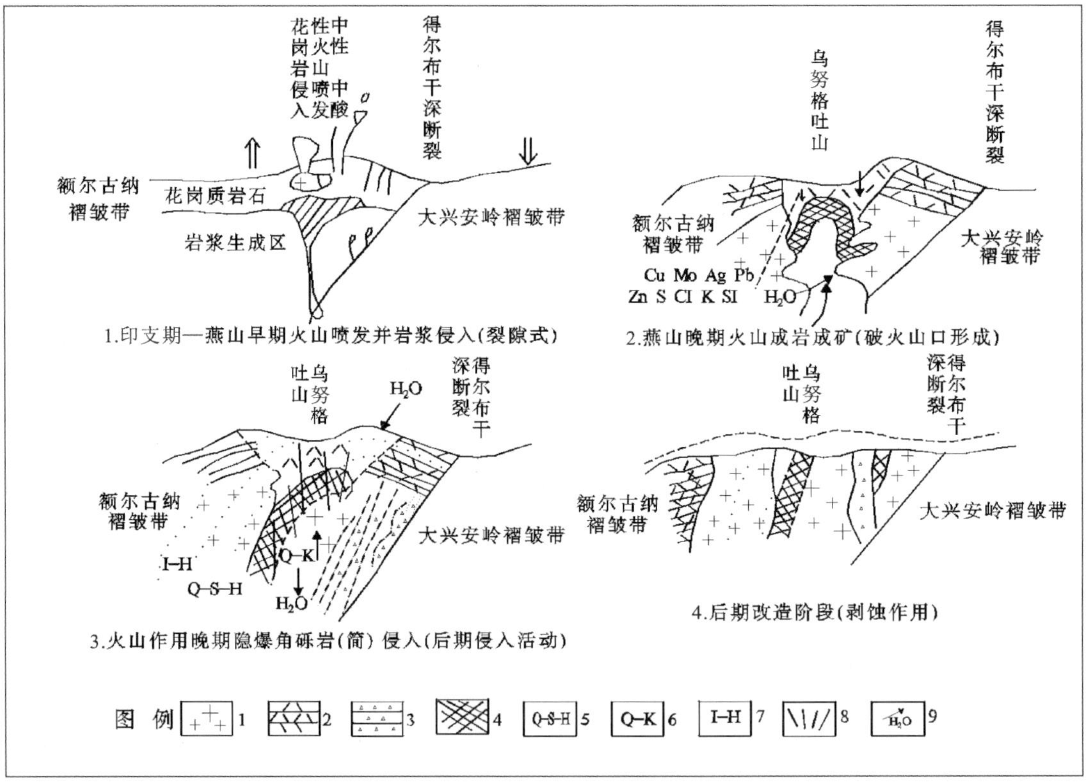

图 3-9 乌努格吐山斑岩铜（钼）矿床成矿模式图

1. 二长花岗斑岩；2. 前侏罗纪地质体（盖层）；3. 火山角砾岩；4. 铜（钼）矿体；5. 石英-绢云母-水云母化带；6. 石英钾长石化带；7. 伊利石-水云母化带；8. 矿体顶部裂隙；9. 水介质流动方向

印支期—燕山早期，受太平洋板块向西推挤的影响，得尔布干深断裂带复活，黑云母花岗岩侵位，带来钼等成矿元素的富集。

燕山晚期受与得尔布干深断裂带相匹配的北西向拉张断裂的影响，形成许多中心式火山喷发机构，二长花岗斑岩沿火山管道相侵位，带来 Cu、Mo、Pb、Ag 等成矿元素的富集。乌努格吐山斑岩铜（钼）矿床的形成是其中的一例。

由于本区多期次的构造岩浆活动，引发了深源岩浆水与下渗的天水对流循环，由于这种混合热流体既富挥发分又富碱质，同时对围岩具有强烈的萃取和交代反应能力，从而导致围绕斑岩体形成环带状蚀变分带和矿化分带。蚀变分带表现为石英-钾长石化带→石英-绢云母化带→水云母带；矿化分带表现为 Mo→Mo-Cu→Cu→Cu-Pb-Zn 带。

上述矿床地质特征表明，乌努格吐山铜（钼）矿床为较典型的斑岩型矿床。

（二）哈达庙斑岩型金矿床

该矿床位于镶黄旗境内、大地构造位置属内蒙古晚海西期褶皱带镶黄旗复向斜。

1. 矿区地质

该矿区出露早二叠世呼格特组，主要岩性为硬砂岩、砂砾岩、粉砂岩及夹灰岩透镜体的砂板岩。晚侏罗世酸性火山碎屑岩。

主要断裂有近东西走向的哈达庙张性裂隙带和北东向伊根乌苏逆断层。

矿区岩浆岩有闪长玢岩、石英闪长岩、花岗闪长岩和花岗斑岩。

花岗斑岩与金矿有密切成因关系。哈达庙花岗斑岩呈岩株状自西向东侵入到石英闪长岩内，南、北两侧外陡倾，倾角在 50°～70°之间。岩体向东平缓超覆，倾角 15°～30°，平面上为一规则椭圆状（图 3-10）。金矿体一般沿斑岩与石英闪长岩接触部位分布。含金花岗斑岩呈灰白—浅肉红色，块状构造，具斑状和聚斑状结构，斑晶由斜长石、条纹正长石、石英组成，基质为显微粒状花岗结构，主要矿物有钾长石、钠长石和黑云母，副矿物有磷灰石、磁铁矿、黄铁矿、榍石和锆石等。

隐爆角砾岩带：由 33 条延伸长度和规模不一的角砾岩墙、电气石或石英-电气石裂隙脉组成，在侵入杂岩体北部产出。沿角砾岩墙有不同程度的金矿化发育。整个角砾岩带为北东—近东西向，倾向南东或南倾，倾角在 56°～85°之间变化。单个角砾岩墙地表出露长 20～245m，最长达 650m；宽 1～4m，最宽为 6m。角砾胶结物分为岩屑型、蚀变矿物型和金属硫化物型。金属硫化物型胶结物含大量黄铁矿、黄铜矿、方铅矿、自然金和银金矿，分布有限，但同金矿化关系密切。

角砾岩墙周围有宽窄不一的震碎石英闪长岩带。远离角砾岩带，震碎石英闪长岩逐渐被电气石或石英-电气石裂隙脉所取代。

2. 矿床地质

金矿化主要产于花岗斑岩与石英闪长岩接触带上及隐爆角砾岩脉中，且以前一种为主。

斑岩型矿体：少量金矿体分布在斑岩体内，呈细脉浸染状产出，大部分金矿体产于斑岩体与石英闪长岩接触带上，其中又以斑岩体向东超覆端接触带上的矿体最厚，金品位最高。金品位高低与电气石-石英脉、石英-黄铜矿-黄铁矿脉的发育程度有关。金矿体形态受岩体接触带控制，自地表向深处金矿体厚度变薄，品位降低。单个金矿体多呈脉状、透镜状和扁豆状。矿体分合、膨胀、尖灭和拐弯现象普遍。

隐爆角砾岩脉金矿化：33 条隐爆角砾岩墙脉体中仅有 4 条金含量较高，金矿化带走向北东—北北东，倾向南东。金矿体呈脉状或透镜状分布，分合、膨胀和尖灭特征尤为突出。金矿化与硅化、电气石化、黄铁矿化和绿帘石化关系密切。

矿石结构、构造：矿石以他形—半自形粒状结构为主，次为包含结构、交代残余结构和胶状结构。矿石构造以浸染状、细脉浸染状构造为主，次为叶片状、角砾状构造。

矿石矿物：矿石矿物较简单，除自然金和银金矿外，伴生金属矿物有黄铁矿、黄铜矿、斑铜矿、赤铁矿、白钨矿、褐铁矿等。

脉石矿物：石英、长石、电气石、黑云母和方解石。蚀变矿物为绢云母、绿泥石、绿帘石、纤闪石和高岭石。

围岩蚀变：主要由硅化、电气石化、钾长石化、绢英岩化、绿泥石化和碳酸盐化，其中以硅化、电气石化和绢英岩化与金矿化关系最为密切。

3. 稳定同位素

氢氧同位素组成：含金石英脉的 $\delta^{18}O$ 值为+9.8‰～+12.5‰，并有自矿脉中心向外明显降低的趋势。石英气液包裹体均一温度测定值计算得到的 $\delta^{18}O_{H_2O}$ 值为+4.8‰～6.9‰。石英气液包裹体水的 δD 值为−58‰～−46‰。隐爆角砾岩脉内含金石英脉的 $\delta^{18}O$ 值为+6.5‰，低于斑岩体中含金石英脉。石英包裹体均一法温度值计算得到的 $\delta^{18}O_{H_2O}$ 值为+1.1‰～+3.7‰。石英包裹体中水的 δD 值为−48‰～−44‰。由此表明，成矿作用早期含金流体的性质与岩浆水相似，而成矿晚期，由于原生热液流体中混入有一定量的大气降水，从而使 $\delta^{18}O_{H_2O}$、δD 值分别低于和高于早期含矿热液流体的相应值。这从一个侧面反映了以斑岩体内含金石英脉到隐爆角砾岩脉群的含金石英脉，成矿溶液的演化趋势。

硫同位素组成：含金斑岩体的 $\delta^{34}S$ 值为+1.9‰～2.6‰，平均为+2.3‰、隐爆角砾岩脉的 $\delta^{34}S$ 变化范围为−1.5‰～+2.1‰，平均为+1.8‰，黄铁矿的硫同位素组成基本特征与岩浆热液矿床，特别是斑岩型铜（钼）矿床黄铁矿相似，因此可以认为硫来自地壳较深部位。

碳同位素组成：斑岩体含金石英脉和隐爆角砾岩中含金石英脉的碳同位素组成基本一致，$\delta^{13}C$ 值为−7.1‰，表明方解石是壳源物质，为大气降水和岩浆水混合作用的产物。

矿床成因类型：斑岩型金矿床，其矿床成矿模式如图 3-10 所示。

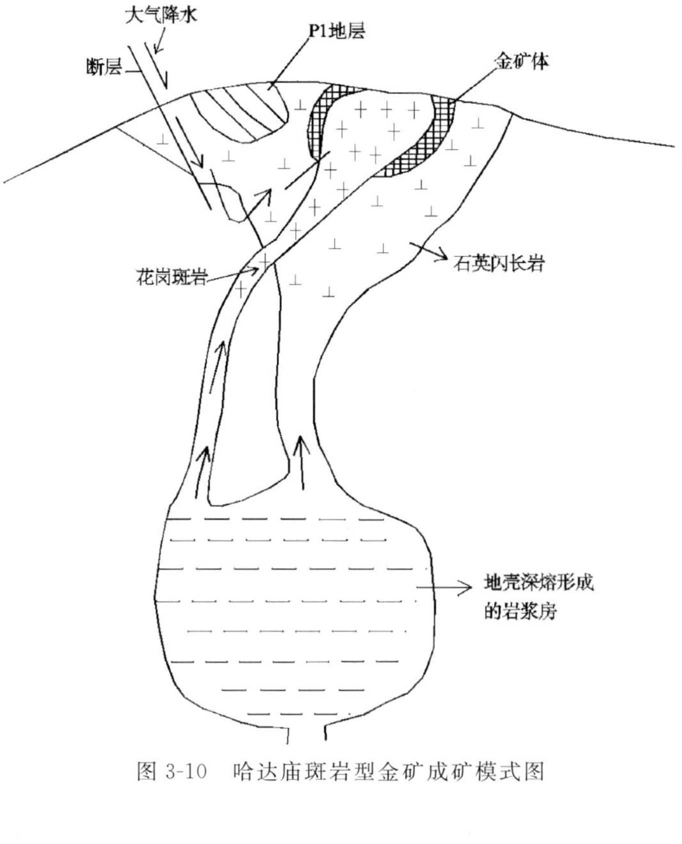

图 3-10　哈达庙斑岩型金矿成矿模式图

四、接触交代型

该类型是主要矿床类型，已知矿种有铁、铁多金属、铁锡铅锌、铜及一些非金属矿。其中铁 3 处小型矿床，铁钼 1 处小型矿床；铁多金属 1 处大型矿床，1 处中型矿床，7 处小型矿床；铁锡 1 处大型矿床；铅锌 2 处大型矿床，2 处中型矿床，4 处小型矿床；2 处铜小型矿床；非金属矿床 1 处中型，1 处小型矿床。

典型矿床叙述如下。

(一)黄岗铁锡矿床

该矿床位于克什克腾旗同兴乡境内，大地构造位置属内蒙古中部晚海西期褶皱带黄岗-甘珠尔庙复式背斜的北西翼。

1. 矿区地质

该矿区出露地层为早二叠世大石寨组安山岩、碎屑岩、凝灰质砾岩、粉砂岩及安山质凝灰岩夹大理岩透镜体。哲斯组大理岩、结晶灰岩，夹薄层凝灰质粉砂岩、凝灰岩等(图 3-11)。

岩浆岩有钾长花岗岩、碱性花岗岩及二长花岗岩。它们的岩石化学成分特征是高硅、富钾、贫铁镁，且钾大于钠。

2. 矿床地质

矿床呈北东向展布，含矿带长 19km，宽 0.2～2.5km，划分为 7 个矿段，圈出铁矿体 67 个，铁锡矿体 84 个，铁锡钨矿体 24 个，锡矿体 64 个，其中Ⅰ矿段和Ⅲ矿段矿体最集中，且规模大。

矿体产于钾长花岗岩与大石寨组上部火山岩和哲斯组下部大理岩、上部含钙凝灰质粉砂岩接触带矽卡岩中。

矿体形态、规模及产状：矿体呈似层状、透镜状、马鞍状及楔状。矿体一般长 300～400m，最长达 1475m，厚几米至数十米。矿体多集中分布在海拔 1000～1400m 之间，分段成群出现。矿体产出形式：①产于矽卡岩化安山岩中，与安山岩产状一致；②产于花岗岩与大理岩、安山岩接触带，矿体多卧覆于花岗岩顶部的界面上，矿体厚度大，局部可达 100m；③花岗岩与凝灰岩接触带附近的与凝灰岩产状一致的薄层小矿体。另有一些小矿体产于远离接触带的安山岩中。矿体产出部位以①、②类为主。

矿石结构、构造：矿石具有自形、半自形粒状结构，他形—半自形结构，交代残余结构和假象结构。矿石的构造主要为块状构造、浸染状构造、条带状构造、角砾状构造和斑杂状构造。

矿石矿物成分：矿物有 60 余种，其中主要金属矿物有磁铁矿、锡石、锡酸矿、闪锌矿、黄铜矿、斜方砷铁矿、白钨矿及辉铜矿，次有毒砂、辉铜矿、斑铜矿、辉铋矿、方铅矿、黄铁矿等。主要脉石矿物有石榴石、透辉石、角闪石等，次有萤石、绿泥石、石英、方解石及符山石。

铁矿石品位 TFe 为 30%～50%，一般为 40%～50%；锡为 0.1%～0.2%，个别高达 0.48%，局部富集达 0.7%～0.5%。矿石中除 Fe、Sn 之外，还伴生有 W、Zn、Pb、Cu、Mo、Bi 及稀有分散元素。

围岩蚀变：角岩化、大理岩化，矽卡岩化，包括石榴石矽卡岩、透辉石榴石矽卡岩、透辉石矽卡岩，此外尚有角闪石化、黑云母化和绿帘石化，萤石化、硅化和碳酸盐化。

成矿物化条件：石英包裹体均一温度的矽卡岩阶段为 $T=460\sim660℃$，$P<1000\times10^{-5}$ Pa；氧化物阶段为 $T=303\sim504℃$；硫化物阶段为 $T=210\sim370℃$，$P=600\times10^{-5}$ Pa。成矿流体 pH 值为 4.49～4.04。

3. 稳定同位素

硫同位素组成：闪锌矿(15 个样品)$\delta^{34}S$ 值为－1.5‰～＋2.2‰，黄铜矿(2 个样品)$\delta^{34}S$ 为－4.0‰～＋3.4‰，方铅矿 $\delta^{34}S$ 值为－1.3‰～－0.2‰，黄铁矿(1 个样品)$\delta^{34}S$ 值为＋3.4‰，毒砂(1 个样品)$\delta^{34}S$ 为＋1.0‰，它们(21 个样品)的 $\delta^{34}S$ 值变化于－4.0‰～＋3.4‰范围，均值为＋0.33‰。

氧同位素组成：磁铁矿 $\delta^{18}O$ 值为－1.7‰～3.9‰，锡石 $\delta^{18}O$ 值为＋1.1‰，石英 $\delta^{18}O$ 值为＋6.8‰～＋9.6‰。

铅同位素组成：$^{206}Pb/^{204}Pb$ 值为 18.183～18.414，$^{207}Pb/^{204}Pb$ 值为 15.448～15.690，$^{208}Pb/^{204}Pb$ 值为 37.897～38.632。

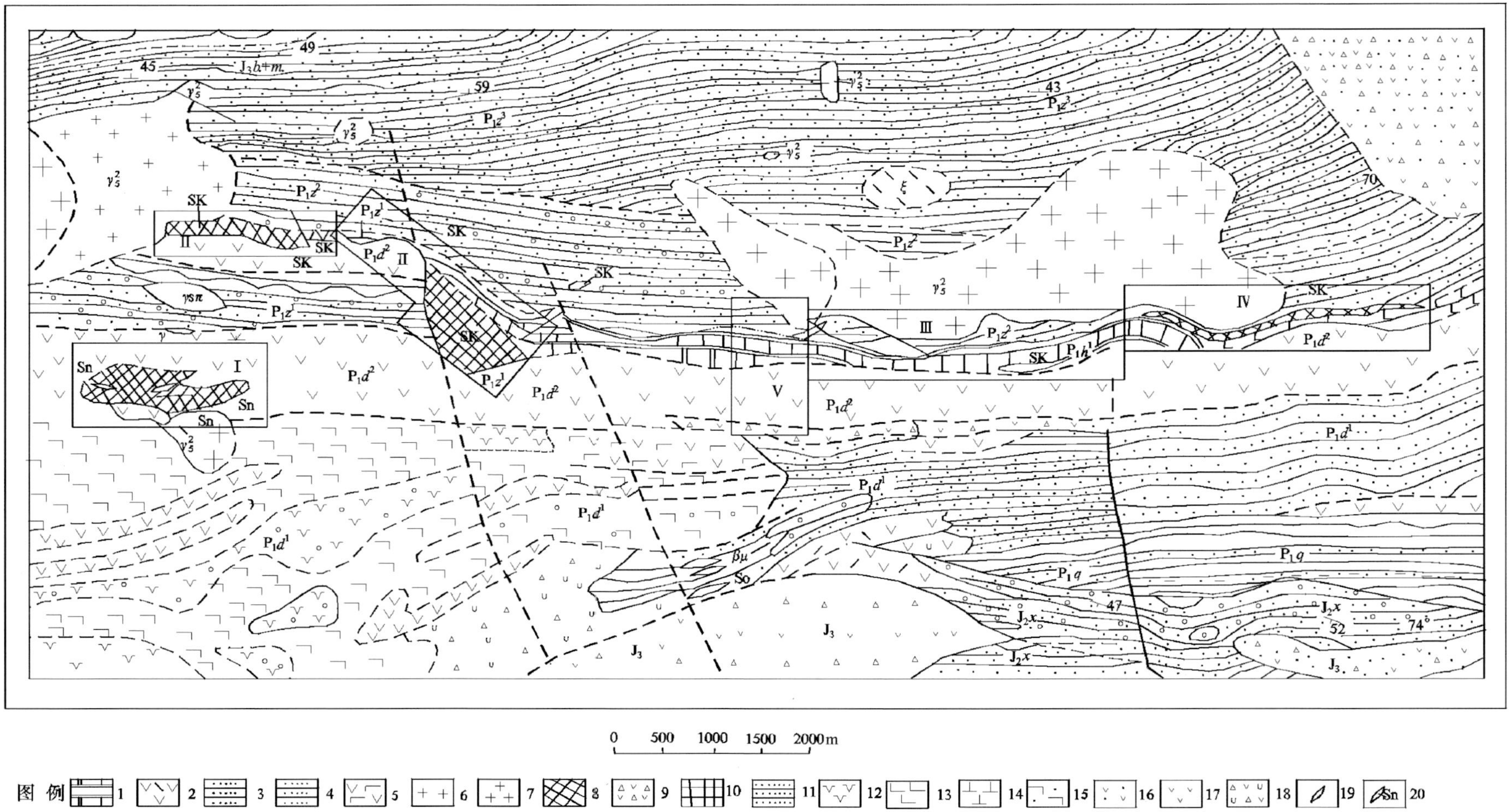

图 3-11　内蒙古克什克腾旗黄岗铁锡矿区构造地质示意图

J_3b+m. 上侏罗统白音高老祖和玛尼吐组；J_2x. 中侏罗统新民组；P_2l. 上二叠统林西组；P_1z^3. 哲斯组上段；P_1z^2. 哲斯组中段；P_1z^1. 哲斯组下段；P_1d^2. 大石寨组上段；P_1d^1. 大石寨组下段；P_1q. 清风山组；γ_5^2. 中粗细粒花岗岩；ξ. 英安岩；δ. 石英闪长岩；$\beta\mu$. 细碧岩；SK. 矽卡岩。1. 大理岩；2. 英安岩；3. 砂砾岩；4. 粉砂岩；5. 蚀变中基性灰岩；6. 中粗粒钾长花岗岩；7. 中细粒钾长花岗岩；8. 矽卡岩；9. 安山质凝灰岩；10 结晶灰岩；11. 凝灰质砾岩；12. 石英角斑岩；13. 细碧岩；14. 闪长岩；15. 杏仁状细晶岩；16. 杏仁状角斑岩；17. 安山岩；18. 安山质角砾熔岩；19. 铁矿体；20. 锡矿体矿床成因类型：接触交代型矿床，其矿床成矿模式如图 3-12 所示。

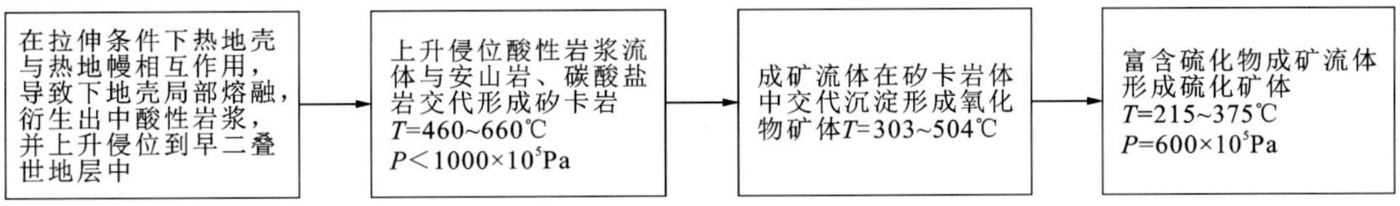

图 3-12　黄岗铁锡矿床成矿模式图

(二)朝不楞铁多金属矿床

该矿床位于东乌旗北部，距中蒙边境线 20km。

1. 矿区地质

矿床所处大地构造单元为东乌旗早海西期褶皱带。

地层：中泥盆统塔尔巴格特组，下岩段岩性为砂岩、凝灰岩、板岩，夹灰岩、粉砂岩；上岩段岩性为长石石英粗砂岩夹板岩、凝灰岩、石英角斑岩。中、下侏罗统阿拉坦合力群，下部砂砾岩，上部绿泥绢云角岩夹砂岩、粉砂岩。

褶皱构造：古生代地层组成轴向北东—北东东向的紧密线性褶皱。侏罗纪地层褶皱开阔，轴向北东。

断裂构造：有北东向、北北东向和北西向 3 组，前两组断裂发生在古生代地层中，后一组发育在侏罗纪地层中。

岩浆岩：有海西期蚀变辉长岩和石英闪长岩，燕山期黑云母花岗岩。黑云母花岗岩出露长约 25km，宽 2～10km，侵位于中泥盆世地层中，形成矽卡岩铁多金属矿床。

2. 矿床地质

矿区分南矿带(一、二矿带)，北矿带(三、四矿带)和西矿带(磁异常区)。在南北矿带中，一矿带规模最大，三矿带次之，二矿带最小。一、三矿带的矿体均产于顺泥盆纪地层层理或层间裂隙的矽卡岩内，四矿带主要矿体分布于花岗岩与大理岩接触面矽卡岩中。西矿带矿体产于变质粉砂岩与大理岩接触层面，另一些小矿体沿构造裂隙充填。

矿体形态、规模及产状：矿体呈扁豆体、条带状及豆荚状成群成带平行断续分布，在平面上呈雁行状排列，剖面上呈重叠扁豆状和不规则筒状。矿体规模一般长数十米至百余米，个别达 300～400m，厚数十厘米至 17m。四矿带矿体长达千余米，但厚度仅 2～4m。矿体产状走向 50°～73°，倾向南东，倾角 70°～80°(图 3-13)。

铁矿石品位 TFe 为 27.96%～38.93%，矿石还伴生有 Zn、Cu、Bi、As、W 等有用元素，它们在精矿中富集，可回收利用。

矿石结构构造：矿石具交代网格结构和晶架状结构。矿石构造主要为致密块状构造、浸染状构造、条带状构造及斑杂状构造。

矿石类型及分布：铁矿石分布于南、北矿带；锌铁矿石、铁锌铋矿石分布于北矿带；铁铜矿石分布于南矿带。铁矿石为主，铁锌矿石次之。

矿石矿物成分：以磁铁矿为主，次为赤铁矿、镁铁矿、褐铁矿、磁黄铁矿、闪锌矿、方铅矿、黄铜矿、辉铋矿、辉铜矿、自然铋、白钨矿。脉石矿物以钙铁石榴石为主，次为透辉石、透闪石、石英、斜长石、绿泥石、阳起石、磷灰石、萤石、方解石。

矿床成因类型：接触交代型矿床。

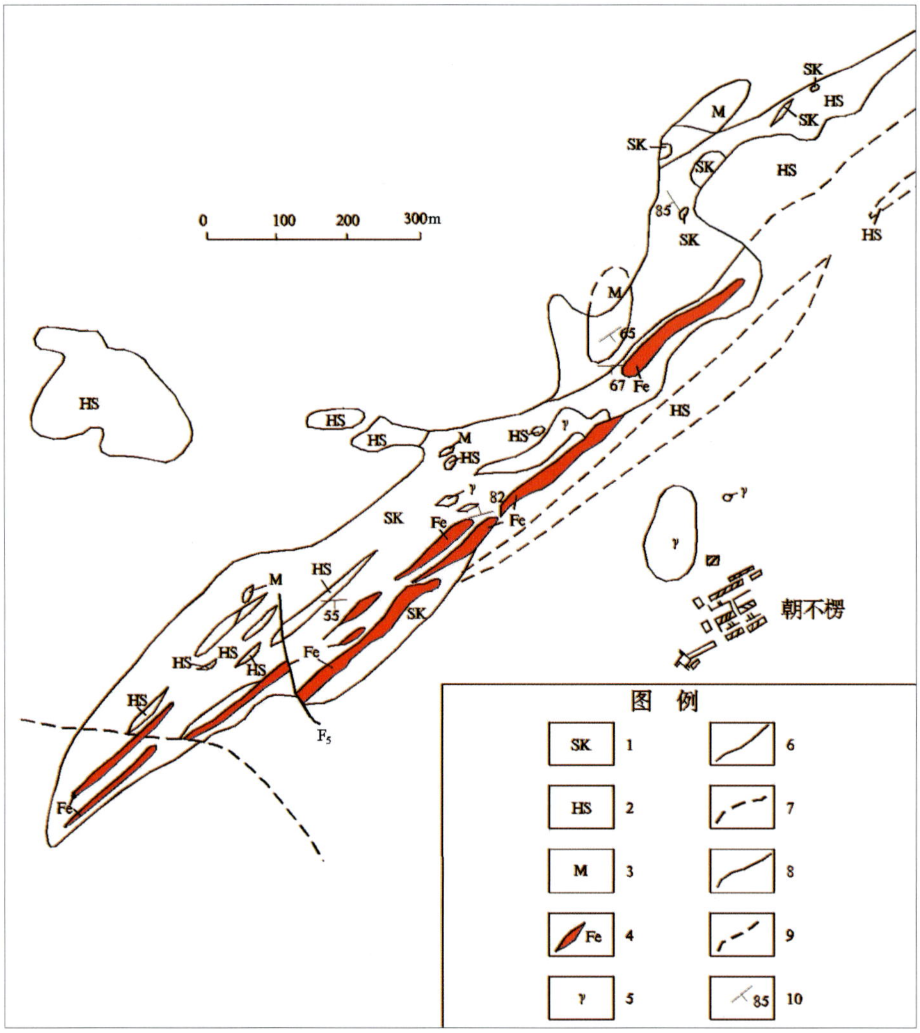

图 3-13 朝不楞铁矿区矿体平面图

1.矽卡岩；2.角岩；3.大理岩；4.铁矿体；5.花岗岩；6.实测断层；7.推测断层；8.地质界线；9.推测地质界线；10.岩层产状

（三）白音诺尔矽卡岩型铅锌矿床

白音诺尔铅锌矿床是我国东部近年探明的大而富的铅锌矿床之一。该矿床位于浩尔吐中生代火山断陷区的局部隆起（坳中隆）环境中。

1. 矿区地质

矿区呈北东向（NE50°～65°）狭长条带状，西部及南部为晚侏罗世陆相火山岩所围限（图 3-14）。矿区地层主要是下二叠统黄岗梁组，在矿区有砂质板岩（含凝灰碎屑）、大理岩（或结晶灰岩）、泥质板岩 3 个岩性段（由下而上）。其中，大理岩（或结晶灰岩）是交代形成含矿矽卡岩的主要岩石。早二叠世地层构成轴向北东，向南西倾伏的背斜构造。目前所发现的铅锌工业矿体大多赋存于背斜两翼的层间滑脱带和褶曲顶部虚脱带（图 3-15），少数矿体见于次级断裂裂隙带中。

矿区内外，燕山期中酸性火山岩、超浅成—浅成小侵入体及中深成侵入体在空间上密切相伴，时间上有先后，但时距不大，构成很有特色的火山-侵入杂岩（张德全等，1990）。与成矿关系密切的是超浅

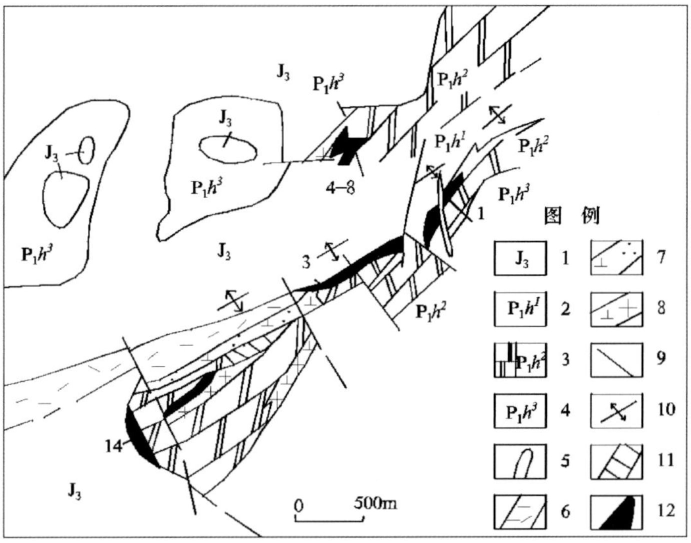

图 3-14　白音诺尔铅锌矿床地质略图

1.晚侏罗世火山岩；2～4.下二叠统黄岗梁组(2.砂质板岩；3.大理岩；4.泥质板岩；)；5.石英板岩；6.石英正长斑岩；7.石英闪长岩；8.花岗闪长斑岩；9.断裂；10.背斜轴；11.矽卡岩；12.矿体及编号

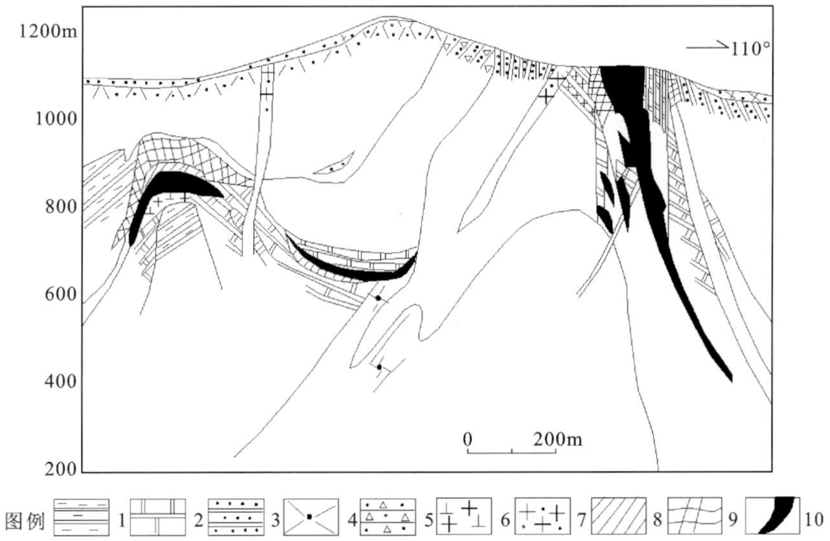

图 3-15　白音诺尔矿床 79 线地质剖面图

1.泥质板岩；2.大理岩；3.砂质板岩；4.流纹质凝灰熔岩；5.流纹质凝灰角砾岩；6.花岗闪长斑岩；7.石英板岩；8.矽卡岩；9.角岩；10.铅锌矿体

成一浅成相小侵入体(主要是花岗闪长斑岩和石英正长斑岩)，其深部可能沿中生代火山机构侵位，从而隐伏于矿床南西部深部，地表及浅部则为岩枝、岩墙及岩脉群(系)，并沿下二叠统黄岗梁组层间破碎带侵入。这些中酸性小岩体为铅锌成矿提供了热源和主要的物源。其中花岗闪长斑岩和矿区火山岩的 Rb-Sr 等时线年龄分别为 171Ma 和 160Ma，$^{87}Sr/^{86}Sr$ 初始值分别为 0.7065 和 0.7077(中国地质科学院地质研究所同位素室测定)，石英正长斑岩(锆石 U-Pb 年龄 148Ma)既侵入于花岗闪长斑岩，也侵入于火山岩中。

2. 矿床地质

1)矿体

单个矿体常呈透镜状、鞍状、脉状，空间上多个矿体常组成和层面近于协调或斜交的似层状矿化体，产于层间破碎带中的矽卡岩内(图 3-14、图 3-15)。以矿床中部北东向褶皱轴为界,将矿床分割为南、北两个矿化带。北矿化带长 1800m,主要由 4-8 号、11 号、12 号、15 号等矿体组成(东段的矿体出露地表,西段的矿体隐伏于晚侏罗世火山岩之下);南矿化带长约 2800m,由南西往北东依次有 14 号、铜锌、3 号、9 号、2 号、1 号矿体。

矿床中主要矿体都分布于矽卡岩中。单个矿体呈北东向延长(走向一般为 NE20°～40°),倾向南东或北西,倾角较陡(一般在 60°上下)。矿体长 100～450m 不等,延深在 250m 左右,最大延深超过 400m。矿体厚一般 3～10m。空间上,矿体向南西侧伏,侧伏角 25°左右。

2)矽卡岩和矿石

矿区内矽卡岩常沿燕山期花岗闪长斑岩与下二叠统大理岩或结晶灰岩接触带分布,部分矽卡岩见于石英正长斑岩与大理岩接触带,少量矽卡岩则分布于侏罗纪火山岩或二叠纪浅变质砂岩与大理岩接触带。由于中酸性小侵入体常顺地层层间贯入,因此矽卡岩亦呈较稳定的似层状体,沿层间破碎带呈北东向带状展布。矽卡岩在走向上比较稳定,厚数米至数十米。

内矽卡岩一般不发育,大部分为外矽卡岩。矽卡岩矿物主要为石榴石和单斜辉石,少量硅灰石、绿帘石、方柱石、符山石等。其退化蚀变矿物为石英、方解石、角闪石、黑柱石和绿泥石等。上述矿物常组成单矿物或复成分矽卡岩,常见的有辉石矽卡岩、石榴石矽卡岩、石榴石辉石矽卡岩和辉石石榴石矽卡岩。局部地段因硅灰石富集,形成厚大的硅灰石矽卡岩,可作为陶瓷原料。在走向上,矿床西部(如 14 号矿体)以石榴石矽卡岩为主,矿床东部主要是辉石矽卡岩。从岩体到大理岩间,矽卡岩一般有如下交代分带(图 3-16):内矽卡岩(图 3-16 中的⑦、⑥)→辉石石榴石矽卡岩→石榴石辉石矽卡岩→辉石矽卡岩(含退化蚀变矿物)→大理岩。由内矽卡岩至大理岩,SiO_2、Al_2O_3 总体上有降低趋势,而 CaO、(Fe_2O_3+FeO)、MgO、MnO 则趋向于增高。尤其是 MnO,主要富集于近大理岩的辉石矽卡岩中(辉石主要是锰钙铁辉石)。这反映了矽卡岩兼有接触双交代和渗滤交代特点。铅锌工业矿体主要见于辉石矽卡岩中。

按主要金属组分及其矿物组成,其矿石类型分为铅锌矿石、锌矿石、铅矿石、铜锌矿石、含锡闪锌矿磁黄铁矿矿石和含铜磁铁矿矿石。其中,铅锌矿石、锌矿石和铅矿石是工业矿体的主要矿石类型。矿石结构分结晶结构、交代结构和固溶体分解结构。矿石构造主要为浸染状和细脉浸染状构造,其次有脉状构造、斑杂状构造、角砾状构造和块状构造。铅锌矿石、锌矿石和铅矿石主要见于矿区东北部的 4-8 号、1 号、2 号、3 号等矿体中。在垂向上,锌矿石主要分布于矿体下部,铅矿石和铅锌矿石主要分布于矿体上部,因而 Zn/Pb 值由浅至深有逐渐增高的趋势。铜锌矿石、含锡闪锌矿磁黄铁矿矿石及含铜磁铁矿矿石则见于矿区西南部和西部。

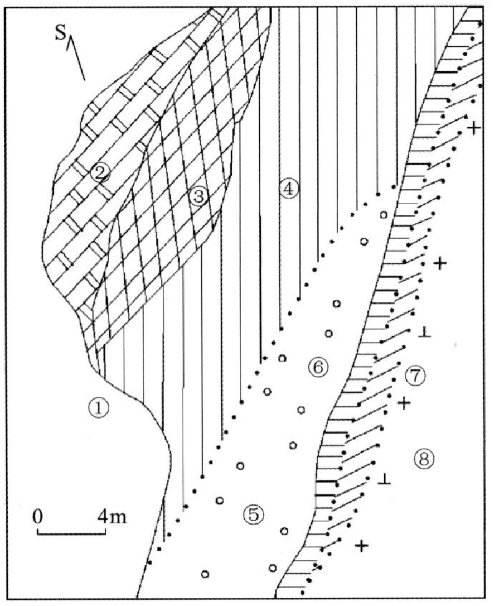

图 3-16 4-8 号矿体露采场矽卡岩分布平面图
①浮土及碎石;②大理石;③石英方解石辉石交代岩[富矿:(Pb+Zn)>10%];④石榴石辉石矽卡岩[贫矿:(Pb+Zn)2%～5%];⑤辉石石榴石矽卡岩;⑥绿帘石辉石矽卡岩;⑦斜长石绿帘石矽卡岩;⑧花岗闪长斑岩

3)金属矿物组合及成矿阶段

主要金属矿物有闪锌矿、方铅矿、磁黄铁矿、黄铜矿,其次有黄铁矿、毒砂、磁铁矿,另有少量及微量的黝铜矿、斑铜矿、辉银矿、浓红银矿、硫铁锡铜矿、自然铋、硫铋银铅矿、含银硫铋铅矿、重硫铋铜铅矿、锌砷黝铜矿、自然银、含银黄铁矿、银金矿、银铋金矿、卡辉铅铋矿、斜方辉铅铋矿、红砷镍矿等。

根据野外和显微镜下观察,矿床成矿过程大体上分为两期。早期成矿与花岗闪长斑岩有关，分布于花岗闪长斑岩和大理岩接触带矽卡岩中的铅锌矿；晚期成矿主要与石英正长斑岩有关，分布于它和大理岩接触带的矽卡岩中。上述每期成矿作用又大致有 3 个不同的成矿阶段(表 3-2)。

表 3-2　成矿阶段及矿物生成顺序

阶段	矽卡岩	石英-硫化物			硫化物-硫盐
亚阶段		方铅矿-闪锌矿	闪锌矿-方铅矿-黄铜矿	闪锌矿-方铅矿	
温度(℃) / 产物	600～340	600～320	340～260	260～220	220～160
钙铝榴石	—				
钙铁榴石	—				
次透辉石	—				
钙铁辉石	—				
锰钙铁辉石	—				
硅灰石-锰硅辉石	—				
黄铁矿		—			—
磁铁矿	—	—			
毒砂		—			
黑柱石	—	—			
绿帘石	—				
石英	—	— —	—	—	—
中细粒方铅矿	—	—	—	—	
深色闪锌矿	—	—	—		
磁黄铁矿		—	—		
黄铜矿		—	—		
硫铁锡铜矿		—			
红—浅色闪锌矿		—	—	—	— —
中粗粒方铅矿			—	—	— —
方解石				—	—
辉银矿					— — —
绿泥石				—	—
自然铋					—
铅铋硫盐类					—
铅锑硫盐类					—

(1)矽卡岩阶段。偏碱性的岩浆期后热水流体，流经化学性质截然不同的岩石，交代形成一系列矽卡岩。该阶段主要由钙铝-钙铁榴石和透辉石-次透辉石-钙铁辉石-锰钙铁辉石构成不同的矿物组合。据薄片观测，钙铝榴石早于钙铁榴石，辉石大致依次为透辉石(次透辉石)—钙铁辉石—锰钙铁辉石的顺序先后晶出。这反映在矽卡岩化过程中，随酸度增高和氧逸度降低，溶液内 MgO-FeO-MnO 化学位梯度依次增高。这种成分变化与辉石稳定关系的实验研究结果相吻合。在矽卡岩阶段晚期，伴随锰钙铁辉石有较多的深色(黑红色为主)闪锌矿析出。这是矿床中铅锌的初始成矿阶段。

(2)石英-硫化物阶段。是铅锌的主要成矿阶段。据矿物先后顺序，分成 3 个亚阶段：①方铅矿-闪锌矿亚阶段。由早世代的方铅矿、闪锌矿及少量黄铜矿组成(即 Gn+Sph±Cp)浸染状集合体。常见于 14 号、3 号和铜锌矿体。另外，尚有 Cp+Cy 组合，主要见于铜锌矿体和 14 号矿体。②闪锌矿-方铅矿-黄铜矿亚阶段。常以脉状穿插早期矿物集合体中。

(3)硫化物-硫盐阶段。铅锌矿化微弱，是银的主要成矿阶段。脉石矿物主要是方解石和石英。金属矿物含量低,但种属多。硫盐矿物主要有含铋硫盐和含锑硫盐两个系列,前者常出现在矿区西南部,后者主要见于东北部。

4)主要金属的分布、富集和银的赋存状态

Pb、Zn是矿床的主要工业元素,Cu、Ag、Sn为次要或伴生元素。矿床中Zn/Pb约为2.7(金属量)。从矿区西南往东北,金属组分依次为:Fe(Cu)→Zn(Sn)→Cu、Zn→Zn(Pb)→Pb、Zn(Ag)。从目前已探明的工业矿体来看,锌主要在矿区中东部,东北部有富集铅和银的趋势。即使在一个矿体中,或是在同一剖面上,铅、锌、银也各自分段富集。如13线的3号矿体、39线的2号矿体、79线的1号矿体和119线的4-8号矿体等,剖面上均出现深部富集锌,上部富集铅和银的现象。又如58/79钻孔,矿体中Pb/Zn值较小,围岩中Pb/Zn值相对较高,因而矿体两侧围岩锌含量的衰减速率远比铅大。上述现象反映成矿过程中受成矿流体流向制约,铅、锌表现出不同的地球化学行为。

矿床中的特定地段,Pb、Zn、Ag相关性较好。如79线1号矿体中,$\gamma_{Pb\text{-}Zn}$(Pb-Zn的相关系数,以下同)=0.82,$\gamma_{Zn\text{-}Ag}$=0.69,$\gamma_{Pb\text{-}Ag}$=0.92。但整个矿床中Pb、Zn、Ag是不相关的,其中(800多件样品计算结果),$\gamma_{Pb\text{-}Zn}$=-0.04,$\gamma_{Pb\text{-}Ag}$=-0.12,$\gamma_{Zn\text{-}Ag}$=-0.08。上述Pb、Zn、Ag与整体不相关的现象说明,总体上矿床中Pb、Zn、Ag有各自的富集部位;但局部地段因Ag、Pb、Zn相互叠加,三元素同时富集,而且银的富集与铅的关系更密切。

大量样品分析数据表明,在各矿体中银的含量平均每吨仅十几克至数十克。矿区东北端的4-8号矿体含银最高,单样含银最高可达每吨数百克至1000g/t,平均为59g/t,银主要赋存于方铅矿中(Ag的配分比在方铅矿中占87.63%~90.94%,在闪锌矿中占10.95%~5.91%),原生矿石中以类质同象形式存在的银占48.64%~50.94%(据内蒙古地质实验室数据)。方铅矿中含Ag 13~860g/t,平均233g/t(13件样品,地矿部岩矿测试技术研究所,石墨炉无火焰原子吸收法分析)。在含Ag较高的方铅矿中常见独立银矿物。矿床中银矿物有辉银矿、浓红银矿、辉铋银铅矿、含银硫铋铅矿、自然银、含银黄铁矿、银金矿、银铋金矿、硫锑铅银矿、硫锑铜银矿等,它们多数嵌布于方铅矿中,有部分见于闪锌矿、黄铜矿、黄铁矿及石英中。因此,含银较高的铅锌矿石,银主要呈独立矿物赋存于方铅矿中。

3. 成矿作用

1)温度、压力、盐度

两个不同成矿期各矿化阶段所形成的矿物,如石英、方解石、闪锌矿、辉石和石榴石(按流体包裹体的发育程度由大到小的顺序)中,均有流体包裹体。用法国产Chaixmeca显微冷热台,对这些包裹体分别同时观测了共结温度、冰点和均一温度或盐晶熔化温度,并据不同的体系相图,分别求出了蚀变-成矿流体的温度(未作压力校正)、盐度、圈闭压力(图3-17)。对于成矿温度,还采取其他方法分别进行了估算(表3-3)。最后,根据对比,基本采用均一法温度结果。

矽卡岩矿化阶段温度区间较宽(600~340℃),圈闭压力(200~700)×10^5Pa(平均480×10^5Pa)。其中,早期矽卡岩(指石榴石和次透辉石、钙铁辉石)为600~480℃,盐度w(NaCl)45%~47.5%,晚期矽卡岩(主要是锰钙辉石)为460~340℃,盐度w(NaCl)15%~42.5%。石英-硫化物阶段温度400~220℃,盐度w(NaCl)2.5%~15%,圈闭压力(160~600)×10^5Pa。硫化物-硫盐阶段温度为220~160℃,盐度w(NaCl)为2.5%~5%,压力为(150~480)×10^5Pa。显示出随时间推移,成矿温度、盐度和压力递减的变化趋势。

在矿区的富矿带附近(如4-8号、3号矿体局部地段)发现有沸腾包裹体。这些沸腾包裹体的均一温度在300~360℃之间,盐度w(NaCl)变化大(5%~40%),圈闭压力为(40~300)×10^5Pa。这表明石英-硫化物阶段,因减压引起流体沸腾,分离出富Pb、Zn的高盐度流体。

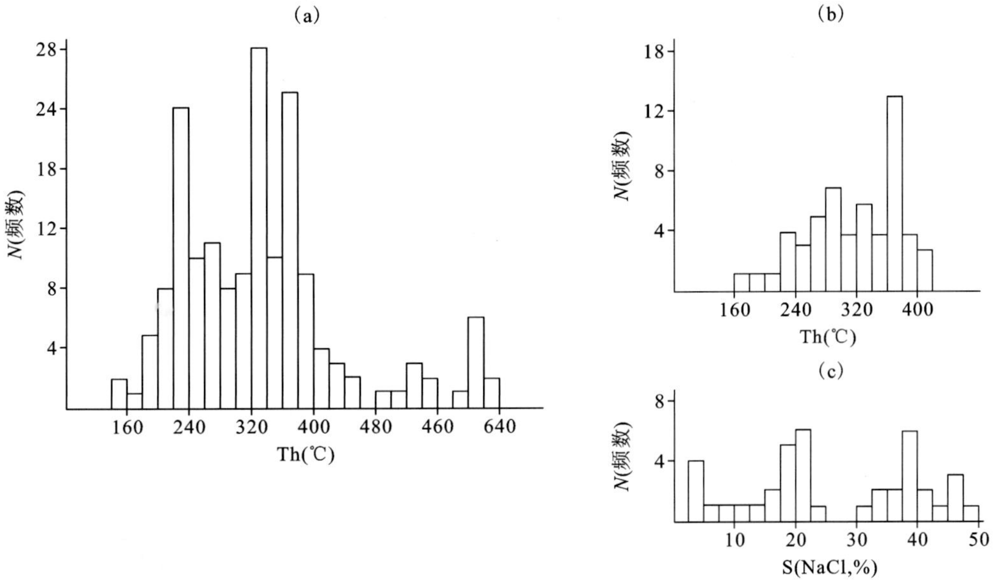

图 3-17 流体包裹体均一温度及盐度直方图

(a)石英、方解石、闪锌矿、辉石、石榴石的均一温度;(b)闪锌矿均一温度;(c)盐度

表 3-3 不同方法测温结果的比较

阶段	亚阶段	温 度(℃)				
		均一法	爆裂法	氧同位素法	硫同位素法	微量元素法
矽卡岩	早	600～480	417	617(Gr-Mt)		
	晚	460～340	350	384(Gr-Mt) 383(Qz-Mp)	427,512 (Sph-Gn)	403 (Sph-Gn/Mn)
石英-硫化物	早 方铅矿-闪锌矿	400～320	318～229		306,356 (Sph-Gn)	357,349 (Sph-Gn/Cal)
	中 闪锌矿-方铅矿-黄铜矿	340～260	290～190		234,255 (Sph-Gn)	203 (Sph-Gn/Cd)
	晚 闪锌矿-方铅矿	260～220	230～122		198,215 (Sph-Gn)	
硫化物-硫盐		220～160		235 (Qz-Cal)		

注:Gr. 石榴石,Mt. 磁铁矿,Qz. 石英,Mp. 单斜辉石,Cal. 方解石,Sph. 闪锌矿,Gn. 方铅矿。

2)流体 pH、f_{O_2}、f_{S_2}

根据矿床中不同矿化阶段锰钙铁辉石、闪锌矿、石英等单矿物的包裹体成分分析结果,采用李秉伦方法和 Crerar 方法,计算了蚀变-成矿流体的 f_{O_2}、pH、Eh 。结果是晚期矽卡岩阶段 pH=5.1;$f_{O_2}=10^{-22}$ Pa;石英-硫化物阶段 pH=3.8～4.6,Eh=-0.6～-0.4eV,$f_{O_2}=10^{-27}\sim10^{-22}$ Pa。与水的中性线比较(250℃,pH=5.6;300℃,pH=5.56;350℃,pH=5.84),晚期矽卡岩溶液呈弱酸性(推测早期矽卡岩阶段溶液偏碱性),主要的铅锌矿化阶段溶液呈酸性、还原性质,硫化物-硫盐阶段溶液为弱碱性(虽无数据,但较多的碳酸盐矿物出现,可以证明这种推测)。

矿床中毒砂、磁黄铁矿、黄铁矿的组合,使我们有可能运用 Fe-S-As 体系的实验结果,利用上述金属成分分析数据来估计 f_{S_2}(Kretschman and Scott,1976)。其结果是:早期硫化物 lg $f_{S_2}=-12$($f_{S_2}=-10^{-7}$ Pa),晚期硫化物 lg $f_{S_2}=-10$($f_{S_2}=-10^{-5}$ Pa),反映石英-硫化物阶段由早至晚硫逸度增高。

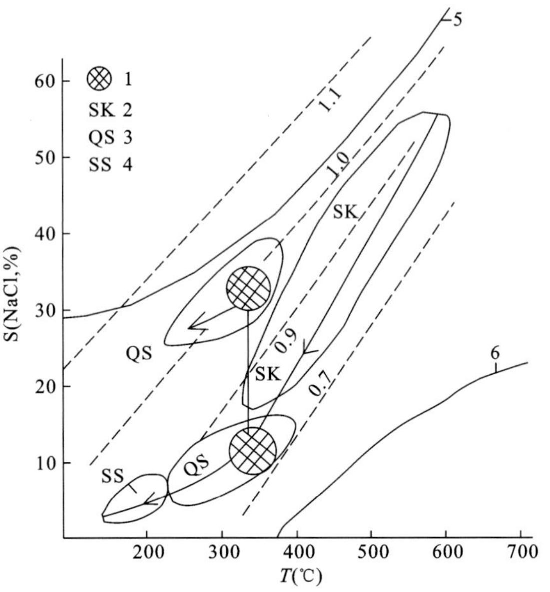

图 3-18　流体的温度-盐度-密度演化

1. 流体沸腾；2. 矽卡岩；3. 石英-硫化物；4. 硫化物-硫盐；5. NaCl 饱和曲线；6. NaCl-H#-2#=0 体系临界曲线（图中数字表示密度）

图 3-18 是蚀变-成矿流体的温度-盐度-密度演化图解。它反映流体有两种主要的演化方式。其一是稀释-冷却，即由深部岩浆分凝的水热流体，在上升过程中不断与大气降水对流循环，使高温、高盐度、高密度的岩浆期后流体渐趋冷却，稀释为低盐度、低温的低密度流体；其二是沸腾，即在石英-硫化物阶段，流体减压沸腾，产生不混溶流体，分凝出富金属离子的高盐度相成矿流体。

因此，在蚀变-成矿过程中，上升流体的温度和压力降低，体系的 f_{O_2} 逐渐减小、f_{S_2} 逐渐增高，盐度急剧变化，溶液由偏碱性→弱酸性→酸性→弱碱性，并由氧化→还原环境。在这个过程中，金属矿物大致按氧化物→硫化物→硫盐的顺序，依次析出成矿。

3）物质来源

（1）40 件方铅矿和闪锌矿等的硫同位素分析，方铅矿 $\delta^{34}S$ 为 $-5.4‰\sim-0.4‰$，闪锌矿 $\delta^{34}S$ 为 $-4‰\sim0.26‰$，其变化范围较窄，具塔式分布，表明硫源单一。据方铅矿、闪锌矿成矿溶液的 pH、f_{O_2}、温度，推测体系 $\delta^{34}S_{\Sigma S}$ 应在 0 左右（据 Ohmoto H，1972），具深源硫特点。

（2）矽卡岩及矿石中含氧矿物的 $\delta^{18}O$ 大多为负值。矿体围岩大理岩 $\delta^{18}O$ 为 15.34‰，与早二叠世海相灰岩 $\delta^{18}O$ 相差不大，属正常范围。大多数矿物对的氧同位素计温结果，与流体包裹体均一温度吻合，暗示这些矿物是平衡的矿物对。据矿物-水氧同位素分馏方程计算的水 $\delta^{18}O$ 值是：石榴石和磁铁矿（早期矽卡岩）流体的 $\delta^{18}O_{H_2O}$ 为 $-8.5‰\sim-2.49‰$，钙铁辉石和锰钙辉石（晚期矽卡岩）为 $-11.86‰\sim-7.74‰$，石英-硫化物阶段（石英）流体的 $\delta^{18}O_{H_2O}$ 为 $-12.17‰\sim-10.03‰$，硫化物-硫盐阶段（方解石）为 $-17.9‰$。这些数据说明蚀变-成矿流体具异常低的 $\delta^{18}O$。

与成矿有关的花岗闪长斑岩和石英正长斑岩全岩 $\delta^{18}O$ 为 $-1.6‰$ 和 $-4.3‰$。与铅锌多金属成矿有关的花岗岩类小岩体的异常低 $\delta^{18}O$，是大兴安岭南段燕山期小岩体的共同特点。对此，我们研究认为是由于岩浆晚期强烈的去气化作用和岩浆期后水-岩交换的结果。异常低 $\delta^{18}O$ 的花岗岩类岩浆，演化出异常低 $\delta^{18}O$ 的水热流体，即交代形成矽卡岩的流体相是在岩体与大气降水已发生过水-岩交换之后，又有较多的大气降水渗入后形成的。铅锌矿化时，流体的 $\delta^{18}O$ 为 $-13.75‰\sim-11.17‰$，接近区域中生代雨水值。闪锌矿包裹体水的 δD 值（1 号矿体闪锌矿 δD＝－118‰，3 号矿体闪锌矿 δD＝－120‰），亦与区域中生代雨水的 δD 值接近。据 Taylor（1979）提供的水/岩（W/R）计算公式，估算的 W/R 为：早期矽卡岩 0.33～0.5；晚期矽卡岩 0.46～0.74；石英-硫化物 0.74～2.83。从矿化早期到晚期，流体的水/岩值从 0.33 增大到 2.83，预示成矿过程中大气降水不断向流体中渗入，主成矿阶段流体中的水主要是花岗岩类岩体加热的大气降水。

4-8 号矿体中方解石的 $\delta^{13}C$ 为 $-7.31‰$（PDB 标准，以下同），大理岩的 $\delta^{13}C$ 为 0.21‰，表明热液中的碳主要来自深部岩浆。

矿石铅同位素组成变化不太大。16 件样品的铅同位素数据，分成斜率不同的两组（图 3-19）。第Ⅰ组样品为 3 件，第Ⅱ组样品为 13 件。据 Doe 和 Zartman 提供的参数，计算了假定为单阶段演化的 μ 值和模式年龄。第Ⅰ组样品 μ 值为 9.8～9.9，模式年龄 280～230Ma，第Ⅱ组样品 μ 值为 9.24～9.50，模式年龄 190～129Ma。这暗示着矿床中大部分的铅金属来自中生代岩浆，少量铅是从区域二叠纪地槽沉积物中淋滤而来的。

4. 结论

白音诺尔铅锌矿床是一个主要与中生代中酸性超浅成/浅成侵入体有关的矽卡岩型矿床。其矿床地质特征及成矿机理可概括如下。

资料表明，白音诺尔铅锌矿床属燕山期成矿。矿区内外完善的火山-超浅成/浅成侵入体-深成侵入体，是一套火山-侵入杂岩，成矿主要与其中的超浅成/浅成小侵入体有关。

矿区内除出露晚侏罗世火山岩外，主要出露早二叠世黄岗梁组海相火山喷发沉积岩及大理岩。黄岗梁组构成轴向北东、向南西倾伏的背斜。背斜翼部的层间断裂及顶部虚脱带是最主要的容矿构造。黄岗梁组大理岩含较高的活动性化学组分，是成矿的地球化学障，其顶、底的泥质板岩和砂质板岩为成矿提供了很好的物理障。

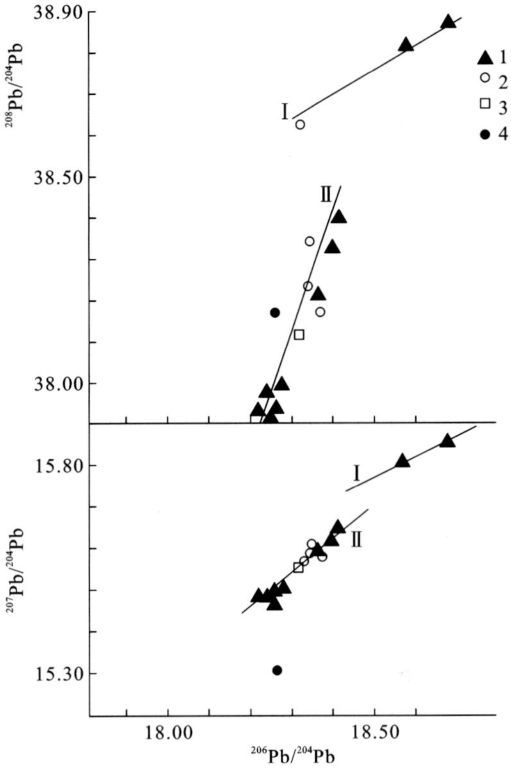

图 3-19　矿石铅同位素组成图

1. 方铅矿；2. 闪锌矿；3. 磁黄铁矿；4. 磁铁矿

矽卡岩及其退化蚀变是与成矿关系最密切的交代蚀变。矽卡岩沿中酸性超浅成/浅成侵入脉岩系与大理岩或灰岩接触带，呈似层状产出。铅锌矿体主要赋存在锰钙铁辉石矽卡岩中。因此，矽卡岩中辉石 MnO 的较高含量是很好的找矿评价标志。

矿体呈脉状、透镜状，在走向上断续相连，构成似层状矽卡岩矿化带。

成矿过程分为两期，每期大致有矽卡岩、石英-硫化物、硫化物-硫盐 3 个阶段。其中，石英-硫化物是铅锌的主要成矿阶段，硫化物-硫盐是银的主要成矿阶段。闪锌矿、方铅矿是最常见的金属矿物。银多赋存在方铅矿中，部分银呈独立银矿物，从而造成局部出现工业银矿石。

主要的铅锌矿石形成于 220～400℃。盐度 w(NaCl)为 2.5%～15%，压力(160～600)×10^5Pa 的酸性、还原环境下。从成矿早期阶段到晚期阶段，体系的温度、盐度、压力逐渐降低，矿液由偏碱性向酸性再向偏碱性演化，介质由氧化向还原环境转变，f_{O_2} 逐渐降低，f_{S_2} 逐渐增高，金属矿物按氧化物—硫化物—硫盐的次序，依次析出成矿。在石英-硫化物阶段，由于构造系统由封闭转为开放，压力释放造成局部地段矿液沸腾，导致富矿地段的出现。

晚侏罗世岩浆活动为成矿提供了热源，成矿金属组分主要是由岩浆从深部携带而来，硫亦来自深部岩浆，二叠纪地层提供部分金属。矿液中的水主要是中生代大气降水。因此，白音诺尔矿床是中生代岩浆活动及大气降水成矿的矽卡岩型矿床。

(四)浩布高铅锌铜矿床

该矿区位于巴林左旗乌兰达坝苏木境内。大地构造单元属苏尼特右旗晚海西地槽褶皱带林西复向斜。

1. 矿区地质

地层：出露的地层为早二叠世大石寨组和哲斯组，还有少量晚侏罗世满克头鄂博组流纹质晶屑凝灰熔岩。二叠纪地层呈北东展布，主要岩性为安山岩、安山质凝灰熔岩、砂质板岩、凝灰质粉砂岩、大理岩、泥质板岩。

构造：由早二叠世地层组成轴面倾向北西的倒转背斜，其北西翼被岩体侵吞，南东翼由砂质板岩、大理岩、泥质板岩组成，倾角 65°～80°。断裂构造以北东向为主，一般沿大理岩与砂质板岩层面发育，其控制了矽卡岩及主要工业矿体的分布。北西西向及北西向断裂规模不大，它切穿了北东向断裂。

岩浆岩：燕山晚期石英二长岩体，同位素年龄为 132.2Ma；稍晚的为黑云母钾长花岗岩体。脉岩有长石斑岩、二长斑岩、石英斑岩等。

2. 矿床地质

矿体形态、产状及规模：矿体呈带状分布，由北东向南西划分为 5 个矿段(图 3-20)，总长 5.7km，宽 40～100m。矿带总体走向 55°～59°，倾向北西，倾角 65°～85°。Ⅰ矿段以铁锡矿化为主，控矿矽卡岩总长 1km，宽 30～70m。矽卡岩带内有相互平行的矿化带和锡、铁矿体各 1 条。锡矿体走向 44°，长 220m，宽 4～10m。产状稳定，形态规则，连续性好。铁矿体长 100m 左右，宽 6～20m。本矿段西部由钻孔圈定了铅、锌、锡矿化带，走向 43°，长 320m，宽 4～8m。Ⅱ矿段为一隐伏的铜矿化地段。共两层铜矿化，赋存于凝灰质粉砂岩和透辉石化角岩中，假厚度分别为 2.44m 和 8.21m。Ⅲ矿段分布于矿区中部，是最主要的铅、锌多金属矿段，含矿矽卡岩体长达 1500m，走向 45°～55°，倾向北西，倾角 65°～85°。其上、下两盘各有一个矿体，两者相隔 10 余米，上盘矿体长 700m，平均厚 2.29m，平均延深 250m，下盘矿体长 600m，平均厚 7.42m，延深 400m，Ⅳ、Ⅴ矿段分布在矿区西南部，仅为矿化透辉石、钙铝榴石矽卡岩。在Ⅳ矿段内发现一个磁铁矿体和一个富铅矿体。Ⅴ矿段的大理岩上、下盘见有较强蚀变，但矿化微弱。

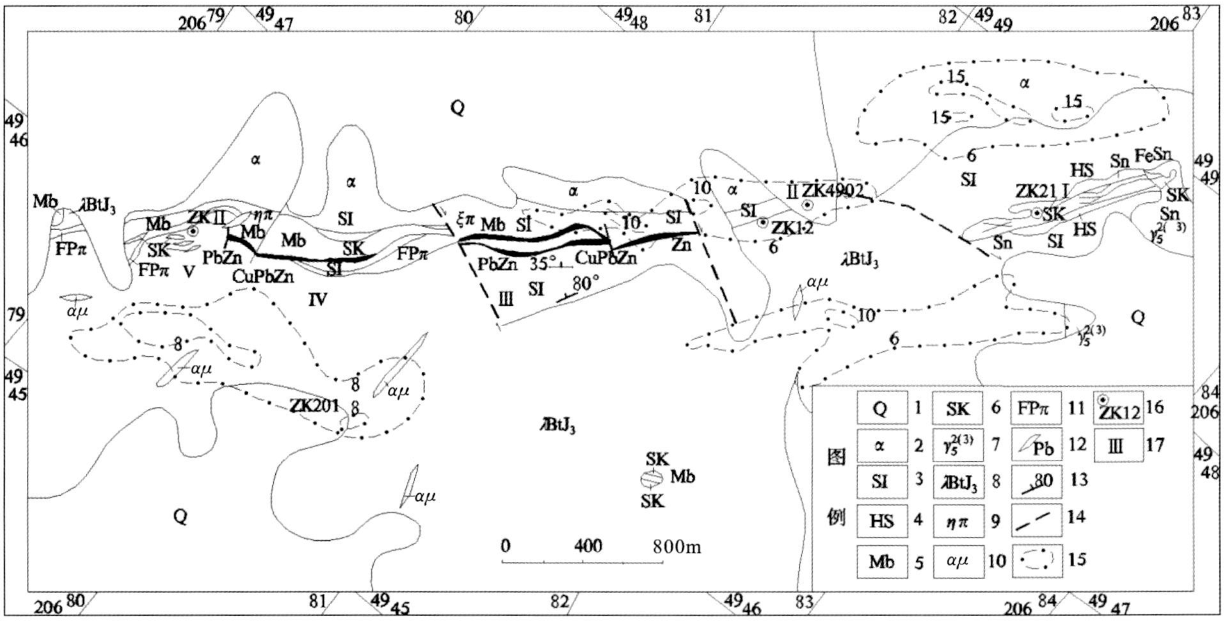

图 3-20　浩布高多金属矿区地质草图

1. 第四系；2. 安山岩；3. 硅化粉砂质板岩；4. 角岩；5. 大理岩；6. 矽卡岩；7. 黑云母花岗岩；8. 次火山岩；9. 二长斑岩；10. 安山玢岩；11. 长石斑岩；12. 矿体及其元素符号；13. 产状；14. 实测推测断层；15. 激电异常及其等值线；16. 钻孔位置及编号；17. 矿段编号

矿石物质成分及其变化特征：构成矿体的主要金属矿物有闪锌矿、方铅矿、黄铜矿、黄铁矿、磁铁矿、毒砂、锡石等，其生成顺序为磁铁矿—黄铁矿—闪锌矿—方铅矿—黄铜矿—锡石、磁铁矿。脉石矿物有石榴石、辉石、绿帘石、透闪石、黑柱石、石英、方解石、萤石等。主要金属元素在矿区的分带自北东至南西依次为 Sn→Fe、Sn→Cu→Fe、Zn→Zn、Pb→Pb、Ag；垂直分带自上而下为 Pb、Ag→Pb、Zn→Fe、Zn→Cu。

围岩及蚀变：交代蚀变作用复杂，包括大理岩的矽卡岩化及退化热液蚀变，花岗岩的钾化和石英岩化，地层的角岩化、绢英岩化、青磐岩化和硅化。其中矽卡岩化与成矿关系密切。矽卡岩化基本沿大理岩与砂、泥质岩的层间破碎带呈似层状交代分布。交代方式以渗滤作用为主，早期为石榴石矽卡岩、石榴石辉石矽卡岩，晚期为锰钙铁辉石矽卡岩，与铅、锌矿化关系密切。退化热液蚀变则以酸性淋滤作用为主，出现石英、透辉石、绿泥石、钾长石及绿帘石等矿物，伴之有锡石、闪锌矿、方铅矿、黄铜矿堆积。

3. 成矿物化条件

矽卡岩阶段，T＝640～300℃，P＝(656～552)×10^{-5}Pa。

流体盐度 ω(NaCl)为 52.5%～55%，f_{O_2}＝10^{-6}，Eh 值－0.41eV，R 为 0.01。

锡石-硫化物阶段：T＝420～240℃，P＝(234～110)×10^{-5}Pa；成矿流体盐度 w(NaCl)为 2.5%～37.5%；pH 值 5.81～4.99，有沸腾。

硫化物-硫盐阶段：T＝220～140℃，P＝(190～160)×10^{-5}Pa；成矿流体盐度 w(NaCl)＜5%；f_{O_2}＝10^{-52}，Eh 值为－1.17eV，R 值为 2.85，有沸腾。

4. 稳定同位素

硫同位素组成：闪锌矿 δ^{34}S 值－2.9‰～＋3.5‰，黄铜矿 δ^{34}S 值＋1.3‰，方铅矿 δ^{34}S 值－4.7‰～－0.9‰，毒砂 δ^{34}S 值 0.9‰，它们 δ^{34}S 的变化范围为－4.7‰～＋3.5‰，均值为－1.26‰。

氧同位素组成：Ⅰ矿段锡石 δ^{18}O 值为＋0.60‰～＋1.9‰，磁铁矿 δ^{18}O 值为－5.4‰～－3.1‰，石榴石 δ^{18}O 值为＋2.1‰，石英 δ^{18}O 值为＋10.1‰，比Ⅱ、Ⅲ矿段铅锌矿体的相应矿物更富集 δ^{18}O。

铅同位素组成：12 件样品的铅同位素中，^{206}Pb/^{204}Pb 值为 18.848～18.479，^{207}Pb/^{204}Pb 值为 15.478～15.634，^{208}Pb/^{204}Pb 值为 37.927～38.436。

矿床成因类型：中高温接触交代型矿床，其中矿床成矿模式，见图 3-21 所示。

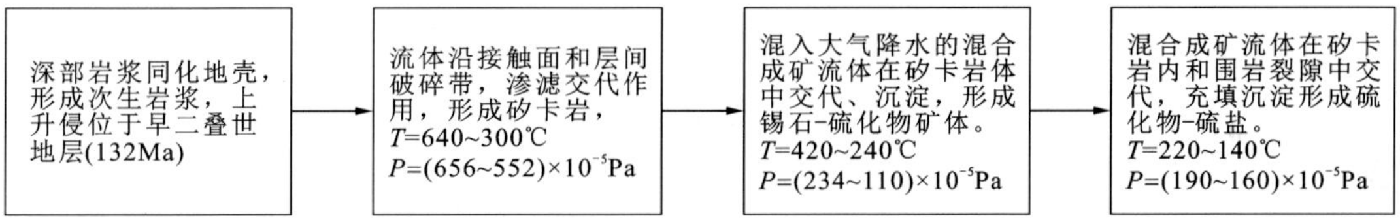

图 3-21　浩布高铅锌铜矿床成矿模式图

(五)小营子铅锌矿床

小营子矿床是研究区内已探明的一个大型铅锌矿床，它位于硐子-小营子断隆区的东部，靠近梧桐花断陷区。矿体产于燕山早期小营子岩体外接触带的元古宙大理岩和绿泥石英片岩中(图 3-22)。

1. 矿区地质

1)地层

矿床中除南西侧出露有少量晚二叠世安山岩(夹岩屑晶屑凝灰岩)及东侧偶见古元古代片麻岩外，主要见志留系。志留系下部以绿泥石英片岩为主，夹大理岩；上部以大理岩为主，夹碳质板岩、绢云母绿泥石板岩、变质粉砂岩，它们均呈顶垂体“飘浮”在燕山期花岗岩类侵入体中(图 3-22)。矿床中主要的铅锌工业矿体均赋存在片岩和大理岩接触带附近的矽卡岩中。

2)构造

矿床中志留系构成一轴向北西-南东的不对称向斜构造，其北东翼较缓(倾角 50°～70°)，南西翼陡(70°～87°)。北东和南西翼层间滑脱带分别赋存有 1 号和 9 号矿化带，近核部是 4 号矿化带。

矿区发育北西向和北北东向两组断裂。北西向断裂走向 280°～340°，表现为大致顺地层走向发育

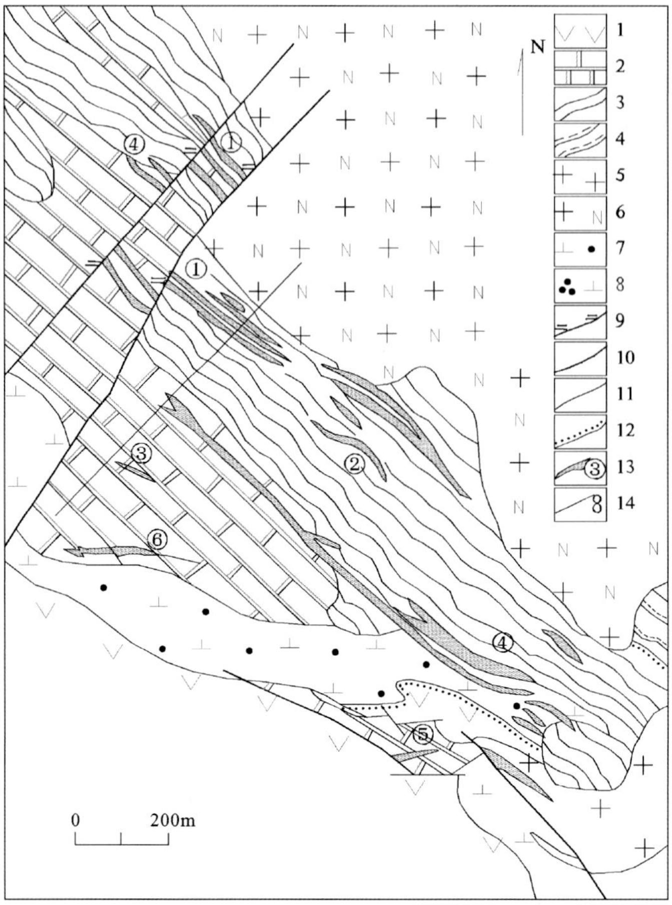

图 3-22　小营子铅锌矿床地质略图

1. 早二叠世安山岩；2. 志留纪大理岩；3. 志留纪片岩；4. 古元古代片麻岩；5～7. 燕山早期花岗岩类（其中 5. 花岗岩；6. 斜长花岗岩；7. 石英闪长岩）；8. 海西晚期石英闪长岩；9. 压扭性断裂；10. 性质不明断裂；11. 地质界线；12. 不整合界线；13. 铅锌矿脉及编号；14. 勘探线及编号（据内蒙古自治区第三地质大队资料修编）

的密集成群的裂隙或层间滑脱带。3 个北西向密集裂隙带分别控制着 1 号、4 号、5～9 号矿化带的展布。走向 20°～40°的北北东向断裂为一组兼具顺时针扭动的斜冲断裂，矿区西北部该组断裂将矿脉水平和垂直错开（落）40～99m。

3）侵入体

矿床西北及东南部是小营子斜长花岗岩，西南部是石英闪长岩。该两岩体均为燕山早期第二次侵入的花岗岩类。它们构成长轴北西向的岩株，基本顺层侵入于志留系中，接触带岩石角岩化及挤压片理发育，外接触带发育的矽卡岩及其他热液蚀变是矿床主要的交代含矿建造，内接触带的绢英岩化、绿帘石化蚀变岩中亦见浸染状铜、铅、锌矿化。

岩石具细粒花岗结构，斜长石（中—更长石）50%～70%，钾长石 10%～20%，石英 25%～30%（石英闪长岩石英 10%～20%），黑云母＜5%，角闪石 1%～5%。其 Na_2O（3.40%～4.30%）＞K_2O（2.90%～3.18%），属过铝的钙碱性花岗岩类。两件斜长花岗岩的全岩 K-Ar 法年龄为 161Ma 和 171Ma，斜长花岗岩中见石英闪长岩捕虏体。根据区域对比，它们均属早燕山期，但石英闪长岩略早于斜长花岗岩。

闪长玢岩是矿床中最发育的脉岩。这种岩脉常沿志留系层间（亦有与地层斜切者）频繁出现（图 3-23），在矿体的上下盘，与 Pb、Zn 矿体密切相伴，有时矿体亦穿入闪长玢岩之中（图 3-24）（6 号脉），且闪长玢岩具较强的青磐岩化（Ep＋Chl＋Cc）和绢云母化，其旁侧大理岩常矽卡岩化。在矿区可见这类闪长玢岩脉侵入于斜长花岗岩中。

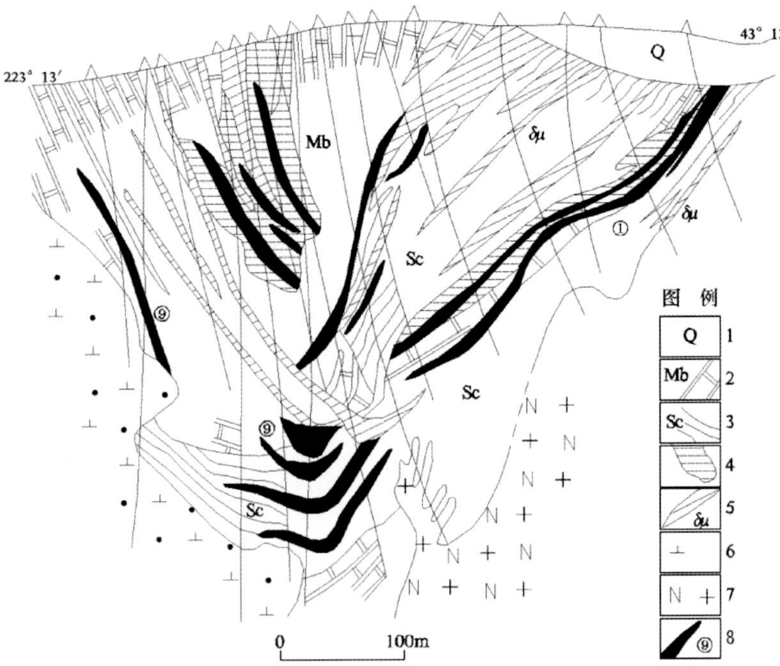

图 3-23 小营子铅锌矿床 8 线地质剖面图

1. 第四系；2. 志留纪大理石；3. 志留纪片岩；4. 绿泥石绿帘石交代岩及绿帘石辉石矽卡岩；5. 燕山期闪长玢岩脉；6、7. 燕山早期花岗岩类(其中 6. 石英闪长岩；7. 斜长花岗岩)；8. 矿体及其编号(据内蒙古自治区第三地质大队资料修编)

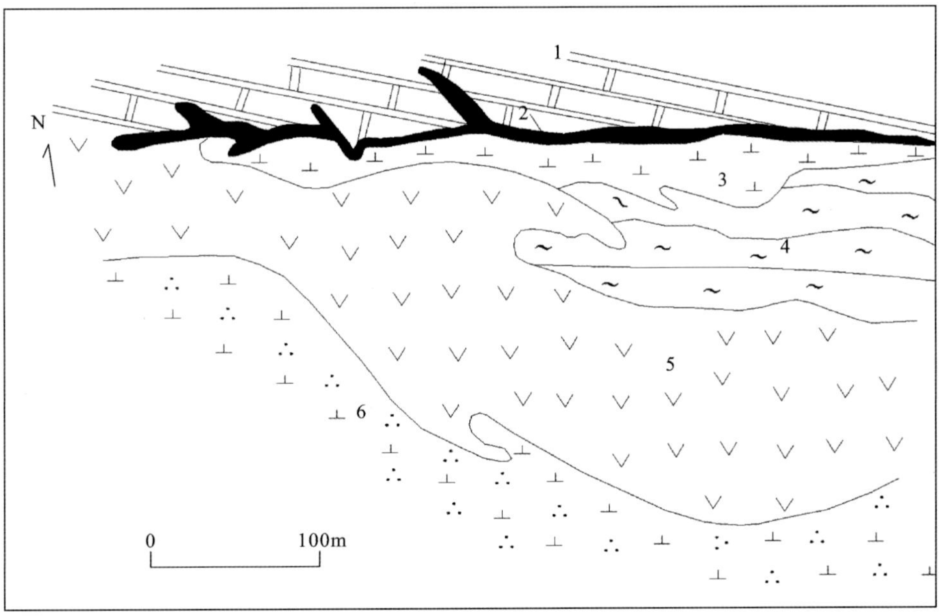

图 3-24 闪长玢岩与 6 号脉矿体的关系素描

1. 大理岩；2. 铅锌矿脉；3. 闪长玢岩；4. 绿泥石英片岩；5. 安山岩；6. 石英闪长岩

2. 矿床地质

1)矿体

小营子矿床现已发现 10 条铅锌矿脉(群)。其中 1 号、4 号及 9 号脉均分别由 10 多条北西走向、平行侧列的脉状矿体(个别矿体似层状)组合成矿脉群。8 条主要矿脉或矿脉群一般特征见表 3-4。其中 1

号脉由 14 个矿体、4 号脉由 18 个矿体、9 号脉由 14 个盲矿体组成。单个矿体走向一般 294°～348°，亦多呈顺层或略斜切地层的脉状体。单矿体长 100～500m，延深 200～500m。大多数矿体分布于大理岩与绿泥石英片岩这两种不同岩性界面上的矽卡岩及其退化蚀变岩石中。其中，1 号脉群的矿体主要分布在志留纪片岩中的大理岩薄层内，矿体形态较简单（稳定、连续的似层状、脉状体）。4 号脉群矿体沿志留纪的片岩和大理岩界面的大理岩一侧分布，常在大理岩中出现形态复杂的厚大矽卡岩，矿体形态复杂。9 号脉群分布在石英闪长岩或闪长玢岩与厚大的大理岩外接触带，在接触带某些部位（尤其在向斜轴底部层间虚脱带）常出现百余米厚的矽卡岩，因而出现囊状矿体（表 3-4）。

表 3-4　小营子矿床铅锌矿脉地质特征

矿脉号	规模(m)		产状		围岩	品位(%)		其他
	长	厚	倾向	倾角(°)		Pb	Zn	
1	1100	2～7	SW	40～60	绿泥石英片岩及透镜状或薄层状大理岩	0.2～1.93	1.15～6.46	产于志留纪地层与斜长花岗岩外接触带，由 12 条平行斜列或侧列的脉状矿体组成。矽卡岩及退化蚀变（绿泥石-绿帘石化、硅化、碳酸盐化）带较窄
2	170	3～12	SW	40	绿泥石英片岩	0.01～0.04	0.02～3.89	产于 1 号脉带南西侧不远，在走向及倾斜方向呈舒缓波状。矽卡岩较少，仅见较薄的绿泥-绿帘石化、硅化、碳酸盐化带
3	60	1.7～5.3	NE	70	板岩、大理岩	3.42	5.02	规模小，矽卡岩及其退化蚀变带较宽
4	1550	0.71～16.9	SW、NE	50～80	大理岩夹薄层绿泥石英片岩	0.36～4.46	0.70～6.83	由 18 条平行侧列或斜列的脉状或似层状矿体组成。矽卡岩及退化蚀变带厚大
5	100	<10	N	58～70	大理岩	0.06～1.56	0.1～1.92	同 3 号脉
6	400	1～2	N—NE	70	大理岩、安山岩、闪长玢岩			矿化极不均匀，品位大多低，矿脉产于闪长玢岩与大理岩接触带，蚀变以硅化和绿泥-绿帘石化为主
8	60	1～2	SW	65～79	石英闪长岩、大理岩			绿泥-绿帘石化为主，为一铜矿脉，系盲矿体，其规模及产状不清
9	700	1.2～9.15	NE	陡	大理岩	1.07～2.89	1.87～4.66	产于志留纪大理岩与石英闪长岩外接触带，由 14 条平行侧列或斜列的矿脉组成，有厚大的矽卡岩及退化蚀变带。全为隐伏的盲矿体

2)蚀变

矽卡岩及其退化蚀变是绝大多数矿体的近矿围岩蚀变。

矽卡岩一般仅限于矿脉内，其与围岩界线截然，脉旁蚀变极轻微，因而矽卡岩一般仅宽几米。个别地段矽卡岩厚大(可达百余米)。它沿岩体外接触带的片岩和大理岩层面发育(大多于大理岩一侧)，类型极简单，主要为绿帘石辉石矽卡岩，石榴石含量1%～9%。岩石具细粒变晶结构和碎裂结构，片状构造。显然，矽卡岩乃铅锌矿化前产物。辉石及绿帘石粒度细(0.075～0.02mm之间)。

矽卡岩的退化蚀变极为发育，常表现为石英、方解石、绿泥石等对碎裂矽卡岩矿物(绿帘石、辉石)的强烈交代。而方铅矿、闪锌矿、黄铜矿等则与退化蚀变矿物一起，沿矽卡岩的碎裂或片理面一起交代辉石、绿帘石。

上述蚀变在空间上没有明显分带，其矿物组成和化学成分变化很大。

3. 矿石及成矿阶段

闪锌矿和方铅矿是主要金属矿物，其次有少量黄铁矿和黄铜矿，偶见磁铁矿、赤铁矿，局部地段见毒砂和磁黄铁矿。微量矿物锑银矿、块状辉铅铋银矿、针状铅铋银矿等常分布于方铅矿、闪锌矿中。因此由方铅矿和闪锌矿组成的铅锌矿石是小营子矿床的最主要矿石类型。矿床平均Pb 1.86%，Zn 3.40%，Pb∶Zn=1∶1.83。

矿石主要为他形粒状结构和浸染状构造及条带状构造。

矿床成矿作用可分为两个阶段：第一阶段为矽卡岩阶段，目前所见到的矿物组合为辉石＋绿帘石±方铅矿。该阶段是成矿前的矽卡岩交代作用时期(有少量方铅矿沉淀)，由于成矿期的再次构造活动，使辉石、绿帘石碎裂或呈定向排列，方铅矿形成揉皱构造。第二阶段为硫化物阶段，这是铅锌的主成矿阶段。这个阶段又可分为两个亚阶段：第一亚阶段(石英-硫化物亚阶段)的矿物组合是石英±绿泥石＋闪锌矿＋方铅矿，主要表现为石英及少量绿泥石对矽卡岩中辉石和绿帘石的交代，大量的闪锌矿、方铅矿，少量黄铁矿、黄铜矿与其共生，沉淀于退化蚀变矿物对矽卡岩矿物交代置换后所产生的空隙中，该亚阶段金属矿物粒细(0.1～0.3mm)，以浸染状和条带状为主，且闪锌矿多于方铅矿。第二亚阶段(方铅矿-硫化物亚阶段)的矿物组合是方解石＋石英＋方铅矿＋闪锌矿。这个亚阶段的方铅矿多于闪锌矿，矿物颗粒较粗(一般1mm左右)，常呈脉状和团块状穿切、叠加于第一亚阶段的金属矿物集合体上。因此该矿床成因类型为接触交代型矿床。

(六)卡休他他铁金矿床

该矿床位于阿拉善右旗阿尔毛敖牧场北东19km。大地构造位置处于龙首山断隆北侧。

1. 矿区地质

由于第四纪风成沙和洪积砂砾层(厚25～50m)覆盖，因而地层露头不好，仅在矿区南部零星出露古元古代片麻岩、云母片岩和千枚岩夹大理岩。

岩浆活动强烈，主要为加里东期辉石橄榄岩、辉长石、石英闪长岩、石英正长岩。脉岩有花岗斑岩、花岗岩脉等。辉长岩呈岩株状产出，走向近东西。

构造为一南东倾斜的单斜构造，倾角42°～78°，局部有平缓的小褶皱。

断裂以北东向的扭张性断裂为主，是成矿期后断层，破坏了矿体。

2. 矿床地质

在辉长岩与大理岩接触处形成含矿矽卡岩体。含矿矽卡岩体分南、北两个带。南带近东西向展布，长约 2000m，宽 10～300m；范围内有 6 个磁铁矿体。磁异常在该带东部，异常最大值 2500～3000 伽马，经钻探证实由磁铁矿引起。北带走向近东西向，长约 3000m，宽 10～120m，与地层走向呈 5°～10°交角，磁异常最大值 5000～6000 伽马，主矿体分布在此带。

矽卡岩依据矿物组合、含量和变质程度可分为透辉石矽卡岩、阳起石矽卡岩、石榴石矽卡岩。透辉石矽卡岩位于上部，称外带；阳起石矽卡岩位于下部，称内带；石榴石矽卡岩呈脉状穿插于内、外带。矽卡岩带最厚 120m 左右，下延 200～300m 分叉变薄趋于尖灭，与围岩呈锯齿状接触。

该矿床共有 24 个矿体，南带 8 个矿体，北带 16 个矿体。其中除北带的 3 号、12 号、14 号等矿体规模较大外，其余皆为远离主矿体的薄而贫的小矿体。

所有铁矿体皆分布在矽卡岩带内（图 3-25）。矿体多赋存于外接触带的中下部位，向东逐渐进入内接触带。

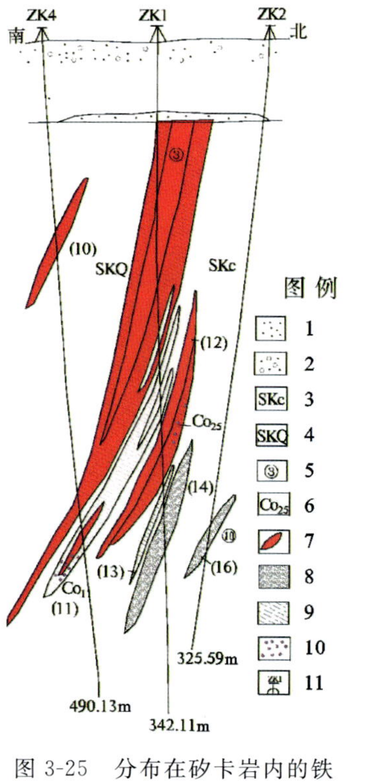

图 3-25　分布在矽卡岩内的铁矿体剖面图

1. 风成沙；2. 洪积砾石层；3. 阳起石矽卡岩；4. 透辉石矽卡岩；5. 铁矿体编号；6. 钴富集体编号；7. 磁铁矿贫矿石；8. 磁铁矿表外矿石；9. 磁铁矿富矿石；10. 钴富集体；11. 钻孔位置及编号

（资料来源：甘肃省地质局第六地质队）

北带内的 3 个主矿体（3 号、12 号、14 号）特征叙述如下。

3 号矿体：长 1300m，厚 12.9m，最大厚度为 31.5m，斜深 280m。呈似层状，倾向南，倾角 46°～81°，倾角自东向西、自上而下变缓。厚度向下变薄趋于尖灭。矿体东、西两端埋深浅，中间埋深大（108m），呈一马鞍状。矿体西段上部和中段上部为富矿，富矿占 38.78%，贫矿占 59.75%，表外矿占 1.47%。该矿体占整个矿床储量的 87.82%。

12 号矿体：长 200m，厚 11m，斜深 148m。呈一扁平透镜体，走向近东西，倾向南，倾角 70°左右。矿体上为富矿，下为贫矿，比例为 1∶1。

14 号矿体：长 400m，最厚 8m，斜深 120m，呈似层状，走向北西西，倾向南，倾角 80°左右。该矿体为位于矽卡岩内带的唯一较大规模的隐伏贫矿体。

矿石矿物成分：主要为磁铁矿；次为钛铁矿、赤铁矿、斜方砷钴矿、辉钴矿、钴毒砂、红砷镍矿、黄铁矿、黄铜矿、紫硫镍铁矿、镍黄铁矿；微量方黄铜矿、斜方砷镍矿、自然铋、白铁矿、方铅矿、闪锌矿、辉铋矿、斑铜矿等。

矿石构造为致密块状、稠密浸染状，次为稀疏浸染状、条带状、角砾状等。

矿石品位最高 62.44%，最低 20%左右。富矿稳定，夹层少，平均品位 TFe 48.18%。贫矿变化大，夹层多，平均品位 TFe 32.89%。

矿石中除铁外，还伴生钴、铜、镓等有益元素和硫、磷等有害元素，它们在各矿石品级中的平均含量见表 3-5。

钴在铁矿体及围岩中均有分布，含量变化在 0.01%～0.05%，可圈出 26 个富集体，最大的有 9 个，核工业 212 队后来在矽卡岩中又发现了金工业矿体，因缺具体资料，未加叙述。

矿床成因类型：接触交代型铁矿床。

表 3-5 各矿石品级中伴生元素平均含量表

矿石品级	元素平均含量(%)																	
	TFe	Cu	Co	Ga	Ge	SiO_2	Al_2O_3	CaO	MgO	Mo	Ni	Mn	S	P	As	Pb	Zn	SO_3	灼烧量
富矿贫矿	48.18～32.89	0.05～0.08	0.01～0.044	0.0014～0.0005	0.00011～0.00015	14.54～23.99	3.54～5.96	6.6～10.24	3.38～5.11	0.02～0.02	0.038	0.11～0.2	1.35～1.93	0.025～0.032	0.02～0.019	0.04	0.04～0.03	2.29～5.95	1.37～2.93
表外矿	25.52	0.08	0.011	0.00091		31.20	7.27	13.14	6.13				2.64	0.051	0.049			6.56	2.76

五、火山岩型

火山岩矿床主要成矿时代为晚古生代和中生代，其他为中元古代。已知的矿种有铁、硫、铜(钼)、铁锌及非金属。铁矿有中型矿床 1 处，小型 5 处；铁锌矿有中型矿床 1 处；硫铁矿有中型矿床 1 处；铜钼矿有中型矿床 1 处；沸石矿有大型 3 处；膨润土矿有中型矿床 1 处，小型矿床 1 处；珍珠岩矿有小型矿床 2 处。典型矿床有如下几种。

(一)大敖包铁矿床

该铁矿床位于苏尼特右旗朱日和车站 5km。大地构造单元属加里东期褶皱带温都尔庙复背斜。

1. 矿区地质

出露地层为中元古界温都尔庙群，主要岩性为细碧岩夹细碧质凝灰岩与角斑凝灰岩夹铁矿层；绿泥绢云石英片岩夹少量方解绿帘绿泥片岩，条带状石英岩夹铁矿层；绿泥片岩、绿帘绿泥片岩，铁钙质、千枚状板岩等。

构造：温都尔庙复式背斜，呈近东西向展布。后期构造呈近南北向分布。褶皱构造为紧密同斜复式褶皱。断裂构造：早期近东西向，晚期为北东向、北西向和近南北向。

2. 矿床地质

含铁层位：第一含铁层为桑达来音呼都格组二岩段，近铁矿围岩为绿帘绿泥片岩、绿帘阳起片岩夹绢云石英片岩。第二含铁层为哈尔哈达组第一岩段下部，近矿围岩为角斑岩、硅质岩、绢云石英片岩及碧玉铁质岩。

矿体形态、规模及产状：矿体呈似层状、层状和透镜状。矿体规模长 800～1240m，最长 1800m，厚数米至几十米，最厚达 106m。矿体产状与空间展布均与倾伏的紧密复式背斜向斜构造相一致(图 3-26)。

矿石矿物成分：磁铁矿多呈假象赤铁矿化，褐铁矿呈脉状充填于矿物裂隙中，少量针铁矿。锰矿物为硬锰矿、褐锰矿及水锰矿。硫化物主要为黄铜矿、黄铁矿，及少量方铅矿、磁黄铁矿和斑铜矿。非金属矿物有磷灰石、石英、绢云母。

矿石结构：矿石具有镶边结构，半自形、他形结构。矿石构造以条带状构造、块状构造为主，次为条纹状构造。

铁矿石品位 TFe 为 20.01%～58.7%；MnO 平均值为 1.37%；P_2O_5 平均值大于 0.3%。铁矿石微量元素为 V，含量变化于 $(45\sim80)\times10^{-6}$，Ti/V 值为 7.36；Ni/Co 值为 2.81，Ge 平均值为 16.5×10^{-6}；

Ga 平均值为 8.30×10^{-6}。矿石硫同位素组成 $\delta^{34}S$ 值变化范围 3.5‰～7.9‰，均值 5.04‰。表明为深源硫。

矿床成因类型：火山岩型矿床，其矿床成矿模式如图 3-26 所示。

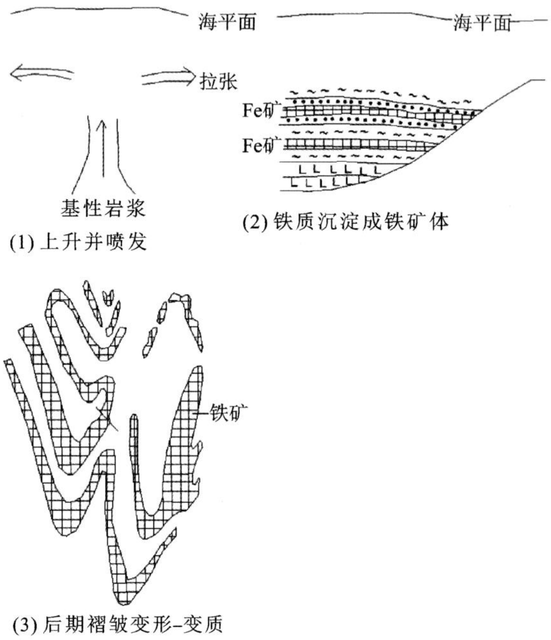

图 3-26　大敖包铁矿床成矿模式图

（二）谢尔塔拉铁锌矿床

该矿区位于海拉尔市北东东 22km 处。大地构造位置位于中海西期褶皱带之谢尔塔拉-新峰复式背斜与海拉尔东西向构造带复合部位。

1. 矿区地质

地层：下石炭统莫尔根河组，由海相中基性—中酸性火山沉积建造组成，向外过渡为同生火山碎屑岩建造和正常陆源碎屑-碳酸盐岩建造，划分为 3 个岩性段。中酸性火山碎屑岩-砂岩段：由流纹岩、流纹质角砾凝灰岩、英安质凝灰岩、凝灰角砾岩 5 层组成。含矿火山岩-碳酸盐岩段：由中基性—中酸性熔岩、凝灰熔岩、凝灰角砾熔岩和火山沉积岩互层，向外过渡为碳酸盐岩。该岩段上部为含矿中酸性火山碎屑岩-碳酸盐岩。Ⅰ、Ⅱ矿体群分布于该段中。同生火山碎屑岩-沉积砂岩段：由黑色砂状、粉砂状火山沉积碎屑岩夹安山质凝灰岩、凝灰角砾岩、凝灰质粉砂岩、薄层泥岩和硅灰岩透境体。

晚侏罗世火山岩分布于矿区东部和南部。岩性为凝灰熔岩、流纹岩、角砾凝灰熔岩等。

第四纪松散沉积物厚 2～70m。

构造：早石炭世火山机构，由莫尔根河组构成，其轴向为北北西向或近南北向，它控制着矿体的分布。

断裂：北东向红胡沟断裂长十几千米，倾向南东，为一高角度逆冲断层。北北西向 F_2 张扭性断裂，倾向北东，倾角 85°，长 4km，对矿体有破坏作用。

岩浆岩：晚侏罗世次火山岩相花岗斑岩、石英斑岩、透长石石英斑岩。

2. 矿床地质

矿体空间分布特征：矿体分上、下两个矿带，由 5 个矿体群组成。分布在北北西向，长 600m，宽 500m 的范围内。赋矿围岩为莫尔根河组中基性—中酸性火山岩。Ⅰ—Ⅳ号主矿体均呈似层状或透镜状上下重叠向北、北东方向倾伏。Ⅰ号、Ⅱ号矿体倾角 5°～15°，Ⅲ号、Ⅳ号矿体倾角 15°～35°。

矿体形态、规模及产状：矿床由大小不等的 15 个矿体组成，其中包括 5 个主矿体和 10 个附属矿体。矿体呈似层状、透镜状、薄层状，产于石榴石岩、石榴石透辉石岩中。

Ⅰ号、Ⅱ号、Ⅲ号矿体长均为 450m，厚 2.12～111.87m，平均厚 30.70～41m，矿体与围岩产状一致，走向北北西向，倾向东，倾角 10°～30°。Ⅳ号矿体长 350m，平均厚 30.66m，似层状产出，走向北北西向，倾向东，倾角 20°～30°，铁矿石平均品位 33.39%。Ⅳ-1 号矿体长 350m，平均厚 11.30m，呈透镜状，走向北北西—南北向，倾向东—北东向，倾角 30°，为富铁矿体。Ⅴ号矿体为锌矿体。

矿石组分：主要金属矿物以穆磁铁矿、闪锌矿、黄铁矿为主，次为赤铁矿、镜铁矿。非金属矿物以石榴石、透辉石、方解石为主，次为石英、绿泥石、绿帘石。

矿石中铁品位 TFe 20%～50%，最高 61.10%；锌品位 0.7%～2%，最高 23.08%，伴生镉、铟。

矿石结构、构造：矿石具有自形—半自形板状结构、交代残余结构。矿石构造为块状构造、浸染状构造、条带状构造及角砾状构造。

围岩蚀变：主要有绿帘石化、钙铁辉石化、钙铁石榴石化等，围绕着矿体分布。

矿石的硫同位素 $\delta^{34}S$ 值为－0.30‰～＋15.89‰。

矿床成因类型：火山岩型矿床。

（三）黑鹰山铁矿床

该矿床位于额济纳旗北山北部。大地构造单元为塔里木板块北东大陆边缘。

1. 矿区地质

地层：由下石炭统白山组、上侏罗统赤金堡群及第四系组成。

上石炭统白山组火山岩段，由中酸性火山岩组成，主要岩性为斜长流纹岩、凝灰岩、沉凝灰岩及次生石英岩。岩层倾向南西，倾角 40°～70°。凝灰岩分布在Ⅴ号矿段，Ⅱ号、Ⅲ号矿段北部也有少量出露。沉凝灰岩见于Ⅱ号、Ⅲ号矿段北部和Ⅴ矿段南部（图 3-27）。

上侏罗统赤金堡群，分布于矿区北部及东南部，为砖红色粉砂质黏土岩及砂岩。

岩浆岩：海西期花岗岩，分布于矿区西南部。花岗闪长岩分布于矿区Ⅱ号、Ⅲ号矿段南部，呈北西向脉状产出。此外，尚有正长细晶岩脉和花岗斑岩脉。

构造：推测矿区为一倒转背斜和向斜。背斜轴部为次生石英岩及硅化凝灰岩，轴向北西；向斜轴部为斜长流纹岩。断层以北西西-南东东向和北西-南东走向的压性、压扭性断裂为主，均为成矿后断裂，所以对矿体起破坏作用。

2. 矿床地质

矿体形态、规模、产状及分布：在长 3550m、宽 800m 范围内，依据矿体分布特征，分为 5 个矿段。大小矿体 200 个，盲矿体 15 个，共计 215 个矿体。矿体在空间上大致呈雁行排列，互不相连，形成各自独立的矿体，但局部较集中，组成矿体群。矿体分支复合频繁，形态多变。多为扁豆状、透镜状或鸡窝状，赋存在凝灰岩和次生石英岩内，少量赋存在斜长斑岩中。矿体与围岩界线不清，呈渐变过渡关系。矿体产状与围岩产状基本一致，一般走向为北西，倾向北东或南西，倾角 50°～80°。其中以Ⅲ号矿段规模最大，质量好。矿体最长 330m，一般长 5～100m，最小长 1～2m；最厚 102m，一般厚 5～20m，平均厚 18～

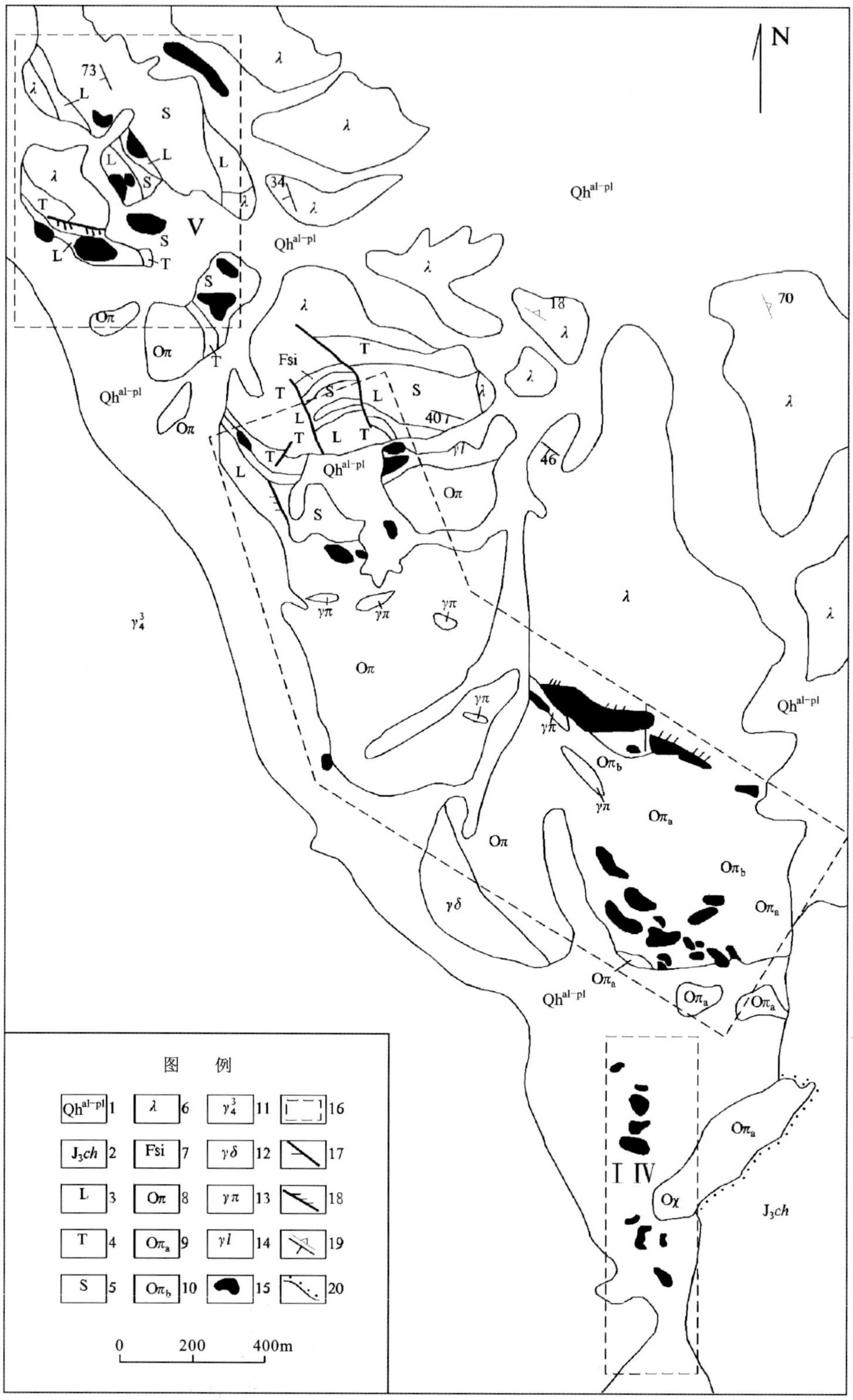

图 3-27　黑鹰山铁矿区地质图

1.第四纪全新统砂砾层；2.晚侏罗世赤金堡群红色黏土岩及砂岩；3.早石炭世白山组火山岩段凝灰岩；4.早石炭世白山组火山岩段层凝灰岩；5.早石炭世白山组火山岩段次生石英岩；6.早石炭世白山组火山岩段斜长流纹岩；7.早石炭世白山组火山岩段赤铁碧玉岩；8.早石炭世白山组火山岩段石英斜长斑岩；9.早石炭世白山组火山岩段绿泥石化石英斜长斑岩；10.早石炭世白山组火山岩段磁铁矿化石英斜长斑岩；11.海西晚期花岗岩；12.花岗闪长岩；13.花岗斑岩脉；14.正长细晶岩脉；15.铁矿体；16.矿段位置及编号；17.扭性断层；18.压扭性断层；19.地层产状及流面产状；20.不整合界线

60m。矿体最大延深 341.44m，一般延深 100～200m。盲矿体埋深在 50～150m 以内。矿区平均品位 TFe 52.87%。

矿石结构、构造：矿石结构为自形—半自形细粒结构及等粒结构。矿石构造为致密块状构造和稠密浸染状构造及细脉状构造。

矿石矿物成分：金属矿物主要为磁铁矿、假象赤铁矿，次为褐铁矿、黄铁矿、黄铜矿，脉石矿物为石英、磷灰石、方解石、萤石、绿泥石等。

矿物生成顺序为：磁铁矿→假条赤铁矿→黄铁矿→褐铁矿→黄铜矿→石英、方解石、磷灰石→绿泥石、萤石。

围岩蚀变：主要有绿泥石化、硅化及碳酸盐化。

矿床成因类型：火山岩型矿床。

（四）陈家杖子金矿床

该矿床位于宁城县黑里河乡陈家杖子。大地构造位置处于内蒙古地轴马鞍山断隆南端，隆化-黑里河-叶伯寿东西断裂与红山-八里罕北东向大断裂的交会部位。

1. 矿区地质

出露地层为太古宙建平群角闪斜长片麻岩、变粒岩夹磁铁石英岩、黑云石英片岩，以及第四纪松散沉积物。

岩浆岩：燕山晚期中细粒黑云二长花岗岩、细中粒黑云母花岗岩、细粒石英闪长岩及隐爆角砾岩。

断裂：发育北东向与近南北向两组断裂。两组断裂交会处，控制了隐爆角砾岩筒的分布。

2. 矿床地质

矿区共有两个隐爆角砾岩筒，简称为西山角砾岩筒和东山角砾岩筒（图 3-28）。

西山角砾岩筒平面呈近椭圆形，剖面上呈筒状，上大下小的漏斗状，出露面积约 $1km^2$。角砾岩体与围岩界线清楚，局部发育数米至数十米宽的超震碎带。角砾成分为顶盖花岗岩、片麻岩、晶屑凝灰岩等，呈棱角状、浑圆状，角砾大小不一，大者 10～20cm，小者 0.5cm。斑岩类角砾较小，以棱角状为主。胶结物为灰粉、晶屑凝灰岩。

侵位于隐爆角砾岩中的次火山岩多呈岩脉或岩墙状。岩石化学特征表明，次火山岩与隐爆凝灰岩为同源岩浆的分异产物。次火山岩与面型蚀变和金矿化存在成因关系。

围岩蚀变呈面型，具明显的分带性，以斑岩为中心，依次向外为硅化-冰长石化-碳酸盐化带→泥化-绢云母化带→绢云母-泥化带→绢云母化带，普遍褐铁矿化。

矿体严格受角砾岩筒控制，并且多次成矿，矿体形态、产状、矿石品位变化大。总体来说，金矿体呈不规则带状产出，走向 NE30°～40°，倾向以南东为主，倾角 75°～85°。矿体与石英斑岩关系密切。石英斑岩上、下盘均有金矿体，上盘 1 号矿体长 100m，已控制平均厚 6.41m，品位 3.53×10^{-6}。下盘 4 号矿体，已控制长 200m，宽 30～50m，平均品位 7.69×10^{-6}。2 号矿体长近 170m，平均宽 5.5m，品位 1.13×10^{-6}。所有金矿体产于硅化-冰长石化带内。目前已圈定的 5 个金矿体中只有 5 号矿体为隐伏矿体，出露标高为海拔 820m（图 3-29）。

矿石矿物成分：金属矿物以黄铁矿、闪锌矿、毒砂为主，次为自然金、银金矿、胶状黄铁矿、白铁矿、褐铁矿、铜蓝。脉石矿物以铁白云石、冰长石、石英、绢云母为主，次为绿泥石、迪开石、重晶石、黏土矿物等。

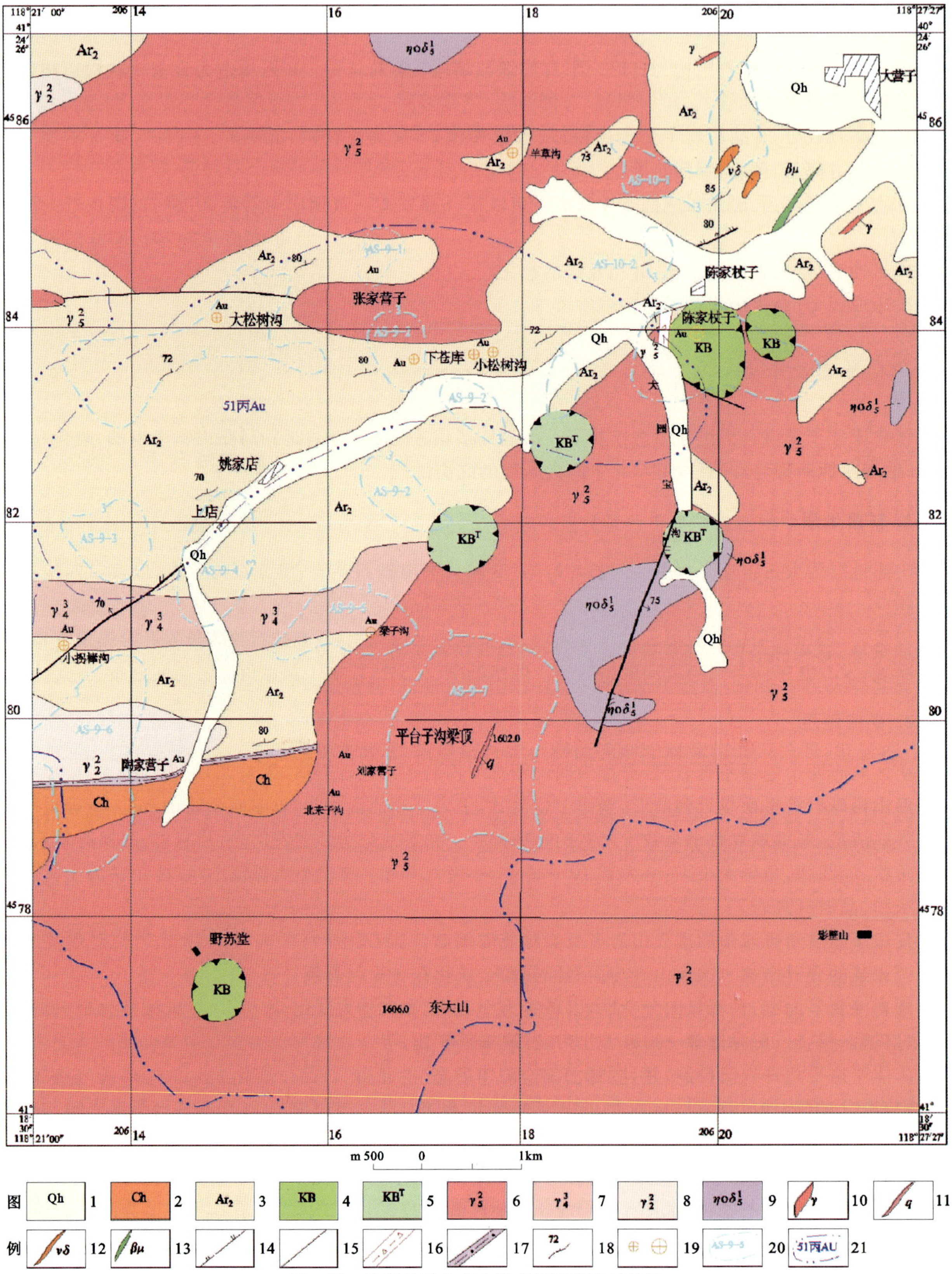

图 3-28 陈家杖子金多金属矿外围综合地质图

1.第四系;2.长城系:白云石英岩、粉砂质板岩、变质长石石英岩;3.新太古界:斜长角闪片麻岩、变粒岩夹磁铁石英岩、黑云石英片岩;4.隐爆角砾岩体;5.推测隐爆角砾岩体;6.中细粒黑云二长花岗岩、细中粒黑云母花岗岩、细粒石英闪长岩;7.中细粒黑云二长花岗岩、斑状二长花岗岩;8.中细粒斜长花岗岩;9.细粒石英二闪长岩;10.花岗岩脉;11.石英脉;12.辉长闪长岩脉;13.辉长闪长岩脉;14.张扭性断裂;15.性质不明断层;16.构造角砾岩;17.韧性剪切带;

矿石结构构造：矿石具有他形粒状结构、半自形骸晶结构、残余骸晶结构、压碎结构、交代结构。矿石构造以充填构造、稠密浸染状构造、细网脉构造为主，次为星点状-稀疏浸染状构造，团块状、角砾状构造。

矿物的生成顺序为：毒砂(碎裂)→闪锌矿＋自然金→方铅矿＋黄铜矿→胶状黄铁矿。

矿床成因类型：火山隐爆角砾岩型金矿床。

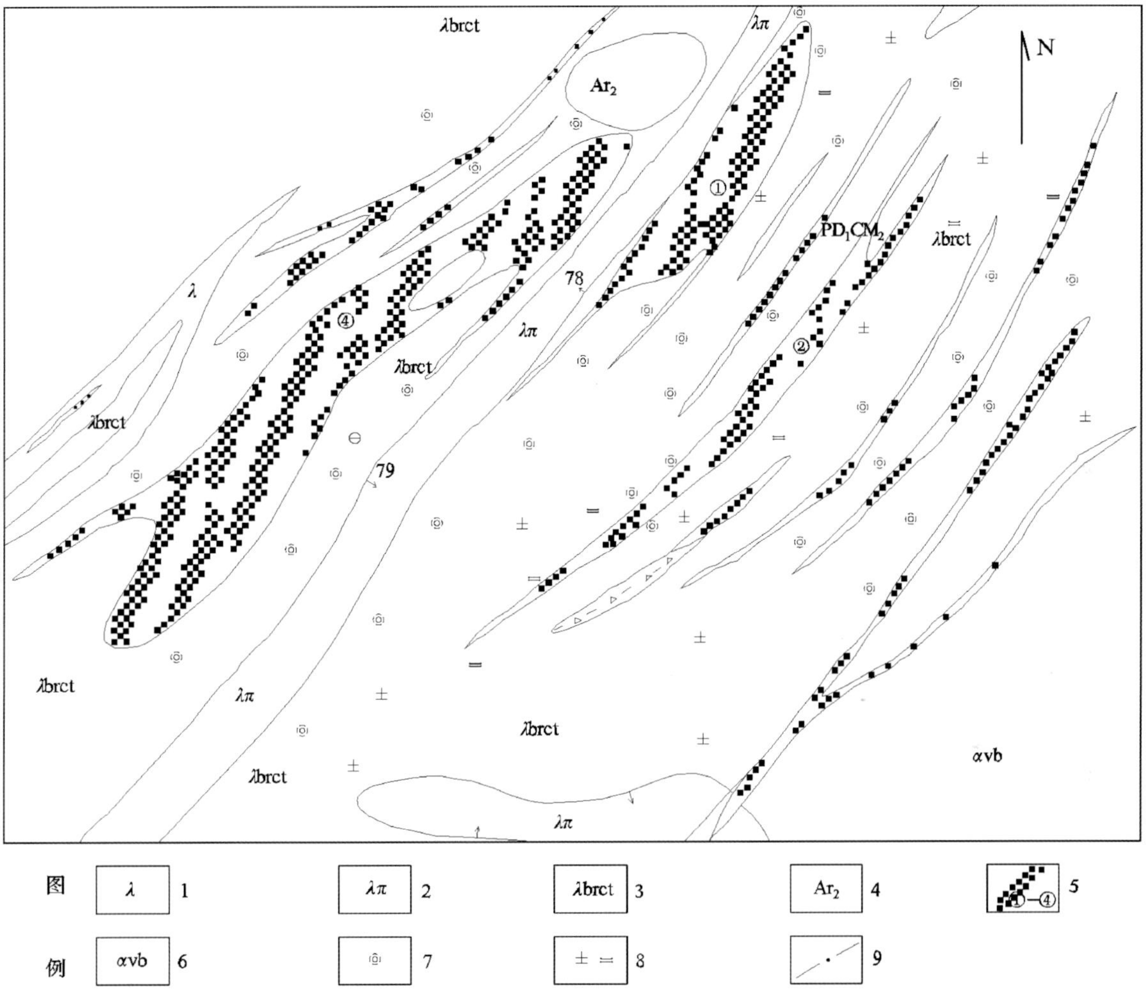

图 3-29　陈家杖子金矿体平面草图

1.流纹岩；2.石英斑岩；3.隐爆角砾凝灰岩；4.片麻岩；5.金矿体编号；6.隐爆集块式角砾岩；7.硅化带；8.泥化绢云母化带；9.蚀变带界线

(五)白乃庙铜(钼)矿床

白乃庙-温都尔庙地区位于徐尼乌苏与温都尔庙两大断裂之间的中新元古代岛弧南缘，华北陆块北缘的增生带(图 3-30)。

1. 矿区地质

图 3-30 为白乃庙铜(钼)矿区地质略图。

白乃庙群岩石为具变余斑晶的绿片岩，经原长春地质学院同位素实验室测得锆石 U-Pb 谐和年龄为(1130±16)Ma，属中元古代。

石英闪长岩呈块状或片麻状侵入于白乃庙群中(在白乃庙北),按其岩石化学和微量元素特征属CA岩浆系列,测得的锆石U-Pb谐和年龄为(665±15)Ma,属新元古代。

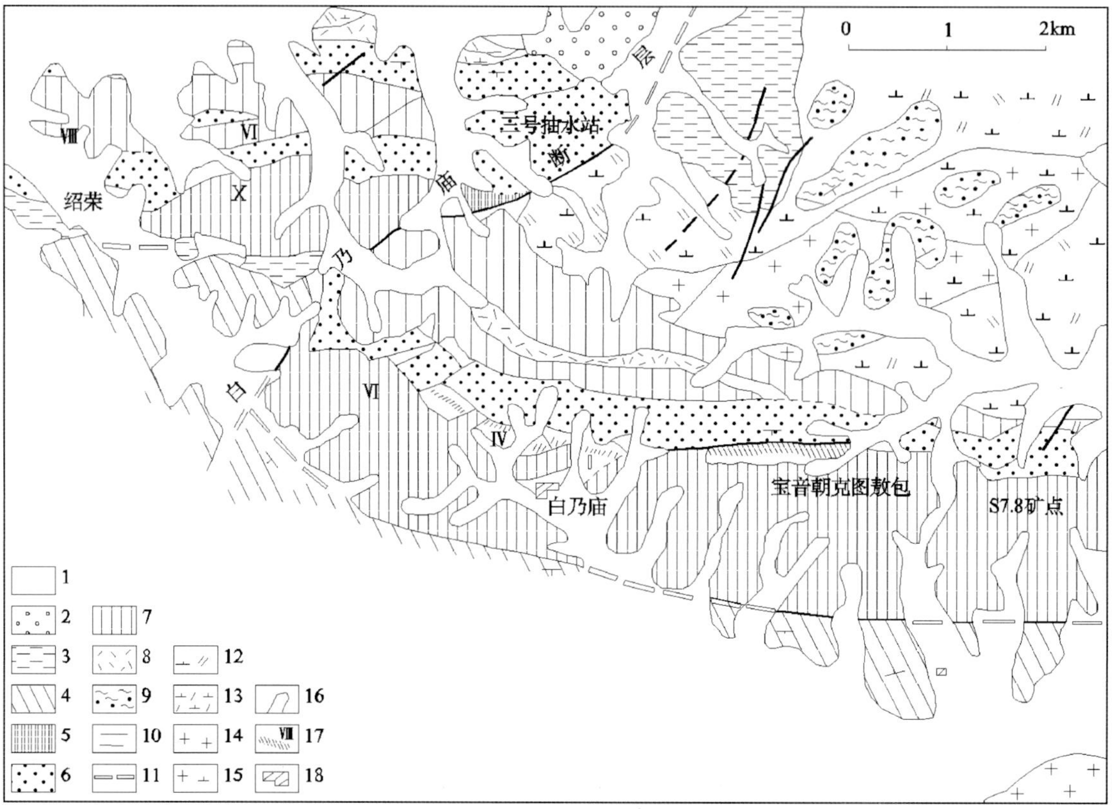

图3-30　白乃庙铜(钼)矿区地质略图

1.第四系;2.上侏罗统大青山组;3.下二叠统三面井组;4.中上志留统徐尼乌苏组;5.白乃庙群第三岩段;6.白乃庙群第二岩段;7.白乃庙群第一岩段;8.斜长角闪岩;9.白音都西组;10.断层;11.隐伏于第四系之下的断层;12.石英闪长岩;14.斜长花岗岩;15.花岗闪长岩;16.金矿脉;17.铜矿带及矿段编号;18.居民区

白音都西群为新建群,主要呈规模不等的残块产于石英闪长岩中。其上、下为变粒岩段,中部为矽线石云母片岩段,属中低压角闪岩相。变粒岩等的原岩为长石杂砂岩-长石石英砂岩。整个白音都西群原岩应属于在不稳定陆壳基底上形成的过渡型陆屑建造。5个斜长角闪岩平均U-Pb模式年龄为1226Ma(聂风军取样,中国地质科学院地质所测定),基本上也属中元古代。

花岗闪长斑岩与白乃庙铜矿密切相关,呈小岩株透镜体侵入于白乃庙群中,其锆石U-Pb年龄为694～466Ma。

除上述岩石和地层外,这一地区还有海西期的斜长花岗岩、中晚志留世等较晚的岩石和地层。在白乃庙以东8km处和谷那乌苏,均可见到中上志留统不整合于白乃庙群之上。

2. 矿床地质

白乃庙铜(钼)矿床产于白乃庙群的绿片岩系之中,铜矿化和花岗闪长斑岩均基本平行于绿片岩的叶理,呈近东西走向产出。主要工业矿体集中分布于白乃庙附近,白乃庙以东的谷那乌苏也见同类矿化。根据航磁解释推断,这两处含矿岩系在草原以下可能相连,可向西延至白乃庙以西20km左右(图3-30)。

1)地层

白乃庙群呈近东西走向,倾向南,其岩性可分为两类:一是绢云长英片岩,主要由石英、长石和绢云母等组成,构成从石英岩到绢云片岩多种岩石;二是绿片岩类,主要由阳起石、绿帘石、绿泥石、斜长石、石英等组成,构成多种绿片岩。两类岩石中有时含普通角闪石或斜长石斑晶,主要为变余成因。除两类岩石外,还偶夹极少量的大理岩等。白乃庙群岩性变化频繁,即使在相邻勘探剖面之间小层也难以逐层对比。白乃庙群可分为3个构造岩性段:第一、第三段为绿片岩,第二段为绢云长英片岩段。矿区内还分布有中上志留统徐尼乌苏组、二叠系三面井组和侏罗系等。

2)构造

褶皱:白乃庙群的3期褶皱方向均为东西向,F_1、F_2、F_3 基本平行,但 F_1 枢纽较分散。以相当于白乃庙群的各构造岩性段界面为参考面,白乃庙断裂以西为一同斜背形,其枢纽 91°∠18°,向东至转折端枢纽变陡为 91°∠54°;东部基本为一"单斜",第二岩段向西变窄,产状也多变,有可能已近于转折端,但未能确认,故暂仍按单斜处理。

断裂:主要有两条。一是白乃庙断裂,呈北东向斜贯全区,倾向北西,倾角 50°~70°,部分近直立,是一条由于多期活动最终连成长达 20km 的断裂。中志留世以前为右旋压扭,水平断距为 880m,并使东盘断裂带附近的白乃庙群因牵引走向转偏北西西,二叠纪以后为"右"旋张扭,水平断距约 200m。另一条重要断裂是沿中上志留统底部不整合面发育的近东西向的脆韧性断裂,具滑脱推覆性质,也是多期活动的断裂。这两条断裂均与金矿化有关。

韧性剪切带:白乃庙群普遍经历过一次以韧性剪切带为特征的动力变质作用。这些韧性剪切带,一般平行 S_2 顺层展布。其特点是将原来已形成的变质矿物等塑变拉长,使岩石片理化、糜棱岩化,形成一系列拉伸线理。拉伸线理在原具有角闪石斑晶或变余杏仁构造的岩石中最为明显,肉眼即可辨认。剪切拉抻使大多数闪石类矿物 c 轴转为近平行线理,但也可见 c 轴与平行线理被斜向或横向拉长的。经研究,韧性剪切具有由南向北逆冲性质。花岗闪长斑岩也同样经历了这一期韧性剪切变形,形成一系列与围岩产状协调一致的韧性剪切带。矿区南缘中上志留统徐尼乌苏组不发育。所以韧性剪切作用发生于花岗闪长斑岩之后,晚志留世以前。

3)侵入岩

矿区内有石英闪长岩及斜长花岗岩分布。

石英闪长岩主要分布于矿区东北部,侵入于白乃庙群及白音都西群中。石英闪长岩呈灰绿色、灰色,花岗结构,块状构造,有时为片麻状构造。主要矿物成分为斜长石、石英、黑云母、角闪石及微斜长石,副矿物有磷灰石、金红石、钛铁矿,蚀变矿物为绿泥石、绿帘石和绢云母。

斜长花岗岩原定为白云母花岗岩,主要呈脉状侵入于矿区北部的白音都西群和石英闪长岩中,在金矿区中部有零星出露,以舌状、肠状穿切于绿片岩中,与金矿化有密切的成因联系。斜长花岗岩未受到韧性剪切带影响,为矿区内最年轻的岩浆岩。

按角闪石、斜长石中钙的分配系数求得石英闪长岩的形成温度为 575~608℃,利用二长石地质温度计求得斜长花岗岩形成温度为 406℃。

4)矿体产状及矿石物质成分

白乃庙铜矿体均产于韧性剪切带内,产状受韧性剪切叶理控制,但矿化最强的部分并不一定与变形最强的剪切带重合,同时韧性剪切带也并非都有矿化。矿区分南、北两个矿带。南矿带由Ⅱ、Ⅲ、Ⅴ、Ⅵ、Ⅶ、Ⅹ和Ⅺ矿段组成,矿体主要产于绿片岩内,呈似层状产出,其产状与围岩叶理基本一致。矿体走向一般为近东西—北西,倾向南—南西。北矿带由Ⅷ、Ⅸ、Ⅻ、XⅢ四个矿段组成,矿体主要赋存于变英安质熔岩内,走向一般为近东西—北西西,倾向南—南南西。无论是南矿带,还是北矿带,均表现为典型斑岩矿床的矿化分带特征,钼矿体总是分布于整个矿体的中心部位,且偏靠下部(图 3-31)。

南矿带的矿体长几十米至 400 多米,厚几米至几十米。Ⅱ、Ⅴ矿段呈连续的似层状产出,厚度及品位沿走向、倾向均较稳定。Ⅲ矿段特别是Ⅵ、Ⅶ矿段以多层分布的小矿体为特征,矿体呈似层状、透镜状产出,具复合分叉、尖灭再现现象。厚度及品位变化较大。

北矿带以Ⅷ矿段为最好,矿体规模较小,长几十米至 200 余米,厚 1m 至十几米。矿体的厚度和铜、钼含量变化大,矿石品位较贫。

矿石可划分成变英安质熔岩型和绿片岩型矿石两种。矿石矿物成分达 40 多种,其中金属矿物有 17 种,非金属矿物有 20 多种。有用组分除 Cu 外,Mo、Au 均具重要意义。金属矿物以黄铁矿、黄铜矿为主,脉石矿物以石英为主。两种类型矿石矿物成分相同,它们的标型特征及矿物之间关系也都具一致

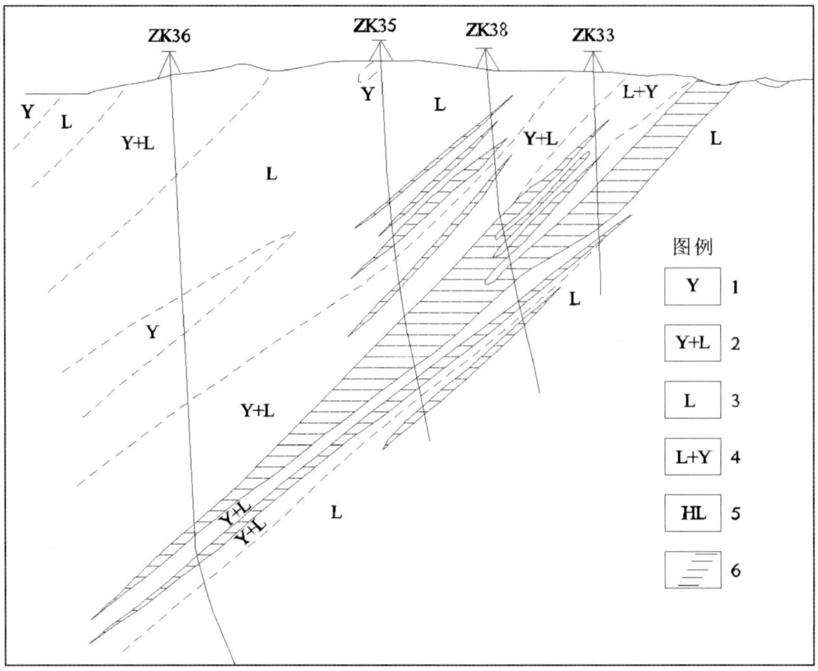

图 3-31　白乃庙南矿带Ⅵ矿段 31 勘探线地质剖面图

1.阳起斜长片岩；2.阳起斜长片岩；3.绿泥斜长片岩；4.绿泥斜长片岩夹阳起斜长片岩；5.黑云母绿泥斜长片岩；6.矿层

的特征。两种类型矿石中黄铁矿都可分为粗粒及细粒两种。部分粗粒黄铁矿已被压碎，并被黄铜矿呈网脉状充填交代。细粒黄铁矿形成晚于粗粒黄铁矿，两者呈交代关系，且与石英、黄铜矿共生。辉钼矿晶粒弯曲变形普遍，具明显的波状消光，常与石英紧密共生。南、北矿带矿石在结构、构造上的特征一致，如有某些差别与不同岩性有关。此外，南、北矿带普遍具有碎裂、变形特点，说明它们都受东西向韧性剪切带的影响。

北矿带的 Cu、Mo 含量高，Au 含量低（表 3-6），而南矿带则是 Cu、Au 含量高，Mo 含量低。

表 3-6　南、北矿带 Mo、Cu、Au 含量

矿带	矿段	元素含量		
		钼（%）	铜（%）	金（$\times10^{-6}$）
南矿带	Ⅱ	0.032	0.98	0.701
	Ⅲ	0.602	0.71	0.75
	Ⅴ	0.022	0.49	0.15
	Ⅵ	0.035	0.50	0.07
	Ⅶ		0.55	0.14
	平均含量	0.027	0.65	0.36
北矿带	Ⅻ	0.033	0.45	0.03
	ⅩⅢ	0.041	0.52	0.05
	Ⅷ	0.048	0.54	0.04
	平均含量	0.041	0.50	0.04

注：据内蒙古自治区 103 队资料整理。

5)蚀变与矿化

(1)蚀变类型。

钾化:包括钾长石化和黑云母化。呈浸染状、团块状及脉状等。钾长石化主要发育在变英安质熔岩内,绿片岩内很微弱。

硅化:很发育,是矿区内一种重要的蚀变类型。

此外,还有绢云母化、绿泥石化、绿帘石化及碳酸盐化。

以上各类蚀变,相互之间有先后交代关系。首先形成钾化,然后形成绢云母化,再后广泛硅化,在此基础上又绿泥石化和绿帘石化,最后碳酸盐化。

(2)蚀变分带。

北矿带:以矿体为中心,形成钾长石化带(黑云母化带)→硅化带→绿泥石化、绿帘石化带。

南矿带:以矿体为中心,向外依次出现钾长石化带→硅化、黑云母化带→绿泥石化、绿帘石化带。

(3)蚀变与矿化。

经研究表明:矿化只与硅化带有关,硅化与铜(钼)矿化紧密共生,且所有金属硫化物无例外地皆与石英共生,其含量随着石英含量的增加而增多。

3. 成矿条件

1)稳定同位素

对南、北矿带分别进行C、H、O、S和Pb等稳定同位素组成研究,其结果表明,它们具有相似的组成及变化特征,说明它们成因具有一致性。

铅同位素:白乃庙铜(钼)矿床铅同位素组成数据列于表3-7。由表可知,花岗闪长斑岩钾长石微量铅与矿石铅有着相似的同位素组成特征,说明两者来源于同一岩浆源,排除了南矿带形成与绿片岩有关的认识。铅既然来源于岩浆,则与铅共生的成矿元素铜也可认为来自岩浆。

表3-7　铅同位素组成

位置	编号	岩(矿)石类型	测定矿物	$^{206}Pb/^{204}Pb$	$^{207}Pb/^{204}Pb$	$^{208}Pb/^{204}Pb$
V矿段	4545-1	绿片岩型矿石	黄铁矿	17.967	15.626	37.327
金矿区西	4295	变英安质熔岩	钾长石	17.807	15.566	37.943

碳、氧同位素:成矿后碳酸盐阶段的方解石的碳、氧同位素组成,北矿带2件样品,其$\delta^{13}C$范围为$-4.90‰\sim8.93‰$,均值为$-6.92‰$:其$\delta^{18}O$变化范围为$+6.72‰\sim+7.38‰$,均值为$+7.05‰$;相应$\delta^{18}O_{水}$在$-5‰\sim-4.35‰$,均值为$-4.68‰$。南矿带3件样品的$\delta^{13}C$变化范围为$-7.38‰\sim-3.19‰$,均值为$-4.98‰$;其$\delta^{18}O$变化于$+6.55‰\sim+6.73‰$,均值为$+6.65‰$;$\delta^{18}O_{水}$为$-5.17‰\sim-4.99‰$,因此,南、北两矿带碳、氧同位素组成是一致的,表明其成矿后的环境也是相似的。

硫同位素:南、北两矿带取硫同位素样品11件,其中黄铁矿10件,黄铜矿1件,其$\delta^{34}S$变化范围和均值为南矿带为$-5.99‰\sim-2.50‰$,均值为$-4.10‰$;北矿带均值为$-4.63‰$,说明南、北矿带具有相同硫源。

南、北矿带$\delta^{34}S$都接近于零,变动范围很窄,说明它们的硫都来自岩浆或深部硫源。

氢、氧同位素:在南、北两矿带分别采集2件石英样品,测定其中的氧同位素组成及其原生包裹体内氢同位素组成。

南矿带$\delta^{18}O$均值为$+10.02‰$,δD均值为$-114.41‰$,$\delta^{18}O_{水}$为$+2.69‰$。北矿带$\delta^{18}O$均值为$+9.72‰$,δD均值为$-102.52‰$,$\delta^{18}O_{水}$均值为$+2.41‰$。南、北带有着相似的氢氧同位素组成,表明成矿热液有同一来源。

成矿热液的氧同位素组成与小泰勒提出的$+5.5‰\sim+10‰$岩浆水氧同位素值接近,从而表明,矿床形成过程中岩浆水是主要的，有少量地下水参与（图 3-32）。

由此可见，南、北矿带具有相似的碳、氢、氧、硫和铅同位素组成，说明它们具有一致的成因，其成矿物质和矿液主要来自岩浆。

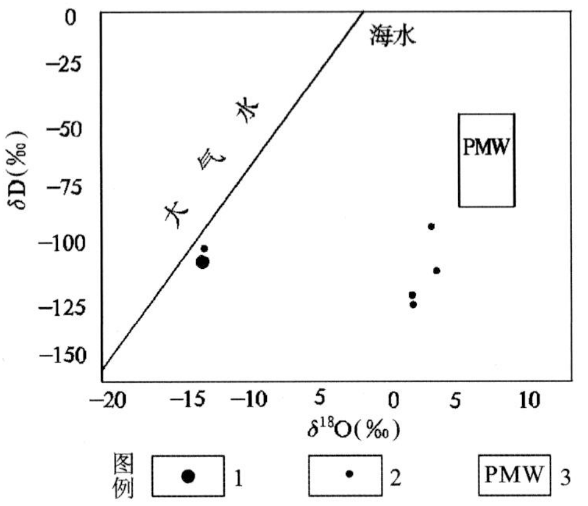

图 3-32　氢、氧同位素组成图

1. 地下水；2. 成矿热液；3. 原生岩浆水

2）矿物包裹体

赵仑山测定的铜矿床形成温度为 260～320℃，取其中间值为 290℃。石英包裹体成分，南、北矿带具有相似成分，成矿热液中阳离子以钙和钠为主，且钙的含量大于钠，挥发组分以氯为特征。矿区典型矿物共生组合为黄铁矿、黄铜矿、辉钼矿和石英。综上所述，成矿热液以富钙、硅、挥发组分氯及铜、钼矿质等为特征。

矿床成因类型：海相火山岩型＋热液改造。

铅同位素组成：金矿石中硫化物磁黄铁矿、黄铁矿、方铅矿的铅同位素组成为：$^{206}Pb/^{204}Pb$ 17.034～17.725，$^{207}Pb/^{204}Pb$ 15.297～15.552，$^{208}Pb/^{204}Pb$ 36.599～37.489，反映矿石铅并非单阶段正常铅，铅同位素的演化较复杂。铅同位素数据投影在 Zartman（1988）铅构造模式图上，数据点跨越了下地壳、地幔和造山带演化曲线，显示铅源比较复杂。

矿床成因类型：海底喷流＋热液叠加。

（六）四五牧场金矿床

该矿床位于陈巴尔虎旗四五牧场。大地构造单元为喜桂图中海西褶皱带。

1. 矿区地质

矿区出露晚侏罗世七一牧场组安山岩和玄武安山岩，上库力组流纹岩。矿区南东侧有钾长花岗岩株。含矿次火山岩可能为火山颈相。北东向帕英湖-八一牧场断裂从矿区东侧通过，其次级断裂为导矿和容矿构造。

2. 矿床地质

金矿化发育于老虎山背斜核部七一牧场组火山岩内，含矿岩石为强蚀变酸性次火山岩和安山岩。目前已发现金矿化蚀变带 11 条，总体呈北东向展布，受火山机构控制，其中Ⅰ号、Ⅲ号两个含矿构造蚀变带已圈定 5 个金矿体。

Ⅰ号构造蚀变带：位于矿区南部，呈 NE50°方向斜列式展布，总长大于 300m，已控制长 150m，已圈定 2 个金矿体。其$Ⅰ_{1-1}$号矿体长 30m，宽 1.7～4.4m，金矿石品位（3.18～5.43）$\times10^{-6}$，最高达 7.84$\times10^{-6}$。$Ⅰ_{1-2}$号矿体长 50m，宽 2.2～3.5m，金矿石品位（13.03～19.64）$\times10^{-6}$，最高可达 23.6$\times10^{-6}$。

Ⅲ号构造蚀变带位于矿区北部，亦呈 NE50°方向斜列式展布，总长度大于 500m，北东段长 300m，宽 11～38m，已圈定 2 个矿体；南西段长大于 100m，宽 7～24m，已圈定一个矿体，$Ⅲ_{1-1}$号矿体长 100m，宽 2～4m，金矿石平均品位 1.29$\times10^{-6}$，最高 2.76$\times10^{-6}$，$Ⅲ_{1-2}$号矿体长 100～200m，宽 1.5～17.5m，金矿石平均品位（3.08～5.23）$\times10^{-6}$，最高可达 125.9$\times10^{-6}$。$Ⅲ_2$ 号矿体长 50m，宽 1～9m，金矿平均品位（2.04～3.36）$\times10^{-6}$。Ⅲ号矿化带钻孔查证在 72m 深度仍可圈定金矿体（图 3-33）。

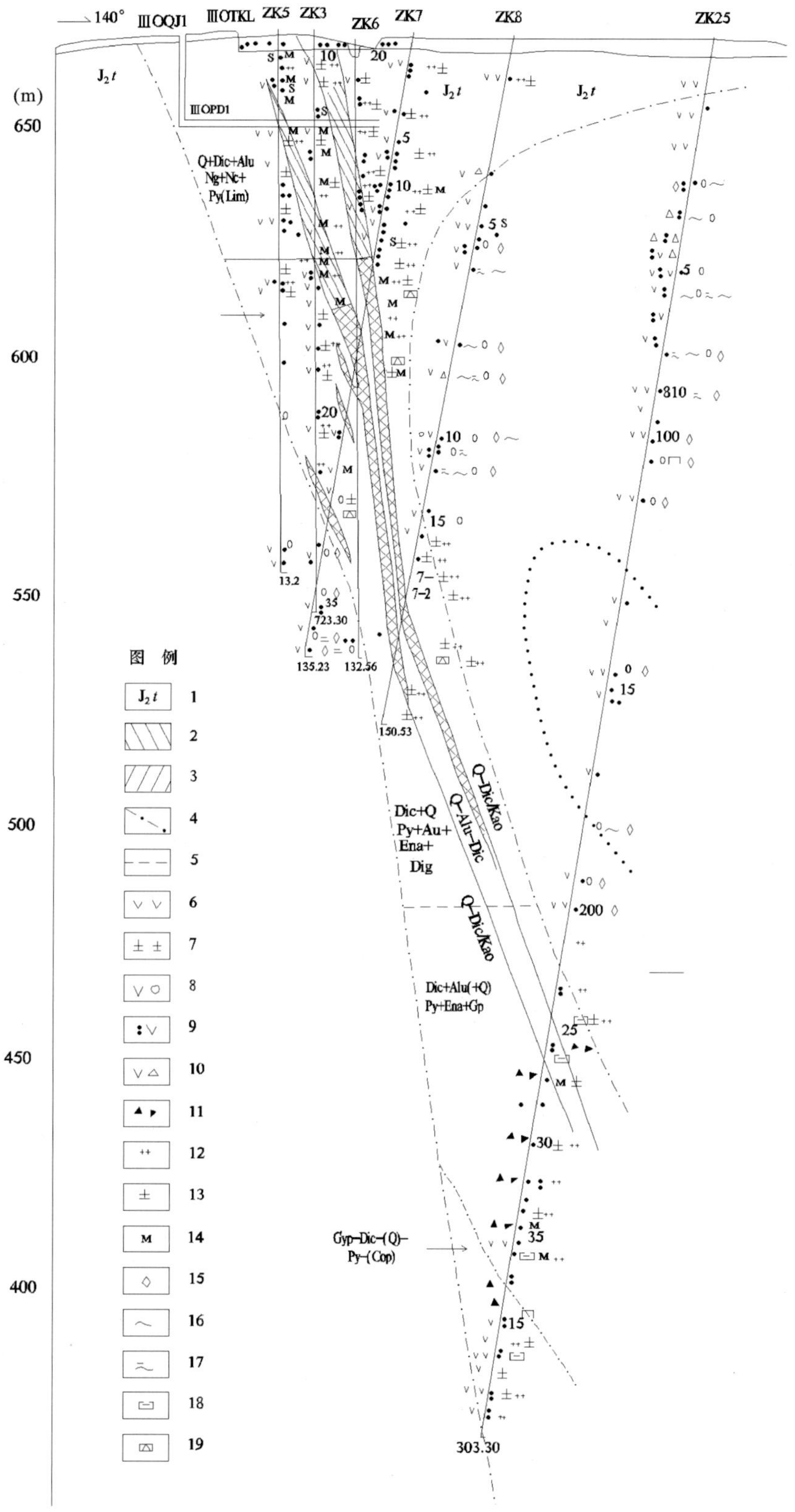

图 3-33　内蒙古四五牧场金矿Ⅲ号矿带 0 线地质剖面图

1.塔木兰沟组；2.金矿体；3.铜矿体；4.蚀变带界线；5.矿化垂直分界线；6.粗安岩；7.玄武安山岩；8.杏仁状安山岩；9.粗安质凝灰岩；10.粗安质火山角砾岩；11.隐爆角砾岩；12.硅化(Q)；13.迪开石/高岭土化(Dic/Kao)；14.明矾石化(Alu)；15.碳酸盐化(Car)；16.绿泥石化(Ch)；17.绢云母/泥化(Scr)；18.硫砷铜矿(Ena)；19.黄铁矿化

矿化特征可能为上金下铜,类似福建紫金山金铜矿床。

围岩蚀变:蚀变类型为硅化高岭石/迪开石化和明矾石化。分带性明显,上为硅化-高岭石/迪开石化带,下为硅化-明矾石化带(厚50～60m),硅化-绢云母化带(图3-33)。

矿石矿物:金属矿物有黄铁矿、黄铜矿、硫砷铜矿、蓝辉铜矿、褐铁矿、自然金,自然铜、斑铜矿。非金属矿物有石英、迪开石、明矾石、绿泥石、绢云母、石膏、碳酸盐矿物。

矿床成因类型:高硫型浅成低温热液型。

六、热液型

热液型矿床成矿时代以燕山期为主,次为海西期。涉及的矿种有铁、铅、锌、银、铜、锡、钨、金、锑、铍、锰及萤石和石棉等。其中金大型矿床3处;银大型矿床1处;萤石大型矿床1处。典型矿床叙述如下。

(一)金厂沟梁金矿床

该矿床位于敖汉旗新惠镇南45km金厂沟梁乡。大地构造位置处于内蒙古地轴喀喇沁断隆努鲁尔虎隆起。

1. 矿区地质

地层:太古宙建平群角闪斜长片麻岩、斜长角闪片麻岩、斜长角闪岩及混合岩化的岩石,夹薄层磁铁石英岩。矿区东部为二道沟火山断陷盆地,北部为乌拉山-双庙火山断陷盆地,分布有晚侏罗世流纹质凝灰熔岩、熔结角砾岩、流纹岩、凝灰质砂岩、粗安岩、英安岩等。

岩浆岩:有印支期西台子似斑状花岗岩,呈岩基产出。燕山晚期对面沟花岗闪长岩,呈岩株产出。锆石U-Pb法年龄为126Ma。

矿区构造复杂,与成矿密切相关的是岩浆侵位产生的穹状构造和放射状、环状断裂。它们控制了金矿脉的分布。成矿后断裂——头道沟断裂把矿区分割为两个部分,由于矿脉形成后剥蚀程度不同,矿化存在明显差异。

2. 矿床地质

已发现71条含金脉体,绝大部分产于变质岩内,少数产于片麻理化花岗岩和火山角砾岩中。头道沟断裂西侧,有38条矿脉,矿脉走向北西西向;北部矿脉走向北西向、北北西向,总体呈一向北西方向撒开、向南东收敛的扇形。代表性矿脉有8号、15号、26号、36号、54号、56号等矿脉。头道沟断裂东侧,有33条矿脉,走向以北西西向、近南北向为主,这些矿脉金矿化较差(图3-34)。

矿脉严格受断裂控制,并密集成矿脉群。矿脉走向北西西向、北西向和近南北向,倾向北东向,或倾向东,局部倾向南西,倾角70°～90°,矿脉形态有单脉、复脉及分支脉3类。单脉形态简单,局部有膨胀、收缩、分支复合、尖灭。矿体规模变化较大,主矿脉长一般为数百米,个别超千米。矿脉平均厚0.38～0.71m,少数超过1m,属薄脉型矿体。例如26号矿脉,总体呈树枝分叉的似帚状,东南端为一单脉,中段分支复合增多,末端出现撒开,脉长900m,平均脉幅0.39～0.4m。

矿脉类型:金-多金属硫化物型和蚀变岩型或两者的混合型。

矿石矿物成分:以黄铁为主,次为黄铜矿、方铅矿、闪锌矿、黝铜矿,次要矿物为辉铜矿、磁铁矿、斑铜矿、毒砂、辉钼矿等。脉石矿物为石英、方解石、绢云母、绿泥石等。金以自然金和金银矿产出。

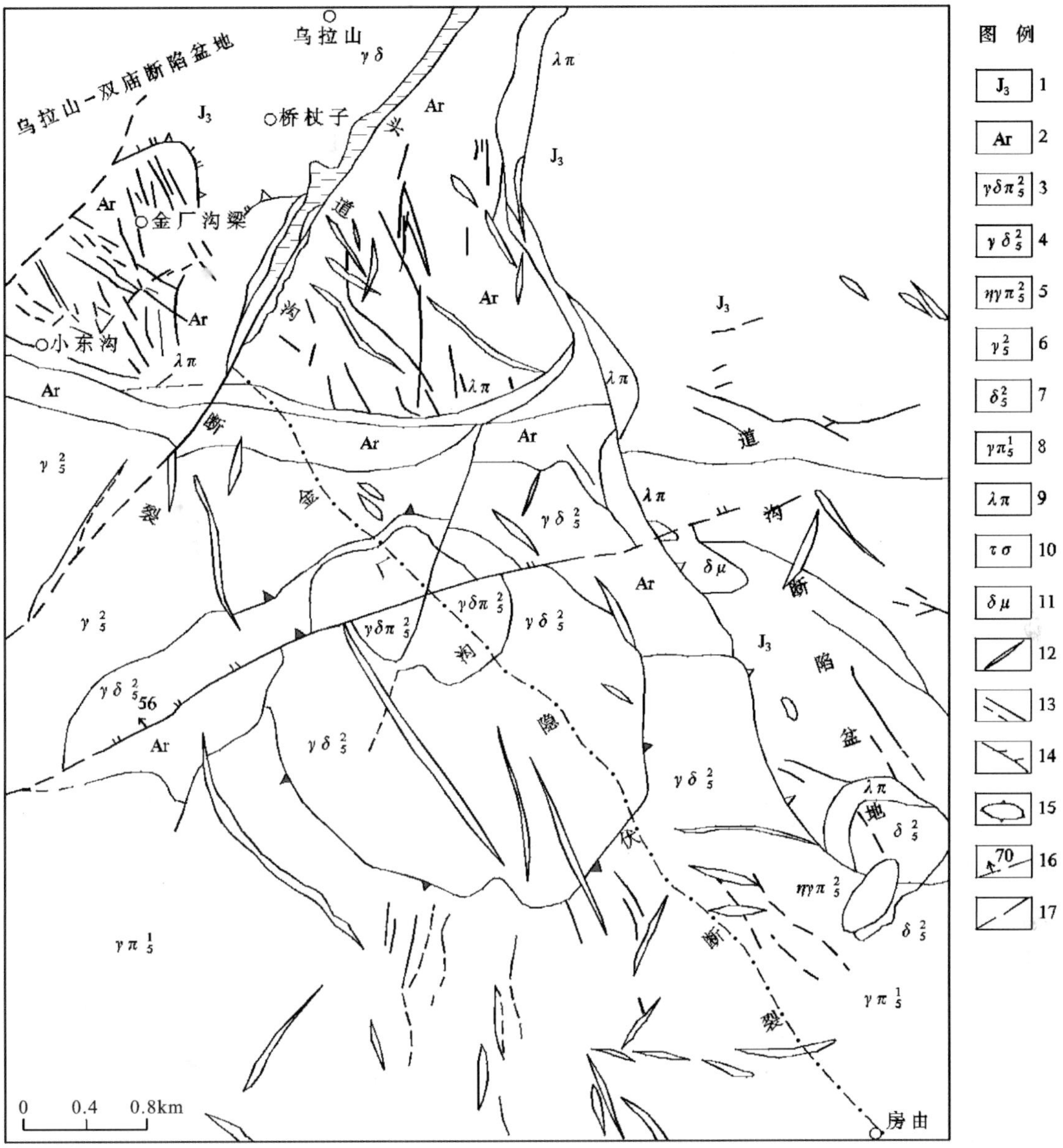

图 3-34　金厂沟梁金矿田构造略图(据内蒙古自治区第三地质队附图修编)

1.晚侏罗世火山岩;2.太古宙片麻岩;3.燕山期斑状花岗闪长岩;4.燕山期花岗闪长岩;5.二长花岗斑岩;6.燕山期片麻状二长花岗岩;7.燕山期闪长岩;8.印支期似斑状中粗粒花岗岩;9.流纹斑岩;10.粗安岩;11.安山玢岩;12.各种脉岩;13.金矿脉;14.断陷盆地;15.穹隆构造;16.实测及推测断层及产状;17.航照解译断裂

矿石结构构造:矿石具有半自形—自形结构、压碎结构、他形粒状结构、交代结构、乳滴状结构,其中压碎结构特别发育。矿石构造有块状构造、条带状构造、浸染构造、斑杂状构造等。

矿石矿物生成顺序为:石英、绿泥石、绢云母、中粗粒黄铁矿和少量自然金→石英、黄铜矿、闪锌矿、黝铜矿、方铅矿、自然金、中细粒黄铁矿→方解石→褐铁矿、孔雀石。

围岩蚀变:有绿泥石化、绢云母化、硅化、黄铁矿化、绿帘石化、碳酸盐化等。

成矿物化条件:成矿温度在 140～400℃之间,平均温度在 70～300℃之间,显示了中温偏高的特征。成矿压力 $P=786\times10^{-5}$Pa,成矿深度为 2.6km。

成矿溶液特征:成矿流体的盐度较低,盐度 $w(NaCl)$为 3.8%;流体密度为 0.778g/cm³。溶液的 pH 值为 5.49～6.19,Eh 值为−0.56～−0.63eV,氧逸度(f_{O_2})为 $10^{-34}\sim10^{-38}$。

3. 稳定同位素

石英的 $\delta^{18}O$ 值为＋12.4‰～＋14.3‰，均值为＋13.2‰，代表了成矿流体早期和主成矿期的同位素组成。方解石的 $\delta^{18}O$ 值为＋7.33‰～＋9.27‰，均值为＋8.02‰，代表了流体晚阶段的同位素组成。根据石英的 $\delta^{18}O$ 值求得成矿流体 $\delta^{18}O_{H_2O}$ 值为＋4.94‰～＋8.00‰，均值为＋5.91‰，表明流体介质属岩浆水。根据方解石的 $\delta^{18}O$ 计算得 $\delta^{18}O_{H_2O}$ 值为－1.1‰～＋1.85‰，明显低于早期 $\delta^{18}O_{H_2O}$。

成矿流体的氢同位素组成通过直接测定石英包裹体中水而得到，其 δD 值介于－101.96‰～－54‰之间，基本为岩浆水范围，但比一般岩浆水贫氘。上述资料表明，该矿床成矿流体直接来源于岩浆水，但到了晚期，成矿流体中混有了大气降水。

碳同位素组成：矿脉中方解石碳同位素值 $\delta^{13}C$ 为－3.18‰～＋4.18‰，均值为－3.8‰。

硫同位素组成：根据 32 件黄铁矿样品的测定，硫同位素 $\delta^{34}S$ 值为－5.0‰～＋1.1‰，极差为6.1‰，均值为－0.14‰。

铅同位素组成：根据矿脉中方铅矿、黄铁矿的测定，铅同位素组成：$^{206}Pb/^{204}Pb$ 为 16.84～27.395；$^{207}Pb/^{204}Pb$ 为 15.272～15.681；$^{208}Pb/^{204}Pb$ 为 36.768～37.428。将这些值投影在 Doe 和 Zartman 的铅构造演化模式图上，大部分位于上地幔演化线附近，表明铅来源深；少部分位于上地壳和造山带演化曲线附近，表明来源浅。

矿床成因类型：热液型矿床。成矿主期 K-Ar 法 141.7～135.36Ma，晚期 Au-Sb 矿脉 K-Ar 法 121～72.7Ma（周乃武等，1998）。

（二）苏莫查干敖包萤石矿床

该矿床位于四子王旗卫井苏木境内。大地构造位置位于内蒙古中部晚海西期褶皱带内。

1. 矿区地质

矿区出露的主要地层为早二叠世大石寨组，岩性为流纹斑岩夹绢云母化流纹斑岩；绢云绿泥石板岩、碳质斑点板岩夹大理岩、变质砂岩透镜体。晚侏罗世查干诺尔组的砂岩、砂砾岩。

岩浆岩：燕山晚期花岗岩，分布在矿区西北部，此外有闪长玢岩脉、辉绿岩脉发育。

构造：为北东向的苏木查干敖包短轴褶皱群和北东走向的断裂。

2. 矿床地质

矿体规模：矿体直线长度为 2900m，向两端仍有延续，所以含矿层长度为 3500～4000m，均厚 5.55m。

下贫矿体长 1050m，沿倾向最大斜深 1140m，厚 1.96～7.57m，平均厚 2.60m，富矿体在上、下贫矿体之间，长 1150m，沿倾向最大斜深 574m，厚 1.31～9.59m，平均厚 4.49m。上贫矿体长 744m，厚 1.24～6.78m，平均厚 2.06m。

矿体形态：含矿层包括萤石矿、矿化大理岩和含矿角砾岩，形态呈反“S”形，总体走向 NE45°，沿倾向含矿层亦呈舒缓波状，幅度较小，倾角 20°～55°，局部为 60°。萤石矿体沿走向和倾向多呈舒缓波状起伏，矿体连续性好，矿体倾向 NW310°～330°，倾角 20°～55°（图 3-35）。

矿石特征：依据矿物组合，可分为 4 类，即石英-萤石型，石英-硫化物-萤石型，萤石-石英型，方解石、石英-萤石型。矿石结构、构造可分为微层状萤石矿，细晶块状（糖粒状）萤石矿，条带状萤石矿及砂泥质萤石矿；次有同心圆状矿石、梳状矿石、蜂窝状（内架状）矿石，再次还有晶簇状、皮壳状、葡萄状等的矿石。糖粒状萤石矿为矿床主要矿石类型。

矿体围岩：矿体顶板为高岭土化碳质板岩及绢云绿泥板岩，底板为高岭土化片理化流纹斑岩，局部为萤石化角砾岩及大理岩。

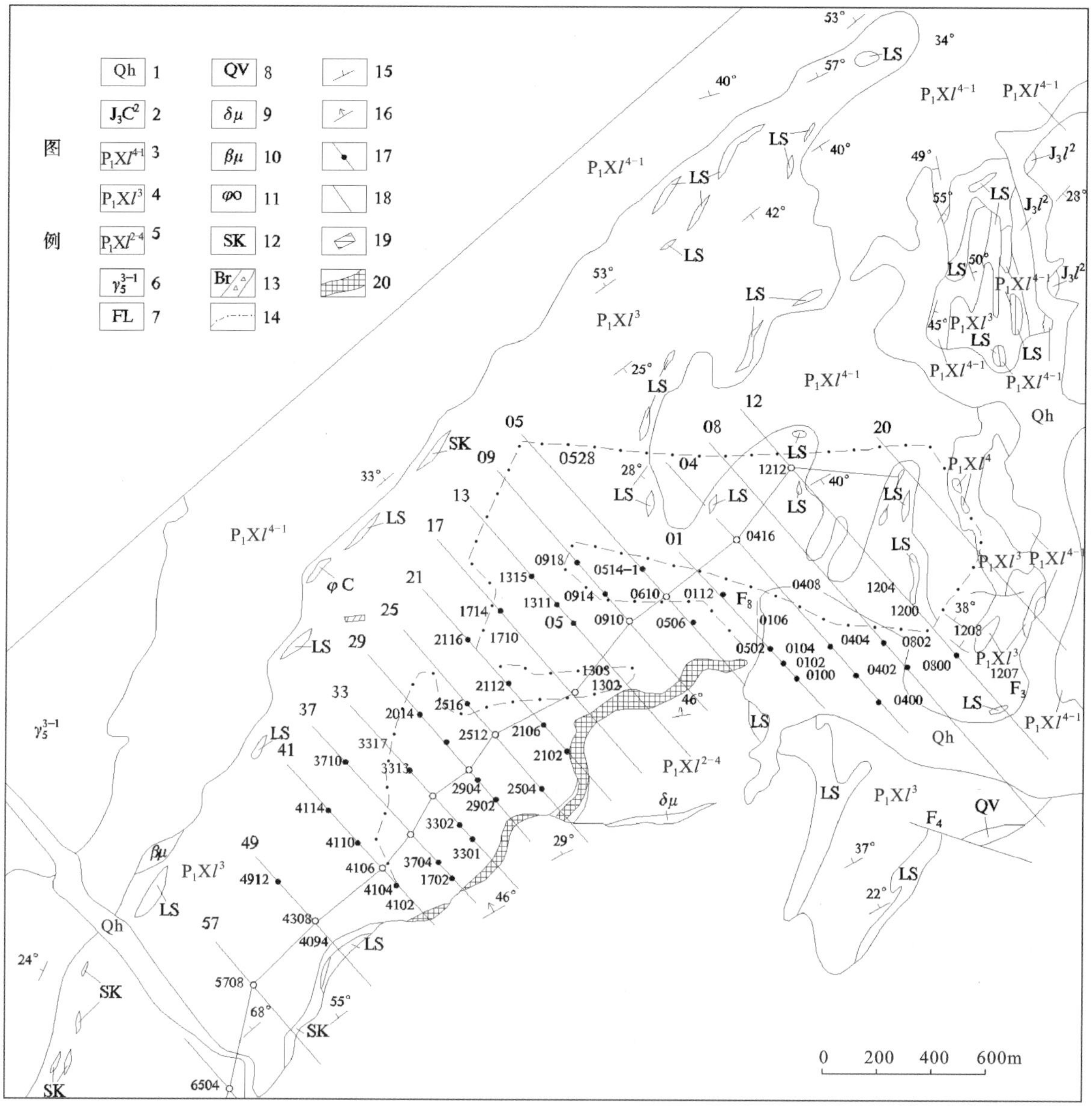

图 3-35　苏莫查干敖包萤石矿床地质图

1.残坡积层冲洪积层；2.砾岩砂砾岩；3.西里庙群第四岩组一岩段片理化流纹斑岩；4.西里庙群第三岩组碳质泥质岩夹灰岩透镜体(LS)及矽卡岩(SK)；5.西里庙群第二岩组四岩段变质流纹岩夹泥质板岩；6.中细粒似斑状花岗岩；7.萤石矿体；8.石英脉；9.闪长玢岩脉；10.辉绿玢岩脉；11.含长角闪岩脉；12.矽卡岩；13.断层角砾岩；14.工程控制矿体边界；15.地层产状；16.矿体产状；17.勘探线及钻孔编号；18.实测断层及编号；19.居民点；20.矿体

围岩蚀变：有矽卡岩化、高岭土化、绿泥石化、绢云母化、硅化、碳酸盐化。

矿石结构、构造：矿石具粒状结构、交代残余结构。矿石构造有块状构造、条带状构造。

矿石矿物成分：金属矿物有黄铁矿、黄铜矿、闪锌矿、磁黄铁矿、毒砂等，非金属矿物有萤石、方解石、石英等。

矿床成因类型：层控热液矿床。

（三）布敦花铜矿床

该矿区位于新华夏系大兴安岭隆起带西南延伸的中段，与哈德营子—布敦花区域性东西向构造带的交会部位，矿区包括北部孔雀山矿段和南部金鸡岭矿段。

1. 矿区地质

1）地层

该矿区出露地层为早二叠世浅海相复理石建造、碎屑岩建造，火山岩及少量礁灰岩，分为青风山组和大石寨组（图 3-36）。

青风山组（P_1q），是一套变质砂岩、板岩，中部夹有片理化凝灰质砂岩，上部有结晶灰岩，韵律层较发育，出露厚度一般不小于 1400m，该组地层是孔雀山矿床的主要围岩。

大石寨组（P_1d），为片理化凝灰质砂岩及火山凝灰岩和硅质岩，在本区出露厚度为 680m，主要分布在金鸡岭矿区。

中侏罗统万宝组（J_2w），主要岩性为厚层砂岩夹含砾砂岩、粗砂岩，上部为细砂岩、粉砂岩及泥岩，本区出露厚度为 900m，是金鸡岭矿床的主要围岩。

呼日格组（K_1h），下部为中酸性含角砾晶屑凝灰岩夹流纹岩、凝灰质砂岩及安山岩，上部为角砾状凝灰熔岩夹凝灰质砂岩。

2）构造

矿区构造以东西向与北北东向为主，形成 3 个挤压带，均呈北东向展布，由北至南分别为草格吐-查顺花挤压带、布敦花挤压带和五九山冲断带。分布在矿田中部的布敦花复式背斜，是布敦花挤压带的主要组成部分，其轴部为布敦花杂岩体，北西翼地层以青风山组为主。南东翼地层以大石寨组为主，由于后期构造活动而伴生有近南北向和近东西向的扭裂、北西向的张裂构造。其中南北向复合破裂带及北西向扭张破裂带分别为孔雀山矿区和金鸡岭矿区的主要构造。

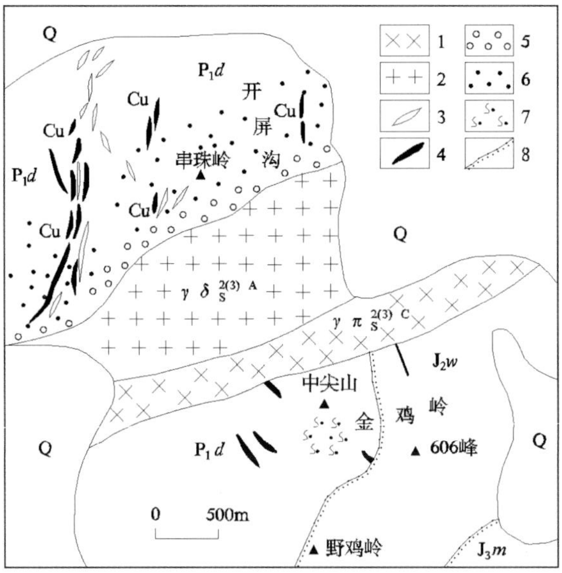

图 3-36　布敦花铜矿床地质图

（据内蒙古自治区 115 队资料改编）

Q. 第四系；J_2w. 中侏罗统万宝组；J_3m. 上侏罗统满克头鄂博组；
P_1d. 下二叠统大石寨组。1. 燕山期花岗斑岩；2. 燕山期黑云母花岗闪长岩；3. 闪长玢岩脉；
4. 铜矿脉；5. 角岩；6. 角岩化；7. 电英石化；8. 不整合界线

3)侵入岩

布敦花杂岩体由黑云母花岗闪长岩、斜长花岗斑岩及花岗斑岩组成。斜长花岗斑岩隐伏于金鸡岭矿区下部。此外，中酸性闪长岩、闪长斑岩、安山岩等脉岩亦较发育。

4)杂岩体的期次划分与岩体时代

布敦花杂岩体中的花岗斑岩呈岩墙状产出，与其北侧的黑云母花岗闪长岩呈侵入接触关系。而隐伏于金鸡岭矿区之下的斜长花岗斑岩与前者无接触关系。据 Rb-Sr 法同位素资料，三者年龄吻合，属同源不同期次的产物。斜长化岗斑岩 Rb-Sr 等时线年龄为(166±2)Ma，相关系数 γ 为 0.9998。这 3 类岩石化学成分特征，如 Si、Al、Ti、Fe、Mg、Ca、Na/K 以及稀土元素也均表现出良好的演化关系。因此，可确定布敦花杂岩体的第一阶段为黑云母花岗闪长岩，第二阶段为斜长花岗斑岩，第三阶段为花岗斑岩。第一、第二阶段岩体伴有铜矿化，第三阶段未见明显的矿化。

区内中酸性脉岩，如闪长玢岩、安山玢岩及黑云母闪长岩等较发育，多数是成矿前形成的。

5)岩石化学特征

岩石的硅酸盐全分析资料表明，各阶段岩体化学成分的演化有以下规律：

(1)SiO_2 含量呈增长趋势，显示岩浆向酸性方向演化。

(2)Al_2O_3 含量逐渐减少。

(3)岩浆向贫 Ti、Fe、Mg、Ca 方向变化。

(4)Na 含量变化不大，K_2O+Na_2O 含量为 7%～7.24%，但 Na_2O/K_2O 值则呈规律性下降，由 1.52→1.09→0.73。据等离子光谱、X 射线荧光光谱及化学方法的定量测定，各阶段侵入岩中 Cu、Pb、Zn 等元素丰度较高，尤以斜长花岗斑岩最高，与中性岩、酸性岩的维氏值相比，Cu 为 4～35 倍，Zn 为 6～14 倍，Pb 为 13～15 倍，Ag、Au 也有较高的丰度，W、Sn、Nb、Ta、Co、Mo 的含量不高。

6)稀土元素组成

区内黑云母花岗闪长岩、斜长花岗斑岩和花岗斑岩的 $\sum$REE 含量分别为 299.6×10^{-6}，177.65×10^{-6} 和 134.63×10^{-6}，$\sum Ce/\sum Y$ 分别为 2.66，3.05，3.75，轻稀土富集，球粒陨石标准化稀土配分形式呈右倾海鸥形曲线，其中斜长花岗斑岩和花岗斑岩铕的亏损较小，但黑云母花岗闪长岩具有较强的铕亏损，闪长玢岩、安山玢岩等脉岩具有相近的稀土配分形式。表现为轻稀土富集，δEu 为 0.78～0.98，$\sum Ce/\sum Y$ 值为 2.4～4.6，稀土总量为$(130\sim160)\times10^{-6}$(图 3-37)。

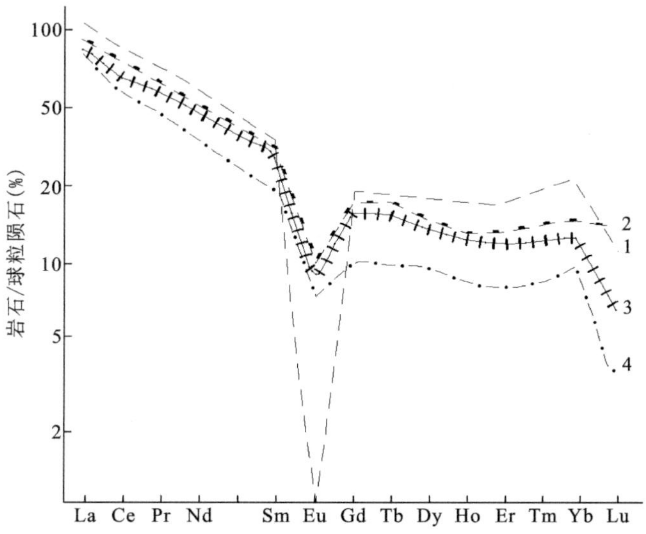

图 3-37　布敦花杂岩体的球粒陨石标准化 REE 分布形式

1.黑云母花岗闪长岩；2、3.斜长花岗斑岩；4.花岗斑岩

2. 矿床地质

布敦花铜矿床是一个与燕山期布敦花杂岩体有关的岩浆火山高—中温热液型矿床，其成矿作用相当于斑岩型与火山热液型的过渡类型。空间上受构造控制。常与次火山岩相伴赋存。

布敦花铜矿床包括网脉浸染状铜矿体和脉状铜矿体两类，前者构成金鸡岭矿段，后者见于孔雀山等矿段。

1）金鸡岭脉状浸染型铜矿段

金鸡岭矿段铜矿化东西长3000m，南北宽1500m，矿化较分散，矿石较贫，铜品位一般在0.2%～0.5%。矿体埋深通常250～300m，最大埋深为600m。

矿体形态：矿体赋存于斜长花岗斑岩的内外接触带中，主要在外带。矿体围岩除斜长花岗斑岩外，还有砂岩、含砾砂岩、凝灰质含砾砂岩等。矿化受斜长花岗斑岩形态及二叠系和侏罗系不整合面的控制。在岩体凸出与凹陷部位的外接触带矿化较好，尤其是在二叠系与侏罗系的不整合面上矿化富集。矿化主要为浸染状及脉状。据品位圈定矿体形态复杂，有透镜状、树枝状、网状等，常以脉带形式出现。单矿体长几十米至百余米，厚1～3m。

矿石物质组分：矿石矿物有黄铜矿、磁黄铁矿、闪锌矿、方铅矿、毒砂、斜方砷铁矿、黄铁矿等；脉石矿物主要有石英、长石、角闪石、黑云母、绿泥石、方解石、电气石等。矿石含Cu一般0.3%～0.5%，伴生有益组分Ag达17.5×10^{-6}，Au 0.48×10^{-6}，In 0.0052%。伴生元素常以类质同象形式赋存在黄铜矿、黄铁矿、磁黄铁矿等矿物中。

矿石结构构造：矿石以半自形晶粒结构和交代熔蚀结构最重要，次为交代残余结构、变晶结构、固溶体分解结构等。矿石构造主要为细脉状和稀疏细脉浸染状，部分为斑杂状。

成矿阶段：成矿作用可分4个阶段。磁黄铁矿-黄铜矿阶段是最重要的铜矿化阶段；另外还有磁黄铁矿-闪锌矿-方铅矿-黄铜矿阶段，黄铜矿-黄铁矿阶段和黄铁矿-碳酸盐阶段。

围岩蚀变及其分带：区内广泛发育一套高温到中低温的蚀变，包括钾长石化、黑云母化、电气石化、硅化、绢云母化、绿泥石化、绿帘石化、碳酸盐化、高岭土化等。自岩体向外可分为下列蚀变带：①在斜长花岗斑岩体内有钾长石化、黑云母化、电气石化带；②在外接触带含砾砂岩、变质砂岩中靠近岩体处为硅化-电气石化带；③远离岩体为绢英岩化带；④绢云母-绿泥石-碳酸盐化带。其中绢英岩化带与矿化关系最为密切。

上述特征表明，金鸡岭铜矿段与国内的一些斑岩型铜矿床有相近的矿床地质标志。

2）孔雀山脉型铜矿段

孔雀山矿段位于矿区西北，南北长1.8km，东西宽0.8km。脉状矿体产在离岩体1～2km的围岩中，赋矿围岩主要为角岩化的变质砂岩、板岩、黑云母角岩以及闪长斑岩、黑云母闪长岩等。孔雀山矿段内查明矿脉12条，大致呈南北向陡倾斜产出，矿体露头海拔最高310m，最低280m，一般300m左右。

矿体形态与规模：矿体以不规则弯曲的大脉为主，在脉侧围岩中有广泛的网脉状矿化。矿体一般长数百米，最长达1000余米，一般延深200～300m；矿体厚一般3～5m，最厚可达25m以上。矿脉自南向北近于雁行排列，在铜矿体上部叠加有铅锌矿体。主矿体在25线以北向北侧伏，在矿体北面深部可能有新的矿体存在。

矿石物质组分：矿石金属矿物以黄铜矿、磁黄铁矿、黄铁矿、斜方砷铁矿、毒砂为主，辉铋矿、自然铋、方铅矿、闪锌矿次之，墨铜矿、砷黝铜矿、辉铅铋矿、磁铁矿、金红石等少量；脉石矿物以石英、长石、黑云母为主，角闪石、绢云母、绿泥石次之，红柱石、磷灰石、阳起石、绿帘石、碳酸盐，电气石、榍石、锆石、萤石、独居石、磷钇矿等少量。

常见矿物组合有斜方砷铁矿-毒砂-黄铜矿组合，脉石矿物以石英、钠长石-黑云母为主；磁黄铁矿-黄铁矿-黄铜矿组合，脉石矿物以石英为主；还有闪锌矿-黄铁矿-黄铜矿组合和磁黄铁矿-闪锌矿-辉铅铋矿-方铅矿-黄铜矿组合。以前两种共生组合为主，各矿脉均可见到。后两种组合分布较为局限。不同矿物组合反映多阶段成矿特征。

矿石结构构造：矿石结构有细—中粒半自形粒状结构、交代残余结构、固溶体结构及包含结构等，其中以自形粒状结构和交代残余结构为主；矿石构造有网脉状、致密块状、斑杂状、角砾状及细脉浸染状等，其中以致密块状、斑杂状构造为主。

成矿阶段与矿化带：成矿可分4个阶段，即黄铁矿-黄铜矿阶段；毒砂-黄铜矿阶段；方铅矿-闪锌矿-黄铜矿阶段；黄铁矿-碳酸盐阶段。

矿化自下向上具有顺向分带现象，高温组合的矿化在下，低温组合的矿化在上；在黄铜矿-磁黄铁矿矿体的上部有方铅矿-闪锌矿矿体的叠加。

围岩蚀变：以硅化、黑云母化、绢云母化、钠长石化为主，碳酸盐化、黄铁矿化、绿泥石化次之。以矿体为中心，形成与之相似的蚀变矿物晕。宏观上大致可划分两个蚀变带，即以矿体（矿化带）为中心的内带是强蚀变带，宽度一般几米至几十米；外带是弱蚀变带，宽度一般几十米。强蚀变带为黑云母硅化带，钠长石化亦较发育；弱蚀变带为绢云母硅化带，并有绿泥石化、碳酸盐化、黄铁矿化等。

3. 成矿条件

1）矿物流体包裹体地球化学

包裹体特征：矿区内矿物流体包裹体普遍存在液相、气相及具盐晶（子矿物）的三相型包裹体。包裹体气液比变化大，从10%～90%，常见均一成气相与均一成液相包裹体并存，高气液比与低气液比的包裹体并存和高盐度与低盐度的包裹体并存的现象。资料表明在成矿过程中，温度在170～198℃，184～208℃，420～430℃等区间成矿流体发生过沸腾。无疑，成矿流体的沸腾对金属元素在成矿流体中的沉淀富集起了有益的作用。

成矿温度、盐度、密度和压力：区内包裹体均一温度和流体的盐度变化范围很大，均一温度为100～600℃，盐度$w(NaCl)$为5.4%～58%。流体密度为0.85～1.11g/cm^3。均一温度直方图具有3个以上峰值。温度-盐度-流体密度关系图也具有3个集中区，表明成矿作用过程中至少有3次矿化活动，三者在温度、盐度上均有较大差异。第一阶段矿化活动，成矿温度主要在520～560℃，盐度$w(NaCl)$为45%～50%，密度大于0.9g/cm^3，多数包裹体均一为气相，代表了成矿作用气成阶段的地球化学参数；第二阶段矿化活动发生在470～310℃，盐度$w(NaCl)$为36%～58%，密度为0.96～1.11g/cm^3，代表了中高温热液矿化阶段的地球化学参数；第三阶段成矿温度较底，发生在310～140℃，盐度$w(NaCl)$也较低（19.3%～5.4%），代表了中低温热液矿化阶段。区内金鸡岭矿段和孔雀山矿段的矿化形式虽然完全不同（前者为网脉浸染状，后者以大脉状为主），但二者包裹体地球化学特征是一致的。

据$NaCl\text{-}H_2O$体系$P\text{-}T\text{-}X$相图估算区内成矿时期的压力为(110～400)×10^5Pa，成矿初始压力较低，正反映了成矿是在近于开放系统中进行的。

流体包裹体成分及据其计算的氧化还原参数：从气相色谱仪和液相色谱仪分析的流体包裹体结果看出，气体主要成分是水蒸气，H_2O的摩尔百分数占总含量的98%以上，排除最大含量的H_2O外，CO_2占其他成分的80%左右。因此，可以认为布敦花矿床富CO_2型的成矿流体。

包裹体液相成分表明，成矿溶液中阳离子主要为K^+和Ca^{2+}，阴离子主要为F^-、Cl^-和SO_4^{2-}。因此，成矿溶液属富CO_2的$NaCl\text{-}KCl\text{-}CaSO_4\text{-}H_2O$体系。

据流体包裹成分资料计算得出的氧逸度f_{O_2}为10^{-33}～10^{-22}Pa，成矿流体从弱还原环境的磁黄铁矿-黄铜矿阶段向中性环境的方铅矿-闪锌矿-黄铜矿阶段转变。

2）稳定同位素地球化学

硫同位素特征：分析硫同位素样近40个，涉及黄铜矿、黄铁矿、磁黄铁矿、方铅矿、闪锌矿、毒砂等。除个别晚期脉岩（闪长玢岩中黄铁矿$\delta^{34}S$为−9.27‰）和矿石中的黄铜矿、方铅矿有较大的负值外，绝大多数样品值$\delta^{34}S$为−2‰～1‰，平均为−0.9‰，表明主要成矿期的硫源单一，来自深源，且成矿过程中介质的物理化学性质变化不大。

氢、氧、碳同位素特征：据矿石中石英的氢、氧、碳同位素分析，其$\delta^{18}O_{SMOW}$为7.9‰～11.5‰，计算的成矿流体$\delta^{18}O$为3.6‰～7.8‰，矿物包裹体水的δD为－73‰～83‰，CO_2气体的$\delta^{13}C$为－14.2‰～18.8‰。据王关玉研究结果，本区中生代平均大气降水的$\delta^{18}O$为－16‰，并假定岩浆水的平均$\delta^{18}O$为7‰，由此从计算出成矿热液中大气降水在热液水中各阶段的比值可以看出早期成矿阶段，也就是成矿的主要阶段（磁黄铁矿-黄铜矿）成矿热液中基本不含大气降水，而晚期方铅矿-闪锌矿-黄铜矿成矿阶段约有20%的溶液来自大气降水。碳同位素有较大的负值也表明在成矿过程中有有机碳加入。

锶同位素：对布敦花斜长花岗斑岩、黑云母花岗闪长岩和花岗斑岩进行了Rb-Sr同位素测定。通过斜长花岗斑岩5个样品得出初始$^{87}Sr/^{86}Sr$值为0.7055±0.000 07，加上黑云母花岗闪长岩和花岗斑岩各一个样品得出的初始$^{87}Sr/^{86}Sr$为0.7053±0.000 16，同样具有良好的线性关系，相关系数仍可达到0.9939。现今上地幔的$^{87}Sr/^{86}Sr$初始值平均为0.7037，一般认为初始$^{87}Sr/^{86}Sr<0.705$者为幔源，>0.710者为壳源。把本区锶同位素初始值投影在上地幔及大陆壳同位素的演化图中，其点落入玄武岩源区。因此，上述资料可表明：区内三类岩体是同源岩浆的产物；区内岩浆岩可能属起源于上地幔的玄武岩浆的演化产物。

铅同位素：对矿区3个方铅矿进行铅同位素测定，其结果见表3-8。3个样品在铅同位素关系图上的投点均落在地幔线附近，单阶段铅模式年龄与斜长花岗斑岩的Rb-Sr年龄（166Ma）相比，其中2个样品小于斜长花岗斑岩的Rb-Sr年龄，一个则稍大于岩体的Rb-Sr年龄。3个样品的平均模式年龄约145Ma，可能基本代表了成矿年龄。

表3-8　铅同位素组成表

样号	^{204}Pb	^{206}Pb	^{207}Pb	^{208}Pb	$^{206}Pb/^{204}Pb$	$^{207}Pb/^{204}Pb$	$^{208}Pb/^{204}Pb$	μm	Th/U	模式年龄(Ma)
BK108	1.3750	25.1305	21.3007	52.1940	18.276	15.491	37.959	9.26	3.58	128
BK32	1.3767	25.123	21.3071	52.1931	18.248	15.476	37.911	9.24	3.37	130
806-125	1.371	25.075	21.301	52.253	18.290	15.537	28.113	9.35	3.65	176

3）成矿作用与矿床成因

（1）布敦花铜矿的形成与燕山期中酸性杂岩体的演化密切相关。随着燕山期多次构造活动，具有地幔物质来源的深部岩浆房中经过充分分异的中酸性岩浆，沿着深大断裂系统多次上侵，形成浅成、超浅成布敦花杂岩体，并伴随着矿化作用。

（2）由于控矿构造因素上的差异，南、北矿段在矿化形式上有明显的不同。在北矿区（孔雀山矿段）远离岩体的围岩中形成了受南北破裂带控制的孔雀山脉状铅铜矿体；在南矿区（金鸡岭矿段）近岩体的围岩和岩体内部形成了金鸡岭脉状和浸染状铜矿体。

（3）布敦花铜矿成矿流体具有较高盐度$w(NaCl)=5\%\sim50\%$和高密度（$>0.85g/cm^3$），基本上属岩浆水，成矿作用是在150～600℃温度和$(400\sim110)\times10^5Pa$压力条件下进行的。成矿时间为燕山早期（166～145Ma）。

矿床成因类型：热液型矿床，其矿床成矿模式如图3-38所示。

（四）额仁陶勒盖银矿床

该矿床的区域大地构造位置属额尔古纳兴凯褶皱带与大兴安岭海西期褶皱带的接壤部位，矿区处于得尔布干深断裂之西侧。燕山期的构造岩浆活动使本区经受强烈改造，造就了以北北东向为主干的断裂构造系统及火山岩浆岩带。燕山早期有花岗岩、花岗闪长岩类侵入，燕山晚期则有岩墙、岩脉，及浅成、超浅成杂岩侵入，银矿床与本期火山杂岩有成因联系。

矿区的火山岩类以晚侏罗世塔木兰沟组上段的中基性熔岩为主，岩性有安山岩、玄武安山岩，局部

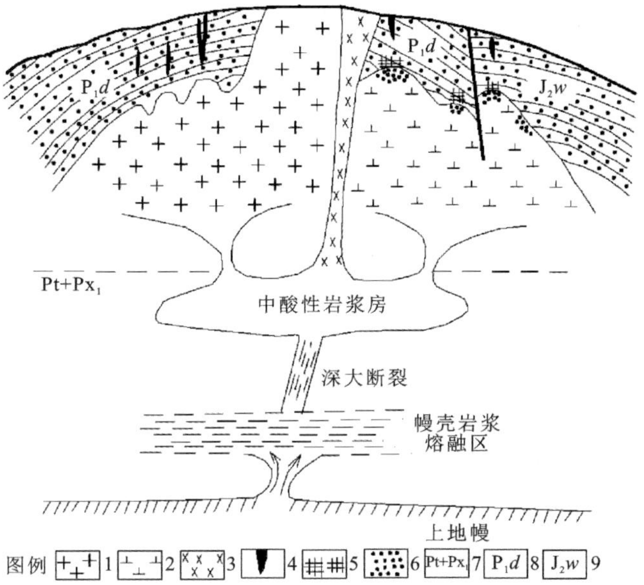

图 3-38　布敦花铜矿成矿模式示意图

1. 黑云母花岗闪长岩；2. 斜长花岗斑岩；3. 花岗斑岩；4. 脉状铜矿；5. 网脉状铜矿；6. 浸染状铜矿；7. 元古宙—晚古生代地层(下地壳?)8. 下二叠统大石寨组；9. 中侏罗统万宝组

出现玄武岩，夹层为火山碎屑岩、火山碎屑沉积岩；晚侏罗世上库力组下段酸性熔岩及其火山碎屑岩，零星分布于其上。安山岩属主要赋矿围岩，杏仁状构造发育，其中充填物为玉髓、方解石等。

火山岩演化趋势明显，当玄武岩—安山岩—流纹岩演变时，硅、碱含量升高，尤为明显的是 K_2O 呈反向变化，流纹岩中 SiO_2 平均为 76.6%，K_2O/Na_2O 为 51.75。与成矿有关的次火山岩——流纹斑岩、石英斑岩具有相同演化趋势，只是碱度增幅小，石英斑岩中 SiO_2 高达 79.38%，K_2O/Na_2O 为 60。石英斑岩 K-Ar 年龄为 120Ma。火山岩属钙碱系列。

火山岩及次火山岩中银的丰度值均高，远超过同类岩石丰度(维氏)，安山岩为 1.024×10^{-6}，流纹岩为 2.71×10^{-6}，分别为同类岩石的 15 和 54 倍；石英斑岩为酸性岩的 39 倍。

已揭露的矿体主要赋存于晚侏罗世塔木兰沟组安山岩中，总体受北北西向断裂控制，其中含 7 条同向展布的断裂，少数矿体产于与北北西向断裂交会的北东向断裂中。矿区南部标高相对低的部位见石英斑岩侵入流纹斑岩中，两侧流纹斑岩角砾发育，矿体一般由数条单脉组成，平行展布，以石英脉(或硅化体)为核心。两侧为强硅化角砾状安山岩(图 3-39)。已控最大矿体长度大于 1000m，延深 480m。

在矿脉中常出现梳状、晶洞状构造及脉石矿物对称排列之条带状构造、角砾状构造。在隐晶质块状石英或细脉状石英中，有硫化物，偶有银矿物呈浸染状、细脉状或充填于角砾间空隙中。氧化带常出现硬锰矿的胶状、肾状构造及软锰矿的薄膜状构造等。

银矿物最多见者为银-铜-硫系列的辉银矿、辉铜银矿，浅表部位偶有硒取代硫而出现硒银矿或辉硒银矿，其次有自然银。Ag_2S-Cu_2S-Sb_2S_3 系列的深红银矿、银黝铜矿中，以锌、银黝铜矿及锑、银黝铜矿为主，金银互化物中还有金银矿、银金矿及自然金。氧化带中除有辉银矿、自然银外，还有银的卤化物——角银矿、溴银矿及碘银矿，以角银矿为主，角银矿中常有不等量之溴取代氯。

经电镜扫描及探针等分析认为，银主要呈独立矿物出现，在原生带的银矿石中，银矿物主要以包体或裂隙银的形式赋存于硫化物及石英中；在氧化带中的自然银、自然金及银的卤化物嵌镶于硬锰矿、软锰矿、锰钾矿中，辉银矿赋存于针铁矿、水针铁矿中，而褐铁矿中含银量低。由于硬锰矿及水针铁矿等为胶体，估计部分银在氧化带中是以离子吸附形式存在，以及少量银的类质同象存在于硫化物中。银的配分率为：银的硫化物及硫盐占 75%左右，自然银占 3.3%～4.6%，卤化物占 3.3%～3.8%，碳酸盐及难溶硅酸盐约 5%。

金属硫化物成分简单,有闪锌矿、方铅矿、黄铁矿,及少量黄铜矿、黝铜矿。

矿石的成分,不论是原生矿还是氧化矿均以 SiO_2 为主,硫化物含量小于 2%,(铅+锌)小于 0.5%。工业矿石类型属银矿石,有少量银金矿石。围岩蚀变有明显的分带性。成矿前蚀变为青磐岩化,出现黄铁矿、绿泥石、绢云母、碳酸盐等矿物,其宽度有时可达 1～2km。与成矿关系最密切的蚀变为硅化、绢云母化,毫无例外地沿矿体两侧呈线状分布,晚期蚀变为冰长石、碳酸盐化,分布较局限,仅在矿化带中心部位出现,未出露于地表,但沿倾向延伸大于硅化带(图 3-39)。

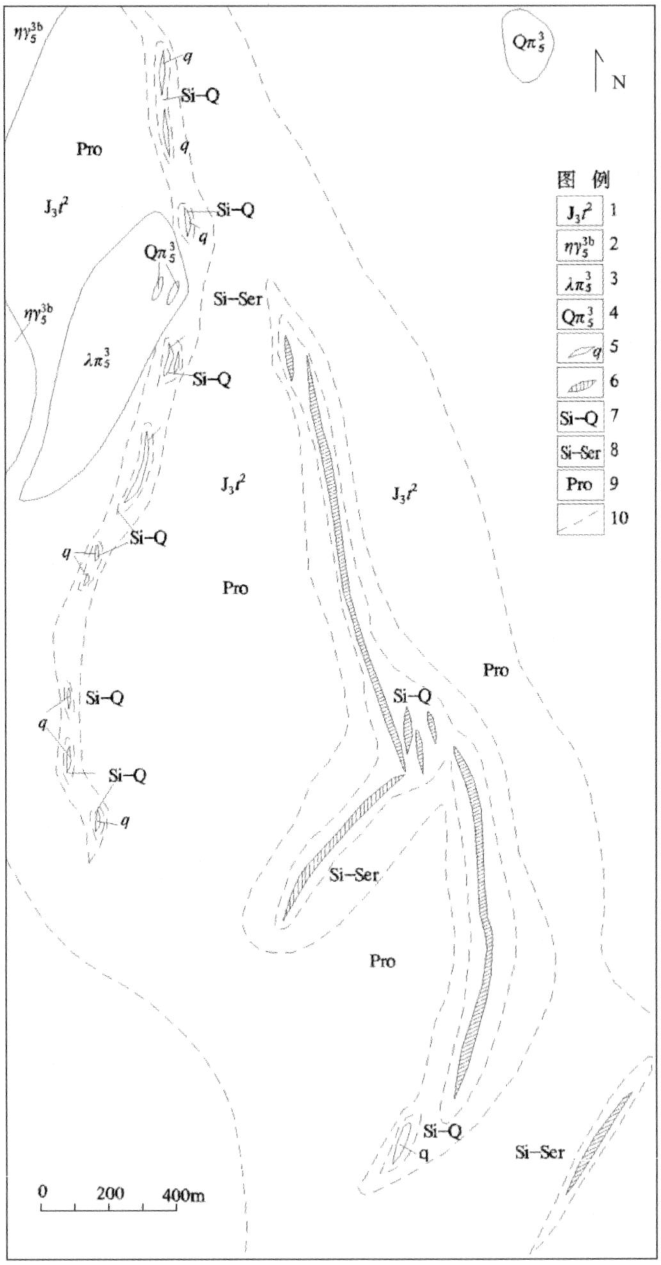

图 3-39　额仁陶勒盖银矿床蚀变分带略图

1.晚侏罗世塔木兰沟组安山岩;2.燕山晚期二长花岗岩;3.燕山晚期流纹斑岩;4.燕山晚期石英斑岩;5.矿化石英脉;6.银矿脉;7.强硅化带;8.硅化绢云母化带;9.青磐岩化带;10.蚀变带界线

成矿阶段分热液期及表生期。热液期又分为以下几种:

(1)黄铁矿-石英阶段。以含星散状黄铁矿、晶质块状石英为特征,呈网脉状构造(可能为震裂痕迹),并含棱角状青磐岩化安山岩角砾,含少量其他硫化物。本阶段仅具矿化意义。

(2)银-硫化物-石英阶段。以暗灰色隐晶质石英为特征，切穿或“胶结”早期白色石英，形成灰白相间的致密块状石英体，具角砾状构造，含蚀变安山岩及石英角砾。闪锌矿、方铅矿、黄铁矿与微量黄铜矿呈浸染状分布，银矿物广泛出现。为主要成矿阶段。

(3)银-硫化物-碳酸盐阶段。脉石矿物具特征性的冰长石、蔷薇辉石、石英及铁锰碳酸盐组合，以铁锰碳酸盐为主体，有铁菱锰矿、菱锰矿、锰菱铁矿、锰方解石等。金属硫化物呈浸染状或脉状产出，各类银矿物也相对发育，并见少量辰砂。在本阶段含矿脉体中见冰长石、石英、碳酸盐类矿物从脉壁到中心呈对称带状分布，显浅成热液矿床特有的结构特征。

在表生期广泛出现玉髓、蛋白石、胶状方解石和高岭石、蒙脱石、伊利石等黏土矿物，以及胶状硬锰矿、肾状硬锰矿、土状软锰矿、褐铁矿、黄钾铁矾及少量锰钾矿。由于热液期锰碳酸盐较发育，经淋滤后，呈黑色胶状硬锰矿充填于矿化安山岩角砾间空隙中，将含矿角砾勾画得特别清晰，为良好的找矿标志。银经氧化富集，局部地段的品位可高于原生矿的10倍。

对石英中气液包裹体用均一法测定成矿温度，获得153个数据，温度变化在199～390℃之间，未获得明显的各成矿阶段的温度数据，疑为不同矿化阶段叠加于同一空间，选择样品时难以区分所致。

矿区的硫同位素组成特征显示$\delta^{34}S$以正值为主，平均为+2.29‰，偏离零值不大，呈塔式分布，具岩浆硫同位素特征，表明硫来自深源熔浆。

在矿化中心部位钻孔中取得的石英氢氧同位素样品，$\delta^{18}O$和δD值表明成矿流体系岩浆水与大气降水之混合体；对比不同深度的$\delta^{18}O$值可看出，标高越高，成矿流体中大气降水的成分就越大。

矿床成因类型：属于次火山热液矿床。

(五)大井锡铜多金属矿床

该矿床位于大兴安岭褶皱带西南端景峰-查干木伦-哈拉哈达复向斜之中。属黄岗梁-甘珠尔庙锡铜多金属成矿带。

1. 矿区地质

1)地层

区内出露地层有志留系、石炭系、二叠系、三叠系、侏罗系、白垩系、第三系和第四系。其中二叠系和侏罗系分布广泛，并与矿化关系密切(图3-40)。

二叠系由老到新为：

青风山组(P_1q)，为一套粗—细粒硬砂岩和砂泥质页岩，厚度达2859～4628m。多分布在黄岗梁-甘珠尔庙复背斜的核部。

大石寨组(P_1d)，为一套中性—酸性火山岩夹碎屑沉积岩，顶部夹钙质凝灰岩和薄层灰岩。厚748～2146m。分布在背斜核部及翼部，是重要的赋矿层位。

哲斯组(P_1z)，主要由砂岩、板岩、砾岩和大理岩组成，厚1317～1590m，是重要的赋矿层位。

林西组(P_2l)，是一套淡水湖泊相粉砂岩、细砂岩，夹中粒杂砂岩和泥灰岩，厚度大于3000m。是大井锡铜多金属矿床的赋矿层位。

侏罗系由老到新为：

新民组(J_2x)，砂砾岩夹板岩和薄煤层。

满克头鄂博组(J_3m)，酸性、中酸性熔岩，火山碎屑岩，凝灰质沉积岩，厚度97m。

玛尼吐组(J_3mn)，中性、中基性火山岩，厚度40m。大井矿区外围广泛分布有这套火山岩。

白音高老组(J_3b)，由碎屑岩、流纹岩、熔结凝灰岩组成，厚77m。

2)构造

本区褶皱和断裂构造均较发育。褶皱以北东向为主，由西向东有：黄岗梁-白音诺-甘珠尔庙复背

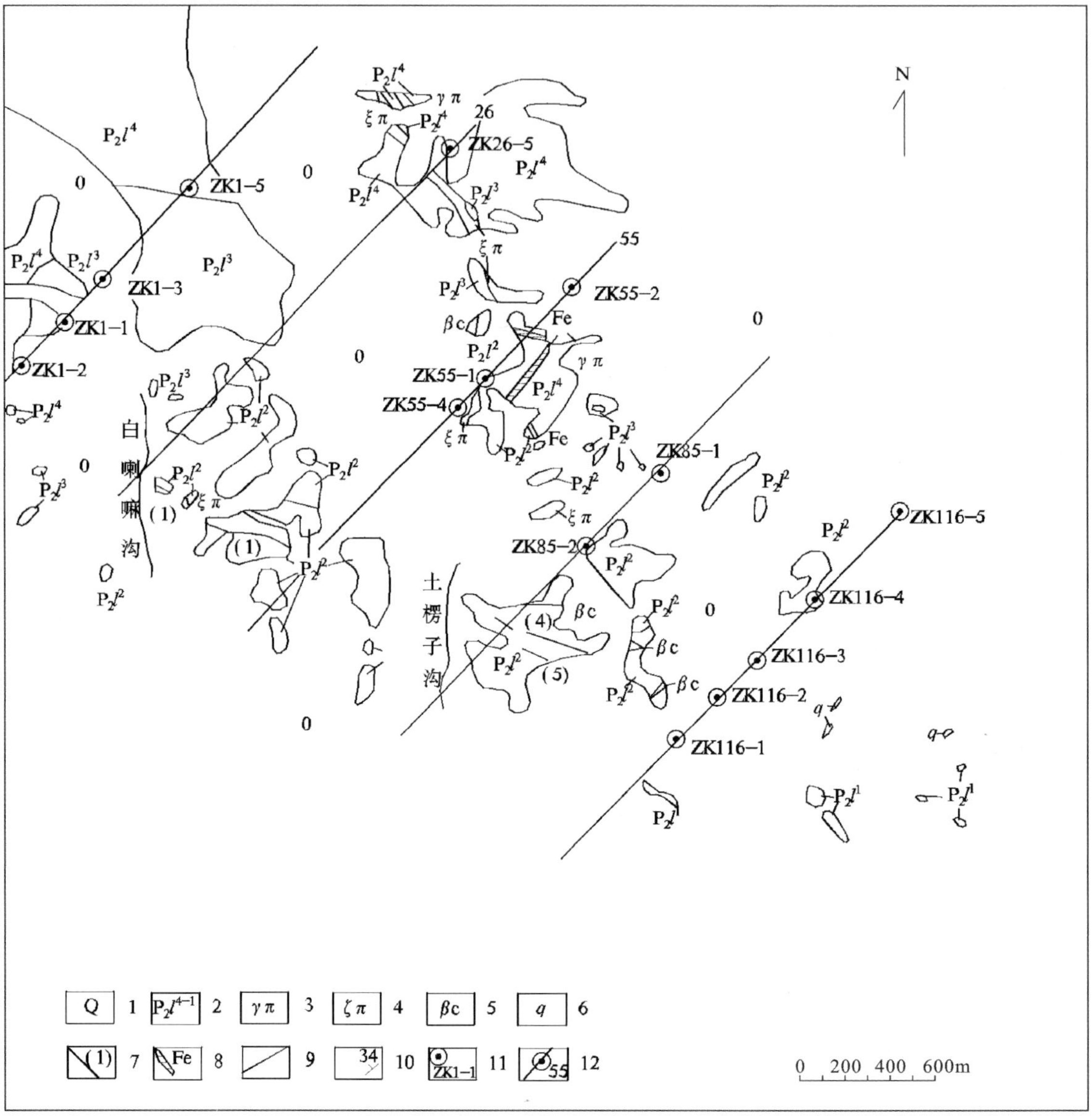

图 3-40　大井矿区地质图

1.第四系；2.上二叠统林西组 1～4 段；3.花岗斑岩；4.流纹斑岩、英安斑岩；
5.安山玄武岩、玄武玢岩；6.石英脉；7.矿体及编号；8.铁帽；
9.实测及推断地质界线；10.层理产状；11.钻孔及编号；12.勘探线及编号

斜，景峰-查干木伦-哈拉哈达复向斜。大井矿床产于复向斜构造中。

断裂主要有东西向、北东向、北西向 3 组。东西向、北东向断裂控制了中生代断块隆起和坳陷的边界，北西向断裂以张性为主，常切割北东向构造，使褶皱不连续。它还控制矿体或矿脉的展布，如后布河断裂、白音查干-林西断裂等。矿床赋存在数组断裂的交会处。

3）岩浆岩

区内岩浆活动十分强烈，表现为大量的火山喷发和侵入活动，以海西期和燕山期为主。

海西期岩浆活动表现为早期以海底中基性喷溢为主，形成厚层细碧角斑岩系；晚期以中酸性侵入为主，形成花岗闪长岩、黑云母花岗岩岩基或岩株，年龄为 280～230Ma。目前认为，该期岩浆活动与矿化关系不大。

燕山期岩浆活动有两个大旋回——燕山早、中期（167～135Ma）和燕山晚期（135～110Ma），受断裂构造控制形成两个大的构造-岩浆带。

黄岗梁-甘珠尔庙构造-岩浆带：呈北东向展布。早期为酸性火山喷发（满克头鄂博组、白音高老组），属钙碱性英安流纹岩类。晚期为花岗岩岩基、岩株，侵入在中生代断块隆起区的二叠系中。岩石类型有黑云母花岗岩、钾长花岗岩、二长花岗岩等。这类岩石多高硅富碱，富集稀土（LREE）元素，具明显的 Eu 亏损，富 Rb 贫 Sr，K/Rb 值低，富 F 贫 Cl。分异演化较好的小岩体，往往有钨锡矿化。

景峰-罕庙构造-岩浆带：呈北东向展布，受大断裂带控制。晚期有中酸性侵入岩呈岩株、岩脉或岩墙侵入于断陷火山盆地边缘带中或中生代火山盆地中。岩石类型有花岗闪长岩、石英闪长岩、闪长玢岩、黑云母斜长花岗岩等。这类岩石多贫硅、富钙，富集稀土（LREE）元素，无 Eu 亏损，多与铜、银、铅锌矿化有成因联系。大井矿床即产于该岩浆岩带中。

一些与矿化有关的岩体 $^{87}Sr/^{86}Sr$ 为 0.706～0.7096，显示出 I 型花岗岩的特征。

2. 矿床地质

矿体分布、形态及产状：矿床由 200 多条矿脉或脉群组成。现已圈定出工业矿体 78 条。

矿体以不规则脉状、复脉状、交错脉状、网脉状、串珠脉状产出，多充填在北西向、北西西向复合断裂破碎带中，在平面上常呈“S”形或“W”形。矿脉多具舒缓波状，常见膨缩和分支复合现象（图 3-41）。多数矿脉与围岩界线十分清楚，但也有少数呈细脉浸染状，需靠化学分析来圈定矿体。

矿体倾角变化较大，在南、中部较缓，为 25°～40°；西部、东部、北部较陡，一般为 45°～75°。同一条矿脉在走向上的倾角也有变化，如 7 号矿体中部的倾角为 30°～40°，向东变为 65°。

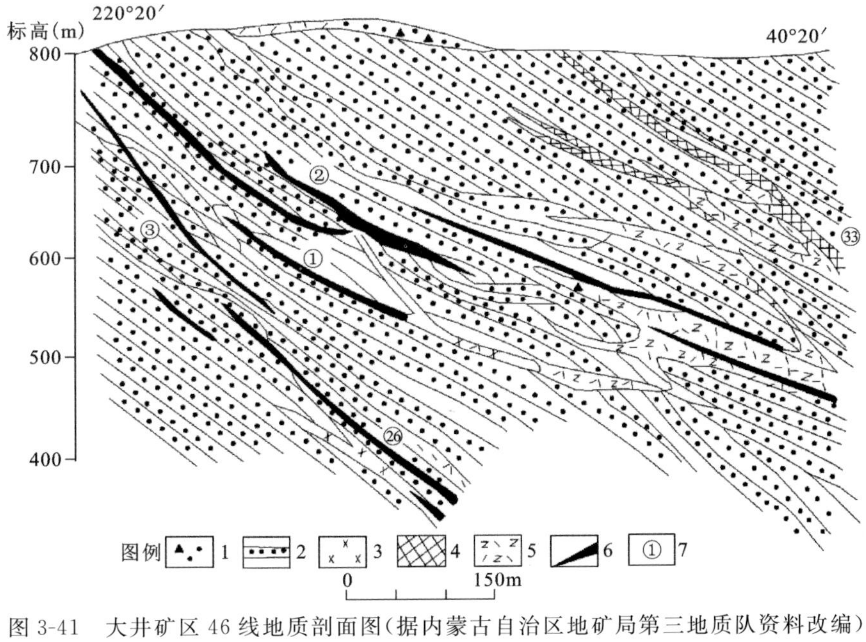

图 3-41　大井矿区 46 线地质剖面图（据内蒙古自治区地矿局第三地质队资料改编）
1. 第四系；2. 林西组黑色粉砂岩；3. 云斜煌斑岩；4. 以铅锌为主的矿脉；
5. 霏细斑岩；6. 铜及铜锡矿脉；7. 矿脉编号

主矿体一般长为 300～600m，最长达 1000m；厚 0.2～2.5m，最厚为 11m；延深一般为 300～400m，最深达 550m。矿体在走向和倾向上连续性很好。如Ⅰ号矿体，长大于 1000m，最大厚度为 5.92m，最小厚度为 0.1m，平均为 1.8m，最大斜深为 480m；Ⅳ号矿体，长 480m，最大厚度为 5.32m，最小厚度为 0.2m，平均为 1.62m，最大斜深为 323m。

矿石矿物成分：矿床成矿作用较为复杂，形成多种类型的矿石。

矿石类型：常见的矿石类型有锡石-黄铜矿矿石，锡石-闪锌矿-方铅矿-黄铜矿矿石，方铅矿-闪锌矿矿石，锡石-闪锌矿矿石，锡石-毒砂矿石，块状黄铜矿矿石，含铜磁黄铁矿矿石和氧化矿石等。其中锡石-黄铜矿矿石和锡石-毒砂矿石是主要锡矿石，方铅矿-闪锌矿矿石和块状黄铜矿矿石是富银矿石。

矿石矿物：矿石矿物种类很多，达50余种（表3-9）。从矿石类型可以看出，金属矿物组合较为复杂，除不同成因矿物相互叠生外，还含有大量的银的硫盐矿物；成矿的物理化学条件变化甚大。

表3-9　矿石矿物成分一览表

矿物类别	主要矿物	次要矿物	微量矿物
金属矿物	黄铜矿、黄铁矿、毒砂、闪锌矿、方铅矿、锡石、胶状黄铁矿、白铁矿	磁黄铁矿、斑铜矿、黝锡矿、锡黝铜矿、辉铜矿、方黄铜矿、硫锑铅矿	方钴矿、辉钴矿、自然铋、斜方砷铁矿、辉铋矿、车轮矿、深红银矿、自然银、硫锑铜银矿、硫银铋矿、脆银矿、螺状硫银矿等硫盐复硫盐矿物
脉石矿物	石英、菱铁矿、绿泥石、方解石、绢云母	斜长石、铁白云石、锰方解石、电气石	
氧化矿物	褐铁矿、孔雀石、铜蓝	黄钾铁矾、臭葱石、铅矾	角银矿、氯溴银矿、白铅矿

矿石的结构构造：矿石结构，主要有自形—他形粒状结构、固溶体分离结构、压碎结构和交代（残留、骸晶）结构，另有少量嵌晶和胶状结构。矿石构造以交错脉状、网脉状、角砾状为主，另有少量块状、浸染状、似条带状、晶洞构造等。矿石以发育固溶体分离结构、填隙结构，及交错脉状、网脉状、角砾状构造为特征。

矿石化学成分：矿石中有用组分有Sn、Cu、Ag、Pb、Zn、S，它们均具有独立开采价值。伴生组分有Co、In、As、Sb、Bi、Cd，及少量的W、Mo、Au等。矿床中铜的平均品位为2.23%；锡0.78%；锌3.32%；铅0.68%；银$(120\sim210)\times10^{-6}$，等。据物相分析可知，铜主要为原生硫化铜，其占有率达87.78%；锡的赋存状态以锡石为主，占有率达96.7%；银以独立矿物存在，占有率为87.88%。

矿化分带：矿床中部为铜锡银矿带，东部为铅锌（银）带，西部为锌铜（铅）带（图3-42）。

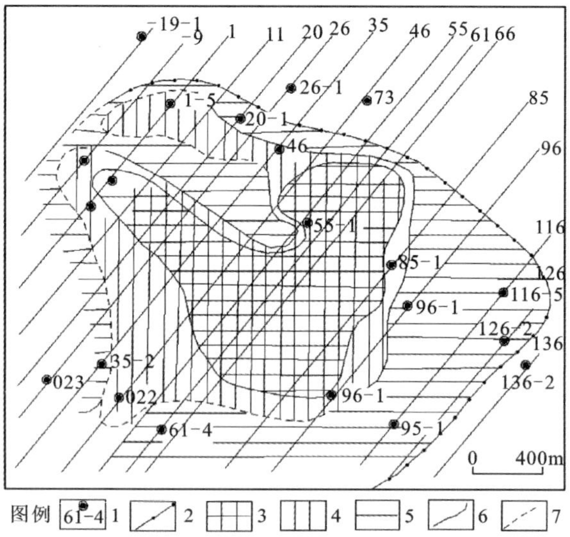

图3-42　大井锡铜多金属矿床元素分带平面图

1.竣工钻孔；2.推测矿化边界；3.铜锡区；4.过渡区；5.铅锌区；6.工程控制界线；7.推测界线

围岩蚀变：近矿围岩蚀变具有围绕矿体呈线状分布的特征。单脉蚀变宽度0.5～2m，最宽为5m左右。单脉蚀变分带不明显。

蚀变类型有硅化、绢云母化、菱铁矿化、绿泥石化、电气石化、含铁白云石化、方解石化、萤石化等。矿区西南部有与锡、铜成矿关系密切的蚀变，以硅化、绢云母化、电气石化为主；东部及浅部以铁锰碳酸盐化和绿泥石化为主，与铅锌矿化关系密切；菱铁矿化与银矿化富集有关。

3. 成矿条件

1）稳定同位素

硫同位素：矿石硫同位素$\delta^{34}S$变化于−5.05‰～3.4‰之间，平均值为0.82‰，极差为2.97‰～6.75‰；在频率直方图上为单峰，具有塔式分布的特点。表明硫的来源单一，均一化程度高，主要来源于上地幔（或下地壳）。

铅同位素：矿石铅同位素组成很稳定，υ变化范围为0.063～0.067，μ在8.98±0.07，盐度$w(NaCl,\%)$在35.55±0.59，所在样品都落在卡农铅同位素演化图中小三角形内很小的范围中，均为普通铅。单阶段φ值年龄为290～89Ma。

氧同位素：成矿过程中，氧同位素组成变化范围较大，早期锡石硫化物阶段为3.33‰～10.22‰，基本接近于泰勒确定的正常岩浆水氧同位素组成，中晚期多金属硫化物成矿阶段为-3.34‰～-1.16‰，接近于雨水的氧同位素组成。石英流体包裹体的氢同位素分析值δD为-107.9‰，在雨水的δD范围内。

碳同位素：碳同位素组成$\delta^{13}C$为-6‰～-2.9‰，已知火山气体中CO_2的$\delta^{13}C$为-6‰～-5‰，两者大体相同，故推断大井矿床的碳主要来源于火山喷气作用。

2)成矿物理化学条件

矿体的形成温度为140～370℃，均一温度频率直方图上出现双峰，反映了多期、多阶段矿化的特征。

经测算，成矿压力为(459～759)×10^5Pa，属浅成矿床。

成矿作用的氧逸度变化较大，由早到晚逐渐减低。早期氧逸度较高，硫逸度较低，形成了锡石石英脉；随后氧逸度降低，硫逸度增高，出现大量硫化物沉淀。成矿作用是在弱碱-弱酸性环境中进行的；氧化还原电位是逐渐升高的，即由氧化环境演变为还原环境，中晚期形成大量硫化物矿物，并富集成矿。

成矿流体属于Na^+-Ca^{2+}/Cl^--HCO_3^-型溶液，盐度w(NaCl)较低(3.44%～21.01%)，流体密度为0.8～0.98g/cm^3。成矿流体为低盐度、低密度、快速流动、富含成矿元素的热水溶液。当含矿热液上升进入到断裂破碎带中时，多形成裂隙充填矿脉，矿脉两侧围岩蚀变范围较窄，出现了中低温热液蚀变的矿物组合。

综上所述，大井锡铜多金属矿床成矿物质主要来自于地壳深部的岩浆，岩浆经历了多旋回喷发、侵入和长期分异演化，含矿溶液沿火山通道上升到浅部，在特定的物理化学条件下形成矿床。

4. 成矿模式

本矿床的成矿过程可分为两期4阶段(表3-10)。

表3-10　大井矿床矿化期矿化阶段特征表

矿化期	次火山热液成矿期				表生期
矿化阶段	锡石-毒砂-石英阶段	早期硫化物阶段	晚期硫化物阶段	铅锌银碳酸盐阶段	
温度	300～700℃	260～320℃	200～260℃	140～200℃	常温
金属矿物	锡石、毒砂、黑钨矿、含砷黄铁矿等	铁闪锌矿、毒砂、双锥长柱状锡石、黄铁矿、磁黄铁矿、斜方砷铁矿、辉铋矿、方钴矿、方黄铜矿、自然铋、黝锡矿、硫铋锑铅矿、硫银铋矿等	黄铜矿、含铜闪锌矿、黝铜矿、银黝铜矿、方铅矿、深红银矿、车轮矿、硫铜铋矿、硫铜银矿、硫锑铜银矿、辉银矿、针铅铋银矿、辉锑银矿等	方铅矿、闪锌矿、白铁矿、胶状黄铁矿、螺状硫银矿、脆银矿、自然银、银黝铜矿、辉锑铅矿、复硫盐矿物等	褐铁矿、铜蓝、孔雀石、黄钾铁矾、白铁矿、铅矾、臭葱石等
脉石矿物	石英为主，少量电气石、斜长石	石英、绢云母、铁白云石	鲕绿泥石、石英、含锰方解石、菱铁矿	含锰方解石、白云石、萤石	
热液蚀变	硅化、电气石化	硅化、绢云母化	硅化、铁锰碳酸盐化	碳酸盐化	褐铁矿化、赭石化

矿床的形成特征如下：

(1)大井矿床赋存在中生代火山沉积盆地中，成矿作用与火山作用在时、空上与成因上有密切关系。矿床受次火山侵入体控制，矿体在空间上与英安斑岩、安山玢岩紧密相伴，而且一部分斑岩构成了矿石。

(2)成矿物质主要来自上地幔岩浆。含有高丰度的Cu、Sn、Pb、Zn、Ag元素的碱质变异的安山玢岩、英安斑岩，与成矿溶液来自同一岩浆源。

(3)据稳定同位素硫、铅提供的信息，成岩和成矿作用具有深源的特征；碳同位素组成反映其主要来自于火山喷气作用；氧同位素表明，成矿作用晚期有大气水加入。这些都是火山-次火山热液成矿的重要特征。

(4)矿石中的固溶体分离结构，反映成矿过程中的温、压变化较大。矿石中发育的晶洞构造、胶状结构、填隙结构均是浅成环境的特征。

(5)矿石中单矿物黄铁矿的 $w(Co)+w(Ni)>1$，Se 含量较低。锡石含 Fe、Mn、In 高，而含 Ta、Nb 很低，这不同于云英岩型锡矿，而与次火山热液锡矿类同。

(6)矿床形成温度 140～370℃，成矿具有多期多阶段的特征。在浅成斑岩期有 Cu、Sn、Ag、Pb、Zn 的矿化(一般品位低)，在热液阶段又进一步富集，这与火山构造脉动活动有关。矿石矿物成分复杂，元素组合多，伴生组分复杂，反映了成矿条件的复杂性。

据此实际资料认为。本矿床属(次火山)热液型锡铜多金属矿床。成矿模式如图 3-43 所示。

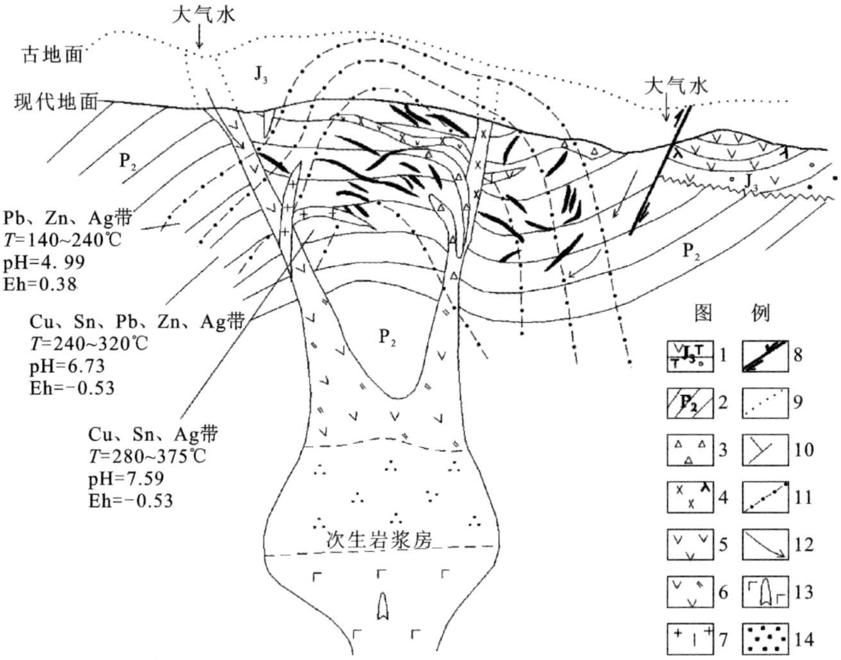

图 3-43　大井多金属矿床成矿模式示意图(据张德全等，1994)

1.侏罗纪火山岩；2.晚二叠世林西组砂板岩；3.侵入自碎角砾岩；4.玄武玢岩辉绿玢岩；5.安山玢岩；6.英安斑岩；7.霏细斑岩；8.断裂构造；9.推断地质界线；10.矿脉；11.矿化分界线；12.大气水补给方向；13.岩浆来源；14.推断的火山机构

(六)甲乌拉银多金属矿床

甲乌拉矿床位于区内木哈尔成矿亚带西段，新巴尔虎右旗西 42km 处。该矿床与乌努格吐山斑岩铜钼矿床同处于满洲里-新巴尔虎右旗成矿带内，有相似的大地构造环境和区域地质背景。成因类型属于受次火山岩和构造破碎带控矿的银铅锌铜中低温热液矿床，按斑岩成矿系列分析，深部有找到斑岩铜矿的可能，沿北西向构造-岩浆带亦有巨大的找矿潜力。

1. 矿区与矿床地质

1)矿区构造和岩浆活动

区域上得尔布干北东向主断裂断续活动，诱发北西向木哈尔断裂带局部发生右旋剪切作用，褶皱轴由北西向转向北东向，出现强剪性断裂、层间裂隙、构造破碎带，使岩浆沿断裂侵入或喷出。燕山晚期构造使浅部高位岩浆房熔浆沿断裂多期上侵，发生潜火山作用，形成沿着向南东汇聚的放射状断裂分布的小岩体群(图 3-44)。岩浆活动具多期次活动特点，岩性复杂。黑云母斜长花岗岩出露于矿区东北部，呈岩基产出。属铝过饱和钙碱系列类型，时代为印支期—燕山早期，K-Ar 全岩年龄 178.41Ma。次安山岩在矿区中部地表及深部可见，呈岩株、岩床或不规则状小岩体产出。岩石具多斑状结构，属铝过饱和碱钙系列岩石类型。分异指数为 59.76，分异较差，K-Ar 全岩年龄 132.8Ma。次英安岩分布在矿区中部，呈不规则状小岩体群产出。岩石具斑状结构，基质具交织结构、粗面结构。属铝过饱和钙碱系列岩石类型。分异指数 64～80，中等程度分异。K-Ar 全岩年龄 121.7Ma。石英斑岩分布在矿区南部，岩体边部有岩屑、晶屑凝灰质伴随，有水白云母化、绿泥石化、碳酸盐化等蚀变。分异指数 86.46～95.66，分异程度高，K-Ar 法全岩年龄 117～115Ma。花岗斑岩与石英斑岩时空关系密切，岩石具斑状结构，基质为显微花岗结构，发生绢云母化、伊利石-水白云母化蚀变，并有浸染状黄铁矿化、黄铜矿化、方铅矿化、闪锌矿化等。分异指数 85～89，是矿区岩浆岩石系列晚期产物，K-Ar 法全岩年龄 109.9Ma。石英斑岩、花岗斑岩为矿区的矿化热源中心。1990 年施工钻孔，4 个孔分别穿过 9 个铜矿化段，矿体分布于深部岩体边部的破碎蚀变带中。熔结凝灰岩分布于矿区中部，岩石具流动构造，含石英、长石晶屑和流纹质英安质凝灰岩屑、浆屑，与黄铁矿、闪锌矿、石英、绿泥石等组成矿脉。这是次火山热液型矿床成因证据之一。

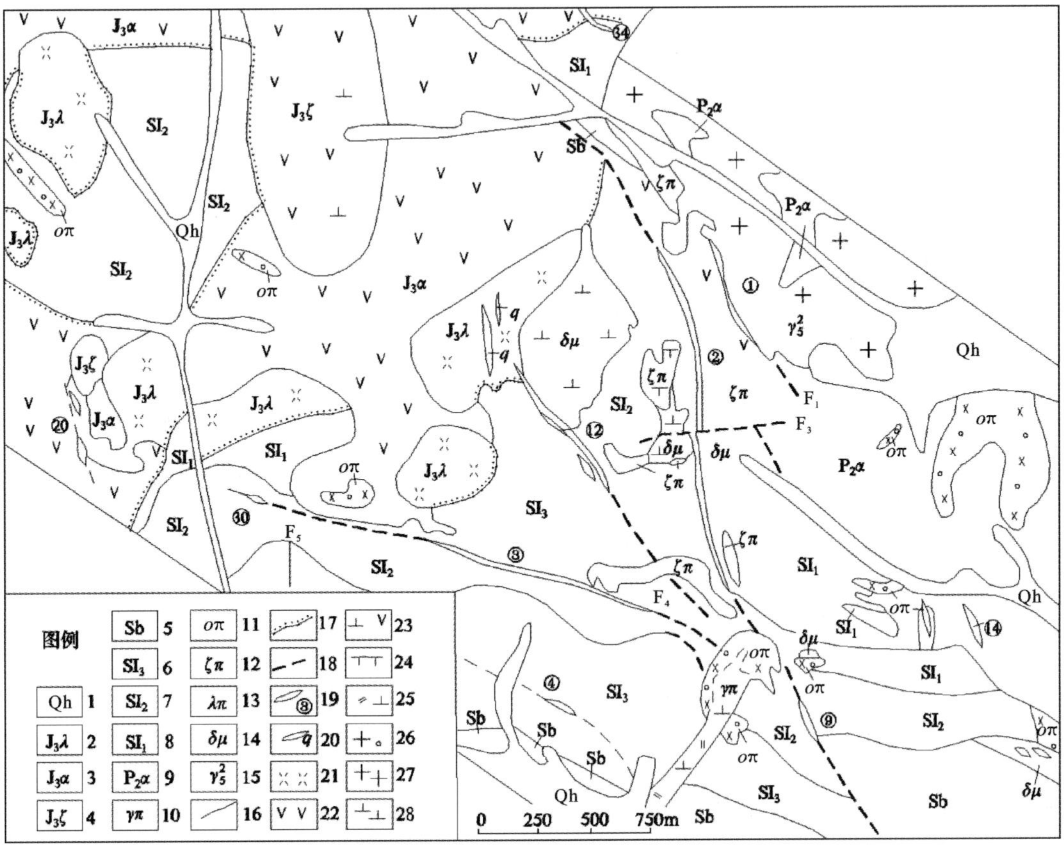

图 3-44 甲乌拉多金属矿区地质图

1.第四纪松散沉积；2～4.晚侏罗世火山岩(2.流纹岩，3.安山岩，4.英安岩)；5.泥质板岩，碳质板岩、粉砂岩；6.细砂岩、中粗砂岩；7.砂砾岩、凝灰砂岩；8.凝灰砂砾岩、凝灰岩；9.蚀变安山岩；10.花岗斑岩；11.石英斑岩 12.次英安岩；13.流纹斑岩；14.次多斑安山岩；15.黑云母斜长花岗岩；16.地质界线；17.不整合界线；18.断层及编号；19.矿体及编号；20.石英脉；21.流纹岩；22.安山岩；23.英安岩；24.次英安岩；25.花岗斑岩；26.石英斑岩；27.花岗岩；28.次多斑安山岩

2)蚀变与矿化

围岩蚀变呈线型，沿含矿构造破碎带分布，分带不明显。矿化与蚀变亦无明显对应关系。矿区发育的硅化、绿泥石化、碳酸盐化与成矿关系密切，破碎带中石英脉是重要的找矿标志。

成矿以充填作用为主，交代作用弱，矿液与围岩没有明显物质交换。已发现 41 条矿体，与扇形排布的北北西走向张剪性断裂有关，赋存于侵入接触构造破碎带及不同岩性层间破碎带中。

3)矿石与成矿阶段

矿石具典型热液矿物组合，金属矿物有毒砂、黄铁矿、闪锌矿、白铁矿、黄铜矿、方铅矿等；脉石矿物有石英、碳酸盐矿物等。黄铁矿有 3 个世代，闪锌矿分两个世代，黄铜矿呈脉穿插到毒砂、黄铁矿、闪锌矿等早结晶的矿物中，或与闪锌矿成固溶体。白铁矿与晚世代的黄铁矿密切共生，标志着成矿热液为中性或弱碱性。此外还有磁黄铁矿、辉铋矿等。

矿石结构有由结晶作用形成的粒状结构、固溶体分离的结晶结构、交代残余结构、压碎结构等。矿石具脉状、块状构造、浸染状构造、角砾状构造。矿脉与石英脉、火山岩界线清晰。

矿物生成顺序：毒砂→早期黄铁矿→闪锌矿与方铅矿→白铁矿→黄铜矿→晚期黄铁矿。结合矿物组合，矿物之间的交代、穿插、熔蚀等现象，成矿阶段可划为：早期阶段，有毒砂、黄铁矿、闪锌矿、白铁矿、方铅矿、黄铜矿，以及石英、碳酸盐等矿物为主成矿阶段；晚期阶段仅生成黄铁矿、穆磁铁矿，以及少量白铁矿、黄铜矿、碳酸盐矿物。

含银金矿物有辉银矿、自然银、硫锑铋铅银矿、碲银矿、自然金等。辉银矿呈细粒分布于方铅矿、黄铜矿、闪锌矿之中；自然银包裹在辉银矿中；硫锑铋铅银矿与自然银共生，包裹在辉银矿中；碲银矿与辉银矿共生，被方铅矿包裹；自然金被毒砂包裹。矿区北部硫化物含银高，往南含银有降低趋势，而含金量则相反，向南递增。垂向上，随矿体埋藏深度增加，金属硫化物含银量略高，金的趋势不明显。银矿物生成顺序：自然银、硫锑铋铅银矿为早期，辉银矿为晚期。

2. 稳定同位素

甲乌拉矿床硫同位素 $\delta^{34}S$ 平均值(79 个样品)为＋2.7‰，变化范围在－2.86‰～＋4.1‰之间，离散度小，频数统计呈塔式集中。采用 Pirchneg 和 Rafter 法获热流体总硫 $\sum\delta^{34}S$ 为 0.9‰～1.4‰，具壳幔混源特征。但是，与乌努格吐山矿对比，有较多围岩硫混入。平面分布近岩体 $\delta^{34}S$ 有增大趋势，这与岩体释放热能有关。硫同位素平衡不好，围绕热源体(斑岩体)形成同位素变异晕(杨竞红，1991)，并可证明矿质硫与斑岩体为同一来源。

铅同位素组成 $^{206}Pb/^{204}Pb$＝18.285～18.758，$^{207}Pb/^{204}Pb$＝15.48～15.60，$^{208}Pb/^{204}Pb$＝37.828～38.934，落点于正常铅 B. R. Doe 增长曲线上，集中落在正常演化曲线 $\mu=9.41$ 附近及卡农三角图铅同位素演化小三角形中，铅来源于同熔花岗岩类，与矿区岩源相符。较均一的 U/Pb 体系是深大断裂控岩控矿的证据。长石铅矿石铅同位素组成吻合，用 Holms-Houtemens 法计算获得单阶段演化模式(φ 值)年龄 154～93Ma，成矿年龄与次火山(斑岩)体成岩年龄接近，在 Zartman 铅同位素构造环境图上，铅同位素组成反映了造山带的构造环境。

3. 矿物包裹体

熔融包裹体样品取自石英斑岩、花岗斑岩中，含锆石、磷灰石等晶质包裹体，两相包裹体有玻璃＋气相、硅酸盐矿物＋气相。成岩温度为 800～900℃，包裹体特征说明该区斑岩体与乌努格吐山花岗闪长斑岩体有相似的岩性、岩浆源，同属一个岩浆系列，但是成岩年代稍晚，成岩温度较低，侵位较浅。

流体包裹体样品取自矿脉或构造破碎带中的石英。包裹体类型多，液体包裹体各矿带均有，气体包裹体矿区内向南东有递增趋势，含 NaCl 子晶多相包裹体也有类似规律，沸腾包裹体群仅在几个主矿体出现，CO_2 多相包裹体分布普遍，此外，还有少量含闪锌矿、硬石膏子晶包裹体。

石英斑岩体向北西或向四周，包裹体中流体盐度、密度呈跳跃式起伏分布，这与多源热液活动有关。

石英斑岩体及花岗斑岩体为一热源，北部的次英安岩可能为另一热源。矿区均一温度范围为124～440℃，自矿区南端的石英斑岩体向北西或向四周，包裹体测得的温度、压力也呈起伏递降趋势。富矿化地段，如居矿区中央近南北向分布的Ⅱ号矿体，包裹体含CO_2多，又因为地表水加入而富含CH_4、N_2，液相成分中含阳离子Na^+、K^+、Ca^{2+}、Mg^{2+}，阴离子F^-、Cl^-、SO_4^{2-}，NaCl子晶全矿区普遍含量高，而KCl子晶分布不均。总之，甲乌拉矿流体包裹体具中—低温压、中—低盐度、中—低密度特征。

4. 成矿机制

1）成矿物质来源

成矿物质具多来源特征，成矿元素Ag、Pb、Zn、Cu等及矿化剂主要来自燕山期火山岩、次火山岩深源岩浆。成矿流体来自深部岩浆，地表水渗入随成矿进程演化所占比例越来越大，晚期地表水所占比例大于岩浆水。

氢氧同位素组成特征也可以反映成矿流体性质。热液中$\delta^{18}O_{H_2O}$为$-11.8‰$～$13.09‰$、$\delta^{18}O_{H_2O}$为$-109.58‰$～$139.7‰$，3个矿脉中石英样$\delta^{18}O$为$-1.96‰$，$-4.97‰$，$+6.76‰$，石英斑岩全岩$\delta^{18}O$为$+4‰$，与乌努格吐山斑岩矿床比，甲乌拉矿床成矿流体中天水比例更大。

2）成矿物理化学条件

根据石英包裹体均一化温度，将矿区成矿流体温度演化划分为4个阶段：①330～410℃阶段；②250～320℃阶段，为本矿区主成矿阶段；③200～240℃阶段；④小于200℃阶段。方解石均一化温度数据统计以100～180℃为最高频率，代表晚期流体温度，与根据石英均一化温度划分的第4阶段吻合。

3）压力

成矿压力$(35\sim200)\times10^5$ Pa为主，最高可达540×10^5 Pa，平面趋势石英斑岩、花岗斑岩岩体分布区压力最高，向外渐小。

4）pH、Eh、f_{O_2}、f_{S_2}的估算

与水的中性线比较（Olofsoon，Hopler，1975）并与成矿温度4个阶段对应：①$T=300$℃，$P=350\times10^5$ Pa，pH=5.58；②$T=300$℃，$P=200\times10^5$ Pa，pH=5.65；③$T=250$℃，$P=150\times10^5$ Pa，pH=5.6；④$T=150$℃，$P=100\times10^5$ Pa，pH=5.82。与乌努格吐山矿床相似，甲乌拉矿床也是在弱酸性介质环境下成矿的。

Eh值（氧化-还原电位）、f_{O_2}（氧逸度）两参数特征，按温压递增顺序Eh值0.58→0.59→0.59，f_{O_2}值有1.148×10^{-37} Pa→1.023×10^{-27} Pa→1.023×10^{-26} Pa变化趋势。Eh值变化不大，成矿氧化-还原环境比较稳定。f_{O_2}值明显递增，这是次火山相、喷出相近距离内急剧变化的结果。成矿流体演化后期，地表水大量加入，带来CO_2、O_2等使f_{O_2}值增高。

据Machean（1969）研究资料，f_{S_2}的变化影响着硅酸盐熔体中金属化合物的含量。f_{S_2}升高，硅酸盐熔体中金属氧化物含量降低，而金属硫化物富集。甲乌拉矿区f_{S_2}与温度有较严格的正消长关系。即温度：190℃→345℃，$\lg f_{S_2}$值：1.58×10^{-10}→3.98×10^{-6}。相当于多宝山斑岩铜矿床在250℃温度条件下的黄铜矿等硫化物矿物组合的硫逸度变化区间，甲乌拉矿区f_{S_2}高值区恰处于南部石英斑岩及主矿体（Ⅱ号）分布区，f_{S_2}有指示最佳成矿部位意义。

5）流体演化与成矿关系

如前所述，本矿床成矿流体来源有两个：一是来自深部岩浆；二是来自地表水渗入。前者自地下深处上升，带来Ag、Pb、Zn、Cu等有用金属和矿化剂等组分。途经二叠纪地层，萃取补给部分矿质。在沿构造通道运移过程中，随着物化条件的改变，热流体本身成分和性质不断发生变化，并最终发生矿质淀积成矿。

早期阶段，流体以岩浆水为主。温度300～400℃，压力$(200\sim500)\times10^5$ Pa，盐度w(NaCl)为20%，pH值为5.85，流体有较高的温度、压力、盐度，Si^{4+}、K^+代入，发生硅化、绢云母化。As、S、Fe元素以

$Fe^{2+}[AsS]^{2-}$ 形式生成毒砂或以 $Fe^{2+}[S_2]^{2-}$ 形式生成黄铁矿，由于气液的强扩散作用呈浸染状成矿于酸性火山凝灰岩中。

中期阶段，温度降低至 200～240℃，压力降到 200×10^5 Pa，盐度 w(NaCl)降到 7%，pH 值为 5.65。地表水渗入可能居主导地位，形成一系列含$(OH)^-$的矿物，与白云母生成$[CuCl^3]^-$、$[Cu(S_2O_3)]^{3-}$等络合物，但不稳定。黄铜矿与方铅矿、闪锌矿、黄铁矿等共生，银呈显微包体进入上述金属硫化物中。

晚期阶段，温度小于 200℃，压力$(7\sim10)\times10^5$ Pa，盐度 w(NaCl)为 7%～12%，pH 值为 5.82。随着岩浆-断裂构造多期叠加，环境进一步开放。发生绢云母化、碳酸盐化、绿泥石化、冰长石化、萤石化。挥发组分 Cl^-、F^-、CO_2 等大量释放，S^{2-}、$[S_2]^{2-}$ 与 Pb^{2+}、Zn^{2+}、Fe^{2+} 生成闪锌矿(ZnS)、方铅矿(PbS)、黄铁矿(FeS_2)。

Ag、Au 富集行为不同，高温时 Au/Ag 值高，浅成中低温环境 Au/Ag 值低，甲乌拉矿区具备中低温条件，所以银矿化作用强。Ag、Au 不进入碳酸盐矿物中，Ag 与 Pb、Zn、Cu、Bi、Sb 共生，Ag 从$[AgCl_2]^-$、$[Ag(SO_4)_2]^{3-}$络合物中析出进入金属硫化物中。

6)成矿模式

本区成矿活动可追溯到晚古生代、晚二叠世，地槽开始回返，形成一套陆相玄武安山岩、安山岩、流纹岩等火山岩和碎屑沉积岩，其中含金属元素丰度较高的火山喷溢物质为成矿的基底或围岩，为本区多金属成矿奠定了基础(图 3-45)。

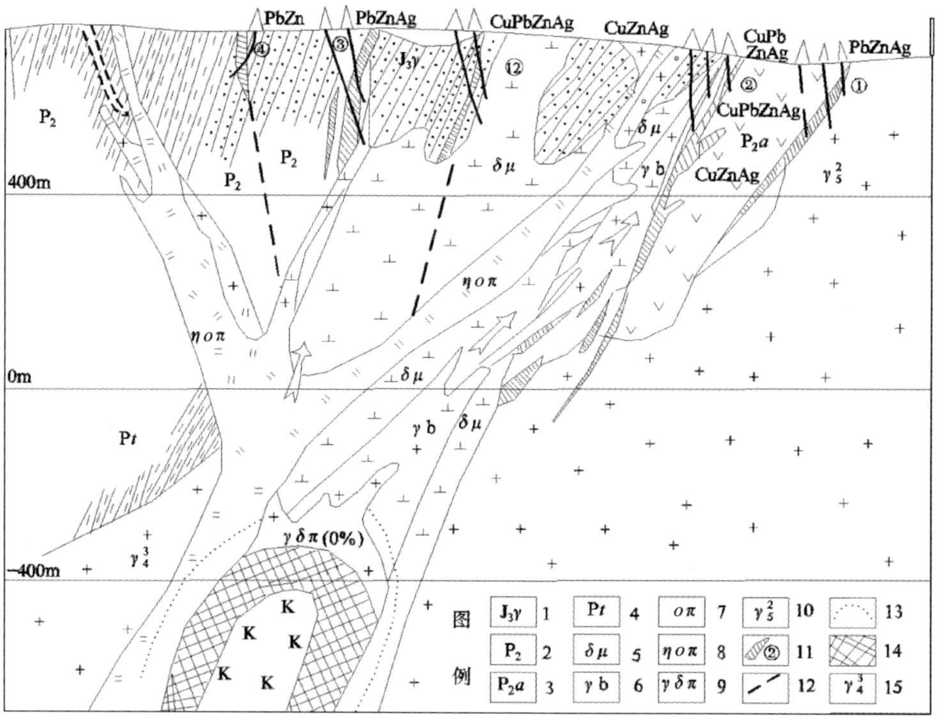

图 3-45　甲乌拉银多金属矿成矿模式图

1. 晚侏罗世中酸性火山岩；2. 晚二叠世砂板岩；3. 晚二叠世安山岩；4. 元古宙结晶片岩；5. 次多斑安山岩；6. 次英安岩；7. 石英斑岩；8. 石英二长花岗岩；9. 花岗闪长斑岩；10. 燕山早期；11. 矿体及编号；12. 断裂；13. 蚀变范围；14. 深部；15. 海西晚期花岗岩

印支期—燕山早期，构造-岩浆活动加剧，伴随有黑云母花岗岩在矿区西北部大规模侵位，伴有中酸性火山喷溢覆盖于矿区的北部；燕山晚期，地壳进一步活化，北东向区域主构造的次级横向(北西向、北西西向)木哈尔断裂带继承活动。北东向的甲乌拉背斜轴受右旋应力作用转为北西向并造成强烈的层间裂隙破碎。与深部有联系的高位富水岩浆房，分异产生中性—中酸性—偏碱性系列岩浆，主动侵位或发生潜火山作用，造成断面上出现锥状、平面上辐射状分布的裂隙体系，它们与区域性断裂重叠、交接、复合，进一步加剧了岩石破碎，又给岩浆活动造成通道，形成裂隙式或中心式火山喷溢，或岩浆沿构造通道上侵、定位，形成与成矿密切相关的多斑安山岩、次英安岩、石英斑岩和花岗斑岩等。岩浆给矿区带来多个热动力源，并带来矿质和热流体，使地表水下渗汇合组成携矿质的成矿流体，沿构造通道运移、富集、淀积成矿。

早期的中偏高温矿化活动，主要发生在矿区南部辐射状断裂收敛区段的次火山岩体边部；中期矿化作用发生在早期岩浆半固结状态下，在构造和岩浆上侵的冲破下，使裂隙多期次活动，并生成熔结凝灰岩。中期矿化作用普遍，形成主工业矿体，银矿化可延续至中晚期，即中低温阶段。

甲乌拉矿区可能存在由浅至深：Ag(Pb、Zn)→PbZnAg→CuPbZnAg→CuZn(Ag)→Cu(Mo)的元素组合垂直分带，与之对应，有大脉体→小脉体→细脉体、网脉带的矿体演变。

甲乌拉矿床上部大脉以充填作用为主，向下裂隙度增强，平行矿脉增多，预示深部可能隐伏有大型斑岩铜钼矿床。

七、风化壳型

风化壳-淋滤型矿床，目前已知的仅有 3 处，涉及的矿种有铁、锰、金，矿床规模均为小型。典型矿床——老硐沟金矿床。

老硐沟金矿床位于额济纳旗境内，其所处大地构造位置为北山海西期褶皱带古洞井-英雄山背斜转折端的北翼。

1. 矿区地质

地层：中元古代长城系白湖群上岩组，分布在矿区南部，岩性为变质粉砂岩、石英砂岩与薄层状石英粉砂质泥质板岩互层。地层倾向北东，倾角 50°～75°。蓟县纪平头山群下岩组，分布于矿区北部，岩性以大理岩为主，次为钙质白云质大理岩，灰黑色白云质大理岩、结晶灰岩和钙质泥质板岩，地层倾向北北东，倾角 40°～70°。

岩浆岩：主要为海西晚期中粒黑云二长花岗岩、斑状二长花岗闪长岩。脉岩有闪长玢岩、斜长花岗斑岩及次闪石化辉绿岩。闪长玢岩脉与金、多金属矿化有成因联系。

构造：断裂构造以近东西向和北西—北北西向为主，其中 F_1 断裂贯穿整个矿区。断裂宽度不一，一般为数米至几十米。F_1 断裂破碎带中充填有闪长玢岩脉，是主要的容矿构造(图 3-46)。

2. 矿床地质

该矿床共圈出 109 个工业矿体，其中有 13 个金矿体。原生矿按成因可分为：裂隙充填-破碎带热液蚀变岩型金铅矿体和矽卡岩型含金铜铁矿体。前者经风化-淋滤作用形成可独立开采的金矿体。沿 F_1、F_2 断裂间和两侧地层中南矿带可分 3 段：东段有 98 号矿体及 97 号、96 号、99 号、100 号等含金矿化体。中段有 22 号矿体和 75 号、78 号、85 号、87 号、88 号等矿化体；西段有 7 号、8 号、9 号矿体。北矿带有 1-6 号矿体。

98 号矿体产于白云质大理岩内，长 254m，厚 1～8m，平均金矿石品位 10.7×10^{-6}。1 号矿体长 150m，宽 1～6m，矿体为不连续的巢状、透镜状或扁豆状，沿走向和倾向大致以 10m 左右间隔产出，沿倾向呈楔状尖灭，倾向 360°，倾角 70°～83°。

98 号氧化矿石品位统计资料表明，0～10m 时，金平均品位为 11.24×10^{-6}；－20～－10m 时，金平均品位为 15×10^{-6}；－30～－20m 时，金平均品位为 10×10^{-6}；－30m 以下时，金平均品位为 71×10^{-6}。由此可见，该矿体金品位呈现低—高—低的变化趋势。说明矿石在长期氧化-淋滤的过程中，原生含金硫化物分解，金析出后随流体向下迁移而再次富集。金次生淋滤富集带大致发育在地表下 10～

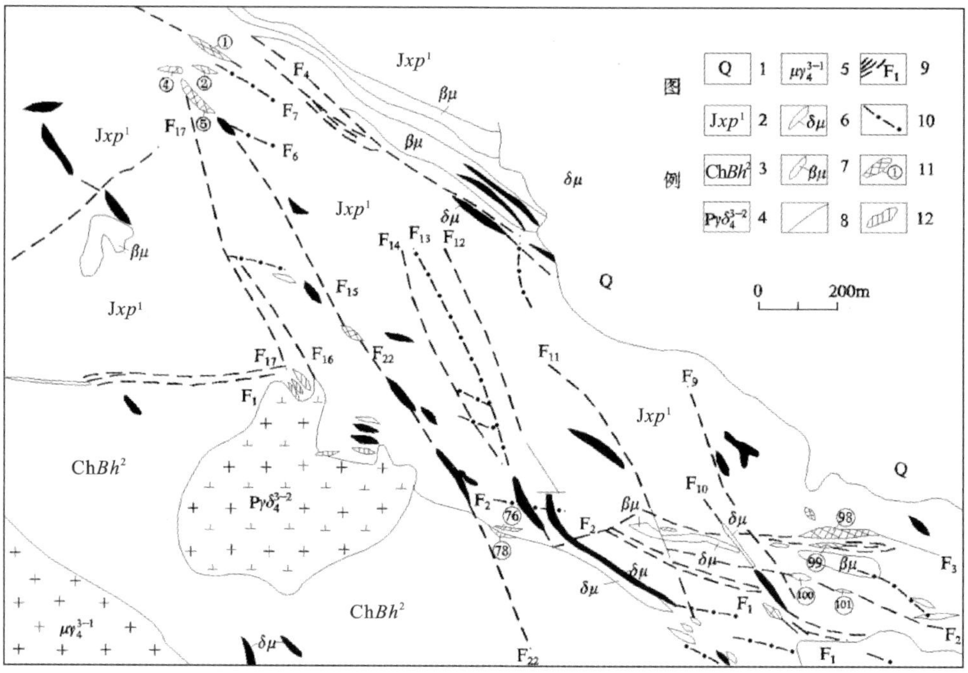

图 3-46　老硐沟金矿床地质略图(据甘肃地矿局第四地质队简化)

1.第四纪风成砂土和冲积砾石；2.蓟县纪平头山组-下岩组钙质-泥质板岩、结晶灰岩和白云石大理岩；3.长城纪白湖群上岩组变石英粉砂质泥质板岩和变长石石英砂岩；4.似斑状花岗闪长岩；5.黑云母二长花岗岩；6.闪长玢岩；7.辉绿(玢)岩；8.地质界线；9.断裂破碎带及编号；10.物探推断断裂；11.金-多金属矿脉及编号；12.含金铜-铁矿脉

30m 范围内。

4 号矿体因受裂隙及溶洞控制，矿体形态极不规则，矿体膨大部位最大厚度 21.4m，长度仅 50m，延深小于 50m。此外有的矿体呈柱状和鸡窝状。氧化-淋滤富集带大致发育在距地表 10～30m 范围内。

矿石特征及矿物组合：氧化矿石呈土黄色、黄绿色、棕红色。矿石呈土状、蜂窝状和块状构造。98 号矿体在喀斯特溶洞中，矿石被肾状或钟乳状的次碳酸盐包裹。

氧化矿石的矿物组合：主要是臭葱石＋砷菱铅矾＋褐铁矿＋针铁矿＋砷钙锌石＋羟砷锌石＋自然金＋自然银＋角银矿＋石英＋方解石＋蛋白石等。

围岩蚀变：原生矿石的围岩蚀变有黄铁矿化、黑云母化、绿泥石化、绢云母化和硅化，蚀变宽几厘米至 30cm，氧化-淋滤阶段的近矿围岩次生蚀变有高岭土化、褐铁矿化等。

氧化矿石类型：①自然金-多金属砷硫化物氧化矿矿石，呈土状、块状构造，局部为蜂窝状构造，溶洞中常见皮壳状、角砾状构造。该类矿石以 98 号矿体及 1 号、4 号矿体为代表，含金$(1～76.9)\times10^{-6}$；②自然金-氧化砷铁帽型矿石，褐色，红褐色，具蜂窝状、胶状、块状及皮壳状构造，含金$(1～20.35)\times10^{-6}$；③自然金-褐铁矿化大理岩型矿石，紫红色、褐红色。粒状变晶结构，角砾状、块状构造。该类型矿石分布在①、②类矿石类型的矿体边部，为规模不大的小矿体。

矿床成因类型：风化-淋滤型矿床。

八、砂矿型

该类型涉及的矿种为金、铂，共有 24 个矿床，砂铂矿床 2 处，皆为小型矿床；砂金矿床 22 处，其中大型 2 处，中型 4 处，小型 16 处。成矿时代为第四纪。典型矿床叙述如下。

(一)阿拉腾哈拉砂铂矿

该矿床位于阿拉善右旗阿拉腾敖包苏木境内。

1. 矿区地质

该矿区主要出露中元古代渣尔泰山群阿古鲁沟组和刘洪湾组，其次为太古宙色尔腾山群，以及中侏罗统、上白垩统和第四系。

岩浆岩有基性—超基性岩、酸性岩和脉岩等。晋宁期基性岩为斜长角闪岩；加里东期超基性岩为辉石橄榄岩、橄榄辉石岩；酸性岩为海西晚期英安-流纹质次火山岩和印支期肉红色中粗粒花岗岩、花岗斑岩。脉岩主要为石英脉。

构造：有毕级尔台山复背斜和阿拉腾哈拉山背斜。轴向近东西向，向东倾伏。断裂构造以东西向为主，在阿拉腾哈拉山区密集发育。

2. 矿床地质

含矿层：①晚侏罗世含砂铂层，但品位低，为 1～5mg/m^3，最高为 42mg/m^3，见矿率为 2%～10%。晚白垩世含砂铂层，分布范围、厚度均较上侏罗统含矿层大，品位低，但在与变质岩接触处底部的砾岩层中砂矿富集，而构成工业矿体。该层长 1000m，宽约 120m，厚 0.5～0.8m，砂金品位 208～802mg/m^3，砂铂品位低，个别达 152mg/m^3。②第四纪金矿层，早更新世含矿层，该统砾岩均含有砂铂、砂金矿化，见矿率低，个别样品品位高，含砂铂 200mg/m^3。中晚更新世含矿层，为主要含矿层之一，见矿率达 42.9%，砂铂品位为 48.4～103.8mg/m^3，最高为 9890.6mg/m^3。全新世冲洪积含矿层为主要含矿层，在山间小冲沟含矿较佳，见矿率达 50%以上。砂铂品位 60～100mg/m^3，最高为 3300mg/m^3。第四纪残坡积含矿层，矿化特征为：分布广泛，品位变化大而无规律，砂铂品位最高为 1400mg/m^3；不同地貌条件下均有含矿层发育，既分布于冲沟两侧斜坡及平缓山丘上的残积物中，也产于陡山坡及山脊残积物中，无论是单一石英岩或花岗岩发育地段，其现代残积物中均有砂铂矿。

晚侏罗世含矿层中砂金占优势；早更新世含矿层砂铂占优势，仅偶见砂金；中晚更新世和全新世含矿层中砂铂、砂金大致相等。

砂铂矿颗粒度西部大、东部小。

铂矿物：自然铂，一般为不规则形态，硬度 4.5～5，银白色。含金自然铂，金含量大于 1%。铁自然铂，一般为不规则形状、浑圆状、长柱状等，硬度 4.5～5，银白色，个别为铁黑色。粒径为 0.1～0.5mm，最大为 3mm。该矿物占铂族矿物总量的 99%以上。含金铁自然铂，金含量为 1.055%～4.043%。此外还有铱铁自然铂、正方铜铁铂矿、钙铁自然铂、铱锇矿、钙铱锇矿等。

金银矿物：主要为自然金，与铂矿物伴生，有的自然金与银金矿成连生体，此外还有含铂自然金、银金矿、含铂银金矿、含铱银金矿及含铂自然银。

矿床成因类型：砂矿型矿床。

(二)金盆砂金矿床

该砂金矿床位于察右中旗金盆乡。该矿由西菜园矿段和牛庆沟矿段组成，现以西菜园矿段为例加以介绍。

1. 矿区地质

矿区出露地层为下、中侏罗统，下白垩统李三沟组，第三系上新统，第四系全新统。

岩浆岩有闪长岩、云煌岩、石英斑岩。

矿段内有近东西向羊房子-羊肠沟逆断层。在该断层两侧有次级北西向正断层、北东东向逆断层。这些断裂控制着岩脉和石英脉的分布。

2. 矿床地质

该砂金矿层赋存在第四纪全新统残积碎屑堆积层中，严格受地貌形态控制。金矿段共有 8 个矿体。其中，Ⅱ号矿体是本金矿段的主矿体，属残坡积及洪坡积类型。矿体赋存于含黏土砂砾层或黏土质砂砾层内，矿体长 950m，平均厚度 0.87m，平均品位 1.7053g/m^3。

砂金层物质成分主要由黏土、砂、细砾、巨砾组成。砾石成分为片麻岩、大理岩、花岗岩、脉石英等。重矿物有金、磁铁石、黄铁矿、赤铁矿、石榴石、锆石等。

金粒形态为片状、粒状、块状。自然金成色为 91.21%，个别金粒表面有自然银薄膜复合连生体。

（三）吉拉林、莫尔道嘎、乌玛河砂金矿

3 处砂金矿均位于额尔古纳右旗境内。

1. 矿区地质

矿区出露地层为元古宙变质岩系和变质火山岩。震旦纪变质砂岩、板岩、片岩及晚侏罗世中基性、中酸性、酸性火山岩；第四纪松散沉积物。

砂金矿层赋存于第四纪松散砂砾石层底部。按矿层形态和赋存地貌单元，分为河漫滩型和阶地型两种砂金类型。含矿时代为中更新世、晚更新世。其中，中更新世中期和晚更新世含金层（相当于二级阶地下部和河漫滩沉积层下部）含矿性最好，并形成工业矿体。

2. 矿床地质

（1）吉拉林矿区已知有 7 个砂金矿层，一般长数千米，宽数十米至百余米，矿层厚度 2.6～5.6m，含金品位 31～847mg/m^3。

（2）莫尔道嘎矿区已知有 3 个矿层，一般长 1km 到数千米，宽数十米至 100 余米，厚 3～5m，含金品位 85～2708mg/m^3。例如 22 号矿层，长 800m，宽 90.4m，厚 4.65m，平均品位 430mg/m^3。

以上两个矿区砂金矿层均呈带状顺河谷走向展布，矿层形态随河谷形态而变化。矿层膨胀、收缩、分支复合、曲折多变。当阶地受到破坏时，砂金矿层亦断续分布。矿层宽度上游小、下游大，经常与成矿期河漫滩宽度成正比，而矿体厚度则与此相反，即河漫滩宽，矿体厚度小；河漫滩窄，矿体厚度大。

与金伴生的重砂矿物有锆石、榍石、黄铁矿、磁铁矿、锡石、金红石等。

吉拉林矿区尚有白钨矿、黑钨矿、绿柱石、辰砂等。

莫尔道嘎矿区尚有透辉石、阳起石、毒砂、黄铜矿等。

自然金与石英紧密嵌生。重砂中大量硫化物的出现，说明砂金来源可能与石英-硫化物含金建造有关。

（3）乌玛河矿区：包括乌玛河下游河谷，伊里吉其河河谷，大、小拉吉干河河谷，达拉河河谷 4 个矿段。

乌玛河下游包括两个金矿层。下部砂砾层为主含金层；中部含砂砾黏土层，亦为主要含金层；上部含黏土砂砾层，含金少。

伊里吉其河下部砂砾层，为主要含金层。

大、小拉吉干河含两个矿层，下部黄褐色砂砾砾层，为主要含金层；上部黑、黄褐色黏土质砂砾层，为次要含金层。

乌玛河矿区砂金矿体共有 9 个，其中Ⅰ号矿体产于小拉吉干河；Ⅱ号、Ⅲ号矿体产于大拉吉干河；Ⅳ号矿体产于伊里吉其河；Ⅴ号、Ⅵ号矿体产于达拉河；Ⅶ号矿体产于达拉河下游，并延伸至乌玛河内；Ⅷ号矿体产于乌玛河中、下游。9 个矿体中，Ⅰ～Ⅶ号矿体为工业矿体，其中Ⅵ号、Ⅶ号矿体规模和储量最大。成矿时代为第四纪全新世。

Ⅵ号砂金矿体长 23 683m，平均宽 99.26m，平均厚 5.49m，平均品位 392.2mg/m^3。

Ⅶ号砂金矿体长 9509m，平均宽 193.52m，平均厚 4.39m，平均品位 239.4mg/m^3。

矿石类型为多年冻结矿石。矿石(混合砂)分为 6 层，自下而上为：风化基岩(其上部含金)；下砂砾石层(主含矿层)；黏土层；上砂砾层；砂质黏土层(次要含矿层)；腐殖土层。

砂金及伴生矿物：砂金粒径 0.55mm，成色 835.75，伴生矿物有方铅矿、黄铁矿、磁铁矿等。

(四)哈尼河砂金矿床

该矿床位于乌拉特中旗石哈河一带，由白山壕、黑脑包、东印壕、西印壕 4 个矿段组成。

砂金赋存于第四系，含金层自新到老划分如下。

(1)全新世风坡积层：岩性为砂土，含少量碎石，含金每立方米零至几粒。在白山壕村东北支沟以北的冰碛砾石层边缘的砂土中，含金最高达 400mg/m^3。

(2)全新世冲洪积层：在哈尼河河床中，砂砾层厚 1～9m，含金品位低。白山壕主、支沟中，砂砾层厚 0～25m，含金品位 200～3717mg/m^3，形成具工业品位的线形砂金矿体。

(3)晚更新世冲洪积层：上部砂质黏土层，含金甚微；下部砂砾层，局部夹透镜状黏土层，厚度 1～4m，含金品位一般在 200mg/m^3 以上，500～10 000mg/m^3 的品位常见，是主要含金矿层，并形成工业矿体。

(4)中更新世冰碛层：岩性有砾石、脉石英及火山岩等，厚度 2～15m，含金品位变化大。上部和靠近基岩部分往往形成工业矿体；中部部位金品位低。

(5)早中更新世残坡积层：由变质砂岩、板岩碎块组成，厚度 0～2.2m，含金品位低，局部地段可与其他层位一起形成工业矿体，最高含金品位 281.8mg/m^3。

(6)风化基岩裂隙含金层：位于上述含金层位底板风化基岩裂隙中。当基岩面和风化基岩裂隙发育时，砂金更易富集，常形成工业矿体，厚度 0.3～0.9m，含金最高品位 37 160mg/m^3，5～10mg/m^3 的品位亦常见，为最富的含金层位。

各矿段矿体特征叙述如下。

白山壕矿段：为本矿床主要矿段。由 1 个主矿体和 4 个小矿体组成，即由 2 号矿体和 1 号、3 号、14 号、15 号矿体组成。2 号矿体长 4380m，宽 20～312m，厚 0.3～2m，最厚 3.87m，平均厚度 0.87m，单样品位 200～5000mg/m^3，最高 20 470mg/m^3，平均品位 660mg/m^3。在Ⅲ-3 与Ⅲ-7 线间，平均品位 900mg/m^3，均厚 0.95m，平均宽度 204m，矿体品位富规模大。

黑脑包矿段：由 4 号、5 号两个砂金矿体组成。

东印壕矿段：由 6 号、7 号两个砂金矿体组成。

西印壕矿段：由 8 号、10 号、11 号、12 号、13 号 5 个砂金矿体组成。

矿层矿物成分：含金层由含泥的砂砾石松散沉积物组成。砾石成分以石英、混合岩化片麻岩，变质砂岩和变质砾岩等为主，次为花岗岩和板岩。砂成分为长石、石英，其含量占 90%以上，少量岩屑和其他矿物碎屑，如磁铁矿、角闪石等。重砂矿物约占砂砾的 0.2%。

重砂矿物：以磁铁矿、钛磁铁矿、锆石、褐铁矿为主，次为石榴石、金红石等。微量矿物有榍石、白钨矿、黄铜矿、黄铁矿、自然银、自然金等。

矿层结构：呈层状、似层状，近水平产出。由含金砂砾层、残积层、碎石层及风化基岩裂隙含金层构成工业矿体。

九、沉积型(蒸发岩型)

蒸发岩型矿床涉及到盐、碱、芒硝、石膏等，矿床共有 36 处，其中特大型矿床 1 处，大型 6 处，中型 7 处，其余为小型矿床 22 处。成矿时代有石炭纪、白垩纪和新生代，且以新生代为主。典型矿床叙述如下。

(一)吉兰泰盐湖盐矿床

该矿床位于阿拉善左旗北东的吉兰泰。

1. 矿区地质

该矿床产于新生界第四系全新统中。矿层内含石盐、石膏、芒硝，少量白钠镁矾。该盐湖为固、液相并存的湖盐和芒硝层。矿层裸露地表。石膏产于盐矿床中，在南部局部地段呈不连续的小透镜体产于湖盐或芒硝层下部，厚 0.1～0.6m(图 3-47)。

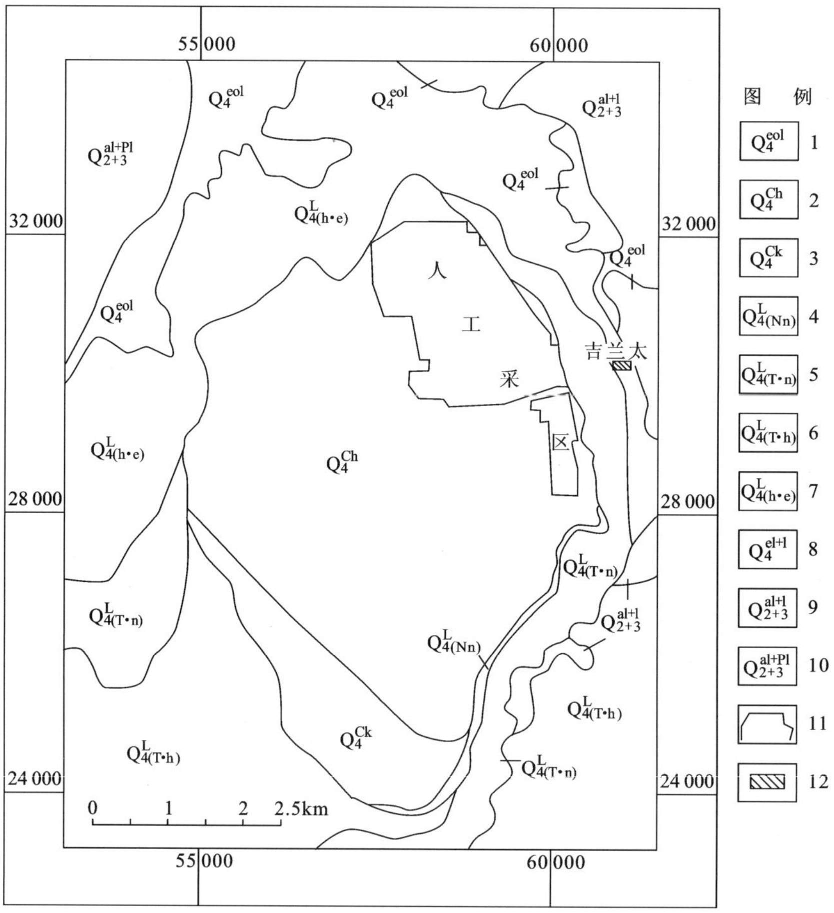

图 3-47　吉兰泰盐湖矿区地质图

1. 风积；2. 化学沉积；3. 卤盖区(无矿)；4. 湖积，淤泥；5. 湖积，淤泥亚砂土；6. 湖积，淤泥亚黏土；7. 湖积，淤泥中细砂；8. 残积、湖积；9. 冲积、湖积；10. 冲积、洪积；11. 人工采区；12. 居民地

2. 矿床地质

液相有盐层晶间卤水和盐层底部承压卤水。

湖盐矿层形态、产状规模：盐矿位于盐湖东北部，矿层形态呈椭圆形，长轴长度为 6.4km，短轴长度为 5.81km，面积约 37.19km^2。矿层裸露地表，连续分布，产状水平。矿层下部主要为芒硝、淤泥、石膏、亚砂土、亚黏土。东部矿层直接与含承压卤水之砂层接触。

湖盐矿层厚度及其变化特征：矿层厚度一般为 3～4m，最大厚度为 5.94m。湖盐中部厚，向四周逐渐减薄，局部地段有膨、缩现象。

矿石结构、构造简单，晶粒有等粒和不等粒结构。晶体形态有自形、半自形和他形结构，嵌晶结构。矿石构造为层状、块状、蜂窝状、溶洞镶嵌和带状构造。

矿物组合：矿物组合有湖盐、芒硝、无水芒硝和铅硅酸盐矿物，矿石内含 Ca、Mg、K、Na、Fe、B、HCO^-、CO_3^{2-}、SO_4^{2-}、Cl^- 及不溶物。

矿石物质成分赋存状态：矿石主要组分为 NaCl、$CaSO_4$。矿石 NaCl 平均含量 74.03%，最低 38.20%，最高 94.32%，富矿分布在湖中部、北部和东部，在垂直方向上，品位高者亦在盐湖中部。

矿石类型：①卤盖，表层为结晶石盐，厚度 0.02～0.04m。②湖盐，呈半自形、他形不等粒结构。③含石膏湖盐。④石膏质湖盐。⑤芒硝层，分布于湖盐矿层之下，呈透镜状，面积 12km^2。矿层连续分布。硫酸钠含量 32.27%～88.40%，平均 57.16%；厚度为 0.22～3.18m，平均厚 1.35m，厚度大，品位高，两者成正比关系。⑥卤水，有晶间卤水和承压卤水。晶间卤水，赋存于盐层孔隙中，水位 1～12cm，湖盐胶结松散，孔隙度 30%，卤水浓度一般为 24～26 波美度。承压卤水，产于湖盐矿层底板下部之砂层中，水位＋10～14.5cm，孔隙度 25%，浓度为 20 波美度，之上者分布于盐层中、东部，平均厚 7.03m。

矿床成因类型：蒸发岩型。

（二）查干诺尔碱矿床

位于苏尼特右旗乌日根塔拉苏木境内。

1. 矿区地质

矿区地层：下白垩统下组，湖相建造，岩性为泥岩夹薄层泥灰岩、砂砾岩及 0.5m 厚的褐煤透镜体，岩相纵横变化大。

第三系始初统及中新统，岩性为泥岩及泥灰岩。

第四系上更新统及全新统，可分为：①晚更新世冲积层，砂砾石、中、粗砂夹砂质黏土；②晚更新世洪积层，由砾石及砂砾石组成，夹薄层泥灰岩；③晚更新世—全新世洪积层-冲积层，砂砾石、中粗砂夹黏土薄层；④全新世湖相-化学沉积层，黑色淤泥、灰绿色淤泥与结晶天然碱、芒硝互层；⑤全新世洪积层、湖积层、冲积层、风积层。

2. 矿床地质

天然碱矿，赋存于第四纪湖相-化学沉积层中，与湖相黑色淤泥及含碱淤泥层呈互层状产出。湖相-化学沉积层分布面积约 13km^2。

矿层与淤泥界线清楚，但近矿顶、底板部分淤泥中，含碱或芒硝颗粒均较其他部位为多。矿层顶板界线较底板界线更为清晰。

矿层，单层厚 0.1m 以上者多达 9 层，一般为 6～7 层，其中面积大而稳定的仅 3 层。

薄矿层大部分集中赋存于第Ⅰ主矿层之上。此外，第Ⅱ、第Ⅲ矿层之间有一层厚 0.2m 的薄矿层。主矿层的第Ⅱ、第Ⅲ矿层面积及厚度最大，第Ⅰ层次之，但形态基本相同。其特征为：①呈稳定水平层产出，受成矿时洼地形态控制。各层中心部较低平，边缘略向上翘，成碟形。②各层在沉积中心部位较厚，向边缘逐渐变薄直至尖灭。矿层西南部厚度较大，而北东部厚度薄，呈不对称状。③主矿层中未见喀斯特及其他溶蚀现象。仅在第Ⅱ主矿层个别部位见有原始结晶过程中形成之晶隙及晶洞。其间一般充填有残余母液及少量较稀的淤泥，洞壁见有板状晶体，一般较小，常见者仅数毫米至1cm。

主矿层空间分布特征：Ⅰ矿层，顶板埋深5.09～7.41m，平均5.98m，厚0.2～1.83m，一般为1.48～1.58m，矿层零点边界面积5.8km^2；Ⅱ矿层，顶板埋深6.70～10.45m，平均8.92m，厚1.13～3.38m，一般为2.40～3.05m，矿层零点边界面积7.8km^3；Ⅲ矿层，顶板埋深14.46～18.04m，平均为16.05m，厚0.45～3.47m，一般为2.61～2.99m，矿层零点边界面积6.3km^2。

矿石矿物及结构构造：矿床由固体结晶碱层，含碱淤泥及充填于结晶碱层中的晶间卤水组成。

矿石的物理性质：碱矿石以白色半透明及无色透明为主，部分因晶隙中充填和包裹有淤泥而污染成黑色。等粒及不等粒结构，致密块状及条带状构造。矿石由苏打和不规则芒硝及少量湖盐组成集合体。苏打呈半自形板状，部分芒硝呈半自形短柱状，湖盐呈柱状。

矿石矿物成分主要由苏打($Na_2CO_3 \cdot 10H_2O$)及天然碱($Na_2CO_3 \cdot NaHCO_3 \cdot 2H_2O$)组成，含量约占65%～80%。其中含有一定量的芒硝($Na_2SO_4 \cdot 10H_2O$)及少量湖盐。部分矿石有少量氯碳钠石晶体。矿石由多种矿物组成之集合体，依据矿石中各矿物的种类及含量，将矿层分为碱、芒硝及湖盐。

碱矿石 $Na_2CO_3+NaHCO_3$ 含量，Ⅰ矿层20.49%～43.54%，Ⅱ矿层24.57%～30.97%，Ⅲ矿层23.47%～30%，矿石质量变化稳定，属中等品位。

矿床成因类型：蒸发岩型矿床。

十、变质型

该类型矿床主要为太古宙条带状铁矿、金矿及一些非金属矿产石墨、磷、石榴石等。铁矿床计有23处，其中，大型1处，中型7处，小型15处。典型矿床叙述如下。

（一）三合明铁矿床

该矿床位于达茂旗石宝乡，大地构造位置处于内蒙台隆。

1. 矿区地质

地层：主要地层为新太古代色尔腾山岩群，由下至上分为5个岩段。①绿泥条痕状混合岩、云母斜长片麻岩；②白云母斜长片麻岩、白云绿泥斜长片麻岩；③角闪斜长条痕混合岩；④白云斜长片麻岩；⑤角闪岩夹透闪片岩、云母片岩夹厚层条带状磁铁石英岩。

构造：区域构造方向总体为近东西向，表现为被挠曲构造复杂化了的单斜构造。矿区中部为轴近于直立的倒转背斜和向斜(图3-48)。断裂构造可分为两组：一组为平行区域构造线的纵向逆断层，另一组为横向正断层。

岩浆岩：矿区有正长岩、二长岩、闪长岩、辉石岩、煌斑岩等。

2. 矿床地质

铁矿体赋存于角闪岩系中，整个矿床划分3个矿段：中部露头区、西部异常区及东部异常区。中部露头区矿体出露地表，东、西两区均被第四系覆盖。

含矿层位由下而上划分为：①下角闪岩段，下部中细粒角闪岩夹石英岩；上部磁铁透闪片岩夹斜长片麻岩、条带状磁铁石英岩、石英岩及石英透闪岩。②下磁铁石英岩段，条带状贫磁铁矿夹磁铁透闪片

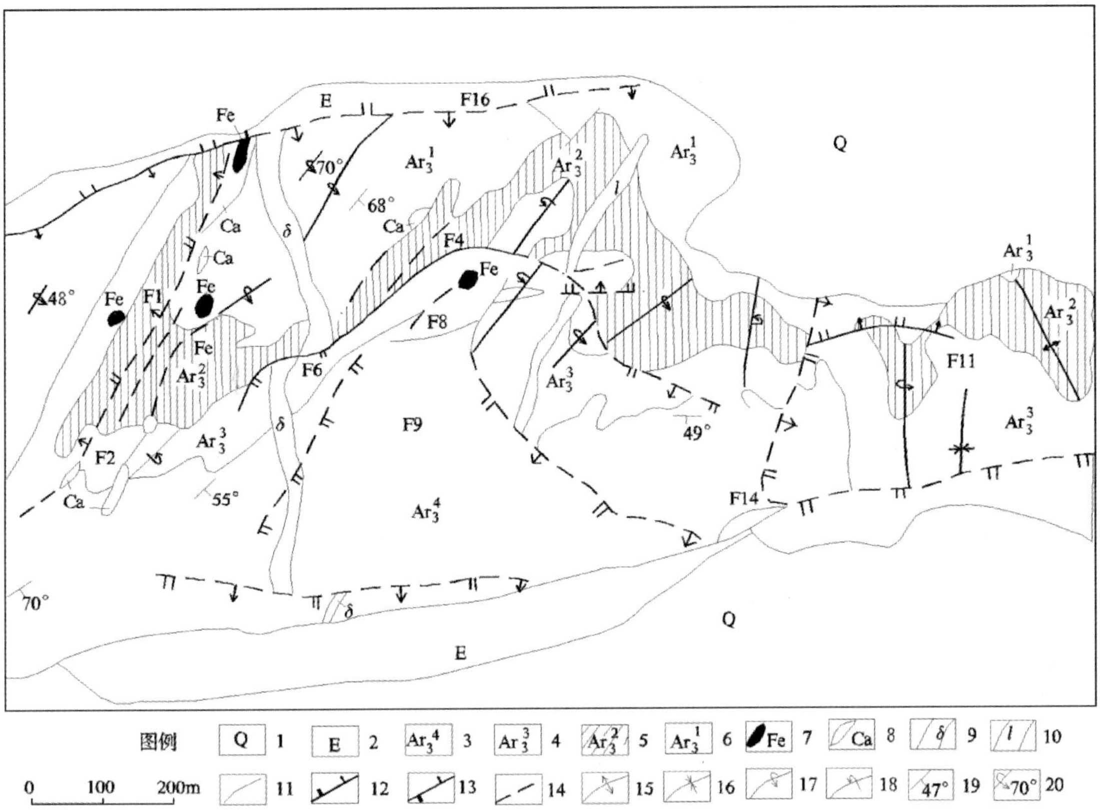

图 3-48　达茂旗三合明铁矿中部露头区地质图

1.第四纪砂土及砂砾石层；2.第三纪砾岩含砾砂岩及黏土层；3.色尔腾山群角闪岩-斜长角闪岩；4.色尔腾山群石榴磁铁透闪片岩-黑云片岩夹磁铁矿透镜体；5.色尔腾山群磁铁石英岩(含铁量大于20%的可采矿层)；6.色尔腾山群角闪岩夹石英岩透闪岩扁豆体；7.铁矿体；8.碳酸盐岩脉；9.闪长岩；10.闪斜煌斑岩；11.实测地质界线；12.实测及推测正断层；13.实测及推测逆断层；14.实测及推测断层；15.正常背斜轴；16.正常向斜轴；17.倒转背斜轴；18.倒转向斜轴；19.正常岩层产状；20.倒转岩层产状

岩、石英岩，为主矿层，分布在中部露头区。③片岩段，磁铁透闪片岩夹薄层磁铁矿及石榴透闪片岩。④上磁铁石英岩段，巨厚斜长角闪岩夹石英岩、片岩，分布在西异常区。⑤上角闪岩段，巨厚斜长角闪岩夹石英岩、片岩。

矿体形态、产状及规模：下含矿层分布于中部露头区及东部异常区，主矿体有一层，矿体底板为角闪岩，顶板为片岩，界线清楚。

中部露头区矿体受褶皱控制，西段矿体走向NE45°，南东倾，倾角正常翼为45°，倒转翼70°。东段矿体走向北西，倾向南西，倾角大于50°。因受走向褶曲控制，矿体多次重复出现，形成短轴倒转褶曲构造。

东异常区矿体产状近南北向，向东倾，倾角70°，呈陡倾单斜构造。

矿体规模：中部露头区矿体长1200余米，厚8.32～91.56m，均厚42.37m，最大延深250～300m。东部异常区仅有5个小矿体，呈透镜状夹在磁铁透闪片岩中，最大厚度小于10m，长度和斜深仅十数米至数十米。

上矿层分布在西异常区，有2个主矿体，呈单斜构造，产状变化大。上部矿体呈似层状，长1100m，厚5.79～71.75m，平均厚35.34m，垂深390m。下部矿体呈似层状，长110m，厚2～56.71m，平均厚22.8m，最大延深465m。

矿石结构构造：矿石具花岗变晶结构和条带、条痕状构造。

矿石矿物成分：金属矿物磁铁矿含量30%～50%，赤铁矿沿磁铁矿解理交代生成。另外褐铁矿与角闪石类矿物共生，含量3%～5%。脉石矿物有石英（20%～50%），透闪石（20%～70%），少量黑云母（<10%）。

铁矿石平均品位TFe为34.82%，SFe为27.70%，硫平均含量0.24%，磷为0.01%，砷为0.05%。

矿床成因类型：受变质火山-沉积型矿床。

（二）黄土窑石墨矿床

该矿床位于兴和县店子乡黄土窑村。大地构造位置处于内蒙古地轴凉城断隆。

1. 矿区地质

矿区出露地层为太古宙集宁岩群，岩性为辉石黑云斜长片麻岩、矽线石榴石片麻岩，夹角闪辉石片麻岩，蛇纹石化、透辉石化大理岩。石墨矿体赋存在矽线石榴石片麻岩中。

矿区位于向斜构造西南部倒转部分，轴线呈40°～50°方向展布，向北东方向倾伏，且在向斜构造北西翼，伴有次一级复式褶皱构造。落官窑断层穿过矿区。

2. 矿床地质

含矿岩性为集宁岩群之矽线石榴石片麻岩，其他岩性几乎不含石墨。石墨矿层长500～1000m，少数长250～500m，最长3500m；厚15～35m。含矿层由矽线石榴石片麻岩和黑云矽线石榴石片麻岩组成，夹黑云母辉石斜长片麻岩、角闪辉石斜长片麻岩、透辉岩等。矿层围岩为矽线石榴石片麻岩，部分辉石斜长片麻岩。矿层产状与围岩产状一致，且随构造变动而变化。

石墨矿即含石墨片麻岩，具鳞片花岗结构，片麻状构造。矿石矿物成分有斜长石、石英、微斜长石、石墨，局部含黑云母、角闪石，少量辉石、方解石、黄铁矿和磁铁矿。矿石固定碳含量为2.5%～5%，最高8.71%，平均3%～4%。

石墨矿床有9层，其中1号、5号矿层规模最大，长3500m、1260m，厚15～39.1m和19.1m。固定碳平均含量3.94%和4.13%。矿体呈层状、透镜状产出。其他各矿层（2号、3号、10号、15号、21号、22号、24号矿层）的长度分别为965m、750m、650m、260m、635m、810m、430m，厚24.2m、27.9m、9.06m、27.4m、34.2m、17.7m、3.97m。固定碳平均含量为3.56%～5.23%。

矿床成因类型：受变质沉积矿床。

十一、喷气-沉积型

该类型矿床已知有7个，其中白云鄂博铁、铌、稀土矿床为超大型之外，霍各乞、炭窑口、东升庙、甲生盘4个皆为大型铜、铅、锌、硫铁矿床；对门山铅锌矿为中型矿床；朱拉扎嘎金矿床有望成为大型金矿床。它们的成矿时代为中元古代，但均受到后期热液作用的叠加影响。典型矿床叙述如下。

（一）白云鄂博铁、铌、稀土矿床

该矿床位于包头市白云鄂博区，大地构造位置处于白云鄂博台缘坳陷带。

1. 矿区地质

1）地层

结晶基底新太古代色尔腾山岩群，岩性为黑云斜长片麻岩、变粒岩等。

准盖层中元古代白云鄂博群，划分为 6 个岩组，18 个岩性段，即都拉哈拉岩组（H_1-H_2）、尖山岩组（H_3-H_4）、哈拉霍疙特岩组（H_6-H_8）、比鲁特岩组（H_9-H_{10}）、白音宝拉格岩组（H_{11}-H_{13}）及呼吉尔图岩组（H_{14}-H_{15}）。矿区范围内主要出露下部 3 个岩组，简述如下。

都拉哈拉岩组（H_1-H_2）：岩性为灰—深灰色厚层状含氟碳铈矿钠铁闪石石英岩及长石石英岩与浅黄色厚层状块状石英岩互层，厚度大于 478m。

尖山岩组（H_3-H_5）：灰黑色中厚层碳质硅质板岩、灰—深色厚层状钠铁闪石长石石英岩为主，夹白云质碳酸盐岩透镜体、深灰色薄层状变质细粒石英砂岩，厚度 247m。

哈拉霍疙特岩组（H_6-H_8）：浅绿灰色厚层状变质含砾中粗粒石英岩，含硬玉石英岩夹金云母大理岩及透辉石英岩，含磁铁石英岩，含磁铁细晶白云岩夹含磁铁矿粉晶灰岩、中晶灰岩，浅灰色萤石化细晶白云岩，厚度大于 1000m。

比鲁特岩组（H_9）：粉砂质板岩，夹含菱铁矿白云岩，灰绿—深灰色富钾板岩，厚度大于 395m。

2）岩浆岩

古元古代钾长花岗岩、含钠闪石正长岩，加里东期花岗岩、辉绿岩、闪长岩，海西期花岗岩，印支期花岗岩，燕山期花岗岩。此外，分布有较多的方解石碳酸岩及白云石碳酸岩侵入体。

3）构造

宽沟背斜近东西向展布，核部为新太古代色尔腾山岩群黑云斜长片麻岩、变粒岩及白云鄂博群都拉哈拉岩组砂砾岩。翼部由尖山岩组岩层组成。矿区向斜和向斜核部出露比鲁特岩组的富钾板岩、片岩，南翼由哈拉霍疙特岩组、尖山岩组和都拉哈拉岩组的岩层组成，但其北翼由于断层的破坏和花岗岩侵位而残缺不全。南翼地层产状为 360°∠45°～345°∠60°，北翼地层产状为 180°∠45°。

断裂构造：宽沟拆离断层，分布于宽沟片麻状花岗岩与都拉哈拉岩组之间，断层面产状平缓，向下联合成一个基底滑脱面。断层面之下片麻状花岗岩以韧性变形为主。断层面之上岩层以脆性破裂为主，形成碎裂岩、断层泥。由于后期变形，使该拆离断层发生变形弯曲。

高位同生断裂（F_2）：产于尖山岩组沉积末期，其南侧下降，北侧上升，形成一个向南陡倾的正断层，向东它与同期的东介勒格同生断裂一起在矿区范围形成一个窄条带状有障壁的潟湖盆地。同生断裂呈带状东西向展面，总体产状为 180°∠40°。

东介勒格同生断裂（F_3）：呈东西向展布，总体产状 170°∠40°。沿断裂带褐铁矿化强烈，并有一系列平行排列的挤压片理和构造透镜体（图 3-49）。

韧性剪切带：发育于矿区向斜范围内，发育强度由南向北逐渐变弱。矿区共有 3 条韧性剪切带，每条宽 10～15m，产状一般为 10°∠50°。其中南部的火车站韧性剪切带最为重要。该带近东西向展布，长达 30km，西起阿布达日，经西矿、主矿，向东被海西期花岗岩所破坏。该韧性剪切带变形标志清楚，以中心向两侧依次为超糜棱岩、长英质糜棱岩、糜棱岩化石英岩。第二条韧性剪切带发育在主矿、东矿、直到东接触带的板岩中，糜棱岩与碎裂岩带交替出现。第三条韧性剪切带发育于主矿北的小白山。

2. 矿床地质

该矿分布在东西长 14km，南北宽 1～2km 的范围内，共有大小矿体 70 余个，自东向西为东接触带、东矿、主矿和西矿。主要矿体及矿化体均受矿区向斜构造的控制。其中东矿和主矿的向斜南翼陡、北翼缓，西矿的向斜两翼倾角相近，但向斜形态较复杂（图 3-49）。

1）各矿段规模、形态及各类型矿石分带

（1）东接触带：由于海西期黑云母花岗岩侵入，形成矽卡岩型矿体，但规模小。

（2）东矿：主要矿体产于向斜北翼白云岩中，南翼赋存有东介勒格矿体。该矿段共有 19 个矿体，集中分布于白云岩的中、下部，分 3 层平行排列，中上部规模较大。矿带断续长 1400m。矿体地表厚 20.4m，钻孔中平均厚 40.55m，向北倾，倾角 70°～75°，或近于直立。矿体地表形态东宽西窄，整体如帚状，其西部呈棒状，东部为锯齿状，矿体长 1300m，最宽处 340m，平均宽 179m，已控制斜深 870m。白云

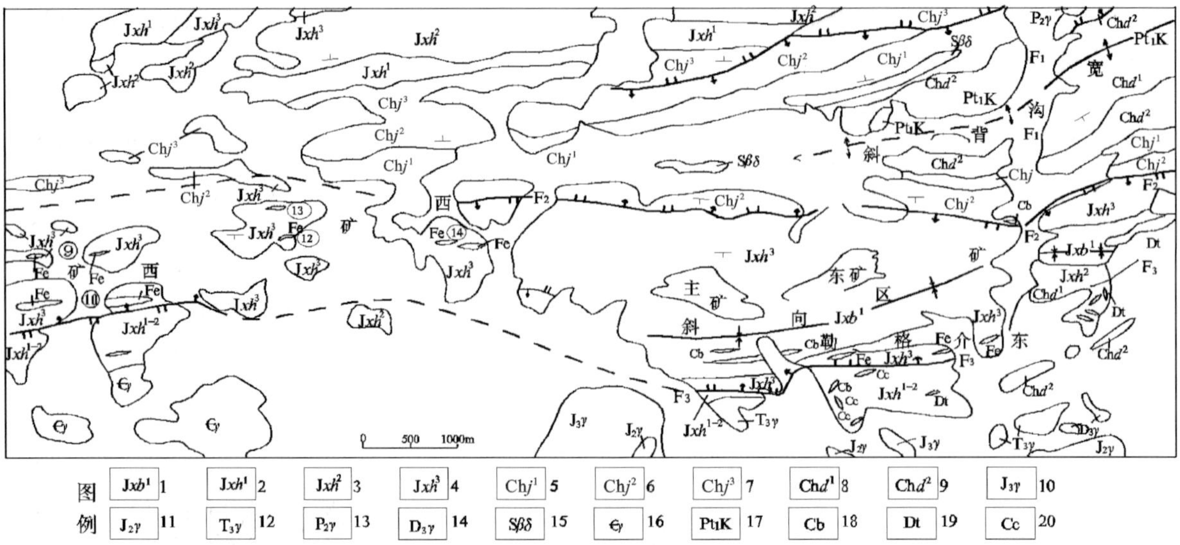

图 3-49　白云鄂博铁、铌、稀土矿区地质图

1. 比鲁特岩组一段；2. 哈拉霍疙特岩组一段；3. 哈拉霍疙特岩组二段；4. 哈拉霍疙特岩组三段；5. 尖山岩组一段；6. 尖山岩组二段；7. 尖山岩组三段；8. 都拉哈拉岩组一段；9. 都拉哈拉岩组二段；10. 晚侏罗世花岗岩类；11. 中侏罗世花岗岩类；12. 晚三叠世花岗岩类；13. 晚二叠世花岗岩类；14. 晚泥盆世花岗岩类；15. 志留纪辉绿岩闪长岩；16. 寒武纪花岗岩；17. 古元古代钾长花岗岩；18. 岩浆碳酸岩；19. 白云石质碳酸岩；20. 方解石质碳酸岩

岩蚀变强烈，分带明显，以钠、氟交代为主，铌、稀土矿化很强烈。

矿石类型复杂，分带性明显，块状铌稀土铁矿石分布于矿体中部，萤石型铌稀土铁矿石夹钠辉石型铌稀土铁矿分布于矿体下盘。钠辉石型铁矿分布于矿体上盘或近矿上盘部位，钠闪石型铁矿石分布于铁矿体最上盘。铁矿体的下盘及上盘均为白云质大理岩铌稀土矿石。

（3）主矿：主要矿体产于向斜北翼白云岩内，而向斜南翼有两层向北陡倾的铁矿，其延深小于 800m，两翼矿体延深是否在轴部相连，目前尚未查证。

矿体产状与围岩产状相一致，矿体下盘为白云岩，上盘为长石板岩、黑云母化板岩。上盘接触带平直，走向 280°，倾向南，倾角 60°～80°；下盘接触带呈向北突出的弧形。矿体最长 1250m，最宽处 415m，平均宽 245m，总体呈一个南平北凸的透镜体，控制最大延深 1030m。

矿石类型分带状况：块状铌稀土铁矿分布于矿体中部，下盘为厚大的萤石型铌稀土铁矿石，深部夹有霓石型铌稀土铁矿透镜体。上盘为霓石型铌稀土铁矿石，最上部为钠闪石型铌稀土铁矿石，铁矿体的上盘依次为黑云母岩、白云母碳酸盐岩型及长石板岩型等铌稀土矿石。主矿东端矿石类型为白云岩型铌稀土铁矿石。

（4）西矿：距主矿 1km，延伸 9km，共有 16 个矿体，赋存在向斜两翼的白云岩中，向斜轴部为黑云母板岩。北翼矿体与围岩产状南倾，倾角 50°～60°，南翼北倾，倾角 70°～80°，局部直立倒转。含矿带厚 40～130m，集中于上、中、下 3 个层位，每层含铁矿 2～6 层。上层厚度薄，品位低；中、下两层厚度大，品位高。铁矿体为层状、似层状或透镜状，规模大小不一，呈东西向分布。16 个矿体中北翼有 1 号、2 号、5 号、8 号、9 号、11 号、13 号、14 号、15 号、16 号 10 个矿体，南翼有 3 号、4 号、6 号、7 号、10 号、12 号 6 个矿体，最大矿体为 9 号、10 号，长 1300～1500m，一般厚 50～100m，延深 700～750m；次大矿体为 8 号及 12 号矿体，长 800～950m，一般厚 25～50m，延深 360～400m；矿带东端的 13～16 号矿体最小，一般长 125～170m，最长 350m。一般厚 10 余米，最厚 40m。产于向斜两翼之矿体在向斜轴部相连成一体，这已为钻孔所证实（图 3-50）。

矿体主要产于白云岩内，白云石型矿石占西矿总量的 79%，集中分布于矿体的中部，次要的矿石类型为闪石白云母型铁矿石，占总量的 20%～25%，且集中分布在矿体的上部。矿体中、下部的白云石型铁矿体中还有独立的含锰菱铁矿层出现，一般为 2～3 层，最多为 5～7 层，单层厚由几米至 10 余米不等。沿走向最长为 850m，沿倾向斜深 250～400m。

2）矿石的物质组成及结构构造

矿石的化学成分：已发现 73 种元素，除铁、铌、稀土外，还有多种分散元素和放射性元素。块状铁矿石的 TFe 平均含量为 58.78%。稀土元素主要为铈族元素，占稀土总量的 97%，稀土总量以萤石型矿石最高，TR_2O_3 达 5.89%～18.40%，块状铌、稀土铁矿石最低，TR_2O_3 为 0.49%～2.88%。矿石中富铌贫钽，铌含量以钠辉石型和萤石型矿石最高，平均为 0.16%。放射性元素以钍较高，ThO_2 介于 0.029%～0.051%之间，铀含量为(0.001%～0.0001%)n。分散元素有 Ga、In、Sc、Rb、Cs 及 Zr、Hf，但含量都较低。其他元素 Na、F、P、K、S、Ba 的含量较高，P 与 K 分别富集于铁矿围岩的白云岩和富钾板岩中。

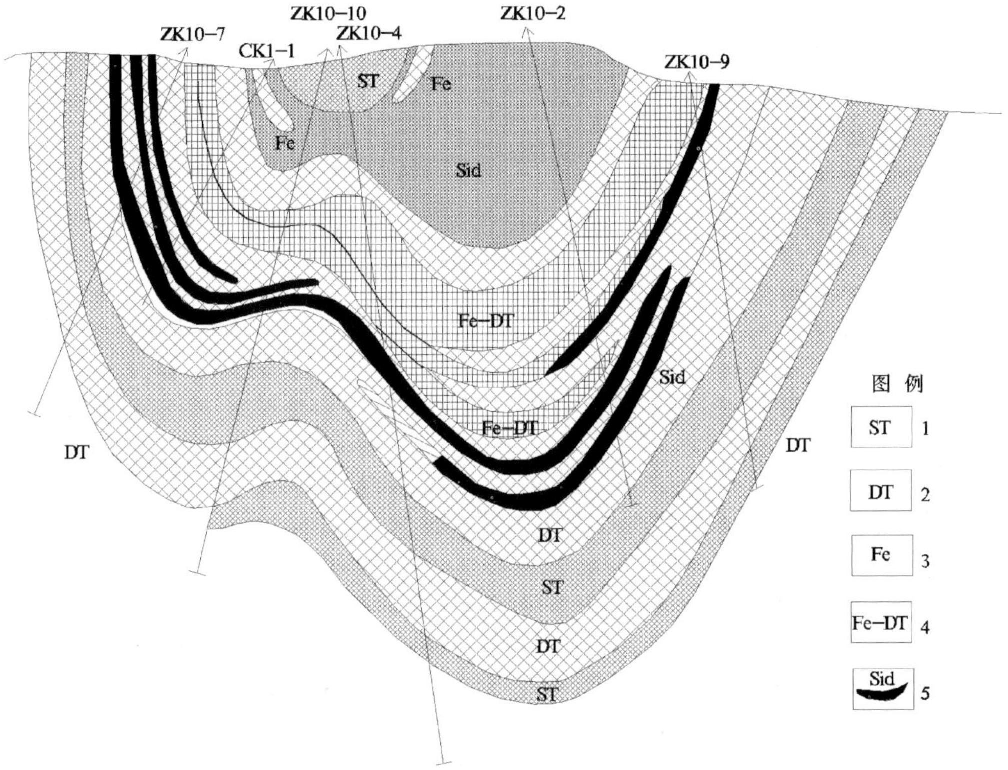

图 3-50　白云鄂博西矿 10 线矿层地质剖面图

1. 板岩；2. 白云岩；3. 白云石型铁矿；4. 矿化白云岩；5. 菱铁矿

矿物组成：已知有 161 种矿物。

含铁矿物：磁铁矿、赤铁矿、镜铁矿、磁赤铁矿、假象赤铁矿、褐铁矿、针铁矿、钎铁矿、水赤铁矿、菱铁矿、菱镁铁矿、菱铁镁矿、铁白云石 13 种。

稀土矿物：独居石、氟碳铈矿、氟碳铈钡矿等 18 种。

铌矿物：铌铁金红石、铌铁矿、烧绿石、易解石等 19 种。

矿石结构：矿石具有粒状变晶结构、粉尘状结构、交代结构、固溶体分离结构等。

矿石构造：矿石具块状构造、浸染状构造、条带状构造、层纹状构造、斑杂状构造、角砾状构造等。

3）成矿时代及成因

第一次成矿时代，主、东矿下盘白云岩中浸染状独居石的 Th-Pb 年龄为 1683Ma，磷灰石的 U-Th-Pb 年龄为 1692Ma，这是与海底喷流有关热水成矿时代。

第二次成矿时代，1300～1200Ma 与火成碳酸岩有关的富稀土的流体交代先期沉积的稀土铁矿，使稀土进一步富集。氟碳矿石与独居石的 U-Pb 等时线年龄值为(1313±41)Ma，$\varepsilon_{Nd}(t)=0.49\pm0.26$，$I_{Nd}$

=0.510 92，这一年龄反映了稀土矿物的形成与火成碳酸岩活动直接有关。

第三次成矿时代，400Ma 形成条带状铌稀土铁矿石和含钠闪石的白云石型矿石，表明加里东期矿石受到明显改造，并有新的稀土矿物形成。

第四次成矿时代，海西晚期，形成矽卡岩化，并有稀土矿化形成。

矿床成因类型：海底喷流＋后期热液改造矿床，其矿床成矿模式如图 3-51 所示。

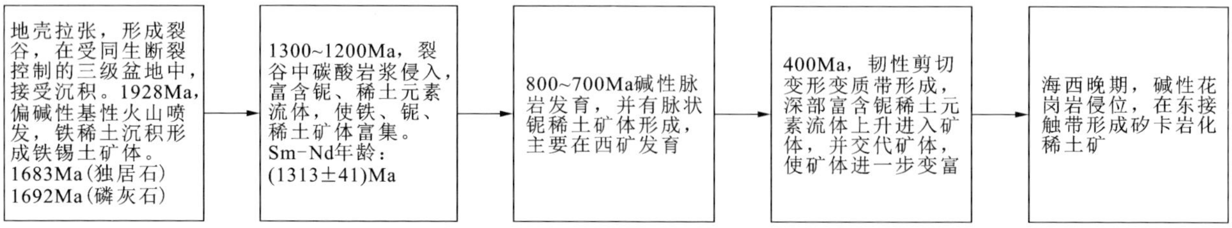

图 3-51　白云鄂博铁、铌、稀土矿床成矿模式图

（二）朱拉扎嘎金矿床

该矿床位于阿拉善左旗巴音诺尔公东侧。大地构造位置处于华北地台北缘西段阿拉善台隆雅布赖山-巴音诺尔公断隆东侧。

1. 矿区地质

地层：中元古代渣尔泰山群增隆昌组，下部岩性为白云质灰岩、白云岩，上部为结晶灰岩。阿古鲁沟组下部为变质砂岩、粉砂质板岩、变质粉砂岩、霏细岩、结晶灰岩、砂砾质白云岩、条带状石英砂岩、砂质结晶灰岩、大理岩；上部为厚层粗面流纹岩、石英角斑岩、变钙质石英粉砂岩。粗面流纹岩和石英角斑岩的 U-Pb 模式年龄分别为 1297Ma 和 1187Ma。

构造：矿区总体构造线方向呈北东—北北东向，与地层走向一致。断裂构造极为发育，可分为 3 期：第一期，近东西向逆冲断层，产状与地层走向基本一致，造成地层沿走向不连续；第二期，形成纵贯矿区的北北西向断裂，它控制了朱拉扎嘎金矿体的分布，其派生的次级北东—北北东向及近南北向的断裂中充填有后期脉岩；第三期，是由第二期形成的断裂再次活化，并派生了一系列北北东—北东向次级断裂构造。

侵入岩：矿区未见大的侵入岩体，主要发育脉岩，主要有斜闪煌斑岩脉、闪长玢岩脉和花岗细晶岩脉。距矿区东南 2km 处有花岗斑岩体和辉长岩体群。花岗斑岩黑云母 K-Ar 法年龄为(291±4)Ma，为海西期侵入体。

2. 矿床地质

金矿体赋存在阿古鲁沟组下部，岩性为变质砂岩，变粉砂岩夹薄层变钙质粉砂岩、凝灰岩、粗面流纹岩、石英角斑岩(图 3-52)。

目前已圈出金矿体 56 个，它们分属于两条金矿化带。金矿体顺层产出，受层间破碎带控制。矿体产状与地层产状基本一致，局部可见矿体切层。矿体规模大小不一，长 10 余米至 300 多米，宽几十厘米至几十米不等，延深几十米至 170m。最大的矿体位于Ⅱ号金矿化带内，长 300m，厚 4.5m，延深 126m。矿体沿走向有分支复合，膨大收缩，尖灭再现、侧现等现象。钻探工程资料表明，矿体在深部有增厚的趋势，局部见有隐伏矿体(图 3-53)。

原生矿石品位为$(2\sim3)\times10^{-6}$，氧化矿石品位一般大于4×10^{-6}，氧化带深度一般不超 20m。

矿石矿物成分：金属矿物以黄铁矿、磁黄铁矿、毒砂为主，次为黄铜矿、方铅矿、闪锌矿、自然金、银金矿；脉石矿物主要是石英、长石、绿泥石、绿帘石、阳起石、方解石，次为白云母、黑云母、白云石、锆石、电气石等。

金主要赋存在石英、黄铁矿、毒砂等矿物的裂隙中，金成色最高为 922，最低值为 900，平均 911。

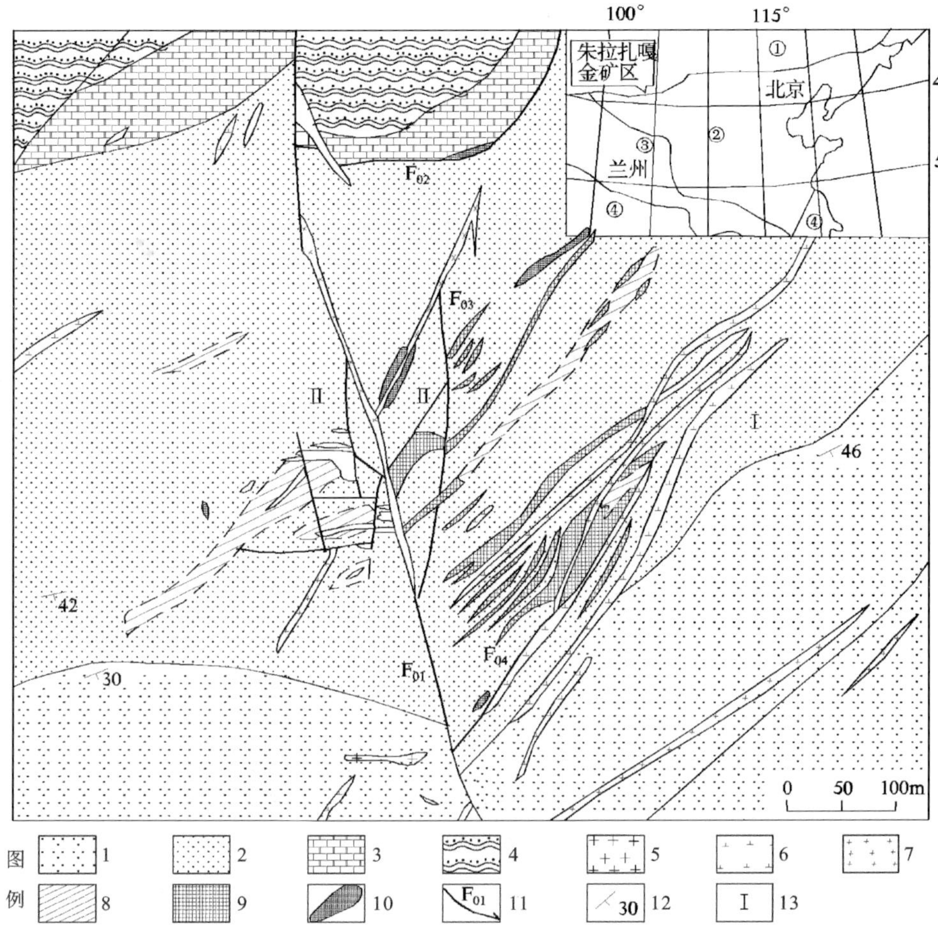

图 3-52　朱拉扎嘎金矿床地质简图

（据内蒙古自治区国土资源勘查开发院，1999；内蒙古自治区阿拉善左旗朱拉扎嘎金矿区地质普查报告）

1. 中元古代朱拉扎嘎毛道组第二岩性段变质石英砂岩、条带状砂板岩；2. 朱拉扎嘎毛道组第一岩性段变质砂岩、粉砂岩；3. 中元古代海生哈拉组上部岩段结晶灰岩；4. 海生哈拉组下部岩段砂质板岩、千枚岩；5. 花岗细晶岩脉；6. 闪长玢岩脉；7. 斜闪煌斑岩脉；8. 金矿化蚀变带；9. 蚀变岩型金矿体；10. 石英脉型金矿体；11. 断层及编号；12. 地层产状；13. 矿带编号。①天山-兴蒙褶皱带；②华北地台；③秦祁褶皱带；④扬子地台

矿石结构、构造：矿石具变余砂状结构、自形粒状结构、他形粒状结构和交代残余结构。矿石构造有浸染状构造、块状构造、条带状构造和脉状构造。

围岩蚀变：黄铁矿化、磁黄铁矿化、毒砂化与金矿化关系密切，此外，还有透辉石化、阳起石化、绿帘石化、绿泥石化、碳酸盐化、硅化，局部见有云英岩化、冰长石化。围岩蚀变没有明显的分带，蚀变矿物分布主要受矿体所在的原岩岩性控制。在表生作用中还有玉髓、孔雀石、黄钾铁矾、褐铁矿。

金矿形成经历了 5 个蚀变-矿化阶段：①硅化阶段；②阳起石化阶段；③早期硫化物阶段；④晚期硫化物阶段；⑤晚期碳酸盐化阶段。金的形成主要与晚期硫化物阶段有关。部分矿体发生了表生氧化次生富集，使金在近地表氧化带进一步富集。

3. 稳定同位素

硫同位素组成：12 件单矿物[黄铁矿(2)、磁铁矿(5)、毒砂(3)、方铅矿(2)]和 2 件金矿石全岩样硫同位素分析结果表明，除一件黄铁矿的 $\delta^{34}S$ 为 $-5.8‰$ 之外，均为低的正值。$\delta^{34}S$ 值变化于 $+1.1‰$～

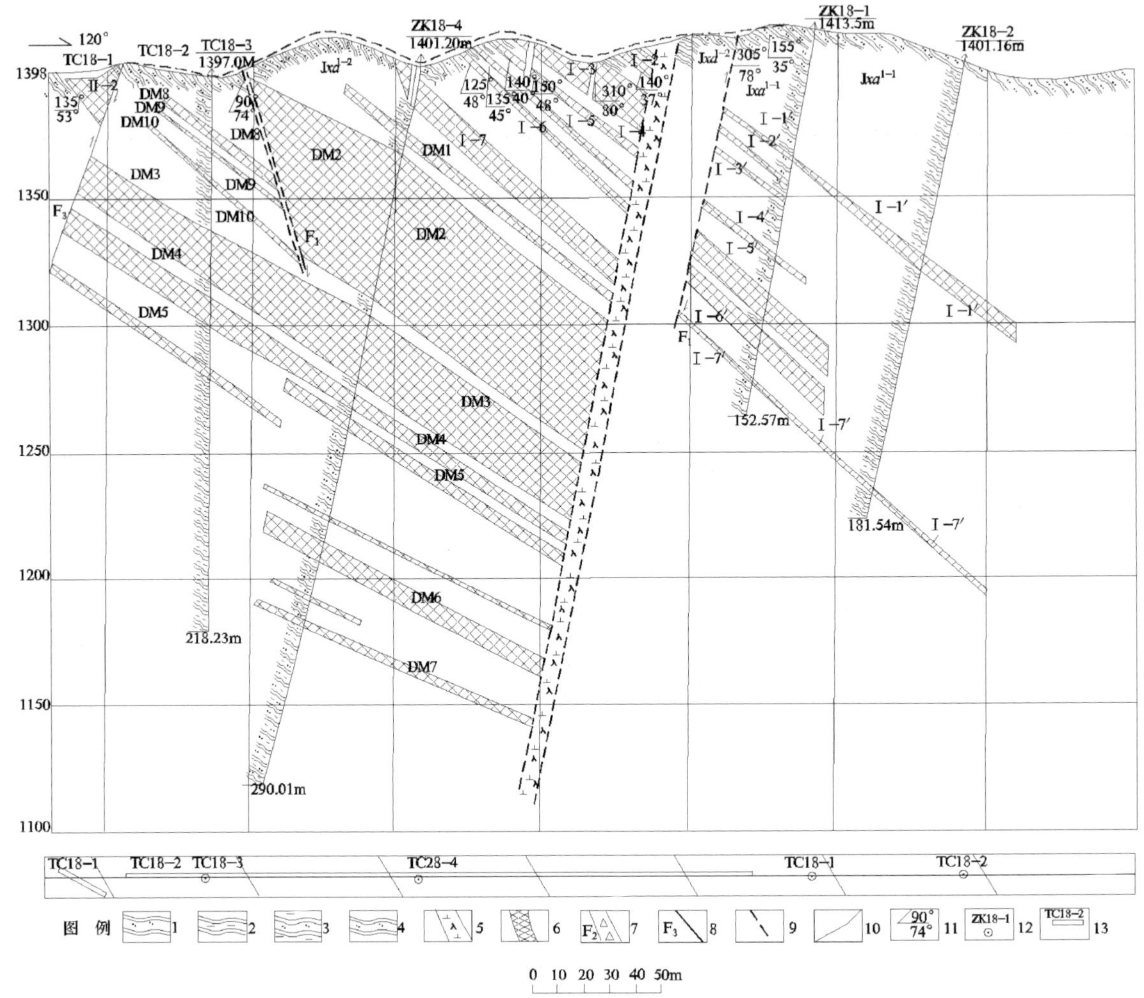

图 3-53 朱拉扎嘎金矿区 P18 勘探线地质剖面图

1. 阿古鲁沟组一岩段(Jxa^{1-2})变质粉砂岩；2. 阿古鲁沟组一岩段(Jxa^{1-2})泥质板岩；
3. 阿古鲁沟组一岩段(Jxa^{1-3})阳起石化变质粉砂岩；4. 阿古鲁沟组一岩段(Jxa^{1-3})粉砂质板岩；
5. 闪长玢岩脉；6. 金矿体及编号；7. 破碎带及编号；8. 实测断层及编号；9. 推测断层；10. 实测及推测地质界线；
11. 地层产状；12. 钻孔位置及编号；13. 探槽位置及编号

7.1‰之间。金矿石全岩样的 δ^{34}S 值为＋4.2‰和＋7.1‰。矿区外围方铅矿的 δ^{34}S 值为 5.5‰和 6.0‰。两者具有相近的硫同位素组成，暗示它们可能具有相同的硫源。

铅同位素组成：金矿石中硫化物磁黄铁矿（4 个样品）、黄铁矿（1 个样品）、方铅矿（1 个样品）的铅同位素组成为：^{206}Pb/^{204}Pb 17.034～17.725，^{207}Pb/^{204}Pb 15.297～15.552，^{208}Pb/^{204}Pb 36.599～37.489，反映矿石铅并非单阶段正常铅，铅同位素的演化较复杂。铅同位素数据投影在 Zartman(1988)铅构造模式图上，数据点跨越了下地壳、地幔和造山带演化曲线，显示铅源比较复杂。

矿床成因类型：海底喷流＋热液叠加(?)。

（三）霍各乞铜矿床

霍各乞铜矿床位于狼山后山地区，行政上隶属于内蒙古巴彦淖尔盟乌拉特后旗。在大地构造单元上属于华北陆块北缘狼山-渣尔泰山中元古代裂陷槽。该裂陷槽内除沉积了中元古代渣尔泰山群外，还有古元古界和太古宇出露，另外有少量上石炭统、下二叠统和中新生界分布。晚古生代以前的地层均为海相，晚古生代以后的地层均为陆相。

本区岩浆侵入活动，从元古宙至中生代，从超基性岩到酸性岩均有出露，其中以海西期花岗岩最为广布，出露面积约占总面积的 1/2 以上。

本区中元古代以前为地槽发育阶段，中元古代到古生代为地台发育阶段。狼山-渣尔泰山中元古代裂陷槽是在古元古代末华北地台基底重新裂开的基础上发育起来的，该裂陷槽构造控制了渣尔泰山群及其铜多金属矿的生成。

1. 矿区地质

1)地层

矿区地层根据施林道 1994 年的资料，由老到新作叙述如下(表 3-11)。

表 3-11　狼山地区地层简表

群	组		段	前山、后山(m)	主要岩性(前山)	主要岩性(后山)	代表剖面前山、后山
狼山群	第四岩组	千枚状绿片岩组	二段	＞1000 1069.7	灰绿色混合岩化云母、绿泥石、石英片岩、片麻状黑云母斜长片岩	灰绿色绿泥绿帘片岩夹少量云母片岩	炭窑口 霍各乞 东区
			一段	213.7 2594	灰色、灰黑色千枚状含碳质二云片岩，千枚岩，夹黄褐色透镜状白云岩、薄层石英岩	灰白色、灰色千枚岩，含千枚状云母片岩，千枚状绢云绿泥石英片岩，透镜状薄层石英岩	
	第三岩组	石英岩组	三段	416 307	主要为灰色、灰白色中细粒石英岩(石英＞95%)，局部夹少量长石石英岩	灰白色中细粒石英岩夹少量含云母绿泥石英岩	炭窑口 霍各乞 东区
			二段	— 856		灰白色、灰绿色、浅粉色中细粒石英岩，二云石英片岩，含云母绿泥石英片岩及含长石石英岩	
			一段	— 262		灰白色石英岩、含砾石英岩	
	第二岩组	白云岩碳质岩夹灰岩组	三段	188 590	灰黑色千枚状含碳质、铁质二云片岩	灰黑色中细粒含碳质石英岩及二云石英片岩	东升庙 欧布乞
			二段	154 1245	灰黑色碳质片岩、含碳质条带白云岩、灰褐色薄层白云岩	灰黑色碳质片岩、千枚岩夹少量石英岩，并夹铁质灰岩，过渡为灰白色石英岩、二云石英片岩	
			一段	80.7 —	黄褐色厚层细晶白云岩，底部含铁质、砂质，偶有石膏		
	第一岩组	片麻状绢云绿泥石英岩组	二段	＞10 2060	灰色、灰白色石英岩夹少量云母石英片岩，有铜矿化	灰色、灰白色中细粒石英岩与二云石英片岩互层，夹少量石榴石二云片岩、绢云绿泥石英片岩、透镜状泥岩	炭窑口 欧布乞
			一段	1280 709.5	灰色、灰绿色混合岩化片麻状二云绿泥石英片岩，黑云斜长片岩，变粒岩，局部地段有中基性火山岩	灰色、黄褐色含角闪石云母石英片岩，二云石英片岩，黑云片岩	

狼山群第二岩组(相当于渣尔泰山群阿古鲁沟组)为一套砂泥碳质的黑色岩(碎屑岩、页岩)建造，局部夹硅质岩(变质后为含碳质条带石英岩)和碳酸盐岩(变质后为透辉透闪石化灰岩或大理岩)。两者均成为赋矿层，前者赋存铜矿，后者赋存铅锌矿和铁矿。由下而上划分 3 个岩段。

一岩段：相当于前山地区的第二岩组一岩段，也相当于渣尔泰山群增隆昌组，在霍各乞矿区及后山地区均未见出露。

二岩段：主要为二云母（黑云母、绢云母）石英片岩夹碳质片岩（碳质板岩）、含碳质石英岩、（透辉透闪石化）灰岩或大理岩，并夹多层斜长角闪岩、角闪（片）岩。霍各乞矿层赋存在本岩段的中部。

三岩段：主要为碳质含量较高的千枚岩或千枚状片岩夹少量二云母石英片岩，中上部夹绿泥片岩。

以上出露的二、三岩段共厚1080m。

狼山群第三岩组由石英岩夹石英片岩组成，厚约500m，分布于霍各乞矿区的西北和东南两侧。

2）构造

霍各乞矿田为叠加褶皱。矿田地层经受多期变形，形成了不同期次、不同级别和不同样式的复杂叠加褶皱。矿区褶皱轴面劈理有S_1、S_2和S_3三组。

第一期（S_1）与狼山复背斜同时形成，枢纽212°～238°∠5°～30°，轴面倾角60°～80°。第一期褶皱组合为小型褶皱F_1，轴面劈理S_1，线理L_1和大型霍各乞背斜F_1^1，东大沟背斜等。

第二期（S_2）构造组合有小型重褶F_2，轴面劈理S_2，线理L_2和北东向一系列倾竖褶皱及韧性剪切带。大型构造有笔架山向斜F_2^3，枢纽为230°∠81°，3号矿床东向斜F_2^8，枢纽为216°∠80°，1号矿床旁反"S"形构造（F_2^6、F_2^7），枢纽为226°∠70°等。

第三期（S_3）褶皱包括F_3小型褶皱（轴为SE∠70°）、膝折构造，轴面劈理F_3及北西向展布的大型褶韧性剪切带出露在霍各乞—那仁宝力格一线，在区域上呈现狭长的片理化带，走向50°～60°，主界面陡立，带宽3km。

3）侵入岩

霍各乞矿田及外围出露侵入岩有三大类，各类侵入岩与成矿关系不大，只引起局部变质。

基性岩类，包括斜长角闪岩、辉长岩；中性岩类，包括闪长岩、花岗闪长岩；酸性岩类，包括花岗岩、花岗伟晶岩（脉）等。除花岗岩呈岩基产出外，其他皆呈岩株产出。

与成矿有关的火山岩：有几种变质岩如钠长绿泥片岩、绢云母钠长绿泥石石英片岩和角闪石岩等，推测属于火山岩，呈灰绿色，夹于千枚岩和片岩中，呈似层状分布，延伸达数十千米。矿物组成为钠长石（0.05～0.2mm，占30%～40%）、绿泥石（35%～50%）、绿帘石（5%～10%）、黑云母（0～5%）和石英（5%～10%），有时可见到杏仁构造，杏仁由方解石组成。通常将上述岩石归为基性喷发岩。这种基性海底火山喷发岩可能与成矿有一定成因联系。

2. 矿床地质

1）矿体

霍各乞矿区共有4个矿床。2号、4号矿床位于倒转背斜的北翼，1号、3号矿床位于南翼，由于4号矿床不具工业意义，所以，实际上矿区内有3个工业矿床赋存在分属于倒转背斜两翼的同一个层位上。3个矿床呈三角分布，1号矿床位于矿区南部；3号为1号的东延部分，居矿区的东部，两者相距400m；2号在矿区北部，距1号矿床约1700m（图3-54）。由于绝大部分储量集中在1号矿床（铜90.4%，铅77.6%，锌90.5%），这里以1号矿床为例加以叙述。其余矿床的地质特征与1号矿床相似。

1号矿床全长1500m，走向70°～80°，倾向南东，倾角70°，矿床的顶板为二云母石英片岩，底板为黑云母石英片岩，局部为千枚岩。含矿围岩为与顶底板呈整合接触的层状—透镜状的碳质片（板）岩、条带状碳质石英岩和透辉透闪石化灰岩，含矿层共厚91m。

1号矿床共有19个矿体（铜3个、铅锌4个、铁12个），分别赋存在4个含矿亚层中，亚层由下向上分述如下（图3-55）。

含矿碳质片（板）岩：是1号矿床最底部的含矿层位，长1750m，平均层厚16m，西段较厚且岩石较纯，泥碳质含量较高，东部变薄尖灭、碳质减少、钙质增加，局部形成透辉石透闪石片岩。该层与底板黑云母石英片岩呈渐变过渡，是铅锌的主要含矿层（Pb-1矿体赋存在其中）。

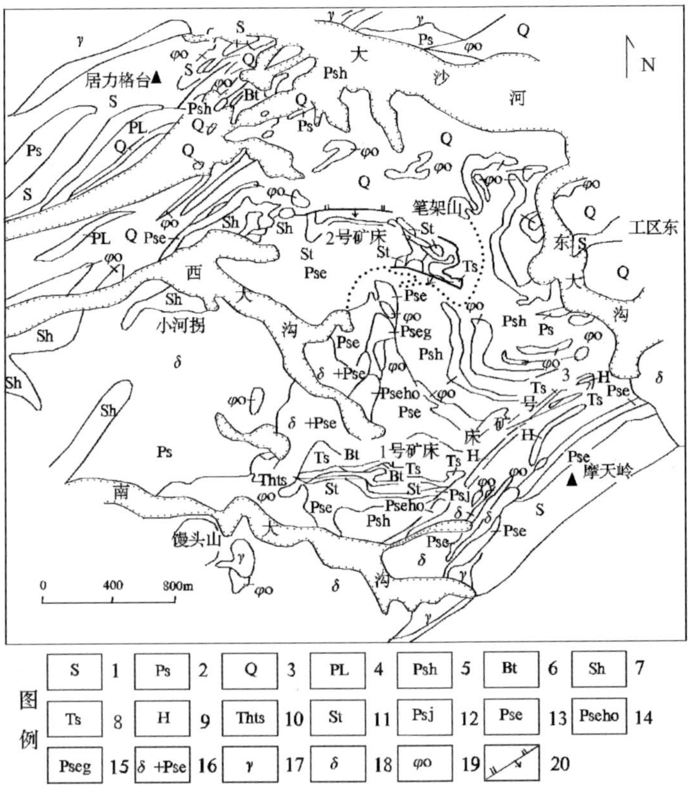

图 3-54　霍各乞铜多金属矿区地质图

1.石英岩;2.石英片岩;3.千枚岩;4.绿片岩;5.黑云母石英片岩;6.碳质板岩;7.黑色石英岩;8.透闪石岩;9.大理岩化灰岩;10.透辉透闪石岩;11.条带状石英岩;12.绢云母石英片岩;13.二云母石英片岩;14.红柱石二云母石英片岩;15.高硅二云母石英片岩;16.闪长岩混染二云母石英片岩;17.花岗岩;18.闪长岩;19.角闪岩;20.逆冲断层。注:狼山复背斜霍各乞次级背斜观点认为摩天岭与居力格台石英岩同属狼山群第二岩组;次级向斜观点认为同属第一岩组上段

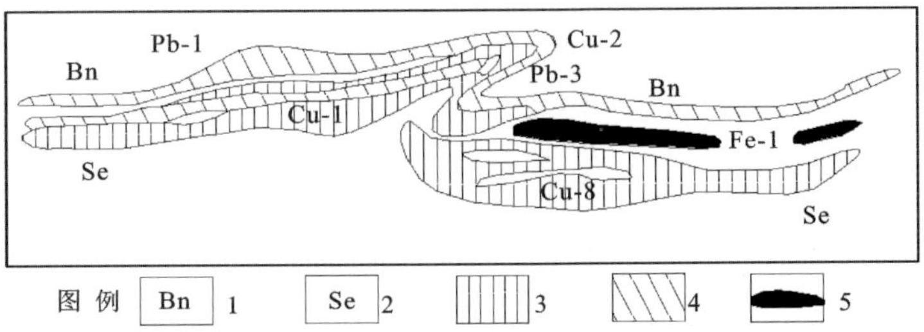

图 3-55　霍各乞 1 号矿床(矿段)1914m 标高平面图

(据常耀奇,1984)

1.黑云母石英片岩;2.二云母石英片岩;3.铜矿体;4.铅锌矿体;5.铁矿体

下条带状碳质石英岩:长 550m,平均厚 15m。为透辉石条带状石英岩、块状透辉石石英岩夹碳质条带状石英岩,是 Cu-2 矿体的赋存层位。

透辉透闪石化灰岩:长 1300m,平均厚 34m。岩石大部分为透辉石和透闪石,只局部有灰岩的残留体。沿岩层走向自西向东由以透辉石为主转变为以透闪石为主;沿倾向上部多见灰岩残体,下部多为透辉石透闪石岩,是铅锌和铁的赋矿层位。

上条带状碳质石英岩:长 1400m,平均厚 26m。西段较厚,东段变薄至尖灭。该层主要由碳质条带状石英岩、块状透辉石石英岩和透辉石条带状石英岩组成。西段以条带状构造为主,东段以块状构造为主。霍各乞矿床两个主要铜矿体(Cu-1 和 Cu-6)赋存于此层中。

1 号矿床主要矿体共有 6 个，其中铜矿体 3 个（Cu-1、Cu-2、Cu-3），铅锌矿体 2 个（Pb-1、Pb-3）、铁矿体 1 个（FE-1）。

Cu-1 矿体：赋存在矿床西段的上条带状石英岩中，呈似层状（板状）产出，长 750m，平均厚 23.7m，铜品位 1.45%，铜金属量占 1 号矿床铜总储量的 51%左右。矿体形态整齐，在矿体东段垂深 300m 处厚 36m，品位较高，以此为中心向四周均匀变薄，向两侧品位变贫。200m 垂深以上部位品位较高（图 3-56）。

Cu-6 矿体：分布于矿床东段的上条带状石英岩及下伏的透辉透闪石化灰岩的上部，以上条带状石英岩中的矿体为主，全长 600m，平均厚 27.5m，铜品位 1.07%，铜金属量占 1 号矿床铜总储量的 43%。矿体产状稳定，形态规整。

Cu-2 矿体：主要分布在矿床西段下条带状石英岩中，在上覆透辉透闪石化灰岩的底部亦有分布。矿体全长 500m，平均厚 11.50m，形态复杂，厚度变化大，在石英岩中矿体大体呈似层状，在蚀变灰岩中呈小透镜体、分支状和脉状体。

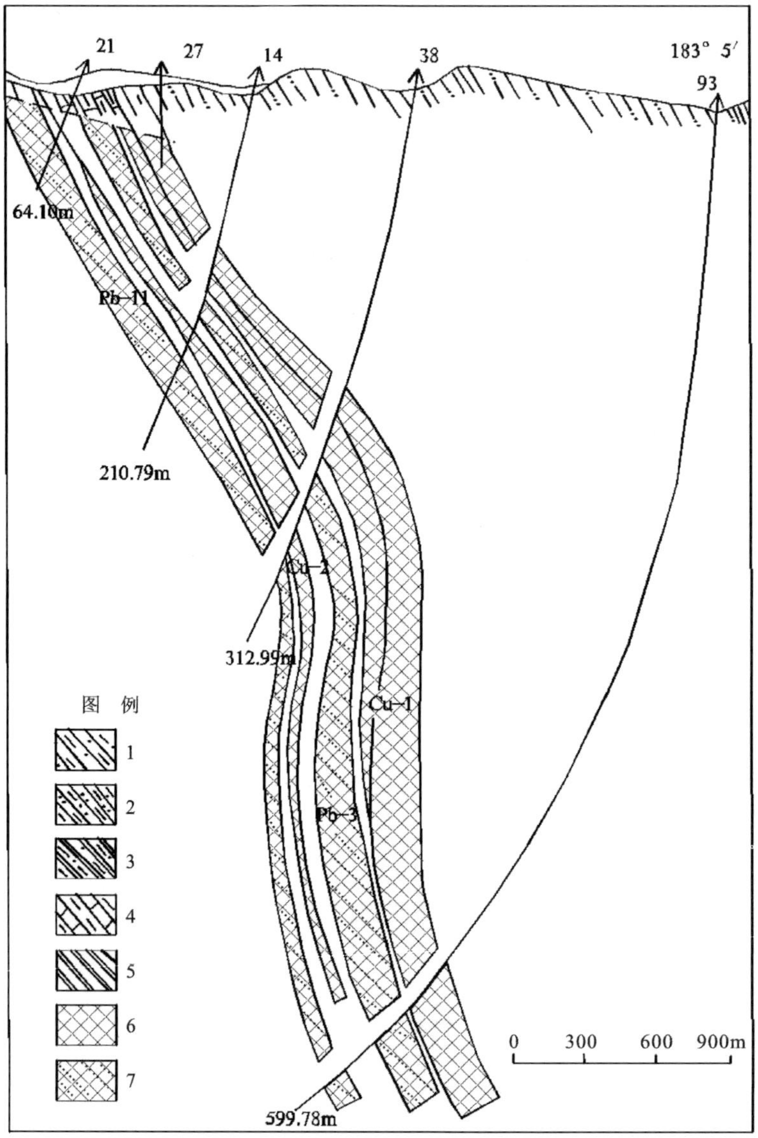

图 3-56 霍各乞 1 号矿床（矿段）剖面图

1. 黑云母石英片岩；2. 二云母石英片岩；3. 含铜条带状石英岩；

4. 含铅锌透辉透闪石化灰岩；5. 含铅锌碳质板岩；6. 铜矿体；7. 铅锌矿体

Pb-1 矿体：分布在矿床下部的碳质片岩和条带状石英岩(次要)中，全长 1650m，平均厚 17.56m。层状、似层状，形态简单，厚度稳定。锌占 1 号矿床总储量的 70%，铅占 44%。

Pb-3 矿体：主要产于矿床西段的透辉透闪石化灰岩中，在下条带状石英岩中也有分布。矿体长 730m，平均厚 9.65m，以铅为主，锌次之，似层状产出，形态较复杂，产状稳定(图 3-56、图 3-57)。

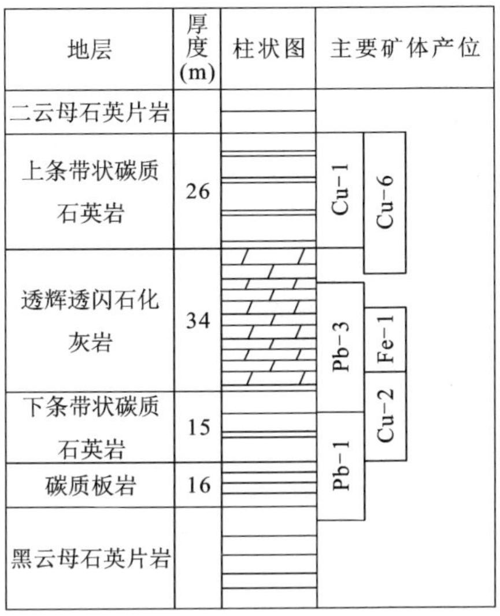

图 3-57 霍各乞 1 号矿床(矿段)主要矿体赋存部位、蚀变及岩性之间的关系

总体上，霍各乞矿床由多层矿体组成，矿体与围岩一般呈整合关系。大多数矿体中成矿金属简单，一个矿体常只有一两种成矿金属(Cu 或 Pb、Zn)，金属种类与地层岩性有专属关系，如铜赋存在条带状石英岩中，锌(主)赋存在碳质板岩中，而铅(主)和铁则赋存在透辉透闪石化灰岩中。

2)矿石矿物

铜矿石的金属矿物主要为黄铜矿、磁黄铁矿和黄铁矿，次为斑铜矿、方黄铜矿、白铁矿、毒砂等；脉石矿物有石英、透辉石、碳质(石墨)、云母、透闪-阳起石、方解石等。铅锌矿石的金属矿物主要为方铅矿、铁闪锌矿、磁黄铁矿，次为黄铁矿、白铁矿、毒砂、磁铁矿等；脉石矿物有石英、碳质(石墨)、云母、透辉石、透闪石、石榴石、方解石、钾长石、重晶石、钠长石、绿泥石等。

3)矿石结构构造

矿石结构按初始结晶和叠加区域变质作用或叠加非区域变质作用的热作用(岩浆作用)及受力作用(构造作用)可分为结晶—变晶结构、交代结构、固溶体分离结构和压碎结构等。

矿石的构造以浸染状构造和条带状构造为主，细脉—网脉状、角砾状、团块状和块状构造少见。

4)矿石储量和品位

霍各乞矿床 Cu、Pb、Zn 都达到了大型矿床规模，Cu 71.13×10^4t，品位 1.35%；Zn 78.16×10^4t，品位 1.46%；Pb 97.32×10^4t，品位 1.49%。

5)近矿围岩蚀变

矿床的近矿围岩蚀变有硅化、电气石化、透辉透闪石化和白云母化、阳起石化、绿泥石化、碳酸盐化等，但与铜锌成矿有密切关系的主要是前三种蚀变。

3. 成矿条件

1)稳定同位素

硫同位素：据施林道(1974)、李兆龙(1986)和杨海明(1991)等的数据(图 3-58)，硫同位素 $\delta^{34}S$ 为 −3.1‰～23.5‰，极差达 26.6‰。除了一个负值(−3.1‰)外，其余数据都为正值，而且偏离零值线较远，也未形成峰值，表明矿石硫属于海水硫酸盐的还原硫，反映出成矿物质最初是沉积成因。但是，霍各

乞矿床的硫同位素 $\delta^{34}S$ 在直方图上的分布也有起伏不大的"波浪式"，表现出后期地质改造作用也有影响，虽然影响不大，这最可能是区域变质作用的影响。

氢、氧、碳同位素：根据杨海明(1991)等的数据，霍各乞 1 号矿床的含铜石英脉的石英流体包裹体的 $\delta^{18}O$ 值为 14.30‰～15.10‰，δD 值为 −115‰～144‰，$\delta^{13}C$ 值为 −16.30‰～−11.67‰。这些数据反映了很复杂的变化过程。

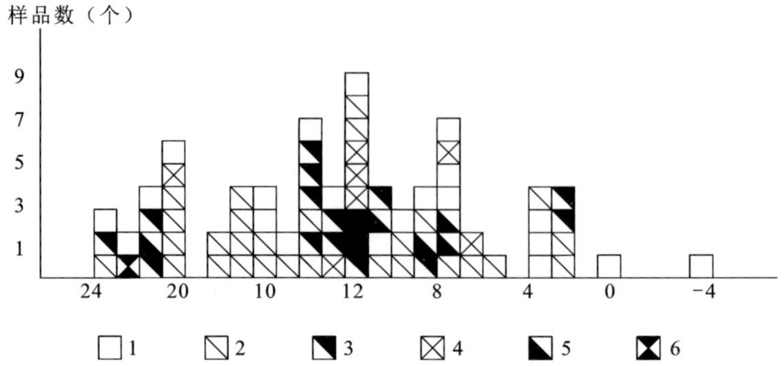

图 3-58　霍各乞矿田硫同位素组成频度分布图

1. 黄铁矿；2. 磁黄铁矿；3. 黄铜矿；4. 方铅矿；5. 闪锌矿；6. 重晶石

铅同位素：据李兆龙等(1986)和杨海明等(1991)的资料，铅同位素组成较稳定，属正常铅。铅同位素数据主要为 $^{206}Pb/^{204}Pb$ 为 17.027～17.224，$^{207}Pb/^{204}Pb$ 为 15.451～15.727，$^{208}Pb/^{204}Pb$ 为 36.747～37.669。在 Doe 和 Zartman 的 $^{207}Pb/^{204}Pb$ 对 $^{206}Pb/^{204}Pb$ 图解上，霍各乞铅同位素主要分布在克拉通化地壳区边部，造山带铅平均演化线附近，指示铅源可能是狼山群下伏的太古宙基底。铅模式年龄主要集中在 1118～950Ma。

2)硫化物中微量元素

统计资料指出，外生(沉积)成因的黄铁矿中 Co 含量小于 Ni，Co/Ni<1，内生(岩浆热液)成因的黄铁矿中 Co 含量大于 Ni，Co/Ni>1。

对霍各乞矿区的矿石微量元素分析，不同学者所报道的 Co/Ni 值有高有低。杨海明(1991)所报道的霍各乞矿床不同产状黄铁矿的 Co/Ni 值显示，产于非含矿层中自形结晶较好的黄铁矿 Co/Ni<1，表明黄铁矿属沉积成因。而产于含矿层中的浸染条带状黄铁矿的 Co/Ni>1，尽管黄铁矿矿石就位也是层控、沉积的，但按霍各乞矿带的地质背景，推测霍各乞矿床可能是由火山提供成矿物质，然后沉积定位。

3)液体包裹体

据黄金水、李兆龙(1983)、王莉娟(1990)、池三川和王思源(1992)等对霍各乞矿床流体包裹体的研究资料，这里摘引其中明显反映矿床成因的一些参数。

金属硫化物中包裹体爆裂测温的 3 个参数区间，即为 150～220℃，305～350℃ 和 480～530℃，分别代表喷流沉积成矿、区域变质改造和侵入接触改造 3 个成矿期的温度。石英和方解石的包裹体均一测温则表现为喷流沉积(162℃)和后期改造(300℃±)两个参数区间。成矿压力也有两个参数区的明显差别，即代表喷流沉积和区域变质改造[180×10^5 Pa 和($210\sim600$)$\times10^5$ Pa]。测定 6 件包裹体含盐度平均值 w(NaCl)为 31.03%，$w(Na_2O)/w(K_2O)=2.2$，见有石盐和较少的钾盐子晶。

4. 矿床成因讨论

许多研究者(杨海明等，1993)认为霍各乞矿床的形成经历了复杂的过程。先后经过在陆缘拉张盆地中喷气沉积、成岩变质和后生改造等阶段。控制矿床形成的构造为陆缘拉张裂谷三级盆地。含矿沉积建造为一套碎屑岩-含碳泥岩-碳酸盐岩-细碎屑岩，夹碱性火山岩和以硅质岩为特征的喷气沉积岩。矿带处于地热异常区，由于深部的热能对海水和下降天水加热，形成对流循环机制，驱动成矿金属从围岩中萃取、迁移和沉淀。通常对流循环含矿热卤水是沿同生断裂上升排放，排放口的通道系统和附近的海底即为矿石堆积的最佳部位。由此可见，这类矿床既是同生矿床也是后生矿床，即在海底系统沉积的矿石为同生成因的，而在通道周围淀积的矿石为后生成因的，矿石生成后经受过成岩脱水、区域变质、接触变质等改造，使矿石产生一定程度的结构构造、矿物组分和成矿元素带进带出的变化；最后矿床在海西期以后，受到风化剥蚀及表生变化等。

（四）东升庙铅锌矿床

东升庙矿床为铅锌多金属矿床，铅锌为大型—超大型矿床，铜为小型矿床。矿区位于狼山前山东段，行政上隶属巴彦淖尔盟乌拉特后旗巴音宝力格镇（即东升庙）。

东升庙铅锌矿的大地构造单元属于华北陆块北缘的狼山-渣尔泰山中新元古代裂谷（图 3-59）或克拉通拗拉谷。它呈近东西向并向北突出的弧形分布，太阳庙-炭窑口-东升庙-对门山-甲生盘-固阳属于南支，霍各乞-乌拉特后旗属于北支（图 3-59）。东西长约 300km，每一支叉南北宽约 15～50km，中新元古代时期沉积厚度 1000～7000m 不等。在甲生盘西部、翁根西南、固阳北西形成 3 个 6000～7000m 厚的沉积中心。

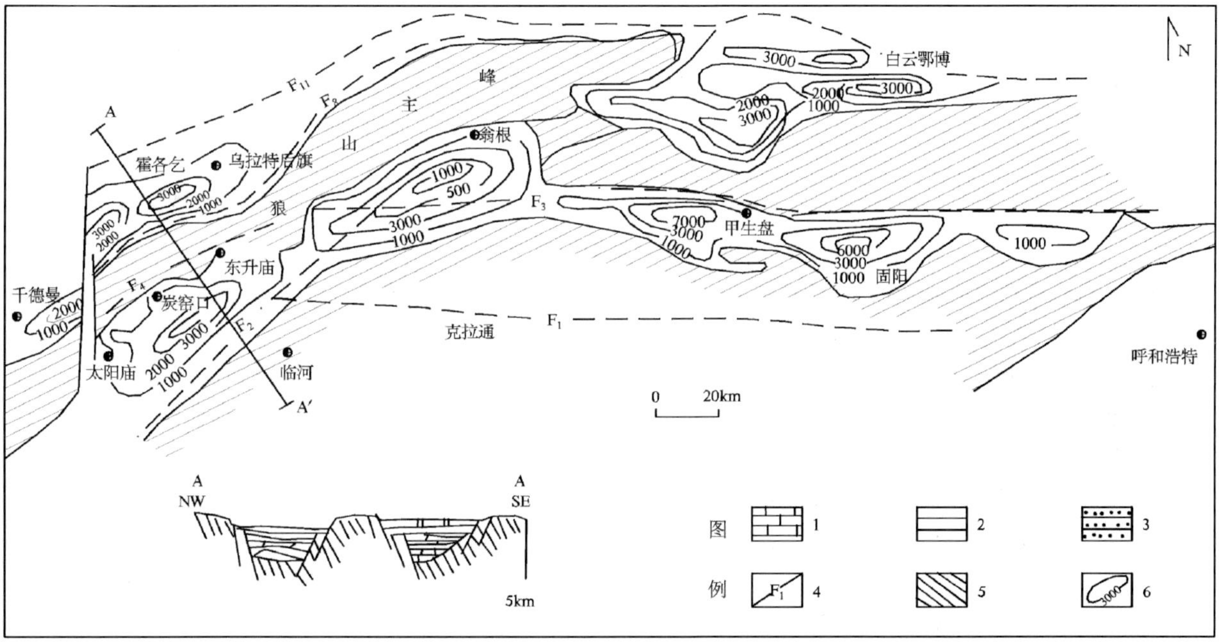

图 3-59　狼山-扎尔泰山及霍各乞中新元古代拗拉谷（据刘仁福，1984）

1. 碳酸盐岩类；2. 泥质岩类；3. 砂砾岩类；4. 深断裂及编号；5. 古陆；6. 地层等厚线

狼山-渣尔泰山元古宙拗拉谷中沉积了一套陆源碎屑-黏土质-碳酸盐-黏土质建造。这套地层西部称之为狼山群（已改称渣尔泰山群），东部称之为渣尔泰山群。对狼山群与渣尔泰山群的对比目前已基本上取得共识，由下而上建立 3 个组：书记沟组、增隆昌组和阿古鲁沟组。由于在书记沟组和阿古鲁沟组内部已发现钾质玄武岩-粗面岩系列岩石，证明属于克拉通化后拉张构造环境中的产物。

1. 矿区地质

1）地层

东升庙矿床赋存于被白垩纪红层大面积覆盖下的中元古代狼山群浅变质岩系中，主要含矿地层自下而上为：

第一岩组一岩段，花岗质贯入片麻岩夹少量基性火山岩（角闪片岩），厚约 400m。

第一岩组二岩段，石英岩夹二云母石英片岩，厚约315m，顶部有一层最厚约15m的灰白—粉红色石英砂岩，地表见铜矿化，品位低，深部未见铜工业矿体。

第二岩组一岩段，灰白—黄白色厚层致密白云岩，出露最大厚度约100m，此层位相当渣尔泰山群增隆昌组。底部与第一岩组二岩段顶层石英岩交界处有一层单硫型的黄铁矿体（1号矿体）。

第二岩组二岩段下部层，以碳质板（片）岩为主，夹少量白云岩，铅锌小矿（化）体零星分布，最大厚度200m。

第二岩组二岩段上部层，以灰—灰黑色白云岩为主夹碳质板（片）岩或两者互层，最大厚度200m。本层是东升庙矿床的主要含矿层位，矿床主要的锌、铅、铜矿体和硫铁矿体均赋存于此层中。

第二岩组三岩段，碳质千枚状片岩夹碳质白云岩，分布于矿区东段，最大厚度200m。

第三岩组一岩段，绿泥石绢云母石英片岩，厚100m。

第三岩组二岩段，以灰白色中细粒石英岩为主，局部夹绢云母（长石）石英片岩，厚150m。

上述各岩组之间均为整合接触关系，属机械（碎屑、黏土）趋向化学（碳酸盐、碳质）沉积建造。

2）构造

东升庙矿区构造以褶皱为主，矿床位于狼山复背斜次级的东升庙倒转背斜的北翼，背斜轴部为狼山群第一岩组地层，两翼为第二、第三岩组。由于南翼受山前与河套平原交界处的正断层所破坏，第二岩组地层出露很少，仅在东升庙沟口东侧有部分出露。由于山前正断层断距很大，即使南翼有矿床赋存，也隐伏在河套平原的深部。矿区背斜褶皱紧密，向斜褶皱开阔，岩层倾向北西，倾角中—陡。在向斜褶皱中，有更次级的褶曲构造，褶曲幅度一般为300～400m。矿区所有褶皱构造形态都是向西南方向翘起、东北方向倾伏，致使在西部的矿床已被侵蚀掉。

矿区的断裂构造大多以成矿前的断裂在成矿后继续活化的区域性走向断层为主。矿区北部边缘有一条北东东向的逆掩大断层，后期活化使海西期花岗岩逆掩于白垩纪红层之上，断层倾角30°。矿区南部边缘，即与河套平原交接处有一分支复合的区域性北东东向正断层，断层南倾，倾角60°～70°。狼山群及其中赋存的层控矿床即分布于上述两个区域性断层之间，南北间宽2000～2500m（图3-60）。此外，内蒙古化工地质队加密勘探工作后，认为矿床内部在褶皱基础上也发育有较多破坏矿体完整性的小断层。

3）侵入岩

狼山地区的侵入岩主要为海西期花岗岩，大面积分布，但与东升庙铅锌多金属矿床形成关系不大。在东升庙矿区地表未出露花岗岩体，仅在深部100m标高以下见到海西期闪长岩-花岗岩岩体。

4）火山岩

在第一岩组中见有角闪片岩，推测原岩为基性火山岩；第二岩组上部见有残斑变粒岩和霏细岩，推测原岩为中酸性—酸性火山岩-次火山岩。有些研究者（芮宗瑶等，1988）研究书记沟组和阿古鲁沟组中火山岩的成分，认为属于钾质玄武岩-粗面岩系列，为拉张裂谷环境的产物。

2. 矿床地质

1）矿体

东升庙矿床的矿体严格按顺层产出，呈多层性。成分单一的岩石，如质纯的碎屑岩、泥质岩、碳酸盐岩等不利于成矿，含矿性最好的是碎屑、泥质、碳质和碳酸盐掺合在一起的不纯岩石。如第二岩组一岩段下部的纯碳质板岩中一般不含矿，只在含白云质的碳质板岩中有几层小规模的单锌矿体。第二岩组二岩段上部主要为不纯的（含泥碳质）白云岩和薄层白云岩与碳质板岩互层带。东升庙矿床的主要Zn、Pb、Cu、硫铁矿工业矿体均赋存于此层中。

矿床内共圈出工业矿体18个，分别为单铜矿体3个（6、8、9号）、单硫矿体3个（1、5、11号）、单锌矿体3个（14、15、16号）、铅锌硫复合矿体7个（2、3、4、12、13、17、18号）、铜硫复合矿体1个（10号）、铜铅锌复合矿体1个（7号）。其中主要硫和多金属矿体为1～5号矿体，而铜矿体则以6号矿体为最大。1

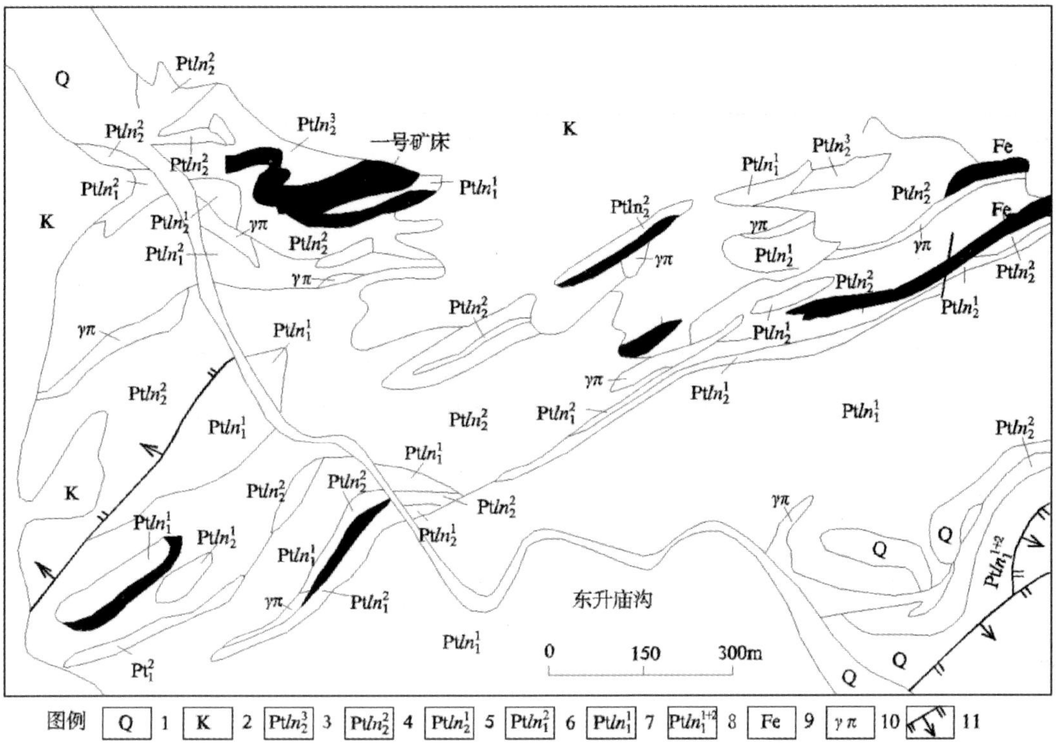

图 3-60　东升庙铅锌多金属矿区地质略图

1.第四纪冲积洪积层；2.白垩纪红色砂砾岩；3.狼山群第二岩组三岩段千枚状碳质板岩；
4.狼山群第二岩组二岩段白云质灰岩与碳质板岩互层；5.狼山群第二岩组一岩段厚层白云岩或白云质灰岩；
6.狼山群第一岩组二岩段石英岩；7.狼山群第一岩组一岩段黑云母石英片岩；8.狼山群第一岩组未分段；
9.铁帽或矿化带；10.花岗斑岩；11.断层

号矿体的硫占总储量的18%；5号矿体的硫占总储量的5.5%；2号矿体硫占总储量的31%，锌占锌总储量的50.6%，铅占铅总储量的76%；3号矿体硫占总储量的21%，锌占总储量的16.6%，铅占总储量的13.4%；4号矿体硫占总储量的16%，锌占总储量的6.2%，铅占总储量的9.1%；6号矿体的铜占总储量的69%。结合图3-60可以看出，铜矿体产在以白云岩为主夹少量碳质板岩中，赋矿层位高于锌矿体，而少数锌矿体则产于碳质板岩为主夹少量白云岩的岩层中。从全区来看，Cu、Pb、S及多数主要的锌矿体均赋存在泥碳质白云岩中。

矿体随地层的褶皱而褶曲（图3-61），褶曲幅度300～400m。矿体产状一般上部较陡（60°～70°），深部变缓（30°～48°）。矿体形态呈似层状、透镜状，规模百余米至千余米长，已控制矿床范围长2500m。

2）矿石矿物成分

矿石中主要金属矿物为黄铁矿、磁黄铁矿和闪锌矿，其次有方铅矿和黄铜矿以及少量的磁铁矿；脉石矿物均以白云石为主，次有石英、方解石、绢云母、绿泥石、碳质（石墨）等。矿石的金属矿物组合类型有4种：单硫型的黄铁矿矿石；锌硫型的方铅矿（少）-闪锌矿-磁黄铁矿、黄铁矿矿石；单锌型的方铅矿（少）-闪锌矿-磁黄铁矿矿石；单铜型的黄铜矿-黄铁矿矿石。

3）矿石结构构造

矿石的结构与构造均较简单。矿石结构以自形、半自形等粒和不等粒结构及微粒莓球状结构为主，局部有少量的交代残余、压碎、固熔体分离和生长环带结构等。矿石构造有以金属矿物顺层理平行排列的构造类型，如纹层—波纹状、条带状、结核环带状等，也见有块状、斑点浸染状、网脉状、团块状和角砾状构造，常见以黄铁矿和闪锌矿为主组成的块状或条带状构造。

4）矿石和矿物的有益组分

矿石的有用成分主要为Zn、Pb、Cu、S，黄铜矿和黄铁矿中含Co较高，闪锌矿中含Cd较高，方铅矿、闪锌矿和黄铜矿中则含Ag较高。

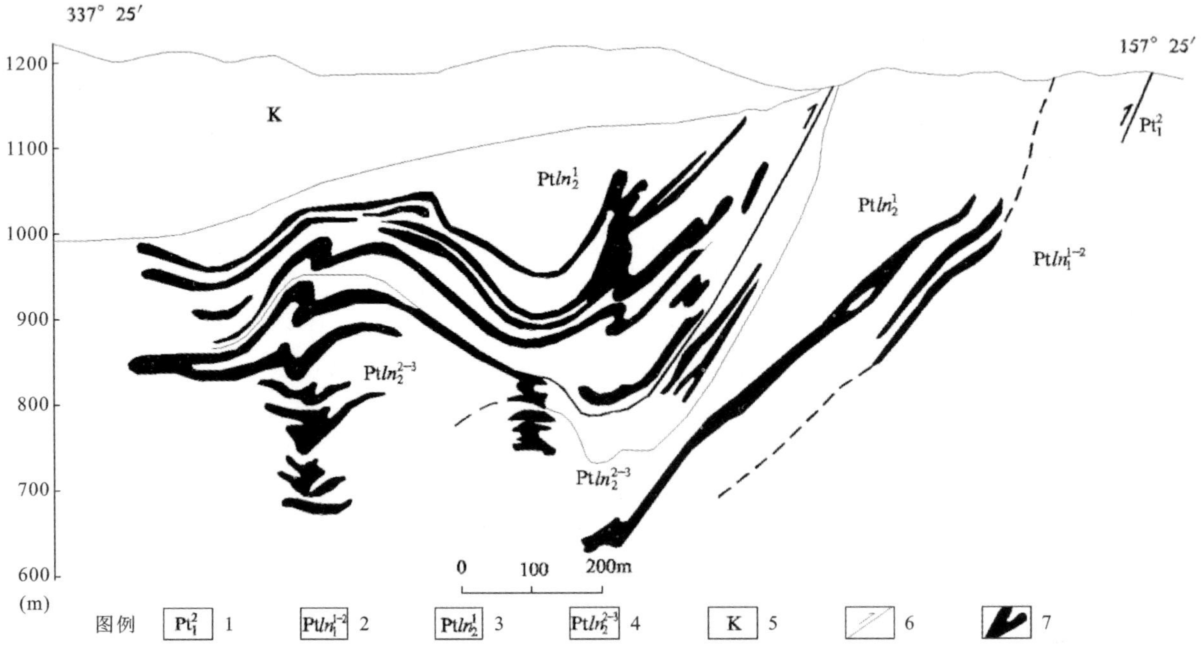

图 3-61 东升庙矿床剖面及矿体形态图

1. 狼山群二云母石英片岩、眼球状混合片麻岩；2. 狼山群第一岩组一、二岩段；3. 狼山群第二岩组一岩段；4. 狼山群第二岩组二、三岩段；5. 白垩纪红色砂砾岩；6. 断层；7. 矿体

5）围岩蚀变

矿床内部的围岩蚀变不明显，蚀变的种类表现为对围岩成分就地取材的蚀变现象，如砂质白云岩中的硅化、碳酸盐类中的碳酸盐化和泥质岩石中的（黑、绢）云母化等。这类蚀变是原岩组分在区域变质过程中局部迁移的结果，是区域变质晚期变质热液的产物。与矿化关系密切的蚀变有黑云母化、绿泥石化和碳酸盐化。据研究（施林道等，1974），近矿体的蚀变黑云母和绿泥石与远矿体的区域变质作用形成的变质岩中的黑云母和绿泥石不同，前者表现为浅色的贫铁富镁品种（金云母和浅色绿泥石）。

3. 成矿条件

硫同位素：前人（施林道等，1974；李兆龙等，1986；缪远兴，1988；丁悌平等，1992）对东升庙矿床的硫同位素发表过大量的数据，虽然数据不完全相同，但硫同位素组成的基本特征近似。$\delta^{34}S$值都为分散的较大正值，除个别的负值外，主要数据介于16‰～37‰之间，在$\delta^{34}S$频率分布图上呈波浪式分散状分布。笔者趋向认为这是细菌持续还原海水硫酸盐的结果，初始还原硫的同位素组成可能表现为一种$\delta^{34}S$不太大的正值，在封闭海盆地沉积环境条件下，细菌的持续还原，使海水中剩余的硫酸盐愈富集，$\delta^{34}S$趋向大正值。

铅同位素：据李兆龙等（1996）的研究，东升庙矿石铅的同位素值$^{206}Pb/^{204}Pb$为15.190～15.742，$^{207}Pb/^{204}Pb$为14.500～15.320，$^{208}Pb/^{204}Pb$为35.010～36.682，单阶段模式年龄1600Ma。又据丁悌平等（1992）的研究，东升庙矿石铅的同位素值$^{206}Pb/^{204}Pb$为15.171～15.202，$^{207}Pb/^{204}Pb$为15.144～15.182，$^{208}Pb/^{204}Pb$为35.281～35.435。铅模式年龄为1800Ma。两家数据大体接近，稍有出入。模式年龄1800～1600Ma，正好与矿床所在地区确定的地质背景时代（中元古代）一致，佐证矿床应是围岩造

第四章　区域成矿控制因素及成矿规律探讨

矿床是区域地质演化的产物。它的形成必然会受到区域地质演化过程中诸多因素的制约。因此，我们在探讨区域成矿作用和成矿规律时必须着眼区域地质演化过程中的诸多方面，同时把区域成矿作用作为其中的一个重要因素，这样才有可能较为客观地认识区域成矿规律。

第一节　控矿地质因素

一、构造对成矿的控制作用

矿床的形成过程中，成矿流体的运移和成矿物质的沉淀、定位空间及其形成矿床的保存条件无不与构造息息相关。所以说，构造是成矿控制地质因素中的首要因素，它对成矿的控制作用表现为以下几个方面。

1. 成矿构造环境的控矿作用

不同的成矿构造环境产生不同的矿产。太古宙—古元古代陆块中，花岗岩-绿岩带内赋存条带状铁矿(或称鞍山式铁矿)和金矿，而高级变质岩区赋存众多的非金属矿床，例如石墨矿、白云母矿和透辉石型磷矿等。在中元古代时，一方面，在太古宙—古元古代陆块边缘的裂陷槽或裂谷带内形成与海相基性—中酸性火山喷发活动相关的海底火山喷气、喷流-沉积型铁、铜、铅、锌、金、硫铁矿床，以及与碱性火山-岩浆活动相关的喷流-沉积型铁、铌、稀土矿床。同时，有与海相化学同沉积作用有关的铁、锰、磷矿床形成。另一方面，在以洋壳为基底的火山弧环境内形成与中基性—中酸性火山-侵入活动有关的铜钼矿床；而在大洋脊扩张部位或其与异常脊的过渡带环境内有与富钠镁质基性火山岩浆活动相关的铁(金)矿床形成。

新元古代晚期，华北板块西部边缘坳陷带有冰水沉积作用形成的铁、磷矿床。

古生代，板块体制发育，在古亚洲洋洋盆成生、发育、消亡的过程中，在不同的构造环境内发生不同的成矿作用。在洋盆拉张构造环境中，由于地幔物质上涌，形成与洋壳相关的岩浆熔离-贯入型铬铁矿床，在沟-弧-盆环境内形成与海相基性—中酸性火山-侵入岩活动有关的硫铁(铜)矿床、铁矿床、铁锌矿床及铜多金属矿床。碰撞造山构造环境下，由于中酸性岩浆侵位，形成斑岩型、接触交代型、热液型等类型的铁、铁钼、钼、铜、铅锌、铍、锰、钨、金、水晶、萤石等矿床。

华北板块边缘在古亚洲洋盆和秦祁海槽的成生、发育、消亡的过程中发生强烈的构造-岩浆活化作用。在这种构造环境下，在北缘形成了与基性岩浆有关的熔离型铜、镍、铂矿床，及结晶分异铁、磷矿床和热液型铁矿。深部富铌、稀土的成矿流体沿构造裂隙带上升，使白云鄂博铁、铌、稀土矿床进一步富集。同时由于碱性花岗岩侵位,在接触带形成接触交代型铌、稀土矿体。北缘其他地段形成了与中酸性岩浆侵位有关的接触交代型和热液型铜、铁、铅、锌、金、萤石矿床。而在华北板块西部边缘形成与辉长岩有关的熔离型钛铁矿床和接触交代型铁、金矿床。

中生代滨西太平洋活动大陆边缘构造环境形成了雄伟的大兴安岭火山-岩浆构造带,并形成与陆相中酸性火山-侵入杂岩相关的众多不同类型的铁、铜、铅、锡、锌、钨、钼、银、稀土、金、水晶、巴林石、萤石等矿床。

新生代在稳定的大陆高原区形成蒸发岩相的盐、碱、芒硝、石膏等矿床。

2. 区域性深断裂构造带对成矿的控制作用

区域性深断裂构造带均为超壳断裂,有的甚至切穿了岩石圈,所以它们是地幔物质上涌的通道。而与其有成生联系的次断裂或裂隙构造带往往就是成矿物质沉淀就位的空间。另一方面,这些深断裂构造带具有活动时间长的特点,所以在其一侧或两旁常分布形成不同时代的矿床。例如:得尔布干深断裂构造带就控制了其北西侧的不同类型铜钼、铅锌、银矿床的分布,而得尔布干深断裂派生的北西向构造带就是上述矿床的定位空间;又如嫩江-八里罕深断裂带和西拉木伦河深断裂带联合控制了大兴安岭火山-岩浆构造带中南段与陆相中酸性火山-侵入杂岩有关的斑岩型、接触交代型和热液型铁、锡、铜、铅、锌、银、金、钨等矿床的形成和分布;华北板块北缘深断裂带两侧分布不同时代形成的铁、铌、稀土矿床,铁、铜、镍、铅、锌、金、萤石等矿床。

3. 基底构造与新生构造的联合控矿作用

华北板块及其北侧古亚洲构造域的区域性构造基本上是近东西向展布,它们所控制的矿带亦是呈近东西向延展的。而进入中生代后,由于滨西太平洋活动大陆边缘的作用,一方面,新生的区域性构造带呈北东—北北东向延展;另一方面,原先的基底构造亦发生活化,在这两组构造交会处往往是不同矿床的定位空间。因此纵观矿床的分布,可以非常明显地看到矿床呈东西向成行、北东—北北东向成带的棋盘格局,而且矿带间具有近等距性。

4. 巨型沉降带中沉积盆地的控矿作用

巨型沉降带实质是受区域性深断裂带控制的裂陷槽(或称裂谷),它赋存有许多大型、超大型矿床,如白云鄂博裂谷和渣尔泰山-狼山裂谷。它们延展数百千米,宽几十千米。然而,并非在整个裂谷中到处都有矿床形成。只有在发育受同活动断层控制的三级或更次级的盆地中才形成矿床。例如,白云鄂博裂谷中,只有在白云鄂博地区,在北界受高位同生活动断裂控制,南界受东介勒格同生活动断裂控制的长 14km、宽 1～2km 的这样一个次级盆地中,由于同生活动断裂的持续活动,沿其深部成矿物质得以不断上涌进入盆地堆积成矿。渣尔泰山-狼山裂谷带中的霍各乞、炭窑口、东升庙、甲生盘、朱拉扎嘎等大型或超大型矿床都是形成在类似的次级盆地中。

这种次级盆地能否形成大型或超大型矿床往往与控制其同生活动断层活动时间的持续性和活动频率有着密切的关系。彭润民、翟裕生等(2000 年)对比研究东升庙和甲生盘两矿床后认为,这两个矿床同为海底喷流-沉积矿床,均形成于裂谷带内受同生活动断层控制的次级盆地中,但由于控制盆地的同生活动断层的活动时间持续性和活动频率的差异而使矿床规模不同,即控制东升庙次级盆地的同生活动断层的活动时间和活动频率均高于控制甲生盘次级盆地的同生活动断层,所以造成东升庙矿床规模大于甲生盘矿床。这是因为同生活动断层是成矿物质涌入盆地的通道,它的活动时间长短和活动次数的多少决定着进入盆地内的成矿物质数量的多少。

5. 褶皱构造的控矿作用

褶皱构造的控矿作用主要表现如下:

(1)对于受变质火山-沉积矿床来说,褶皱构造使矿层厚度在其核部和倾伏端增大,而在翼部变薄,同时在核部或倾伏端矿石的品位也有所提高。例如三合明铁矿床。

(2)对于热液矿床而言,褶皱构造,无论是背斜或向斜构造,在其核部常形成虚脱空间并在岩层中产生许多密集裂隙,从而增加了裂隙度,这有利于大量成矿流体的进入和成矿物质的沉淀,进而形成厚大矿体,例如白音诺尔铅锌矿床。

(3)区域性背斜构造近轴部,常发育纵向追踪走向断裂或裂隙构造带,有利于成矿流体的进入和成矿物质的沉淀,从而形成脉状矿体。

6. 韧性剪切变形变质带的控矿作用

韧性剪切变形变质带,尤其是韧-脆性剪切变形变质带的控矿性越来越引起人们的注意。这是因为剪切变形变质带的形成过程中会产生不同方向的裂隙构造带。这些构造带极大地增加了岩层的孔隙性和渗透性,有利于成矿流体的进入,发生水岩反应而使成矿物质沉淀形成矿体。另一方面,在其自身形成过程中,因变形变质作用产生大量流体,使岩层中的成矿物质活化进入成矿流体而富集成矿。例如乌拉山山前韧-脆性剪切变形变质带内赋存有乌拉山金矿床;大青山北坡固阳-察右中旗区域性韧-脆性剪切变形变质带,其次级构造控制了一批金矿床的分布;新地沟金矿床、十八倾壕金矿床等均赋存在韧-脆性剪切变形变质带内。又例如白云鄂博铁、铌、稀土矿床400Ma的一次矿化富集亦与韧-脆性剪切变形变质构造相关而形成了条带状或条痕状构造的矿石。白乃庙铜矿床亦是相似的情况。

简而言之,构造对成矿的控制是多方面的,从成矿作用开始直到矿床形成后的保存条件均受到构造的控制。

二、地层对成矿的控制作用

地层对成矿的控制作用一直是人们关注的因素。它的控矿性应有如下几个方面。

1. 成矿物质的初始预富集作用

许多成矿物质在火山喷发沉积作用过程中或在沉积过程中并未能富集成具有经济价值的矿体,只有再经历后期的变形变质作用、混合岩化作用和岩浆作用的再活化而富集成矿体。

(1)太古宙乌拉山岩群和集宁岩群原岩为含碳质岩层,经过区域麻粒岩相变质作用和混合岩化作用常形成规模不等的石墨矿床。古元古代宝音图群中富铝泥质岩层经过区域角闪岩相变质作用形成石榴石矿床。乌拉山岩群和集宁岩群原岩为泥质—半黏土质岩层,经过1800~1700Ma的变质-混合岩化作用形成伟晶岩型白云母矿床。

(2)太古宙—古元古代绿岩带的原岩为中基性火山岩系,其含有较丰富的易活化金而使金得到初始预富集,为后期地质作用成矿提供成矿物源。例如赤峰地区太古宙变质岩系含Au丰度值为$(7\sim9)\times10^{-9}$(322件样品),是地壳金平均值的2~3倍,尤其是原岩为中基性火山岩的黑云角闪斜长片麻岩。另外,角闪斜长片麻岩、斜长角闪岩等的金丰度值变化于$(7.5\sim11.87)\times10^{-9}$之间,而且这类岩石中富含黄铁矿。黄铁矿含Au丰度为1584×10^{-9}。按照博伊尔的观点,黄铁矿是易活化金的携带者,在后期地质作用下其中的金最易活化出来,经迁移沉淀富集成矿。按照王时琪(1990)的研究,赤峰地区变质岩Au丰度值的27%为易活化金,所以该地区太古宙变质岩系为后期地质作用下活化、迁移、富集成矿提供了雄厚的物质基础。大青山—乌拉山—色尔腾山地区太古宙—古元古代的绿岩系内的黑云斜长片麻岩、斜长角闪岩、角闪斜长片麻岩、变粒岩、绿色片岩等含Au丰度值为$(10\sim30)\times10^{-9}$,为地壳平均值的3~10倍,亦构成了金的初始预富集。

大兴安岭成矿带内,许多有色金属矿床的围岩为二叠纪地层,这是为什么呢?根据赵一鸣、张德全

(1994)的研究，二叠纪地层特别是大石寨组和哲斯组地层富集 Pb、Zn、Sn、Ag 等金属元素，Pb、Zn 的浓集系数在 1～2 之间，Sn、Ag 的则均大于 2，在某些岩石类型中高达 3～4 或更高。Cu 在二叠纪地层中含量低于克拉克值，但在基性火山熔岩、细碧岩和玄武岩中，Cu 含量大于克拉克值，浓集系数可达 1～3。地层中所富集的元素恰恰是该地区内的成矿元素。成矿带南部地层以富 Sn、Zn 为特征，故在南部地区主要产出锡多金属矿床，如黄岗矿床和大井矿床。北部地区地层中富含 Ag、Pb，故北部地区较发育铅、锌、银和锡多金属矿床。这反映了地层可能提供矿质来源。

上述资料表明，地层在形成过程中可使某些成矿元素预富集，为以后不同地质时期的地区成矿作用而活化、迁移、富集成矿提供了丰厚的物质。

2. 在成岩过程中直接成矿

太古宙乌拉山岩群、色尔腾山岩群中的条带状铁矿床；中元古代白乃庙群的铜钼矿床；温都尔庙群中的铁矿床；渣尔泰山群中的铁、铜、铅、锌、硫铁矿、金矿床；白云鄂博群中的白云鄂博铁、铌、稀土矿床及磷矿床；早石炭世与海相基性—中酸性火山-侵入岩有关的铁、铁锌矿床等都是在地层岩石形成的同时，成矿物质大量富集而形成的。中元古代与海相化学沉积有关的铁、磷矿床亦是如此。

3. 地层与成矿流体发生水岩反应，为成矿流体沉淀提供空间

地层中某些岩石具有较高的孔隙度，再加上构造变形而产生的裂隙，从而提高了它们的渗透性，故有利于成矿流体的进入而发生流体与岩石的物质交换反应，从而使成矿物质富集沉淀成矿，例如小南山铜、镍、铂矿床在辉长岩与白云鄂博群接触带形成的泥灰岩型矿体。

碳酸盐岩地层，往往与岩浆热液发生水岩反应而形成矽卡岩体，在水岩反应过程中，改变了成矿流体的 pH、Eh 值，从而促使成矿物质沉淀成矿，例如白音诺尔铅锌矿床、黄岗铁锡矿床等。

地层中富钙质的砂岩、粉砂岩、板岩等与中酸性侵入岩的成矿流体在外接触带内发生碱质交代，形成蚀变岩，因在碱质交代过程中的物质交换改变成矿流体的 pH、Eh 值和成矿元素浓度，从而促使成矿物质沉淀富集，形成热液脉状矿体。例如苏莫查干敖包超大型层状热液交代型萤石矿床的形成就是在海西晚期花岗岩与哲斯组结晶灰岩、酸性流纹岩的外接触带，进行了强烈的交代作用而形成的。

三、岩浆岩对成矿的控制作用

岩浆岩对成矿的控制作用是人们长期研究的内容。岩浆岩对成矿作用的控制表现在如下几方面。

1. 火山岩浆成分的不同而形成不同的矿床

太古宙—古元古代赋存的条带状铁矿床和中元古代温都尔庙群中的铁矿床与基性火山岩浆喷发作用相关，而晚古生代海相火山-沉积作用形成的铁矿床，都与中基性—中酸性火山-侵入岩相关，例如黑鹰山铁矿床和谢尔塔拉铁锌矿床。谢尔塔拉铁锌矿床中铁的成矿与海相中基性火山岩浆相关，而锌矿的形成却与中酸性火山岩浆活动有关。

白云鄂博铁、铌、稀土矿床是与碱性火山岩浆和碳酸岩岩浆活动有关。

霍各乞铜矿床的形成是与钠质基性火山岩浆作用有关，而东升庙、炭窑口铅锌多金属矿床的形成与钾质火山岩浆喷发作用有成因关系。朱拉扎嘎金矿床与碱性粗面流纹岩相关。白乃庙铜钼矿床是与中元古代海相中基性—中酸性火山-侵入岩浆活动有关，铜与早期中基性火山岩浆喷发作用有关，而钼与晚期英安质火山岩浆喷发作用有关。

上述矿床均是与海相火山岩浆喷发-侵入作用有关，但显示了由太古宙—古元古代的铁矿，到中元古代铜、铅锌、金矿、铜钼矿、铁、铌、稀土矿，再到古生代的铁、铁锌矿床这一由老到新的时间过程中，由单矿种到多矿种再到相对简单矿种的变化。同时亦说明不同成分的火山岩浆作用形成不同的矿种。单就铁矿而言，太古宙—古元古代的铁成矿与基性火山岩浆活动相关，而古生代的铁矿却与中基性—中酸性火山岩浆活动相关，同样发生了变化。

2. 岩浆岩成分对成矿的控制作用

岩浆岩成分的控矿作用主要表现为岩浆岩的成矿专属性。

(1)形成铬铁矿床的超基性岩为纯橄榄岩，它的岩石化学成分特征为：SiO_2(30.55%～33.33%)，TiO_2(0.004%～0.03%)，Al_2O_3(0.34%～1%)，Cr_2O_3(0.11%～0.36%)，Fe_2O_3(3.13%～5.43%)，FeO(2.43%～4.71%)，MnO(0.1%～0.142%)，CaO(0.09%～0.28%)，MgO(39.23%～42.29%)，Na_2O(0.031%～0.16%)，K_2O(0.008%～0.01%)，H_2O^+(14.61%～17.99%)。由此可见，含矿纯橄岩的化学特点是：Si_2O、Al_2O_3 低，贫 Ca，富镁及 Cr_2O_3、H_2O^+ 含量高。岩石化学成分参数特点为：b 值 68.11，m/f 值为 10.11，MgO/SiO_2 值为 1.89。

(2)与铜、镍、铂矿床相关的辉长岩，其岩石化学成分是 SiO_2(44.88%～48.09%)，TiO_2(0.86%～0.88%)，Al_2O_3(8.13%～11.76%)，Fe_2O_3(1.93%～2.05%)，FeO(8.69%～10.15%)，MnO(0.147%～0.16%)，CaO(6.09%～8.75%)，MgO(11.90%～17.66%)，Na_2O(0.58%～1.63%)，K_2O(0.76%～1.06%)，P_2O_5(0.073%～0.081%)，S(0.023%～0.381%)，H_2O^+(2.69%～4.30%)。由此可知，与铜镍矿床相关的辉长岩是超基性—基性过渡、分异较好的富镁质的基性岩。岩石化学成分比值特征为 b 值 34.66～43.29，Q 为负值，为−8.26～−5.26，m/f 值为 1.58～2.61。这类岩体常沿陆块边缘深断裂的次级断裂呈岩枝、岩墙状产出。与铜、铅、锌、锡、银、稀土有关的中酸性侵入岩成矿属性，以大兴安岭地区最为典型。

(3)与斑岩型铜矿床有关的中酸性超浅成—浅成侵入岩，岩性组分为闪长玢岩、花岗闪长斑岩、斜长花岗斑岩，呈岩株、岩枝状产出。它们的岩石化学成分特点为：SiO_2 含量 64.94%～69.2%，K_2O 含量为 2.4%～3.88%，Na_2O 含量为 3.88%～4.67%，K_2O/Na_2O 值为 0.83，蚀变后 $K_2O>Na_2O$，铁、镁、钙组分稍低。常见指数 CA 为 56.5，δ 为 1.96～2.64，AR 为 2.29～3.25，FL 为 82.97，MF 为 82.25，属钙碱性碱质偏高类型，SI 为 2.76～9.88，DI 为 72.54～94.67。花岗闪长斑岩的 $^{87}Sr/^{86}Sr$ 初始值为 0.7064，并且 $\sum$REE 值低，$\sum Ce/\sum Y$ 值高，δEu 值高，稀土配分模式为右倾曲线，Cu、Mo、Pb、Zn、Ag、Pt、Pd 等元素丰度高，并富含 Cl^-、F^-、SO_2、CO_2 等挥发组分。资料表明，这类岩浆基性程度高、来源深，是起源于下地壳-上地幔岩浆的衍生物。它们侵位于中生代陆相火山盆地靠断隆一侧。

(4)与斑岩型锡银铜矿床有关的超浅成—浅成酸性侵入岩，侵位于中生代断隆区一侧，其岩石类型为花岗斑岩、花岗闪长斑岩和石英正长斑岩。它们呈不规则状岩脉、岩墙状产出。它们的岩石化学成分是：花岗斑岩以低硅，富 K_2O+Na_2O(8.35%)且 $K_2O>Na_2O$，贫钙，富铝为特征；花岗闪长斑岩则以富硅(SiO_2=69.00%)，富 K_2O+Na_2O(8.53%)且 $K_2O>Na_2O$，贫镁、钙为特点。岩浆起源于下地壳-上地幔的过渡性岩浆的衍生物。岩石中黑云母成分特点为富 FeO(30.20%)，贫镁(MgO 为 8.29%)。微量元素特征为高 Sn[$(10.9～13.2)\times10^{-6}$]，高 Rb[$(195～286)\times10^{-6}$]，低 Sr[$(13～26)\times10^{-6}$]。

(5)与锡钨矿床有关的酸性侵入岩，其岩石主要为黑云母花岗岩、花岗岩、钾长石花岗岩和花岗斑岩。分布在中生代断隆区。它们的岩石化学成分表现为 SiO_2 较富，含量为 75.21%～75.37%，Al_2O_3 为 12.20%～12.46%，(K_2O+Na_2O)为 8.31%～8.85%。富含挥发组分 Cl[$(103～1043)\times10^{-6}$]，F[$(1650～2668)\times10^{-6}$]；并且富含 Sn[$(23.5～37.8)\times10^{-6}$]，W[$(15～150)\times10^{-6}$]，Rb[$(150～303)\times10^{-6}$]；稀土元素特征为 $\sum$REE 含量较高[$(260～307)\times10^{-6}$]，LREE/HREE 值变化较大(0.94～4.51)，δEu 值为 0.03～0.06。岩体黑云母的化学成分相对富 Fe^{2+}、Mn^{2+} 而贫 MgO，其 Sn 含量为$(62～250)\times10^{-6}$，平均值为 130×10^{-6}，花岗岩岩浆起源于下地壳，但混染了上地壳物质。

(6)与铅锌矿床有关的中酸性侵入岩，其岩石主要为石英二长岩、石英二长闪长岩、花岗闪长岩、黑云母二长斑岩、花岗闪长斑岩，次为黑云母二长花岗斑岩，为超浅成—浅成岩石，呈小岩株、岩枝和岩脉产出。其岩石化学成分特征：SiO_2 为 63.45%～67.43%，Al_2O_3 为 14.76%～16.20%，(Na_2O+K_2O)为 6.10%～9.29%，(FeO+MgO)为 4.34%～7.63%，富含挥发组分 F[(475～540)×10^{-6}]，Cl[(165～384)×10^{-6}]，岩石富 Sr[(348～436)×10^{-6}]，贫 Rb，富 Zn[(69～141)×10^{-6}]，其∑REE 丰度低[(115～130)×10^{-6}]，轻稀土强烈富集(∑Ce/∑Y 值为 3.4～6.2)，弱负 Eu 异常(δEu 平均值 0.73)。$^{87}Sr/^{86}Sr$ 初始比值为 0.706～0.707，全岩 $\delta^{18}O$ 为－8.1‰～1.0‰。岩浆起源于下地壳。岩石中的角闪石贫镁(MgO＝9.89%～15.34%)而富铁(∑FeO＝12.23%～20.63%)，黑云母同样为贫镁(MgO＝9.6%～12.44%)而富铁(∑FeO＝16.94%～21.86%)。

(7)与稀有稀土元素有关的碱性花岗岩，该类岩石呈岩株状产出，具有晶洞构造。其岩石化学成分特征：SiO_2 为 67.98%～75.36%，Al_2O_3 为 8.86%～11.57%，(Na_2O+K_2O)为 7.58%～9.12%，[FeO+MgO]为 6.29%～7.81%，CaO＜1%，(Na_2O+K_2O)/Al_2O_3 比值为 1.03～1.25，Na_2O/CaO＞29，属碱过饱和系列的碱性花岗岩，并且富 Rb[(514～1269)×10^{-6}]，贫 Sr[(7～24)×10^{-6}]和 Ba[(15～62)×10^{-6}]。

岩石微量元素特征为高 Nb[(216～1563)×10^{-6}]，Ta[(3～116)×10^{-6}]，Zr[(1128～18 826)×10^{-6}]，U[(11～115)×10^{-6}]，Th[(51～458)×10^{-6}]。稀土总量(∑REE)大于 1000×10^{-6}，且 LREE/HREE 值小，δEu 为 0.03～0.04，铕强烈亏损。$^{87}Sr/^{86}Sr$ 初始比值为 0.707，$^{143}Nd/^{144}Nd$ 为 0.5127，$\varepsilon_{Nd}(t)$为＋1.88～＋2.4，岩石 $\delta^{18}O$ 为－8.1‰～－5.2‰。

(8)与金成矿有关的中酸性岩浆岩，其岩石主要是黑云母花岗岩、角闪石花岗岩、石英闪长岩、花岗闪长岩、二长花岗岩等，常为复式岩体，但金的成矿往往与晚期侵入相有关。个别金矿与辉长闪长岩有关。这类花岗岩属于基底重熔型花岗岩类。成矿花岗岩类的岩石化学成分特征为 SiO_2 含量介于 65%～75%之间，铝指数(Al_2O_3/K_2O+Na_2O+CaO)为 0.91～1.10，碱量(K_2O+Na_2O)为 7.8%～8.9%，K_2O/Na_2O 比值为 1.04～1.42。并且富含挥发组分 Cl[(650～850)×10^{-9}]。

3. 岩体形态产状对成矿的控制作用

基性辉长岩体底盘倾角由陡变缓的匙状形态有利于岩浆熔离型矿体的形成。

中酸性侵入岩体与围岩接触带的形态对成矿有控制作用。一般，港湾状形态有利于矿体的形成。另外，岩体的前缘部位有利于成矿。这是因为前缘部位具有很强的热动力作用。再有，岩体的突然膨胀部位亦有利成矿。

与成矿有成生联系的岩体都呈岩株、岩枝、岩墙、岩脉状产出，而且规模不大。

4. 岩体为成矿提供物质及热动力作用

岩体一方面为成矿提供成矿流体和成矿物质，另一方面提供热动力而加速水岩反应，从围岩中萃取、活化成矿物质而提高成矿流体中成矿元素的浓度，有利成矿物质的沉淀、富集而形成有经济价值的工业矿体。

四、主要地质事件对成矿的控制作用

地质事件是区域地质演化过程中的构造变形、岩浆活动及变质作用的综合反映，所以对区域成矿具有控制作用。

1. 迁西期—阜平期

原始小陆块边缘增生形成兴和岩群，地壳逐步增厚。迁西运动使之发生强烈变形和麻粒岩相变质作用，并伴随混合岩化和花岗岩化作用。阜平期沉积环境发生了分异活动性盆地堆积了乌拉山岩群，而稳定盆地内形成集宁岩群，2600Ma 左右的阜平运动，使盆地封闭，地壳相继固结，表壳岩褶皱变形，发生高角闪岩相-麻粒岩相区域变质作用并伴随花岗岩侵入，地壳首次克拉通化，华北陆核形成。此期间有与海相基性火山岩相关的条带状铁矿形成。

2. 五台期

原始地壳向陆块转化，陆核边缘形成绿岩带——色尔腾山岩群。2500Ma 的五台运动，陆块形成，绿岩带发生变形，并经历低角闪岩相-低绿片岩相区域变质作用，有大量 TTG 岩系侵位，构成花岗岩-绿岩带。期间形成条带状铁矿床、金矿床及石墨矿床。

3. 滹沱期

在陆块边缘和内部坳陷带内堆积了古元古代二道洼岩群及宝音图群。1800Ma 吕梁运动使沉积盆地闭合，发生褶皱和区域低温动力变质作用，局部混合岩化，华北地台进一步稳定。期间形成金矿床、白云母矿床，及透辉岩型磷、稀土矿床。

4. 四堡期—晋宁期

在华北地台北缘形成白云鄂博裂谷和狼山-渣尔泰山裂谷。在裂谷中形成了与海相火山活动有关的火山喷气和喷流-沉积型铁、铌、稀土矿床；铜、铅、锌、硫铁、金矿床；与海相化学沉积作用有关的铁、锰、磷矿床。在白乃庙地区形成与洋壳基底火山弧中基性—中酸性火山-侵入活动有关的铜钼矿床；与洋中脊过渡带海相基性火山岩有关的温都尔庙铁矿床。1000Ma 芹儿峪运动使裂谷闭合，白云鄂博群和渣尔泰山群褶皱变形并经历低绿片岩相区域变质作用。新元古代晚期，在华北地台西南部边缘坳陷带接受冰水沉积，形成与海相化学沉积作用有关的铁、磷矿床。

5. 古生代

早古生代华北地台（板块）北侧出现裂谷系，开始了古亚洲洋的成生、发育和消亡演化过程。西伯利亚板块东南部大陆边缘发育火山岛弧复理石建造，塔里木板块北东大陆边缘发育洋盆及弧沟盆体系。华北地台西南部边缘开始秦祁海槽的演化。中志留世末。由于碰撞效应，在华北板块北缘发生韧性剪切变形变质作用，同时深部流体上涌，使白云鄂博铁、铌、稀土矿再次富集成矿。在北缘西段由基性岩浆侵位形成接触交代型铁、金矿床及岩浆熔离型钛铁矿床。

晚古生代，古亚洲洋消减、碰撞，使西伯利亚板块、华北板块及塔里木板块相继碰撞拼合，成为亚洲大陆的一部分。中、晚泥盆世发育弧后海相中基性—中酸性火山喷发活动，形成了与其相关的硫铁（铜）矿床。早石炭世，在西伯利亚板块东南部大陆边缘的头道桥—阿里河一线，由于拉张裂陷而经历中基性—中酸性火山-侵入岩浆作用从而形成铁、锌矿床。在塔里木板块北东大陆边缘的黑鹰山一线，由于拉张裂陷而形成与中基性—中酸性火山作用有关的铁矿床。由于碰撞、拼贴造山，伴随大量中酸性岩浆侵位而形成接触交代型、斑岩型、热液型铁、铁钼、铜锌、铜金、铜多金属、萤石等矿床。在板块碰撞带有与残余洋壳相关的铬铁矿床。在华北板块北缘沿深断裂基性岩浆侵位而形成岩浆熔离型铜、镍、铂矿床，及结晶分异的铁、磷矿床，以及与中酸性岩浆作用有关的接触交代型和热液型铁、铜、铅锌、金、萤石等矿床，及石榴石、红柱石等矿床。

6. 中生代

印支期统一的大陆东部成为滨西太平洋活动大陆边缘，中生代早期，由于中酸性岩浆侵位，形成热液型铜、铅锌、金、钨矿床，伟晶岩型水晶宝石矿床及接触交代型铜、铅、锌矿床。中生代晚期—燕山期，由于大规模的陆相中基性—中酸性—酸性火山岩-侵入岩活动，形成了接触交代型、斑岩型、热液型和火山岩型的铜、铁、锡、钼、钨、铅、锌、金、银、萤石、水晶、巴林石等矿床。

7. 新生代

新生代，在稳定的陆内形成与蒸发岩相关的盐、碱、芒硝、石膏等矿床，及砂金、砂铂矿床。

五、物化探区域场信息与成矿关系

（一）物探区域场信息与成矿关系

物探区域场信息与成矿既可以有直接关系，亦可以有间接关系。

1. 直接关系

对于含有磁性物质组成的矿床而言，区域磁场信息就有直接找矿的关系。说明根据区域磁场中的局部正磁异常就可以找到相关的矿床。例如太古宙—古元古代的条带状矿床、温都尔庙式铁矿床、黑鹰山式及谢尔塔拉式铁矿床、接触交代型铁多金属矿床，以及由磁黄铁矿、黄铁矿组成的铜多金属矿床。

2. 间接关系

(1)区域磁场中的局部正异常可能由超基性、基性岩体所引起。这些岩体是否能形成有意义的铜、镍、铂矿床及金刚石矿床，还需要进行化探和地质工作后才能做出评价。

(2)根据区域重磁场特征可以进行区域性构造-岩浆带的格架分析，在此基础上，根据已知矿床的控制因素特征，再作成矿预测。

下面以大兴安岭中南段为例，说明区域重、磁场与成矿的关系。

本区处于大兴安岭重力梯级带的中南部。布伽重力异常主要呈北东向带状分布，由数条北东向、北北东向和东西向的重力异常区带或重力高与重力低相间出现的重力异常（区）带组成（图 4-1）。布伽重力异常比较客观地反映了区域基本构造格架。

在区域布伽重力异常图上，以西拉木伦深断裂为界（纬度在 43°00′—43°20′之间），南、北两区重力异常场有明显差别。西拉木伦河深断裂以南，重力异常大多呈北东东向或近东西向展布；而西拉木伦河深断裂以北，重力异常呈北东向或北北东向展布。本区东侧，以嫩江深断裂为界，东、西两侧布伽重力异常特征也有十分明显的差异。嫩江深断裂西侧重力异常以北东向、北北东向重力低异常为主，东侧以北北东向、近南北向重力高异常为主。它反映了本区区域构造的特点，而从矿产特点来看，已知金属矿床多分布在区域布伽重力异常梯级等值线同向扭曲部位或低值变异区中。

在剩余重力异常图（图 4-2）上，黄岗—乌兰浩特一线是北东—北北东向重力低值异常带。它反映出该带为一构造-岩浆活动带，铜多金属矿床多分布于该带中。已知的多金属矿床多分布在剩余重力异常图中的局部重力变异的边部或重力低异常的边缘。

为了研究深部构造对矿产分布的控制，反演计算了莫氏面和二叠系上界面深度，编制了相应的等深度图。

在二叠系上界面等深度图（图 4-3）上，已知的多金属矿床多分布在二叠系上界面等深线所反映的断

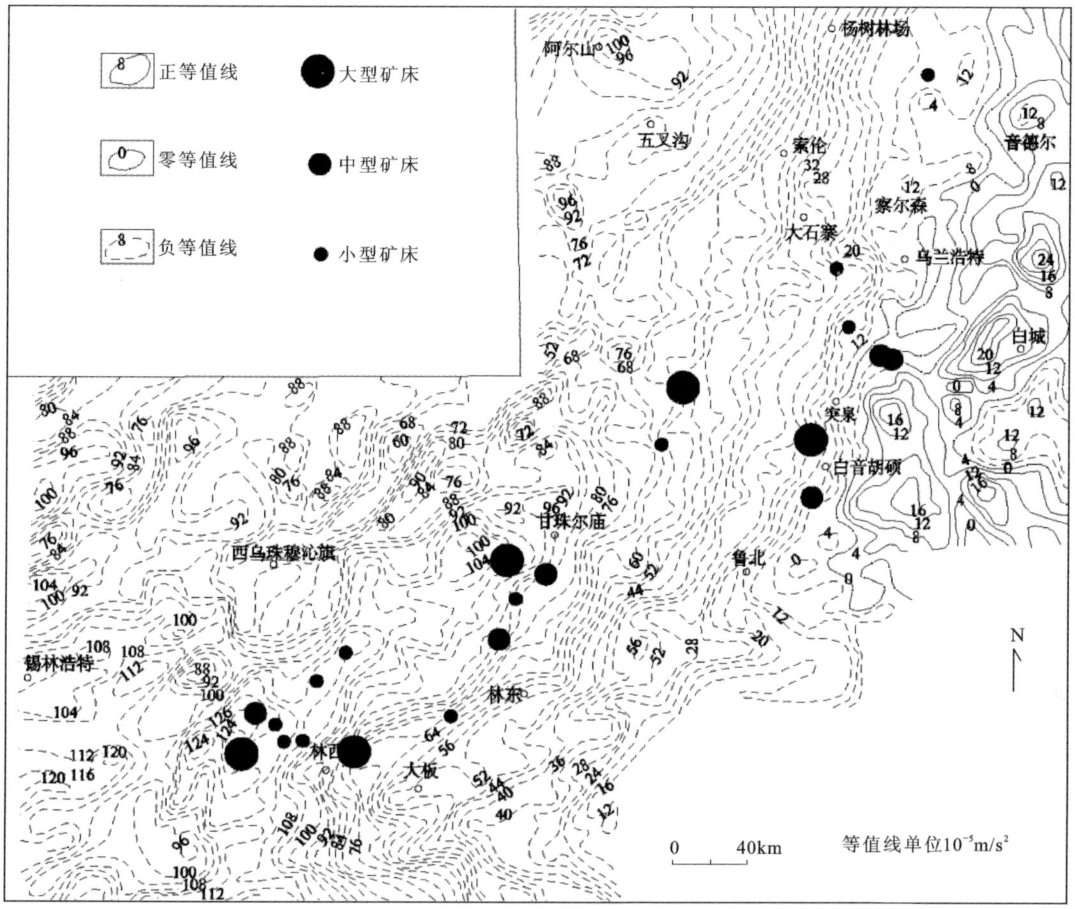

图 4-1　大兴安岭中南段区域重力异常等值线图

隆与断陷的交接部位或断陷中的次级隆起边缘。

莫氏面等深度图，显示该区是一个莫氏面深度变化较大的地区，即由南东的 36km，逐渐向北西变深至 44km，形成一个自南东向北西陡倾斜的幔坡带，地壳厚度相差近 8km，大兴安岭重力梯级带即位于其中。幔坡带的西北部为一个北东方向分布的幔坳区，地壳厚度 43～44km。黄岗-甘珠尔庙铅锌锡多金属矿带沿该幔坳的南东翼分布。其南部西拉木伦河一带为一个近东西的幔隆区，地壳厚度变化较大(37～40km)，林西-天山铜多金属成矿区沿该幔隆的北翼展布。

本区东南缘为一个幔坡陡变带，即大兴安岭斜坡带，嫩江深断裂沿该幔坡陡变带分布，突泉-天山铜多金属矿带沿该幔坡陡变带分布，靠近嫩江深断裂。黄合吐—哈德营子一带的铅锌多金属矿床(点)位于黄岗-乌兰浩特矿带的北东段，远离嫩江深断裂，由此可见，以铜为主的多金属矿明显受嫩江深断裂控制。这些多金属矿床多分布在大兴安岭重力梯级带的边部重力等值线同向扭曲的低值区内。

图 4-4 反映了大兴安岭重力梯度陡变带在赤峰西北部、锡林郭勒盟东南部和冀北的北部存在一个布格重力负值背景场(背景场值－90～－80mγ)范围和梯度降值均很大的局部负异常区，中心值达－149.5mγ。该重力梯度陡变带在赤峰地区北部的林西、克什克腾旗以及承德—丰宁一带两度西拐，就因为受此局部负异常的影响。此局部异常推断为深部隐伏有一个低密度、超酸性的地质体，这个地质体为富硅铝、贫铁镁的岩浆岩体。这种地质体正是有利于钼、锡、钨成矿的母岩浆体。上述重力梯度陡变带两度西拐而出现两个向西凸出的弧形内凹处，亦即隐伏大岩体的东缘内凹部和南缘内凹部，分别形成锡、钼和钨的集中成矿区。前者为本区锡矿带，已有黄岗、毛登、大井、安乐、东山湾等锡多金属矿床。黄岗铁锡矿床中伴生有钨。已知与这些矿床有成因关系的钾长花岗岩富硅、碱，其 SiO_2＞74%，(K_2O＋

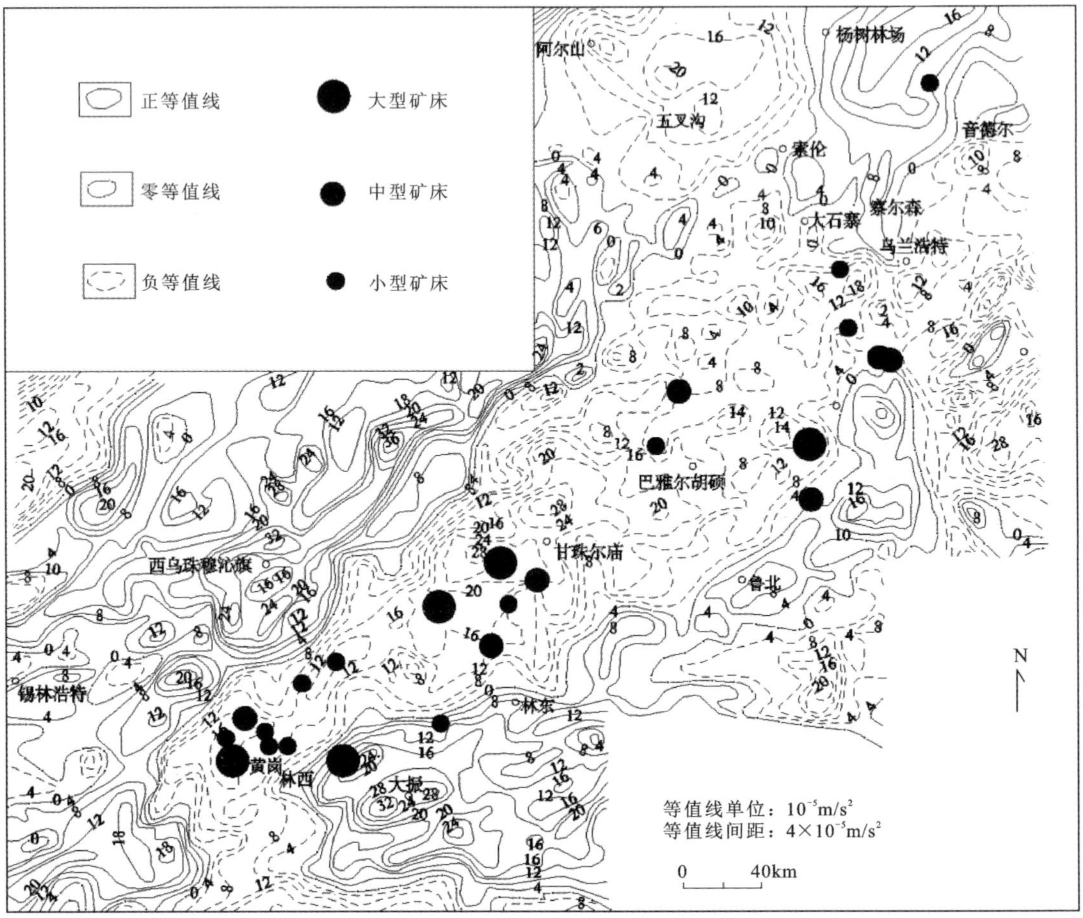

图 4-2　内蒙古自治区东南部 4 次趋势分析剩余重力异常等值线平面图

Na_2O)>8.5%,K_2O>Na_2O。其成矿岩浆为地壳重熔岩浆。

根据已知矿床的分布，在黄岗南的布格重力低值区为钼、锡、锌多金属矿集中区。赤峰西南的布格重力低值区为金矿集中分布区。

在本区航磁原高度的 ΔT 异常平面图中，大多数金属矿床（点）均分布在正负磁场交接带的正磁场一侧和负磁场背景中的局部正异常边部。在上延 5km 的航磁异常图（图 4-5）上，这些金属矿床（点）大多分布在负磁场区中或靠近负磁场区边部的等值线扭曲处。

以上实例充分说明，物探区域场特征是进行矿产资源潜力评价的重要依据。

（二）化探区域场与成矿关系

化探区域场反映出地幔或地壳物质分布的不均匀性，因此预示着不同地区之间成矿远景的差异。在某几种成矿元素化探高背景场中，预示着可找到这些元素所形成的矿床，因此从某种意义上说，元素化探区域场可预示某一地区元素的成矿潜力，有化探区域场的局部异常，就可能找到某些元素形成的矿床，所以化探区域场特征有助于进行区域矿产资源预测。

Au、Ag、Cu、Pb、Zn、Sn、W、Mo 八个元素的化探区域场图明显地表明，大兴安岭中南段为 Cu、Pb、Zn、Sn、W、Ag 等元素区域高背景场，额尔古纳成矿带是 Cu、Mo、Pb、Zn、Ag、Au 等元素区域高背景场；西拉木伦河南侧为 Pb、Zn、Mo、W 等元素区域高背景场；华北板块北缘为 Au、Cu、Pb、Zn、W 等元素区

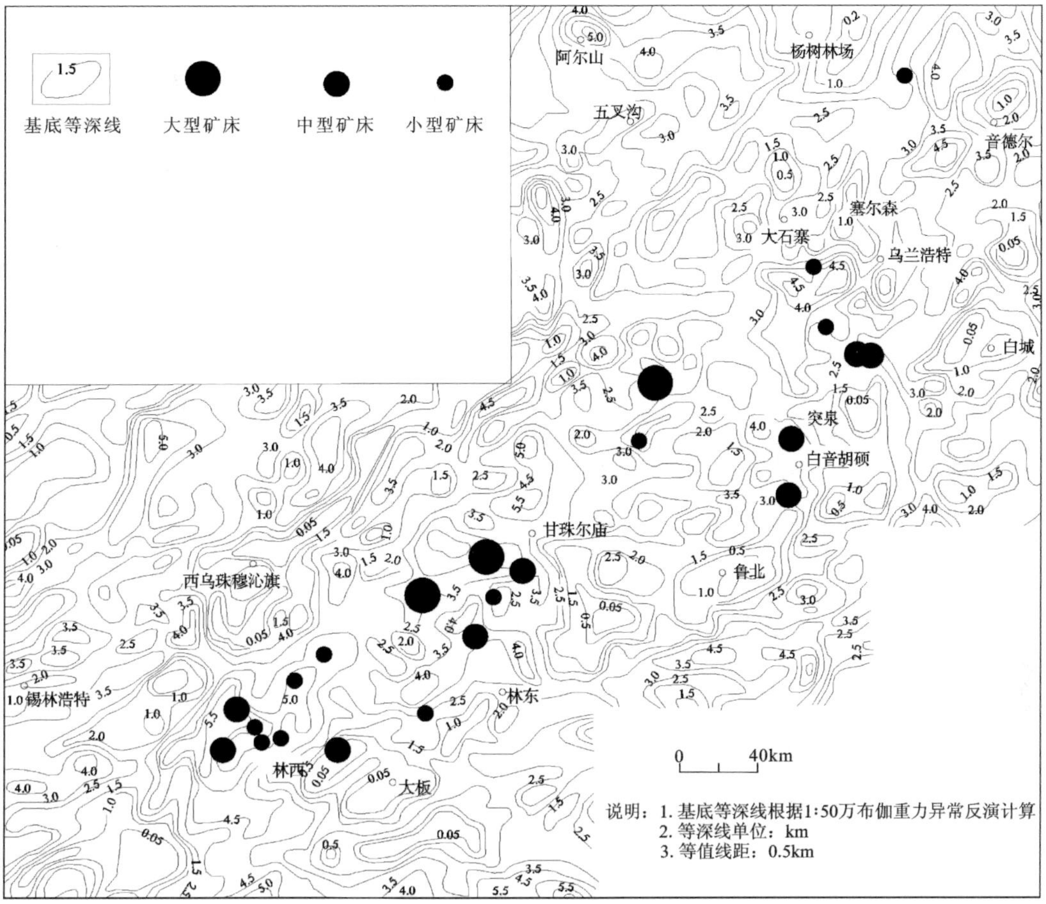

图 4-3　内蒙古自治区东南部重力异常反演二叠纪基底上界面等深度图

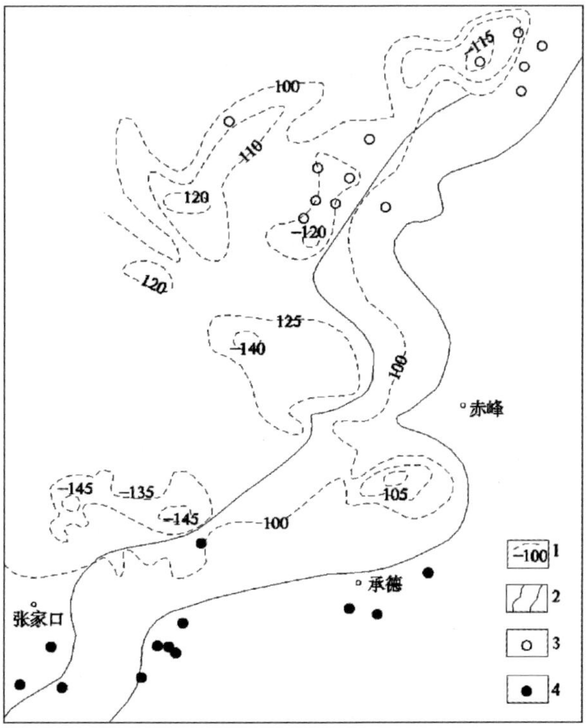

图 4-4　布格重力异常与锡钼矿床关系示意图

1. 布格重力负异常(mγ)；2. 布格重力陡梯度带；3. 锡矿床；4. 钼矿床

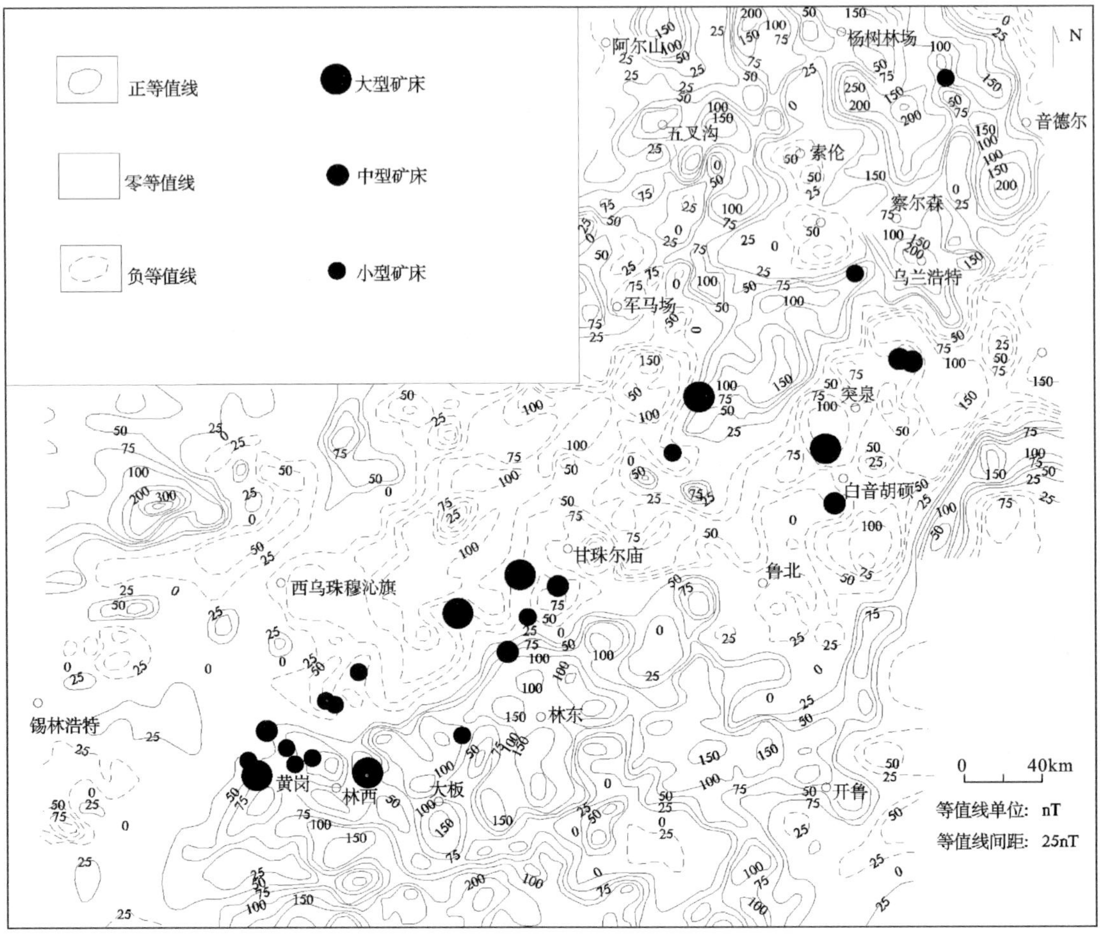

图 4-5 内蒙古自治区东南部航磁异常等值线平面图

域高背景场。黑鹰山-雅干为 Cu、Mo、Zn、W、Hg 等元素区域高背景场。阿木乌素-老硐沟为 Au、W、Mo、Sb、Hg 等元素区域高背景场。在这些化探区域高背景场内亦正是相应元素矿床的集中分布区。现以大兴安岭中南段 Cu、Pb、Zn、Sn、W、Ag 区域高背景场为例说明化探区域场与成矿的关系。

该化探区域高背景场可进一步划分为：①大井子-莲花山 Cu、Pb、Zn、Ag、Mo 异常带；②白音诺尔-神山 Pb、Zn、Cu、Sn、Ag 异常带；③黄岗-索伦镇 Sn、W、Pb、Zn 异常带。这 3 个元素化探异常带亦正是这些元素矿床分布区。大井子-莲花山 Cu、Pb、Zn、Ag、Mo 异常带已知有莲花山、布敦花、闹牛山等铜矿床，孟恩陶勒盖银、铅、锌矿床，大井子银、铜、锡矿床。这些矿床并伴生有金矿化。矿床类型有斑岩型、热液型。矿床规模有 4 个中型矿床、5 个小型矿床，并且是大兴安岭中南段铜矿资源的主要产地。白音诺尔-神山 Pb、Zn、Cu、Sn、Ag 异常带内已知有白音诺尔、浩布高大型铅锌矿床，敖脑达坝铜、锡中型矿床，敖林达等 8 个铅锌矿床。矿床类型有接触交代型、斑岩型和热液型。该带集中了大兴安岭成矿带 90%以上的铅锌矿资源。黄岗-索伦镇 Sn、W、Pb、Zn 异常带内已知有黄岗铁锡大型矿床，安乐锡铜中型矿床，毛登、莫古吐中型锡矿床，沙不楞山锡铜多金属小型矿床。矿床类型有接触交代型、热液型。

额尔古纳成矿带是 Cu、Mo、Zn、Ag、Au 元素区域高背景场区，其中已知有大型斑岩型铜钼矿床（乌努格吐山）、铅锌银矿床（甲乌拉、查干布拉根）、银矿床（额仁陶勒盖），中型热液型铅锌矿（三河、二道河子），小型斑岩型铜钼矿（八八一、八大关）、热液型铅锌矿（下护林）、热液型金矿床（小伊诺盖沟）。

第二节　矿床空间分布规律

矿床的分布严格受构造的控制，这是人们的共识。现就内蒙古自治区矿床空间分布规律初步总结如下：

（1）矿床沿深断裂带两侧呈线形带状分布。华北板块北缘深断裂带两侧分布着不同时代、不同类型和不同矿种及不同规模的矿床，其北侧分布有中元古代与海相基性—中酸性火山-侵入岩有关的白乃庙铜钼矿（中型），与海相基性火山-沉积作用有关的温都尔庙式铁矿床，大敖包、小敖包铁矿床；古生代接触交代型宫胡洞铜矿床，与海相基性—中酸性火山-侵入岩有关的别鲁乌图铜多金属矿床，热液型白乃庙金矿床、黑沙图萤石矿床、各力各金矿床；中生代的热液型金矿床（乌花敖包、撰山子），火山岩型金矿（奈林、欧布拉格），接触交代型和热液型铅锌矿（小营子、洞子等）及热液型钨矿床和萤石矿床。其南更是分布有众多矿床，其中有中元古代与海相碱性岩、碳酸岩岩浆活动有关的超大型矿床——白云鄂博铁、铌、稀土矿床，与海相基性—中酸性火山-沉积作用有关的铜、铅、锌、硫、金大型矿床（霍各乞、炭窑口、东升庙、甲生盘、朱拉扎嘎）。太古宙的条带状铁矿床（三合明、书记沟等）；元古宙的金矿床（赛乌素）；古生代接触交代型铁多金属矿床（沙拉西别），铁、金、钴矿床（卡休他他），热液型金矿床（碱泉子）及岩浆熔离型铜、镍、铂矿床（小南山、黄花滩、克布）；中生代伟晶岩型水晶宝石矿床（角力格太），热液型钨矿床（中斯拉、白石头洼），金矿床（大水清、金厂沟梁、莲花山、红花沟）。

又例如得尔布干深断裂带西北侧分布有中生代斑岩型铜钼矿床（乌努格吐山、八八一、八大关），火山热液型铅锌银矿床（三河、二道河、下护林、甲乌拉、查干布拉根），热液型银矿床（额仁陶勒盖），热液型金矿床（小伊诺盖沟）。

再有华北板块西南边缘深断裂北侧分布桃花拉山稀土矿床，南侧分布有新生代晚期与冰水沉积有关的铁、磷矿床。

（2）与残余洋壳有关的铬铁矿床和与基性岩浆有关的铜金矿床分布在板块碰撞缝合带内。

（3）以贺兰山-狼山北东向构造带为界其两侧矿床分布方向不同，西侧中生代及古生代矿床是北西向带状展布；而东侧，古生代矿床是近东西向分布。中生代矿床则呈北东向展布，集中分布360个矿床中的80%以上的矿床。这是因为该界线西侧西域构造系发育，东侧华夏系和新华夏构造系发育之故。

（4）中生代矿床由于受基底东西向构造和北东—北北东向构造联合控制而呈东西向成行，北东—北北东向呈带分布，现以大兴安岭中南段成矿带为例说明（图4-6）。

该区东界为北东—北北东向嫩江深断裂带，南界为东西向西拉木伦河深断裂，因此该区由北东—北北东向断裂和东西向断裂相交构成了格子状构造格架。这种构造格架就控制了该区矿床的空间分布规律。东西向西拉木伦河断裂以北按40km间距出现两条东西向断裂，相应地分布着两行（东西向）矿床（点），其一为安乐-雅马吐-敖尔盖-驼峰山；其二为黄岗-大井子-台布呆-代铜山，每行中各矿床（点）间距为40～60km。由此向北，按40～80km间距分布着东西向断裂，也相应成行地分布着矿床（点），且各行中每隔40～60km出现一处矿床（点）。沿嫩江深断裂西侧分布的莲花山-布敦花-香山-好来宝-代铜山等矿床（点），大体上按照60～80km间距呈北东—北北东向排列，沿黄岗-甘珠尔庙-乌兰浩特断裂带分布的锡、铅、锌、铜矿床（点），大致按40～60km间距呈北东向线状排列。

（5）矿床分布在隆起区与坳陷区过渡带靠隆起区一侧，或坳陷区内的局部隆起上。例如黄岗铁锡矿床、毛登锡铜矿床分布于隆起区边部。白音诺尔、浩布高铅锌矿床分布在坳陷区的局部隆起上。莲花山、布敦花铜矿床分布在隆起区与坳陷区过渡带上。

（6）太古宙—古元古代基底隆起区分布太古宙—古元古代条带状铁矿床、绿岩型金矿床、石墨矿床和白云母矿床。太古庙—古元古代基底边缘坳陷区分布有中元古代与海相火山-侵入岩相关的喷气和

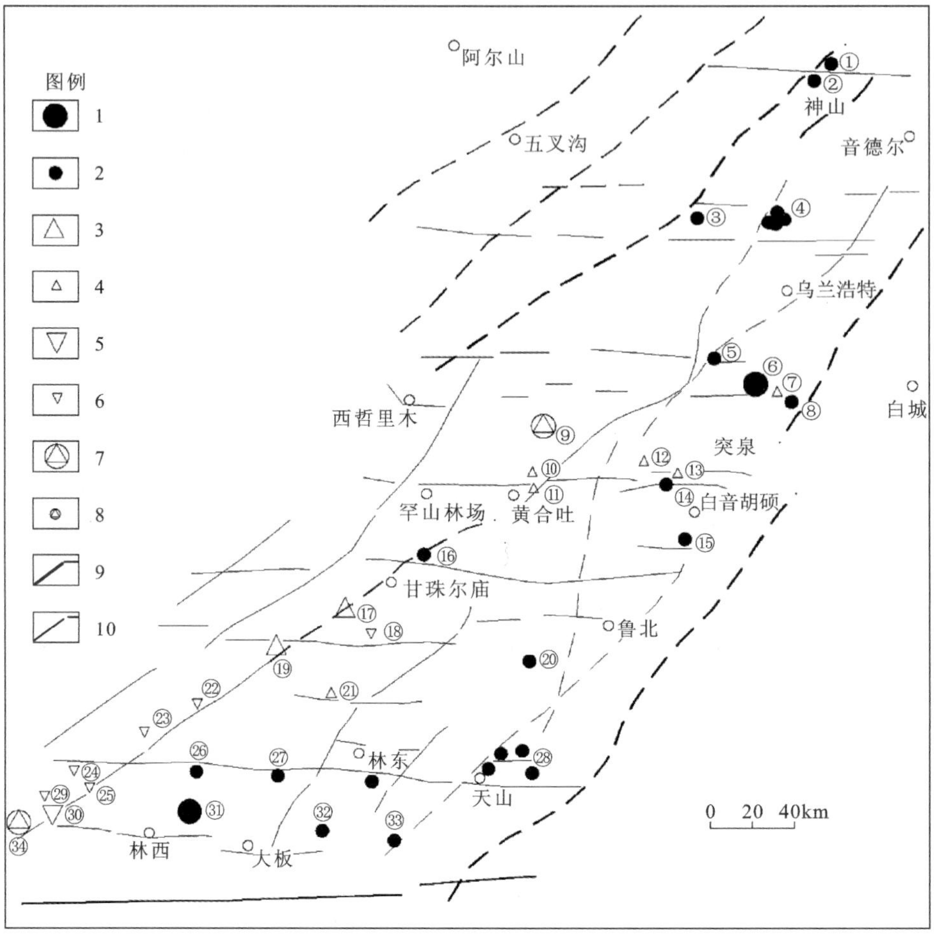

图 4-6　大兴安岭中南段成矿带矿床（点）分布图

1. 大中型铜多金属矿床；2. 铜矿点；3. 大型铅锌矿床；4. 中小型铅锌矿床；5. 大型锡矿床；6. 中小型锡矿床；7. 大型稀有稀土矿床；8. 小型稀有稀土矿床；9. 实测及推测断层；10. 推测及实测深断层矿床（点）编号及名称如下：①小巴音胡硕铜矿点；②神山铜矿点；③巨合铜矿点；④新农村铜矿点；⑤闹牛山铜矿点；⑥莲花山铜矿床；⑦长春岭铅锌矿床；⑧巨宝铜矿点；⑨巴尔哲稀有稀土矿床；⑩好不沁达坂铅锌矿床；⑪敖林达铅锌矿床；⑫西巴音花银铅矿点；⑬孟恩陶勒盖银铅锌矿床；⑭毛呼都格铜矿点；⑮布敦花铜矿点；⑯脑肚木铜矿点；⑰浩布高铅锌矿床；⑱敖脑达巴银锡铜矿床；⑲白音诺尔铅矿床；⑳香山铜矿床；㉑中段铅锌矿点；㉒小海青锡矿床；㉓宝盖沟锡矿床；㉔安乐锡矿床；㉕白音皋锡矿床；㉖雅马吐铜矿点；㉗敖尔盖铜矿床；㉘好来宝一带铜矿点；㉙查木罕锡矿床；㉚黄岗铁锡矿床；㉛大井银铜锡矿床；㉜台布呆铜矿点；㉝代铜山铜矿点；㉞苔莱花稀有金属矿床

喷流-沉积型铜、铁、铅、锌、硫、金矿床，及铁、稀有稀土矿床。

（7）古生代褶皱带内的前寒武纪基底隆起区分布有中元古代与海相基性—中酸性火山-侵入岩有关的铜钼矿床和铁矿床及金矿床。

（8）晚古生代与海相中基性—中酸性火山-侵入岩有关的铁、铁锌矿床分布于同时代的海相中基性—中酸性火山岩地层中，例如黑鹰山铁矿床、谢尔塔拉铁锌矿床和六一硫铁（铜）矿床。

（9）古生代褶皱系内中酸性花岗岩带控制了接触交代型、斑岩型、热液型铁、铁钼、钼、铍、铜、金矿床及水晶和萤石矿床。

（10）晚古生代沉积型铁、菱铁矿分布在华北板块晚古生代沉积岩层内。

（11）晚古生代矿床集中分布在前中生代古海盆边缘与中生代隆起带重叠部位。

上述矿床的空间分布规律表明，华北板块北缘和大兴安岭中生代构造岩浆带是矿床的集中分布区，亦就是一老一新，而且新老叠加的构造带是矿床最有利的分布区。尤其是基底古海盆边缘与中生代构造-岩浆岩带的断隆带重合的构造部位是矿床最集中的分布区，例如黄岗-甘珠尔庙-乌兰浩特中生代断隆带基本与早二叠世古海盆的边缘重合，所以该中生代断隆带分布了一批重要的有色金属矿床。

又例如得尔布干断裂西侧实际是古生代海盆边缘与晚中生代断隆带重叠部位。再则，二连浩特-东乌珠穆沁旗北侧奥尤特-朝不楞亦是古生代海盆地的边缘与晚中生代断隆重叠区。

第三节　矿床时间分布规律

1. 矿床的成矿时代

360个矿床成矿时代的统计结果为：太古宙32个，元古宙48个，早古生代3个，晚古生代61个，印支期6个，燕山期145个，喜马拉雅期65个。

2. 矿床规模

大型和超大型矿床的分布为：太古宙2个，古元古代3个，中元古代7个，晚古生代3个，印支期1个，燕山期16个，喜马拉雅期11个。从矿种来看：太古宙大型铁矿床1个，石墨矿1个；古元古代金矿1个，白云母矿床2个；中元古代超大型铁、铌、稀土矿床1个，大型金矿1个，铜、铅、锌、硫矿床5个；晚古生代大型铁、磷、蛭石矿床1个，超大型萤石矿床1个，大型非晶质石墨矿床1个；印支期大型水晶矿床1个；燕山期大型铁锡矿床1个，铅锌矿床4个，铜钼矿床1个，银矿床1个，巴林石矿床1个，水晶矿床1个，膨润土矿床2个，金矿床2个，铁多金属矿床1个，稀有稀土矿床1个，锗矿床1个；喜马拉雅期大型砂金矿床3个，大型碱矿床2个，大型芒硝矿床3个，超大型石膏矿床1个、大型石膏矿床2个。

3. 主要成矿期

第一主要成矿期为元古宙；第二主要成矿期为晚古生代；第三主要成矿期为中生代；第四主要成矿期为新生代。其中中元古代(24个矿床)和中生代(135个矿床)为最重要的金属矿床成矿期。

4. 矿床类型

从矿床类型种类分析，太古宙为受变质火山-沉积型矿床和受变质沉积型矿床；古元古代为受变质火山-沉积型矿床和变质热液型矿床；中元古代为变质海相火山喷气、喷流-沉积型矿床，变质海相火山-沉积型矿床，变质海相化学沉积铁、锰、磷矿床；新元古代为海相冰水沉积铁、磷矿床。

早古生代有与辉长岩有关的岩浆分异型接触交代型矿床。晚古生代矿床类型就更多了，有海相中基性—中酸性火山沉积型矿床；与中酸性岩浆岩有关的接触交代型矿床及热液型矿床；与超基性—基性岩有关的岩浆熔离型和分异型矿床及热液型矿床；与残余洋壳有关的岩浆熔离型矿床；海相沉积型矿床。

中生代有与中酸性侵入岩有关的接触交代型矿床、热液型矿床、伟晶岩型矿床和斑岩型矿床；与陆相火山岩有关的隐爆角砾岩型矿床及热液矿床，陆相沉积型矿床。

新生代有砂矿型金铂矿床；蒸发岩型矿床；沉积型矿床。

因此，可以认为矿床类型种类由太古宙至中生代、新生代是由少到多。

5. 矿床的主要成矿元素

金属矿床的成矿主元素由太古宙至中生代变化如下：太古宙为Fe→古元古代Fe、Au→中元古代Fe、Cu、Pb、Zn、Au、Ag、Mo、Mn、稀有、稀土→新元古代Fe→早古生代Ti、Fe、Au→晚古生代Fe、Cu、Pb、Zn、Ni、Pt族、Au、Cr、Be、Mo、W、Mn→中生代Fe、Sn、Cu、Pb、Zn、Mo、W、Ag、Ge、Be、Nb、Ta、$\sum$REE。由此表明，成矿主元素的变化显示为太古宙简单→元古宙繁多→早古生代简单→晚古生代增多→中生代更多，即少→多→少→更多的变化趋势。

6. 金属矿床矿种的时间分布规律

(1)铁矿床：主要集中分布于太古宙—古元古代，晚古生代和中生代亦有分布。矿石的元素组合由太古宙—古元古代的单 Fe→中元古代的 Fe、Cu、Pb、Zn，Fe/Nb，∑REE→古生代的 Fe，FeZu，FeAuCo，Fe，Mo→晚中生代的 FeSn，FeCuPbZn。矿床类型由太古宙—古元古代的受变质火山-沉积型→中元古代的受变质火山-沉积型，海相火山喷流-沉积型，海相化学沉积型→古生代海相中基性—中酸性火山-沉积型、热液型、接触交代型→晚中生代接触交代型、热液型。

(2)铜矿床：主要分布在中元古代和晚中生代，晚古生代亦有分布。矿床元素组合：中元古代为 CuFePbZn，CuMo；晚古生代为 CuNiPt，CuAu，CuZnAg；中生代为 CuMo，CuSn，CuPbZnAgSn。矿床类型：中元古代海相火山喷流-沉积型；晚古生代为岩浆熔离型、热液型和接触交代型及海相火山喷流-沉积型；晚中生代为斑岩型、热液型。

(3)铅锌矿床：主要分布在中元古代和晚中生代，晚古生代亦有分布。矿床元素组合：中元古代为 CuPbZn，PbZn，PbZnS；晚古生代为 PbZn，FeZn；晚中生代为 PbZnAg，PbZnCu，PbZn。矿床类型：中元古代为海相火山喷流-沉积型；晚古生代为热液型；晚中生代为接触交代型和热液型。

(4)金矿床：主要分布在古元古代和中新元古代及晚中生代，晚古生代和新生代亦有分布。

矿床类型：古元古代为热液型和变质热液型；中新元古代为海相火山喷流-沉积型和热液型；晚古生代为热液型；晚中生代为热液型和火山隐爆角砾岩型及火山岩型；新生代为砂金。

(5)稀有稀土矿床：集中分布在中元古代和晚中生代。矿床类型：中元古代为海相火山喷流-沉积型；晚中生代为碱性花岗岩型。

(6)银矿和锡矿集中分布在晚中生代。银矿矿床类型为热液型，锡矿矿床类型为接触交代型、斑岩型和热液型。

(7)蒸发岩型矿床主要分布在新生代，古生代和晚中生代亦有分布。

(8)铬铁矿仅分布在晚古生代，矿床类型为岩浆熔离型。

总的来说，矿床的时间分布规律清楚地表明矿床集中分布在前寒武纪和晚中生代，次为晚古生代。简而言之，就是一老一新带中间，这与矿床的空间分布规律亦完全一致。

第四节　矿床形成的矿源体和成矿物质来源结构分析

一、矿床形成的矿源体和成矿物质来源

矿床形成的矿源体是在一定地质时期、一定构造背景下形成的某一元素或某些元素的初始预富集地质体，但它并不具有工业价值，亦就是不具有经济意义，只有在经历了后期的地质作用，成矿物质活化、迁移再富集而形成矿床，或经后期成矿热液叠加而富集成矿床，因此从地球化学角度，矿源体可称之为地球化学块体。为了阐述这一问题，现举例说明。

例如，突泉-林西 Cu、Pb、Zn、Ag、Fe、Sn、REE 成矿带，是我国重要的成矿带之一。其中已发现的矿床、矿点总数的 80%以上均分布在早二叠世地层之内。已知的 15 处大中型矿床除 1 处产于中生代盆地之外，其余均产于二叠纪地层出露区。因此研究二叠纪地层的元素地球化学特征具有重要意义。

本区出露二叠纪地层分为早二叠世青风山组、大石寨组、黄岗梁组及晚二叠世林西组。它们主要分

布在黄岗—林西—巴林右旗地区、巴林左旗—甘珠尔庙地区和大石寨—乌兰浩特地区，分别简称为南部区、中部区和北部区。

张德全等(1994)研究资料表明：二叠纪地层各组地层中元素丰度特征如下。

青风山组：浓集系数大于1的元素依次为As、Sn、Ag、Ra、Zn、Pb。其中As、Sn、Ag浓集系数均大于2。Cu的浓集系数为0.825。在富集的金属成矿元素中，特别中部区较南部区大，尤以Pb、Ag表现最为突出。

大石寨组：浓集系数大于1的元素依次为As、Sn、Ag、Ba、Cr、Mn、Zn和Pb。铁族元素除Cr、Mn外，浓集系数均小于1。Sn主要富集在南部区。Ag、Pb主要富集在中部区，其次为北部区。Zn在各区相差不大，但中部区却相对富集。Cu浓集系数小于1，但南部区、中部区富集系数均为0.84，北部区仅为0.45，即南部区和中部区含量相对较富，北部区明显偏低。

黄岗梁组：浓集系数大于1的元素依次为As、Sn、Ag、Pb、Zn、Ba、Mn。其中Ag、Pb主要富集在中部区，Sn、Zn各区含量相近。

林西组：主要分布在南部地区，其浓集系数大于1的元素依次为As、Sn、Ag、Ba、Zn、Cr、Mn、Cu、Y。Cu的浓集系数亦大于1，表明林西组砂质碎屑岩中相对富Cu。

若按浓集系数(K)大小分为特富集元素($K>5$)、富集元素($5\geqslant K>1.5$)、稳定元素($K=0.5\sim1.5$)和贫化元素($K<0.5$)4类，则本区青风山组中富集元素有As、Ag、Sn，贫化元素有Mo、Ni，其余元素为稳定元素。大石寨组中As为特富集元素，Pb、Sn、Ag为富集元素，贫化元素为Ni，其余为稳定元素。黄岗梁组中As为特富集元素，Ba、Pb、Sn、Ag为富集元素，Ni为贫化元素，其余为稳定元素。林西组中As、Ni为特富集元素，Sn、Ag、Mo、Cr为富集元素，其余均为稳定元素。由此表明，二叠纪地层中特富元素为As，富集元素为Sn、Ag、Pb，贫化元素为Ni，其余均为稳定元素。

综合上述资料可得出本区二叠纪地层元素地球化学背景的结论：①主要富集元素为As、Sn、Ag、Pb、Zn，前两个元素浓集系数均大于2，Pb浓集系数在1.5～2之间，Zn在1～1.5之间。②铁族元素Cr、V、Ti、Co、Ni的含量均低于克拉克值，其中Ni浓集系数低于0.5，属贫化元素。Mn含量接近或略高于克拉克值。③各组地层中富集成矿元素的程度也有明显的差异，Sn、Ag在大石寨组含量最高，次为黄岗梁组。Pb在黄岗梁组浓集系数最大，次为大石赛组。Cu主要富集在林西组，含量超过克拉克值。④在同一组地层中，元素在不同地区也有所差异。Sn主要在南部地区和中部地区富集，Ag、Pb主要在中部区富集，其次为北部区。Zn在各地区相差不大，但中部区相对富集。Cu低于克拉克值，但以南部区、中部区相对较富，浓集系数达0.84，而北部区Cu的浓集系数仅为0.45。

根据中部区、南部区的统计资料，二叠纪地层各类岩石中元素丰度和浓集系数见表4-1和表4-2。

表4-1　二叠纪地层不同岩石类型元素丰度值($\times10^{-6}$)

元素 \ 岩石类型	砂岩	板岩	长石砂岩	凝灰岩	碳酸盐岩	安山岩	基性岩
Al	82 318.900	82 531.360	75 179.160	81 869.530	38 762.940	75 723.560	
Ca	17 788.110	7918.887	16 898.980	17 317.330	150 949.100	26 004.120	
Mg	10 961.970	9455.601	8662.920	14 012.650	8626.959	19 032.740	
Ba	568.072	667.180	598.457	564.095	63.797	59.864	
Cr	74.194	80.491	56.180	66.771	45.750	208.592	280
Mn	933.160	972.235	825.080	957.546	748.125	1178.000	
P	685.030	696.207	495.241	772.258	520.625	1545.380	
Sr	225.953	185.652	256.000	314.814	318.000	340.855	

续表 4-1

岩石类型 元素	砂岩	板岩	长石砂岩	凝灰岩	碳酸盐岩	安山岩	基性岩
Ti	4241.180	4457.842	3457.621	4464.758	1619.462	6179.039	—
V	96.836	96.065	69.423	121.000	78.079	131.508	290
Y	29.221	34.083	26.800	27.771	19.941	31.200	—
Cu	43.412	52.124	40.500	44.600	27.070	33.650	190
Pb	15.347	14.868	69.880	11.797	9.701	18.823	13
Zn	81.265	84.174	76.731	81.456	46.500	95.800	182
As	9.606	11.612	9.146	10.944	2.011	9.336	5
Sn	5.178	6.381	5.480	3.233	2.800	8.148	15
Ag	0.177	0.173	0.154	0.172	0.162	0.178	—
Mo	1.415	1.185	1.251	1.194	0.688	0.990	5
Co	10.121	8.787	8.342	9.129	3.765	18.180	43
Ni	23.598	24.268	14.610	15.352	11.160	58.131	156

从各类岩石元素的浓集系数可以看出：

(1)细碧岩和玄武岩类基性岩中，Sn、Cu、Pb、Zn、Mo均大于克拉克值，其中以Zn、Sn、Cu含量最高，浓集系数为3～7，Pb浓集系数在1～1.5之间，Cr、Ni、Co、V浓集系数均大于2。

(2)安山岩中浓集系数大于1的元素主要为As、Sn、Ag、Pb、Zn、Mn、Cr。其中Sn、Ag、As浓集系数均大于2，Pb、Zn浓集系数在1～2之间。Cu的浓集系数为0.61，低于地壳平均含量。

(3)砂岩类岩石中浓集系数大于1的元素有As、Sn、Ag、Pb、Zn。其中Sn、Ag浓集系数大于2。

(4)黏土质岩类是沉积岩中相对富集金属成矿元素的岩石类型，其中Sn浓集系数大于3，Ag>2，Pb、Zn均大于1，Cu为0.95。

(5)凝灰岩在本区出露较少，与黏土岩相比，Ag、Zn含量均相近，但Sn、Cu、Pb含量则明显偏低；与安山岩相比，Ag含量相近，但Sn、Pb、Zn含量较安山岩低，而Cu含量偏高。从成矿元素看，介于安山岩与黏土岩之间。

(6)碳酸盐岩除Ag、Sn浓集系数大于1之外，其余元素含量均低于克拉克值。

表 4-2　二叠纪地层主要岩石类型元素浓集系数表($\times10^{-6}$)

岩石类型 元素	砂岩	板岩	长石砂岩	凝灰岩	碳酸盐岩	安山岩	玄武岩	细碧岩
Ba	1.37	1.60	1.41	1.33	0.02	0.14	—	—
Cr	0.74	0.81	0.56	0.67	0.46	2.08	2.33	2.80
Mn	0.98	1.03	0.87	1.03	0.79	2.76	—	—
P	0.63	0.66	0.47	0.74	0.50	1.47	—	—
Sr	0.61	0.50	0.68	0.84	0.85	0.91	—	—
Ti	0.75	0.78	0.81	0.78	0.29	1.08	—	—
V	0.72	0.71	0.51	0.01	0.58	0.97	1.59	2.15
Y	0.88	1.03	0.79	0.84	0.01	0.94	—	—

续表 4-2

岩石类型 元素	砂岩	板岩	长石砂岩	凝灰岩	碳酸盐岩	安山岩	玄武岩	细碧岩
Cu	0.79	0.95	0.73	0.81	0.49	0.61	1.24	3.45
Pb	1.23	1.19	5.59	0.94	0.78	1.50	1.44	1.04
Zn	1.16	1.20	1.10	1.16	0.66	1.37	3.85	2.60
As	5.33	6.44	5.08	6.06	1.12	5.21	3.88	2.88
Sn	2.58	3.19	2.74	1.62	1.40	4.74	7.10	7.50
Ag	2.52	0.51	2.20	2.50	2.30	2.53	—	—
Mo	0.95	0.79	0.83	0.80	0.46	0.66	1.67	3.33
Co	0.41	0.35	0.33	0.37	0.15	0.72	1.56	1.72
Ni	0.32	0.35	0.18	0.21	0.15	0.86	1.62	2.08

由此表明，本区金属成矿元素的原始含量情况如下：

(1)Ag 是本区各类岩石中浓集系数大于 1 的元素，且在各类岩石中均甚相近，浓集系数在 2.2～2.5 之间，表明 Ag 在各类岩石中分布较均匀，且含量均较高。

(2)Sn 在各类岩石中的浓集系数在 1.4～7.5 之间，其中细碧岩、玄武岩、安山岩含量最高，浓集系数大于 4.5。碎屑岩中 Sn 浓集系数为 2～3，表明地层中 Sn 部分来自地幔和下地壳，部分来自大陆壳。

(3)Pn、Zn 除碳酸盐岩外，在各类岩石中含量均大于克拉克值，浓集系数在 1～3 之间。其中 Pb 主要富集在长石砂岩和安山岩中，Zn 主要富集在基性和中性火山熔岩中，表明 Zn 主要来源于深部。

(4)Cu 在各类岩石中含量普遍较低。但是细碧岩和玄武岩中浓集系数大于 1，在细碧岩中浓集系数达到 3 以上，说明个别岩石类型是富 Cu 的。

(5)与世界同类岩石对比可以看出，本区各类岩石均富含金属成矿元素，其浓集系数 Sn 为 3～6，Ag 为 1～2，Pb 为 1～2，Zn 为 1～5。Cu 在安山岩和板岩中接近 1，但在林西组碎屑岩中则大于 1。

二叠纪地层中元素组合特征如下：

(1)南部区金属成矿元素分属不同族群。Pb、Ag 为一族群；Cu 与 Co、Ni、V、Ti 为一族群；Sn、Zn 为一族群，但相关系数不高，表明成矿金属元素在不同地层、不同岩石类型中富集程度并不相同。

(2)中部区，Pb、Zn、Ag 三元素相关性甚佳，相关系数在 0.75 以上，同时与 As、Cd 相关，相关系数为 0.55。Sn 与 Pb、Zn、Ag 的相关性较弱，但仍在同一族群中。Cu 具有独立性，仅与 Mo 相关。成矿元素 Pb、Zn、Ag 共生，在一定程度上还有 Sn。这一组合与矿床矿石元素组合相似。

(3)北部区元素分为：Pb、Zn、Ag 一族群，相关性不强，Ag、Pb 相关系数仅为 0.13。Sn、Cu 均为单独族群，反映北部区成矿元素 Sn、Cu 与 Pb、Zn、Ag 具有分离趋势。

上述结果表明 Pb、Zn、Ag 为共同来源，地层可能为主要来源之一，Sn 亦来源于地层，但具有一定的独立性。Cu 与 Pb、Zn、Ag、Sn 不同，其来源可能与地层关系不大。

本区还广泛发育侏罗纪地层，特别是晚侏罗世火山岩系。它们均分布于二叠纪地层为基底的中生代火山断陷盆地内，并以中部区和北部区最为发育。现将本区中侏罗世和晚侏罗世地层的部分元素含量及浓集系数列于表 4-3。

由表 4-3 可知：①北部区中侏罗世万宝组中浓集系数大于 1 的元素依次有 Ag、Sn、Mo、Pb、Zn。其中以 Ag、Sn 浓集系数最大(>6)。Pb、Zn 浓集系数在 1～3 之间，Cu 浓集系数为 0.53。②晚侏罗世满克头鄂博组中浓集系数大于 1 的元素有 Ag、Pb、Zn、Sn，浓集系数在 1～3 之间，北部区 Ag、Pb、Zn 均相对比中部、南部区高。北部区 Mo 浓集系数可达 3.9，而中部、南部区含量却低于克拉克值。Cu 在北部区浓集系数小于1，但比南部区高。③玛尼吐组中富集有Pb、Ag、Zn、Sn，浓集系数为1～3，且中部、南部区比北部区高。Mo在北部区明显偏高。Cu在各区浓集系数均低于0.4。因此，侏罗纪部分地层中富集Ag、Sn、Pb、Zn，北部区还富Mo。中部、南部区侏罗纪地层中几个火山机构熔岩研究的资料表明，火山机构熔岩及不同喷发旋回的微量元素变化较大，主要成矿元素Pb、Zn、Ag、Sn从早到晚有逐渐降低趋势。Cr、Ni、Co在安山岩和英安岩中偏高，酸性岩中相对偏低。这一特征与中生代花岗岩类侵入体相类似。

表4-3　侏罗纪火山-沉积岩系地层元素丰度值

地层	样品数	丰度	Pb	Zn	Cu	Ag	Cr	V	Co	Ni	Sn	Mo	Mn	Sr	Ba
万宝组（J_2w）	57	$\overline{X}$	32.7	104	29	1.2	51	107	13.1	25.2	13.1	6.8	364	336	357
		K	2.6	1.5	0.53	17.1	0.52	0.82	2.6	0.47	6.55	4.5	0.39	3.7	0.89
满克头鄂博组（J_3m）	163	$\overline{X}$	33.8	180	43.3	1.1	46	8.8	11.6	18.7	6.3	5.9	388	261	371
		K	2.7	2.57	0.79	15.7	0.47	0.51	2.3	0.35	3.15	3.9	0.41	2.9	0.88
玛尼吐组（J_3mn）	234	$\overline{X}$	28.7	75	13.9	0.1	85	9.3	14.2	17.5	6.2	6.7	290	350	342
		K	2.3	1.07	0.26	1.43	0.86	0.07	2.8	0.32	3.1	4.5	0.31	3.9	0.81

注：$\overline{X}$为平均值（$\times10^{-6}$）；K为浓集系数，按泰勒克拉克值。

北部区地表岩石、土壤元素含量及浓集系数列于表4-4。

表4-4　北部区地表岩石、土壤元素含量及浓集系数

取样位置	样品数	丰度	Cu	Pb	Zn	Ag	Mo	As	Co	Sn	Mn	Cr	Ni	V	Ti	资料来源
全区岩石	1793	$\overline{X}$	11.50	28.5	58.50	0.069	0.71	0.35	4.45	2.12	4.89	16.50	8.80	36.7	226	地矿部第二物探队
		K	0.21	1.64	0.84	0.99	0.47	0.19	0.18	1.06	0.52	0.17	0.12	0.27	0.4	
全区土壤介质	1260	$\overline{X}$	13.00	20.00	56.00	0.08	0.79	11.00	6.00	2.00	4.74	18.00	12.00	55.00	233	
		K	0.24	1.60	0.80	1.14	0.53	6.10	0.24	1.00	0.50	0.18	0.16	0.41	0.4	
大石寨组	101	$\overline{X}$	58.30	27.70	127.3	0.60	—	—	—	5.40	—	—	—	—	—	王琪（吉林区调队）
		K	1.06	22.20	1.82	8.57	—	—	—	2.70	—	—	—	—	—	
黄岗梁组	101	$\overline{X}$	44.00	19.10	95.00	3.80	—	—	—	7.20	—	—	—	—	—	
		K	0.80	1.53	1.36	54.30	—	—	—	3.60	—	—	—	—	—	

注：$\overline{X}$为平均值（$\times10^{-6}$）；K为浓集系数，按泰勒克拉克值。

表4-4表明北部区地球化学背景值。金属成矿元素浓集系数大于1或接近1，依次为Pb、Sn、Ag、Zn，Cu浓集系数为0.21；土壤中浓集系数大于1的元素有As、Pb、Ag、Sn，Zn浓集系数为0.8，Cu及铁族元素含量均甚低。地表带地球化学背景中相对富含的元素均系本区的成矿元素，或二叠纪和侏罗纪地层中丰度高、浓集系数大的元素，这也表明本区是Pb、Zn、Ag、Sn等元素的高地球化学背景区。

上述资料充分说明，二叠纪特别是大石寨组和黄岗梁组，富集Pb、Zn、Sn、Ag等成矿元素，浓集系数Pb、Zn为1～2，Sn、Ag均大于2，在某些岩石类型中高达3～4或更高。Cu在二叠纪地层普遍含量低，但在细碧岩、玄武岩中含量大于克拉克值，浓集系数可达1～3。这些元素恰恰是本区的成矿元素。本区南部地层以富集Sn、Zn为特征，故南部区主要产出锡多金属矿床，如黄岗矿床和大井矿床；北部区地层富含Pb、Ag，故较发育Pb、Ag矿床；中部区富含Sn、Zn、Pb、Ag，故形成Pb、Zn、Ag和锡多金属矿床。这种成矿与地层富集元素的空间对应关系绝非偶然，反映了地层可能提供矿质来源。

因此，我们有理由认为，二叠纪大石寨组和黄岗梁组分别在本区南部组成 Sn、Zn 矿源体，中部构成 Sn、Zn、Pb、Ag 矿源体和北部 Pb、Ag 矿源体。矿源体中 Sn 部分来源于地幔和下地壳，部分来自大陆壳；Zn 亦来自深源；Pb 主要来源于大陆壳，部分来自下地壳-地幔；Cu 来源于地幔-下地壳。这一结论与 1∶20 万区域地球化学资料圈定的地球化学块体的分布相类似，即南部区为 Sn、Zn、Ag、W 地球化学块体，中部区为 Sn、Zn、Pb、Ag 地球化学块体，北部区为 Pb、Ag、Cu 地球化学块体。

下面我们从矿床成矿物质来源资料，进一步论证矿床形成的矿源体向矿床提供成矿物质的问题。

敖脑达坝锡银铜矿床：围岩早二叠世黄岗梁组砂岩、粉砂岩夹泥质板岩。矿体位于斑岩体及外接触带内。矿床中两件与锡石共生的石英样品 $\delta^{18}O$ 为 10.2‰和 10.3‰，一件锡石样品的 $\delta^{18}O$ 为 0.4‰，求得与石英、锡石平衡的流体水 $\delta^{18}O$ 为 2.6‰～2.7‰。一件晚期成矿阶段石英的包裹体水 $\delta D=-125$‰，与其平衡的介质水 $\delta^{18}O=-2.3$‰。矿床中花岗斑岩的全岩 $\delta^{18}O$ 为 2.9‰。这些资料表明，锡成矿时，热液中的水属再平衡岩浆水，即有大气降水渗入，银多金属成矿时主要与大气降水有关。大气降水与围岩发生水岩反应，将地层中的 Sn、Ag、Cu 淋滤出来并进入成矿流体中，从而迁移、富集成矿。矿石的铅同位素组成比较均一，表明铅大部分来自上地幔，部分来自造山带，同样证明有部分成矿物质来自围岩。

白音诺尔铅锌矿床：矿体围岩为早二叠世黄岗梁组的凝灰质粉砂质板岩、大理岩、结晶灰岩。氧同位素组成研究表明，从矿化早期到晚期，流体的水/岩值为 0.33～2.83，预示着成矿过程中大气降水不断向流体渗入，主成矿阶段流体中的水主要是花岗岩类岩体加热的大气水。矿石铅同位素组成表明，矿床中大部分铅来自中生代岩浆，少部分铅由早二叠世黄岗梁组中淋滤而来。成矿作用过程中有大量天水参与，天水是围岩(早二叠世地层)中分散的矿质带入成矿热液的主要媒介。

黄岗铁锡矿床：矿体产于早二叠世大石寨组和黄岗梁组与钾长花岗岩的接触带内。锡钨矿体主要产于接触带及附近的围岩中；铁锌(铜)矿体在围岩中沿层分布，产于大石寨组上部和黄岗梁组下部的安山岩、细碧岩及其火山碎屑岩，以及板岩、粉砂岩和大理岩中。铁与地层中的中基性火山岩空间关系密切。当火山岩向中酸性、酸性演变时，有锌(铜)矿体出现。矿床硫同位素 $\delta^{34}S$ 值为－4.3‰～＋3.4‰，极差 7.7‰(289 个样品)。直方图显示底座宽阔的塔式，负侧呈金字塔式，正侧则呈浮屠塔式，塔峰位于 1.5‰，表现出明显的沉积改造—再造硫的特点。硫化物矿体包裹体成分中富 Na、贫 F，均一温度小于 300℃，锡矿体的包裹体成分中富 Fe、K，均一温度大于 300℃，流体属 Na^+-K^+-Cl^- 型。由此表明，本矿床的成矿物质分别由早二叠世火山-沉积地层和燕山期岩浆岩提供。

所举 3 个不同矿床例中前两个矿床位于本区中部区，即位于 Pb、Zn、Ag、Sn 地球化学块体(或矿源体)中，所以形成 Pb、Zn、Ag 矿床和 Sn、Ag、Cu 矿床。后一个矿床位于本区南部 Sn、Zn、Ag、W 地球化学块体(或矿源体)中，所以形成 Fe、Sn 矿床。另外，前已述及，本区地层中 As 为特富集元素，浓集系数大于 5。所列举的 3 个矿床中均有毒砂矿物存在。这些资料充分说明，矿源体(或地球化学块体)是金属矿床成矿物质的提供者之一。

二、矿床形成的矿源体直接来自上地幔

上地幔在有水存在的条件下，会发生交代作用，使不相容成矿元素和挥发分富集，随着地幔发生部分熔融形成岩浆，这种岩浆在水和挥发分的作用下强烈分离结晶，成矿元素富集到与岩浆共存的汽-液流体中，形成的含矿流体在岩浆晚期交代钠闪石花岗岩而形成矿床，例如 801 稀有稀土矿床。以下资料可充分证明这一点。

含钠闪石花岗岩的 $\varepsilon_{Nd}(t)$ 为＋1.88～＋2.47。$^{87}Sr/^{86}Sr$ 初始比值小于 0.705，说明岩浆来源于亏损地幔，未受地壳物质混染。岩石的 $f_{sm}<0$，这种体系演化的结果应该是 $\varepsilon_{Nd}(O)<0$，但实际情况是 $\varepsilon_{Nd}(O)>0$，这是由于地幔源区经历了多期富集作用。钠闪石花岗岩石英 $\delta^{18}O$ 值基本上落在幔源岩石 5.5‰～

7.0‰的范围内，说明花岗岩来源于上地幔。

再者与残余洋壳有关的铬铁矿床，其成矿物质是含矿熔浆沿地幔橄榄岩中的原始张裂隙群贯入的。铬矿浆是含有以 H_2O 为主的挥发分和氧逸度很低的矿浆，其中有一定数量的 Na、Ca 和 Ti 离子活动。与超基性—基性过渡性富镁质辉长岩相关的 Cu、Ni、Pt 矿的矿源体和成矿物质亦是上地幔物质部分熔融而形成的岩浆，在挥发组分作用下成矿物质 Cu、Ni 发生熔离而成矿。矿石的硫同位素 $\delta^{34}S$ 值变化范围小，接近陨石硫值特征，表明矿石与岩石同为幔源。

与海相基性—中酸性火山沉积有关的铁矿床，其成矿物质来源于地幔，例如温都尔庙铁矿床的硫同位素 $\delta^{34}S$ 值为+3.5‰～+7.7‰，均值+5.04%，为幔源。矿石中 V 含量为(48～80)$\times10^{-6}$；Ni/Co 比值 2.22～3.23，均值 2.81；Ga 含量(12～20)$\times10^{-6}$，均值(16～5)$\times10^{-6}$；Ge/TFe 比值 2.29～3.84，均值 8.30$\times10^{-6}$，矿石微量元素特征亦说明成矿物质来源于火山。

三、中酸性岩浆岩有关矿床的矿源体和成矿物质来源

(1)中酸性岩浆岩之岩浆为地壳重熔岩浆，那么成矿物质来源于被重熔的地壳。例如，赤峰北西部西拉木伦河以南小东沟一带的钼、钨矿床以及赤峰地区的金矿床。

(2)中酸性岩浆岩之岩浆起源于下地壳-上地幔，例如中燕山期斑岩型铜钼矿床和热液型铅、锌、金矿床。矿床的硫、铅、氧同位素组成均充分证明其成矿物质主要来自下地壳-上地幔，但亦可能有极少部分是由于成矿后期阶段大气降水渗入成矿流体中而带入萃取部分地层中的成矿物质。

四、火山喷流-沉积矿床的矿源体和成矿物质来源

火山喷流-沉积矿床成矿物质是内来外成。也就是说，它的矿源岩主体是上地幔，其以火山喷发的方式将成矿物质携带入古海槽内，以沉积方式沉淀、富集。但在成矿的过程中，由于有同生断裂之存在，在成矿热流体进入海盆时亦可萃取部分围岩中的成矿物质加入到成矿流体中。该类矿床矿石的硫、铅同位素组成亦证实了这一特点。霍各乞和甲生盘两矿床的铅同位素数据在 Zartman 图解上位于造山带演化曲线两侧和上地壳演化曲线附近，表明这两个矿床矿石铅有较多的壳源铅参与。东升庙和炭窑口两矿床的铅同位素数据则落在地幔演化曲线两侧，所以两矿床矿石铅为幔源铅。朱拉扎嘎金矿铅同位素特征与甲生盘、霍各乞两矿床相似。这些矿床的矿石硫同位素组成是一致的，$\delta^{34}S$ 值表现为离散性大的正值。但霍各乞矿床的 $\delta^{34}S$ 明显小于其他 3 个矿床，相对靠近 $\delta^{34}S$ 值的零值点，这表明其硫的来源还是主要来自深部。朱拉扎嘎金矿石的硫同位素 $\delta^{34}S$ 值为+1.1‰～7.1‰，均值为+3.4‰，表明硫为深源硫。据王莉娟(1990)研究，东升庙和霍各乞矿石包裹体中见有盐类子晶，既有钠盐，也有钾盐子晶，由此证明了这类矿床的形成有岩浆作用参与。岩浆作用亦即火山作用，火山作用携带来众多的成矿物质而形成火山喷流-沉积矿床。

概括地说，该区强烈的燕山期成矿作用首先由大兴安岭东南侧的莲花山—大井子一线和北西侧的毛登开始燕山早期早阶段成矿作用，而后在大兴安岭中央地带黄岗—索伦镇一带和白音诺—神山一线发育燕山早期晚阶段成矿作用，亦就是说成矿作用两侧先开始。所以才出现成矿作用时间自东南和西北两侧向中间地带由老变新的特点。另外，从南西向北东方向，成矿作用时间亦有由老变新的趋势。

该区成矿地质历史演化轨迹概略为图 4-7 至图 4-9，区域成矿模式见图 4-10、图 4-11。

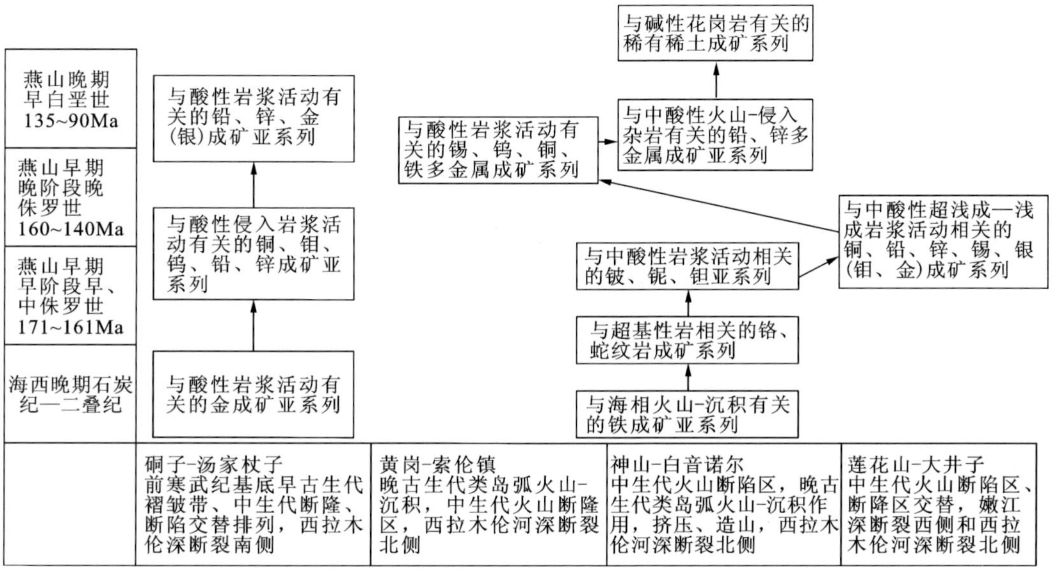

图 4-7　突泉-林西成矿带海西期、燕山期矿床成矿系列时空演化示意图

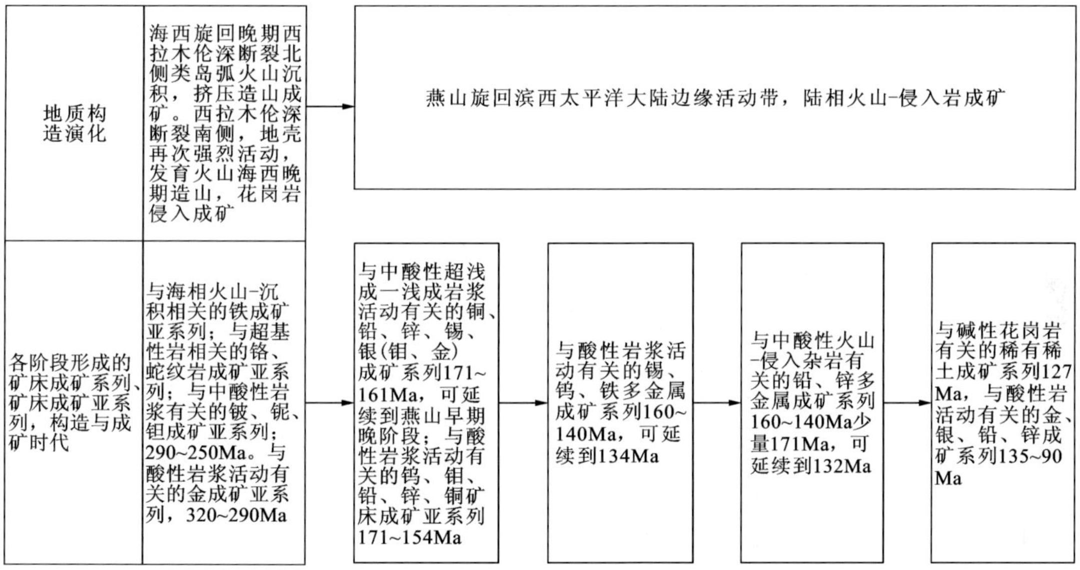

图 4-8　突泉-林西成矿带海西期、燕山期矿床成矿系列演化图

第五节　成矿地质历史演化轨迹及区域成矿模式

我们可以用成矿谱系来表示成矿地质历史演化轨迹。区域成矿谱系是一定区域在一定的区域地质构造演化历史阶段，同时具有的成矿作用演化历史。研究区域成矿谱系可揭示该区成矿物质在区域地质构造不断演化过程中的行为，成矿物质组合的变化、分散或富集的规律，区域成矿继承性或突发性等。现举例说明。

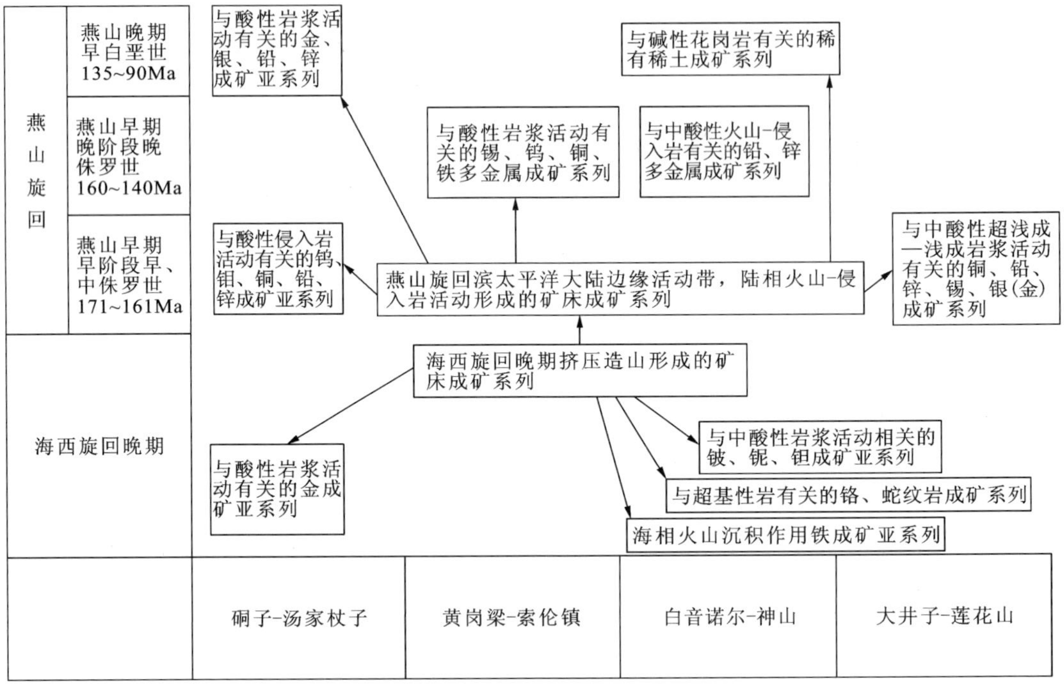

图 4-9　突泉-林西成矿带海西期、燕山期旋回成矿谱系

一、突泉-林西海西期、燕山期铁(锡)、铜、铅、锌、银、铌、钽成矿带

本成矿带共有下列矿床成矿系列：

(1)与海西期超基性、基性—中酸性岩浆活动有关的铬、铁、金、铍(铌、钽)矿床成矿系列。

该矿床成矿系列进一步划分为以下 3 个矿床成矿亚系列：

1^1 与超基性岩浆活动有关的铬矿床成矿亚系列。

1^2 与基性火山-沉积作用有关的铁矿床成矿亚系列。

1^3 与中酸性岩浆活动有关的铍(铌、钽)矿床成矿亚系列。

(2)与燕山期中酸性超浅成—浅成岩浆活动有关的铜、银(铅、锌)、锡矿床成矿系列。

(3)与燕山期中酸性火山-侵入杂岩有关的铅、锌(银、铜、锡)矿床成矿系列。

(4)与燕山期酸性岩浆活动有关的铁(锡)、铁(铜)、锡(铜、银)矿床成矿系列。

(5)与燕山期酸性岩浆活动有关的铅、锌、钼、钨、铜、金矿床成矿系列。

5^1 与燕山期酸性岩浆活动有关的铅、锌、钼、钨、铜、矿床成矿亚系列。

5^2 与燕山期酸性岩浆活动有关的金、铅、锌矿床成矿亚系列。

(6)与燕山晚期碱性花岗岩有关的稀有稀土矿床成矿系列。

该成矿带以西拉木伦河深断裂为界，地质构造演化不同，因而其成矿作用历史亦有差异。

海西晚期，西拉木伦深断裂北侧早二叠世早期处于类岛弧环境的古海盆，有海相基性—中酸性火山喷发-沉积作用，形成与海相基性—中酸性火山-沉积有关的铁矿床成矿系列。早二叠世晚期，海盆关闭造山成陆，伴有超基性—中酸性岩浆侵入，形成与超基性岩浆活动有关的铬铁矿床成矿亚系列和与中酸性岩浆有关的铍(铌、钽)矿床成矿亚系列。上述这些成矿亚系列分布在神山—白音诺尔一带。西拉木伦深断裂南侧，海西晚期地壳再度强烈活动，出现了相应的火山-沉积建造，于二叠纪末造山成陆并有花岗岩浆侵入，形成与酸性岩浆活动有关的金矿床成矿亚系列，发育在硐子—汤家杖子一带。

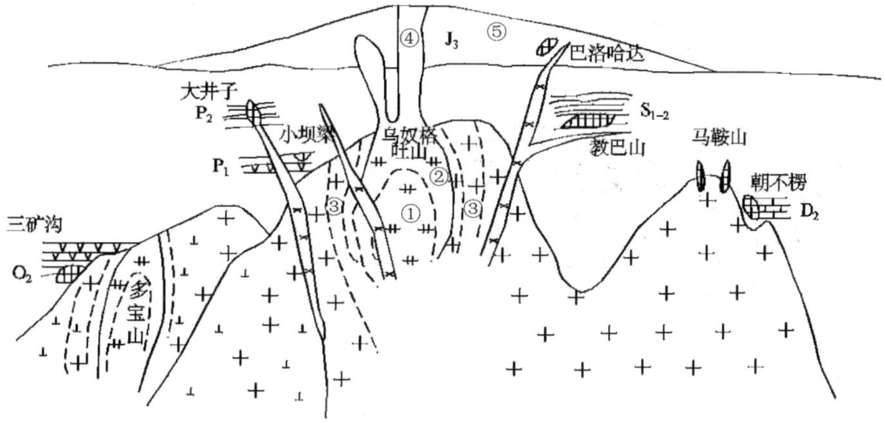

(a) 大兴安岭成矿带铜钼矿成矿模式图

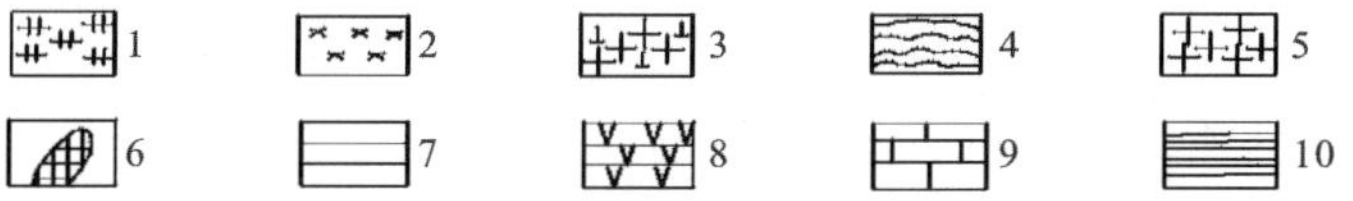

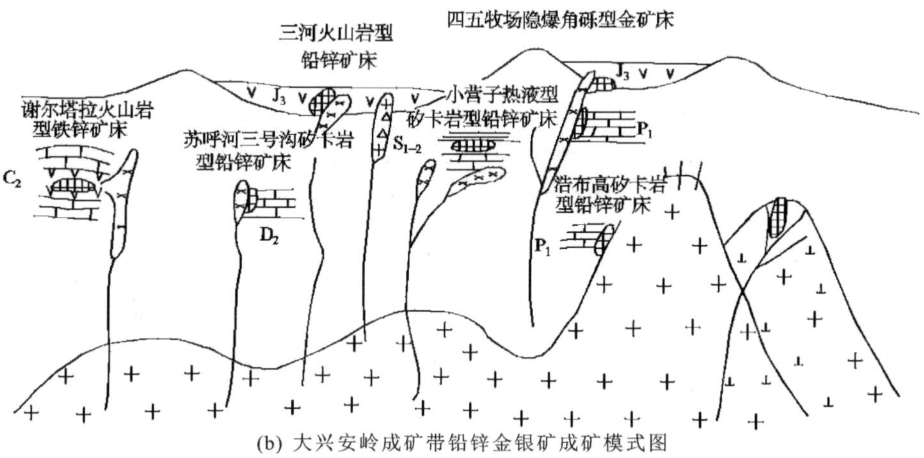

(b) 大兴安岭成矿带铅锌金银矿成矿模式图

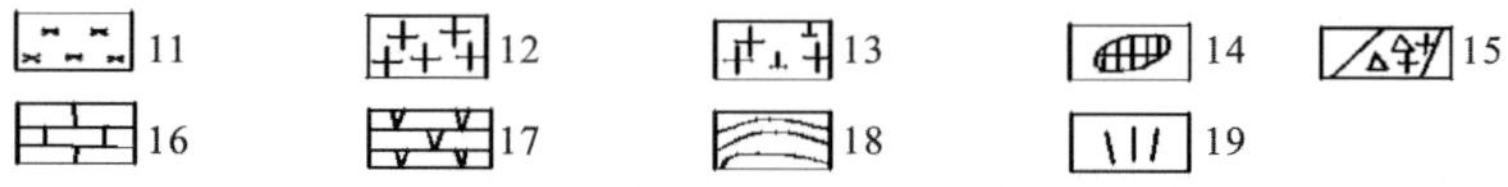

图 4-10 大兴安岭成矿带区域成矿模式

(据赵一鸣，张德全，1994)

①石英＋钾长石化带；②石英＋绢云母＋水白云母化带(矿体)；③伊利石＋水白云母化带；④火山角砾岩；⑤火山锥。

1. 斑岩体；2. 次火山岩体；3. γ42 花岗闪长岩；4. 绿片岩；5. γ52 黑云母花岗岩；6. 矿床；7. 砂岩；8. 火山岩；9. 大理岩；10. 板岩；11. 次火山岩；12. γ52 花岗岩类；13. γ43 花岗岩类；14. 矿床；15. 隐爆角砾岩筒；16. 大理岩；17. 火山岩；18. 绿片岩；19. 热液型矿化

中生代本区属滨西太平洋大陆边缘活动带，因而发育强烈的陆相火山-岩浆活动，相应地形成一系列矿床成矿系列和矿床成矿亚系列，但由于西拉木伦深断裂南、北两侧基底不同，因而所形成的矿床系列亦有差异。燕山早期早阶段在西拉木伦河北侧有与中酸性超浅成—浅成岩浆活动有关的铜、铅、锌、银(钼、金)矿床成矿系列分布在莲花山—大井子一线，靠近嫩江深断裂，成矿时限为 171～161Ma。而西拉木伦河南侧硐子—汤家杖子一带发育有与酸性侵入岩浆活动有关的铅、锌、钼、钨、铜矿床成矿亚系列，成矿时限为 154～71Ma。燕山早期晚阶段，在黄岗—索伦镇一带发育有与酸性岩浆活动有关的锡、钨、铜、铁多金属矿床成矿系列，成矿时限为 160～140Ma，但白音诺尔为 171Ma，该成矿系列成矿作用可延续到 131Ma，燕山晚期在白音诺尔—神山一线北段，发育有与碱性花岗岩有关的稀有稀土矿床成矿系列，成矿时限为 127～125Ma，而硐子—汤家杖子一线有与酸性岩浆活动有关的铅、锌、金(银)矿床成

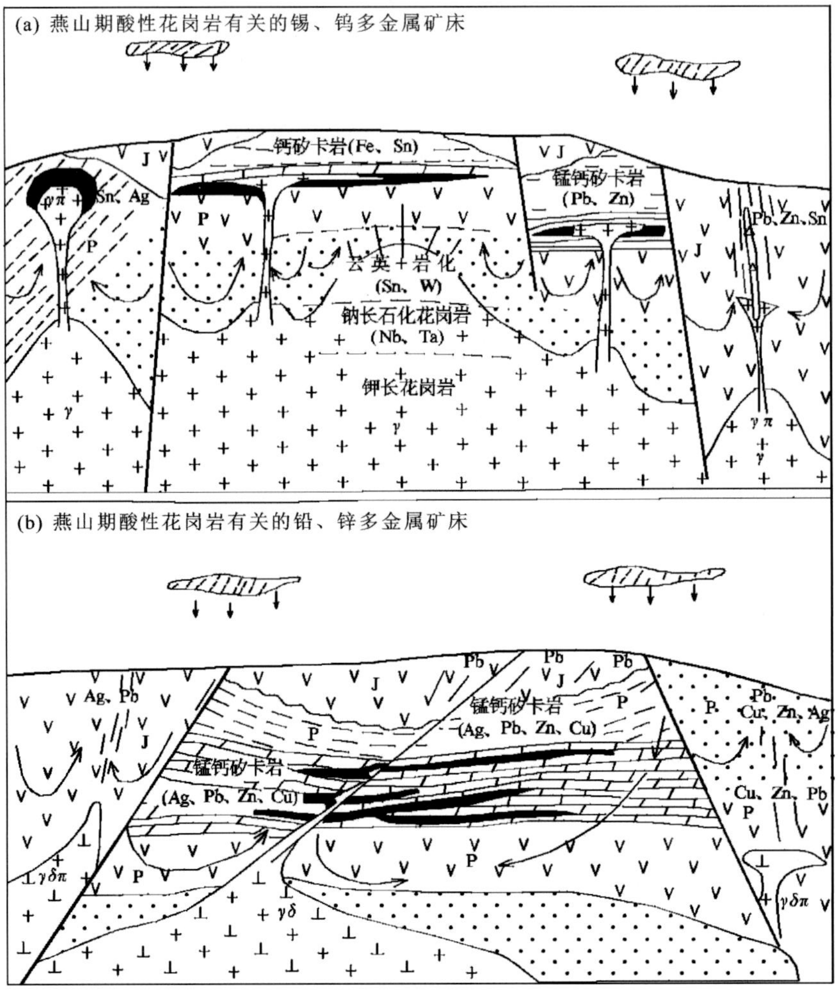

图 4-11　黄岗梁-甘珠尔庙地区多金属成矿模式

矿亚系列发育，成矿时限为 135～90Ma。

二、大兴安岭中段海西期、燕山期铁、锌、钨、金、铅、铬、铍成矿带

该成矿带有下列矿床成矿系列：

(1)与海西期超基性—基性岩浆活动有关的铬、铜(金)矿床成矿系列。

1^1 与海西期超基性岩浆活动有关的铬矿床成矿亚系列。

1^2 与海西期基性岩浆活动有关的铜(金)矿床成矿亚系列。

(2)与海西期基性—中酸性岩浆活动有关的铁(锌)、铁(钼)、铍、硫矿床成矿系列。

2^1 与海西期海相基性—中酸性岩浆活动有关的铁(锌)、硫、铜矿床成矿亚系列。

2^2 与海西期中酸性岩浆活动有关的铁(钼)、铁矿床成矿亚系列。

2^3 与海西期酸性岩浆活动有关的铍矿床成矿亚系列。

(3)与燕山期中酸性岩浆活动有关的铁、锌、铅、铜、金、钨、银矿床成矿系列。

3^1 与燕山期酸性岩浆活动有关的铁、锌、铅、铜、钨、银矿床成矿亚系列。

3^2 与燕山期超浅成—浅成岩浆活动有关的铜(金、银)、金(银)矿床成矿亚系列。

(4)与第四纪冲积沉积作用有关的金矿床成矿系列。

该区海西期构造是在加里东期构造的基础上发育起来的。在海西早期东乌旗一带是古陆边缘，其东南侧为洋盆，博克图、谢尔塔拉、根河等地为弧后盆地环境，因而在东乌旗地区发育有早中泥盆世与洋壳超基性岩有关的铬矿床成矿亚系列，成矿时限为 460～346Ma，而弧后盆地发育中—晚泥盆世与海相基性—中酸性火山-沉积作用有关的硫铁(铜)矿床成矿亚系列。晚泥盆世—早石炭世碰撞造山。早石炭世在谢尔塔拉一带发生陆内裂陷，发育有基性—中酸性火山岩浆喷发沉积而形成与此有关的硫铁(铜)矿床成矿亚系列。早石炭世末褶皱造山，伴有花岗岩侵位，而发育有铍矿床成矿亚系列和铁、铁钼矿床成矿亚系列。此时在东乌旗地幔物质沿深断裂上涌，形成与基性岩浆活动有关的铜、金矿床成矿亚系列，成矿时限 242Ma。

中生代本区为滨西太平洋活动大陆边缘构造环境，尤其侏罗纪开始发育强烈的陆相火山岩浆活动。因此形成了燕山早期与酸性岩浆活动有关的铁多金属、钨、铜、铅、锌、银矿床成矿亚系列，成矿时限为 208～145Ma，分布在东乌旗、博克图等地。东乌旗、博克图和谢尔塔拉及根河地区发育有与酸性超浅成—浅成岩浆活动有关的金、银、铜矿床成矿亚系列，成矿时限为 130～100Ma。

燕山期成矿作用时限可能存在着向北东方向变新的趋势。

该区成矿地质历史演化轨迹概括为图 4-12 至图 4-14。

区域成矿模式图见图 4-10。

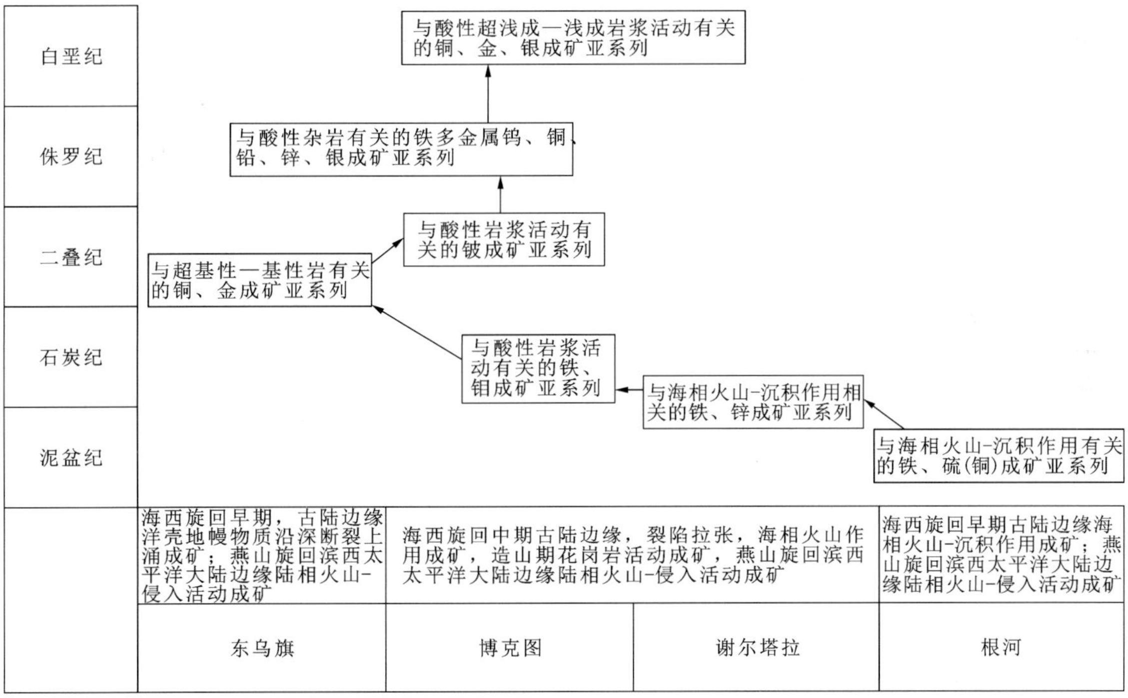

图 4-12　大兴安岭中段海西期、燕山期成矿带矿床成矿系列时空演化

地质构造演化	海西旋回早期洋壳、弧火山成矿作用	海西回旋中期陆内裂陷拉张火山-沉积作用及造山期酸性岩浆活动成矿	海西回旋晚期地幔物质沿深断裂上侵成矿；造山期后酸性岩浆活动成矿	燕山旋回滨西太平洋大陆边缘	
				与酸性侵入杂岩有关的成矿	与酸性超浅成—浅成侵入岩有关的成矿
各阶段形成的成矿系列、构造及成矿时代	与超基性岩浆有关的铬成矿亚系列；388Ma(460~348Ma)与海相火山-沉积作用有关的铁、铜、硫成矿亚系列海西早期386~362Ma	与海相火山-沉积作用有关的铁、锌成矿亚系列；与酸性岩浆活动有关的铁、铁钼成矿亚系列。海西中期362~322Ma	与沿深断裂上侵基性岩浆活动有关的铜、金成矿亚系列242Ma。与酸性岩浆活动有关的铍、钨成矿亚系列。海西晚期290~242Ma	与酸性岩浆活动有关的铁多金属、铜、铅、锌、银成矿亚系列。燕山早期208~145Ma	与酸性超浅成—浅成岩浆活动有关的金、银、铜成矿亚系列。燕山晚期130~100Ma

图 4-13　大兴安岭中段海西期、燕山期矿床成矿系列演化

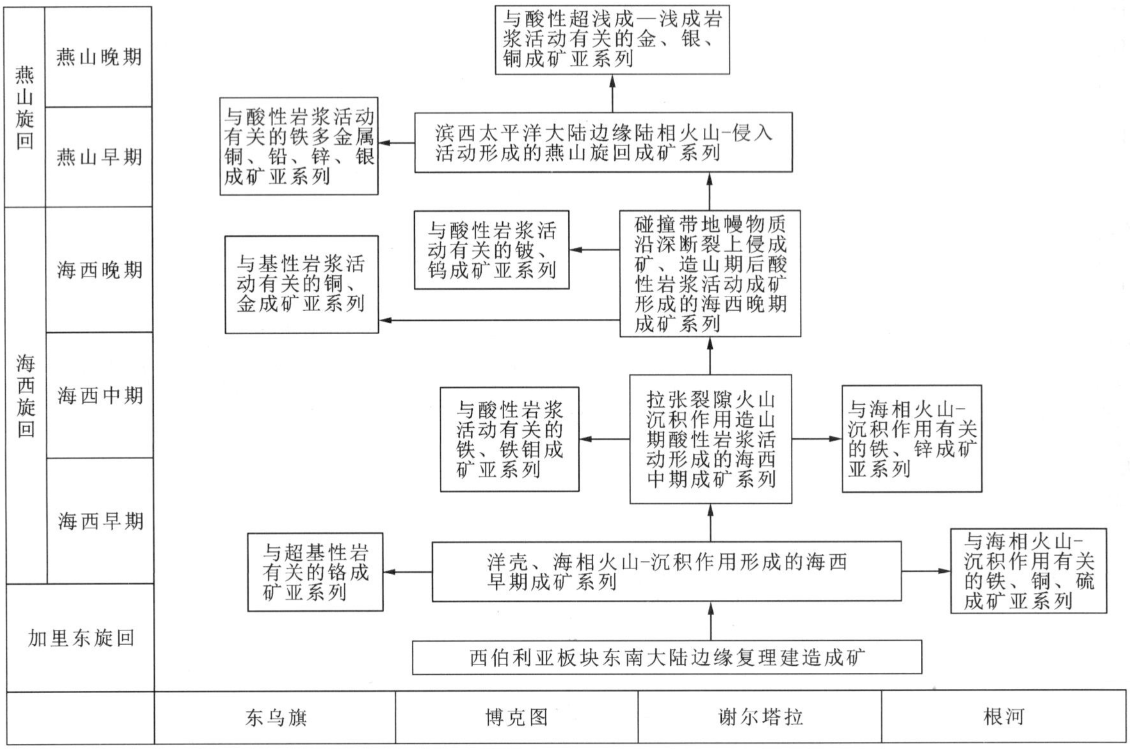

图 4-14　大兴安岭中段海西期、燕山期旋回成矿带成矿谱系

三、朱拉扎嘎-甲生盘元古宙和古生代金、铅、锌、硫、铜、铁、铂、镍成矿带

本成矿带发育有以下矿床成矿系列：

(1)与太古宙变质火山-沉积作用有关的铁、金矿床成矿系列。

1^1 与太古宙变质火山-沉积作用有关的铁矿床成矿亚系列。

1^2 与古元古代韧性剪切变质作用有关的金矿床成矿亚系列。

(2)与中元古代基性—中酸性火山作用有关的金、铁、铅、锌、铜、硫矿床成矿系列。

2^1 与基性—中酸性火山喷流-沉积作用有关的铁、铜、铅、锌、硫、金矿床成矿亚系列。

2^2 与中元古代海相化学沉积作用有关的铁、锰、磷矿床成矿亚系列。

(3)与古生代基性—中酸性岩浆作用有关的铁、金、铅、锌矿床成矿系列。

3^1 与早古生代基性岩浆作用有关的铁、金矿床成矿亚系列。

3^2 与晚古生代中酸性岩浆作用有关的铁、金、铅、锌、铜矿床成矿亚系列。

(4)与第四纪冲积沉积作用有关的铂、金矿床成矿系列。

本区中元古代在华北陆块边缘处于拉张构造环境，发育长 300 余千米，宽 20～30km 的陆缘裂陷槽或裂谷。在裂陷槽发育中期，地表强烈下陷而随之发生强烈的基性—中酸性火山喷发作用，因而形成了与此相关的铁、铅、锌、硫、金矿床成矿亚系列，成矿时限为 1900～1187Ma。同时形成与海相化学沉积作用有关的铁、锰、磷矿床成矿亚系列。晋宁运动，裂陷槽关闭成陆，本区地壳趋于稳定。早古生代，由于华北板块北侧古亚洲洋向南消减俯冲，在华北板块北缘西段发生构造-岩浆活化，形成与早古生代基性岩浆活动有关的铁、金矿成矿亚系列。海西晚期，由于西伯利亚和华北板块碰撞拼合作用，在华北板块北缘再度引发构造-岩浆活化，在华北板块北缘西段形成与中酸性岩浆活动有关的铁、铜、铅、锌、金矿床成矿亚系列。

中生代本区进入滨西太平洋活动大陆边缘构造环境。

中元古代成矿作用明显地主要与海相中基性—中酸性火山岩浆活动有关，所以矿床的元素组合和规模因与火山活动中心距离的远近有差异。地质证据表明当时火山活动中心主要位于狼山地区。

本区成矿地质演化轨迹概括为图 4-15 至图 4-17。

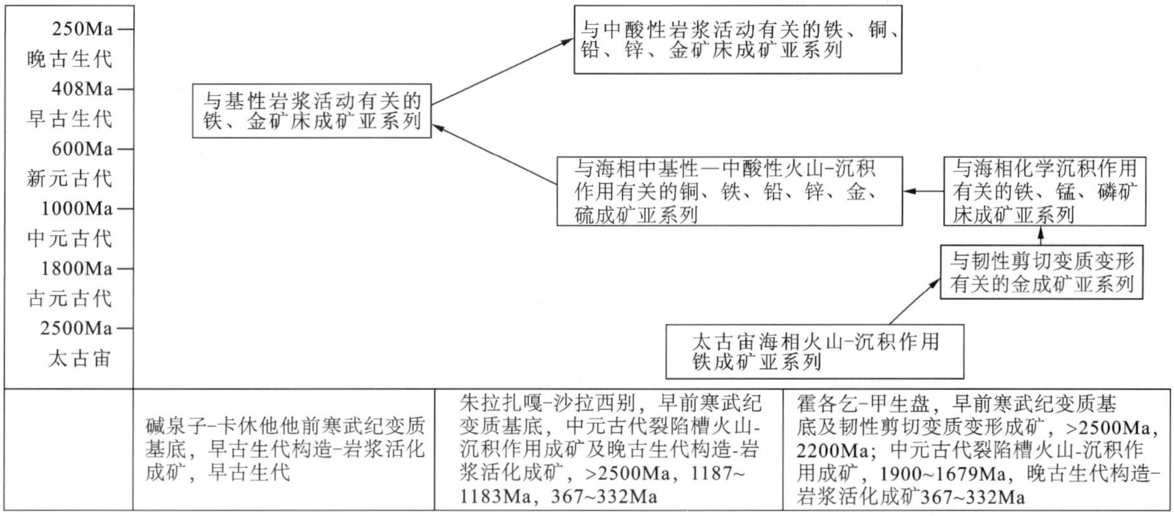

图 4-15　朱拉扎嘎-甲生盘成矿带矿床成矿系列时空演化

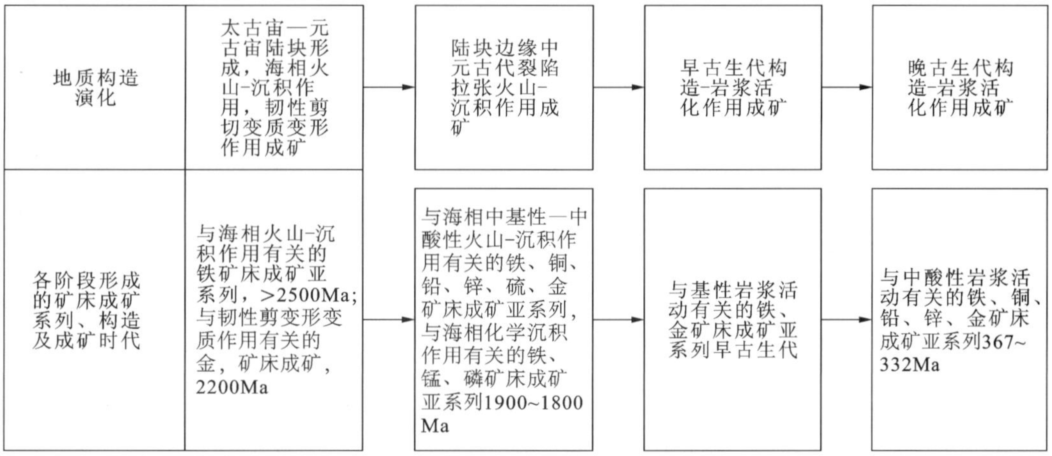

图 4-16　朱拉扎嘎-甲生盘成矿带矿床成矿系列演化图

区域成矿模式见图 4-18。

本区中元古代与海相基性—中酸性火山喷发活动有关的铁、铜、铅、锌、金、硫矿床中已知有霍各乞、炭窑口、东升庙、甲生盘和朱拉扎嘎等大型矿床，我们可以更进一步探讨它们的成矿地质历史演化过程。这些大型矿床均赋存在中元古代裂谷内、靠近受同生断裂控制的三级盆地边部的渣尔泰山群阿古鲁沟组二岩段内，但在时空上却有先后和上下之演化关系。这种变化概括为图 4-19 至图 4-21。

各矿床成矿元素组合的差别在于这些受同生断裂控制的三级盆地内发育的火山岩岩类不同。霍各乞铜多金属矿床发育钠质基性火山岩，且矿床靠近火山喷发口。东升庙和炭窑口铅、锌多金属矿床发育富钠质酸性火山岩，而且东升庙矿床靠近火山喷发口，而炭窑口与火山口有一定距离但不远。甲生盘矿床赋矿层内已有薄层酸性凝灰岩，而无火山岩层。朱拉扎嘎金矿发育霏细岩、粗(面)流纹岩和石英角斑岩，而霏细岩即为金矿体。这同样表明这些矿床的成矿物质与火山岩浆活动有着密切的成因关系。

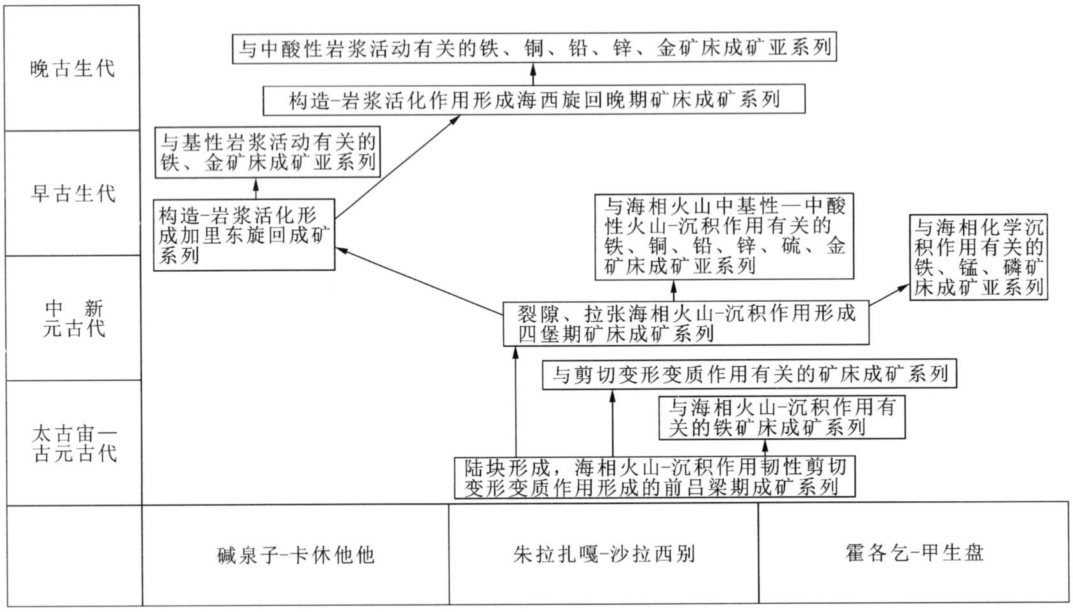

图 4-17　朱拉扎嘎-甲生盘成矿带成矿谱系

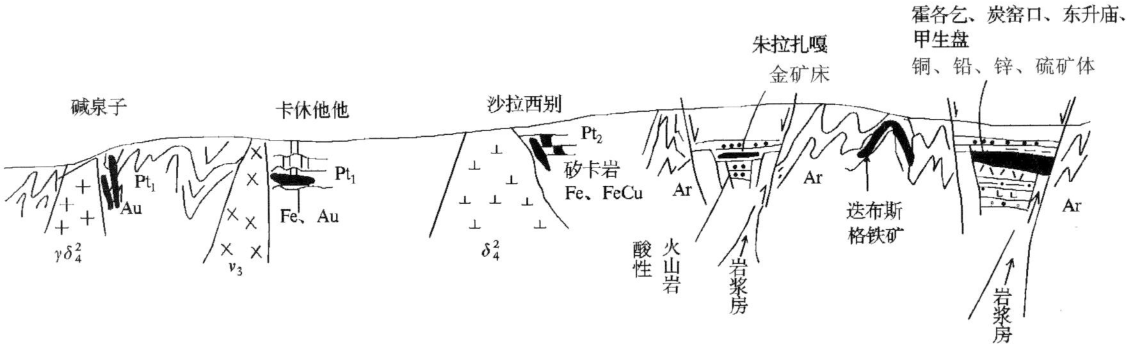

图 4-18　朱拉扎嘎-甲生盘成矿带区域成矿模式图

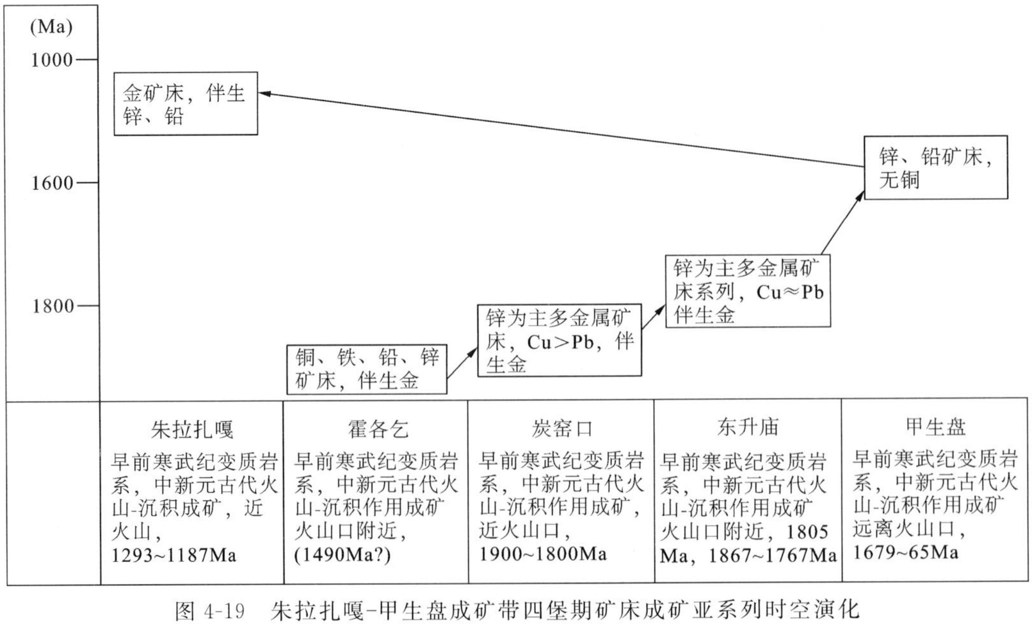

图 4-19　朱拉扎嘎-甲生盘成矿带四堡期矿床成矿亚系列时空演化

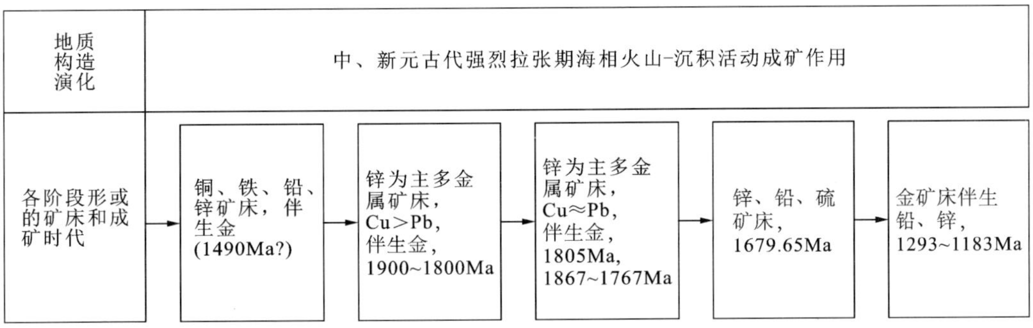

图 4-20　朱拉扎嘎-甲生盘成矿带四堡期矿床成矿亚系列演化

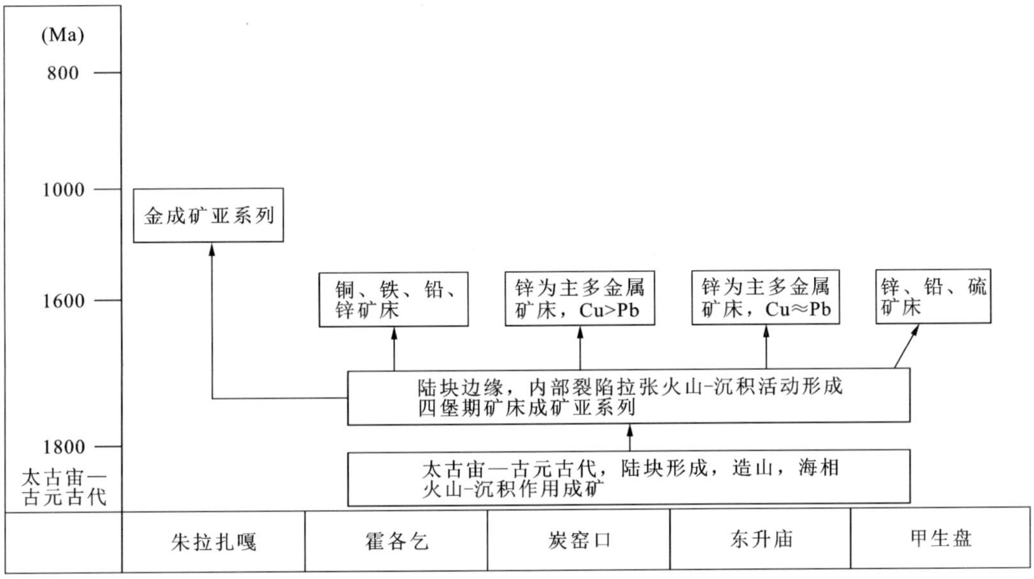

图 4-21　朱拉扎嘎-甲生盘成矿带四堡期成矿谱系

四、红花沟-金厂沟梁成矿区

本成矿区是乌拉山-集宁-阜新太古宙、燕山期成矿带之东段，发育有以下矿床成矿系列：

(1)与太古宙海相火山-沉积作用有关的铁矿床成矿系列。

(2)与海西晚期酸性岩浆活动有关的铁、铁锌矿床成矿系列。

(3)与印支期中酸性岩浆活动有关的铜、铅、锌矿床成矿系列。

(4)与燕山早期中酸性火山-侵入杂岩有关的铜、钼、金、银矿床成矿系列。

(5)与燕山晚期中酸性火山-侵入杂岩有关的铅、锌、金、银矿床成矿系列。

本区由太古宙变质火山沉积岩系组成华北陆块，发育有与海相火山-沉积作用有关的铁矿床成矿系列。吕梁运动后地壳处于稳定状态。海西晚期，由于西伯利亚板块与华北板块碰撞拼合，在南湾子—哈拉火烧地段发生构造-岩浆活化，形成了与酸性岩浆活动有关的铁、铁锌矿床成矿系列。中生代本区进入滨西太平洋活动大陆边缘构造发育阶段。因此在红花沟、陈家杖子地段发育印支期与中酸性岩浆活动有关的铜、铅、锌矿床成矿系列。燕山期，在红花沟—陈家杖子地段发育与燕山早期中酸性火山-侵入杂岩有关的铜、钼、金、银矿床成矿系列，形成了红花沟、莲花山、柴胡兰子等金矿床。燕山晚期在红花沟—陈家杖子和金厂沟梁—芦家地等两个地段发育与中酸性火山-侵入杂岩有关的金、银、铅锌矿床成矿系列，形成了热液型金厂沟梁大型金矿床和陈家杖子火山隐爆角砾岩型大型金矿床，成矿时限为121～100Ma。

由上可以看出，本区由晚古生代到燕山期，成矿作用由东向西变新，而且成矿作用强度增大。本区成矿地质历史演化轨迹概括于图4-22至图4-24。

本区区域成矿模式见图4-25。

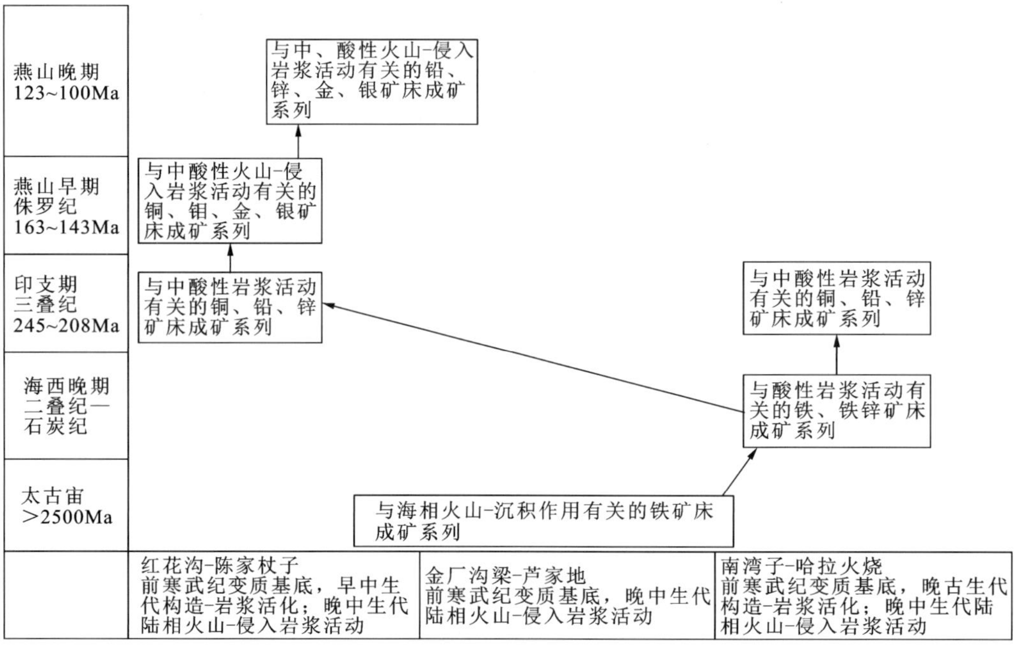

图4-22　红花沟-金厂沟梁成矿区矿床成矿系列时空演化

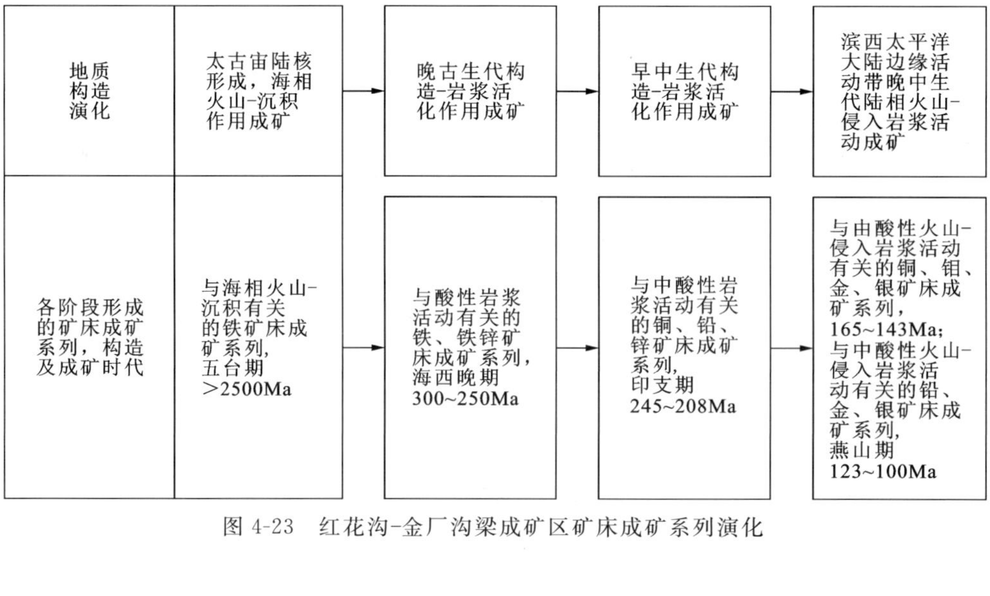

图4-23　红花沟-金厂沟梁成矿区矿床成矿系列演化

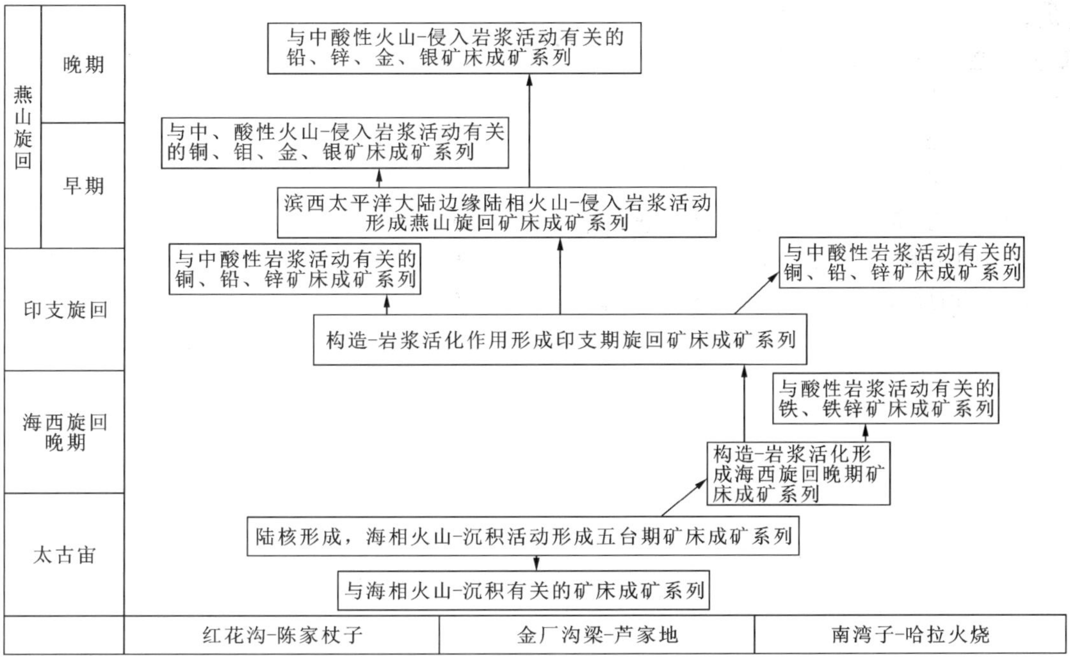

图 4-24 红花沟-金厂沟梁成矿区成矿谱系

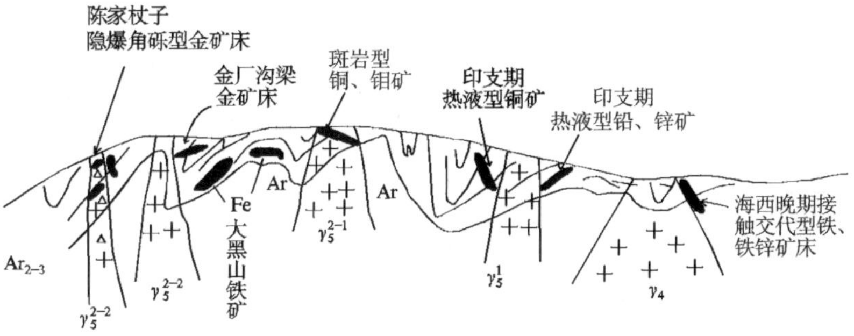

图 4-25 红花沟-金厂沟梁地区区域成矿模式

五、白云鄂博铁、铌、稀土矿床

白云鄂博铁、铌、稀土矿床赋存在中元古代华北陆块边缘的裂陷槽(裂谷)内，它形成在长近 20km，宽 2～3km，南北侧均为同生活动断裂所控制的次级盆地内。它的形成与海相碱性岩浆和碳酸岩的喷发有关，其成矿物质是内生的，但却在古海沉积环境聚集成矿。我们依据成矿作用的年代等资料和地质构造演化历史，描绘出该矿床的成矿地质历史轨迹。

中元古代即 1800Ma，在华北陆块北部边缘，由于上地幔上涌，陆壳强烈拉张，形成了裂陷槽(或裂谷)。裂陷槽早期堆积了陆源碎屑岩。当进入裂陷槽发育中期，在宽沟水下隆起北侧形成海相化学沉积的铁矿体，即称之为北矿。宽沟水下隆起南侧受同生断裂控制的次级盆地内发生强烈的碱性火山喷发(喷气作用)，而于 1692～1683Ma 形成热水沉积的白云岩型的铁、稀土矿体(即主、东、西矿体)。1300～1200Ma，火成碳酸岩岩浆侵位，与之有关的富含铌、稀土的成矿流体交代了先期沉积铁稀土矿体。独居石和氟碳矿 Sm-Nd 等时线年龄为(1313±41)Ma，$I_{Nd}=0.510\ 92$，$\varepsilon_{Nd}(t)=0.49\pm0.26$。在 1000Ma 的四堡运动，裂陷闭合成陆，处于稳定发展时期。800～700Ma，有富含稀土的碱性岩脉侵位，形成脉状矿体，主要分布在西矿体范围。410Ma左右，由于华北陆块北侧古亚洲洋向南消减俯冲，而引起深部富含稀土成矿元素流体沿深断裂上升，同时矿区发生强烈韧-脆性剪切变形变质，亦为流体渗入已存在的矿体提供了空间，因此使主、东、西矿体受到了改造而富集，独居石和黄河矿Th-Pb年龄分别为(418±25)Ma，(438±25)Ma。独居石和黄河矿等U-Pb时线年龄为(402±18)Ma，I_{Nd}＝0.511 252，$\varepsilon_{Nd}(t)$＝－16.9，表明稀土元素从地幔中分离并富集经历了很长时间。海西期，由于受西伯利亚板块和华北板块碰接拼合作用的影响，矿区有碱性花岗岩侵入，在东接触带形成矽卡岩型稀土矿体。

现将白云鄂博铁、铌、稀土矿床成矿地区地质历史轨迹概况如图4-26所示。

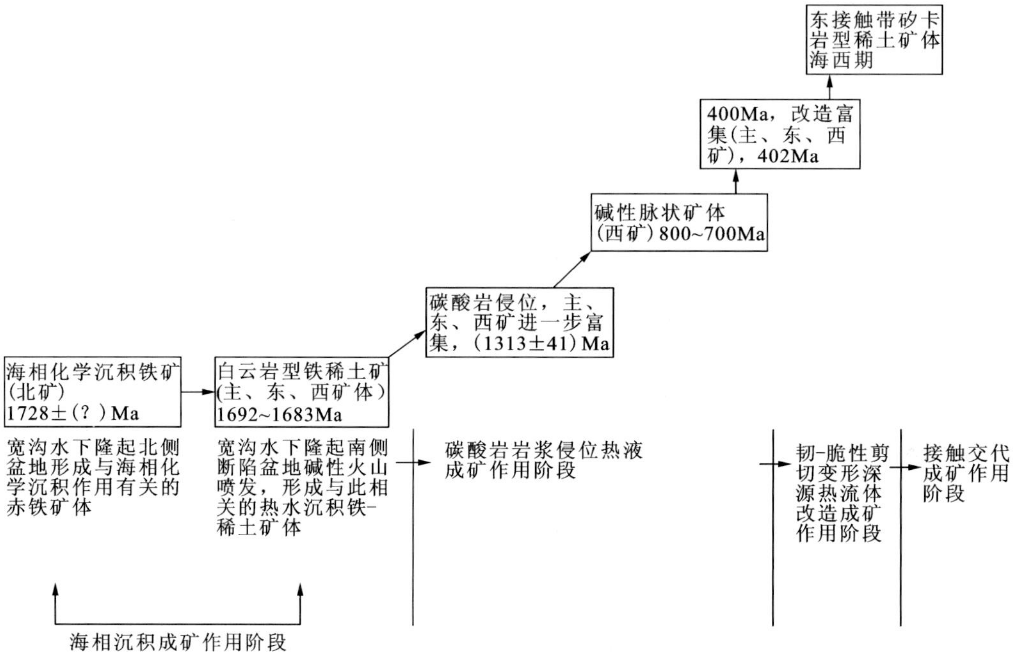

图4-26　白云鄂博铁、铌、稀土矿床成矿地区地质历史轨迹

第五章　矿产勘查评价及成矿远景评价

通过各成矿区（带）区域地质演化的分析研究，总结了它们各自的矿床成矿系列，并在此成矿理论总结的成矿规律基础上，开展成矿远景评价。

第一节　成矿远景区划分概述

根据我国矿产资源的实际需求状况和项目确定的主攻目标及内蒙古各成矿区（带）的实际，确定对金、银、铜、铅、锌、锡、钨、钼、稀有稀土等进行成矿远景区划分和评价。

一、成矿远景区划分依据

1. 地质依据

（1）矿床分布规律所确认的区域控矿构造-岩浆带。
（2）成矿带中的矿化集中区。
（3）依据成矿条件类比确定的有利地区。
（4）已有矿点和矿化点发现。

2. 信息依据

（1）相应元素组合的地球化学高背景场区。
（2）存在相应元素的地球化学块体并有局部异常存在。
（3）局部化探异常已进行查证并发现矿化。
（4）已确认控矿的区域地球物理场变异带（重力场、磁场）。

二、成矿远景区划分

按照上述所确定的成矿远景区划分依据，划分如下成矿远景区：
（1）额尔古纳河金、铜成矿远景区。
（2）得尔布干铜、钼、铅、锌、银成矿远景区。
（3）海拉尔-根河金、银多金属成矿远景区。
（4）古利库-大杨树金、银成矿远景区。

(5)朝不楞-梨子山铁、锌多金属成矿远景区。
(6)闹牛山-水泉铜多金属成矿远景区。
(7)巴尔哲稀有稀土成矿远景区。
(8)黄岗-白音诺尔锡、铜、铅、锌、钨多金属成矿远景区。
(9)小东沟-小营子钼、铅、锌成矿远景区。
(10)陈家杖子金成矿远景区。
(11)白乃庙-哈达庙金成矿远景区。
(12)小南山-土牧尔台金成矿远景区。
(13)卯独庆-新地沟金成矿远景区。
(14)甲生盘-康兔沟铅、锌、金成矿远景区。
(15)黄土窑金成矿远景区。
(16)甜水井-乌珠尔嘎顺金、铜、钼成矿远景区。
(17)七一山-老硐沟铜多金属成矿远景区。
(18)雅干铜、钼成矿远景区。
(19)苏红图铌、金成矿远景区。
(20)朱拉扎嘎金成矿远景区。
(21)巴音乌拉山金、铅锌成矿远景区。
(22)巴音杭盖金成矿远景区。

第二节　区域成矿远景区综合评价

一、额尔古纳河金、铜成矿远景区

该金、铜成矿远景区是得尔布干成矿带的北西段，以哈乌尔断裂与得尔布干铜、铅、锌、银成矿远景区为界。该成矿远景区是前中生代地层和岩浆岩的隆起区，侏罗系和白垩系分布于其边缘。区内砂金矿床已发现11处。岩金矿床(点)3处(小伊诺盖沟、吉宝沟、小甘沟)，并发现有铜矿化多处。岩金矿床(点)受北东向展布的额尔古纳河剪切变形变质带所控制，已知金矿床(点)分布在其内或旁侧。近年在邻省与该成矿远景区相邻地区发现了赋存于侏罗纪细碎屑岩层内的大型金矿床；在额尔古纳河西侧(俄罗斯境内)有数个大型矽卡岩型金、铜矿。因而中生代构造和火山岩特征表明该区具有良好的金、铜成矿地质条件，是寻找金、铜大中型矿床的远景地区。

二、得尔布干铜、钼、铅、锌、银成矿远景区

该成矿远景区是得尔布干成矿带的东南部分，以得尔布干深断裂与大兴安岭中段成矿带相邻。滨西太平洋活动大陆边缘构造发育阶段北东向展布的得尔布干深断裂控制了该成矿带的构造、岩浆活动。其西侧为中生代断隆区。由深断裂派生的北西向断隆和坳陷构造岩浆带控制铜、钼、铅、锌、银矿床的分布。铜、钼、铅、锌、银成矿与燕山期超浅成—浅成火山-侵入杂岩有密切成因关系。该成矿带已发现斑

岩型铜钼大型矿床1处，中小型矿床2处；铅、锌、银大型矿床2处，中型矿床2处，小型矿床1处；银矿大型矿床1处。

另外该区是Cu、Mo、Pb、Zn、Ag元素地球化学高背场区，并存在有3个Mo地球化学块体；2个Ag地球化学块体；1个Zn地球化学块体；2个Nb地球化学块体；Pb异常5处。

各元素地球化学块体特征见表5-1。

目前该成矿远景区各成矿元素已求得的工业储量是：Cu 19.8978×10^4t；Mo 26.4766×10^4t；Pb 66.478 09×10^4t；Zn 64.176 54×10^4t；Ag 4512t。用已求得某元素的工业储量数除以其地球化学块体元素的金属总量，表示该元素成矿的产出率，并以此值来衡量该元素今后的找矿潜力。那么，该区Mo的产出率为0.39%；Zn的产出率为0.31%；Ag的产出率为0.37%。

由上可知，该成矿远景区Cu、Mo、Ag、Pb、Zn、Nb具有极大的找矿潜力。

表5-1　各元素地球化学块体特征表

元素	块体编号	面积（km^2）	最大值（×10^{-6}）	最小值（×10^{-6}）	均值（×10^{-6}）	离差	金属总量（×10^4t）	单位面积金属量（×10^4t/km^2）
Mo	1	17 702.740	40.8	0.43	1.931 173	2.786 828	4615.254	0.260 708 5
	2	6378.506	86	0.20	2.392 305	5.873 472	2060.010	0.322 996 1
	3-1	279.046	112	0.56	10.103 33	32.090 03	380.604	1.363 950 3
	3-2	109.424	1.6	0.68	1.025 714	0.318 478 5	15.152	0.138 471 4
	3-3	301.231	2.34	0.80	1.613 333	0.594 732 4	65.608	0.217 800 0
	3-4	1027.349	4	0.50	1.830 27	0.783 788 9	253.844	0.247 086 5
小计		25 798.295					7390.472	0.286 471 352
Ag	1	1034.683	18.859	0.061	0.484 411 7	2.301 054	67.663 68	0.065 395 566
	2	2423.439	2.099	0.048	0.1705	0.234 101 6	55.781 51	0.023 017 501
小计		3458.122					123.445 19	0.035 697 176
Zn	1	1051.198	1.974	27	146.54 72	289.055	20 796.77	19.783 875 2
Nb	6	1917.915	35.007 87	20.069 16	22.7679	3.449 928	5895.029	
	7	6421.424	37.357 13		19.052 74	3.835 44	16 515.670	
小计		8339.339					22 411.699	

三、海拉尔-根河金、银、锌多金属成矿远景区

该成矿远景区西侧为得尔布干多金属成矿带，两者以得尔布干深断裂带为界。该深断裂带使该区在中生代成为火山坳陷盆地，但盆中有隆起。盆地基底为前中生代中—晚泥盆世和早石炭世地层，它们为中基性—中酸性火山岩及其碎屑岩，赋存有与海相火山-沉积作用有关的铁锌矿和硫铁(铜)矿床。中生代火山岩发育，并已发现四五牧场火山隐爆角砾岩型金矿床。

区域地球化学资料表明，该区存在有Au地球化学块体1个；Ag地球化学块体2个；Mo地球化学块体1个及2个锌异常。各元素地球化学块体的特征见表5-2。

表 5-2 各元素化学块体特征表

元素	块体编号	面积（km^2）	最大值	最小值	均值	离差	金属总量（t）	单位面积金属量（t/km^2）
Au	2-1-1	41.6676	1×10^{-9}	0.7×10^{-9}	0.85×10^{-9}	0.212 132	47.8	1.15
	2-1-2	539.0558	8.1×10^{-9}	0.5×10^{-9}	$1.538\ 710\times10^{-6}$	1.457 093	1119.76	2.08
Ag	3-1	1177.6600	2.10×10^{-6}	0.06×10^{-6}	$0.231\ 642\times10^{-6}$	0.299 897	368 273.50	312.716 32
	4-1	1121.2760	1.18×10^{-6}	0.07×10^{-6}	$0.188\ 500\times10^{-6}$	0.152 147	285 336.80	254.475 08
		2298.9600					653 610.30	284.309 91
Mo	3-6	18 030.7900	84.00×10^{-6}	0.36×10^{-6}	$2.552\ 823\times10^{-6}$	3.655 977	62 139 730	3446.312

考虑到整个大兴安岭成矿带有色金属和金、银成矿作用主要发生在中生代，而且主要分布在隆起区的特点；结合该成矿带 Au、Ag、Mo 地球化学块体分布在坳中隆的特征，同时已知金矿床产出的构造部位，可以认为该区是 Au、Ag、Mo 等成矿元素找矿潜力较大的地区。因为已知金矿床仅求出 0.491t 工业储量，银矿、钼矿床及锌矿床尚未发现。

四、古利库-大杨树金(银)成矿远景区

该成矿远景区位于嫩江深断裂西侧，是大杨树中生代断陷盆地与落马湖隆起过渡区。地球物理资料表明，该区位于西倾的幔坡带中的局部变异扭曲部位，这种重力异常特征正是有利于金成矿部位。另外，该区与邻省呼玛金矿集中区相邻，或是其中的一部分，在区域上构成了一条北东向分布的金银成矿带。

已知古利库金矿赋存于早白垩世安山岩和英安岩内，其成因类型为冰长石-绢云母低温浅成金(银)矿床。它受火山机构和断裂构造控制；高钾富碱的中酸性火山岩为容矿岩石。已求金矿的工业储量 5t，砂金 15t。

尽管缺乏地球化学资料，但根据该区的地质构造特征和重力场特征，仍然可以认为该区是寻找同类型金银矿床的有利地区。

五、朝不楞-梨子山铁、锌多金属成矿远景区

该区是在加里东岛弧带基底上发育起来的海西期构造岩浆带，并在中生代进入滨西太平洋活动大陆边缘构造发育阶段，而发育中生代火山-深成岩。新元古代和古生代碳酸盐岩、钙质粉砂岩是该区铁多金属矿床的容矿岩石，与成矿有关的岩浆岩有：海西期白岗质花岗岩、花岗岩和黑云母花岗岩；燕山期黑云母花岗岩。这些与成矿相关的酸性岩浆以富含碱为特征，已知的矿床类型有接触交代型和热液型，且以接触交代型矿床为主。已知有海西期的铁钼矿床（梨子山）、铁矿床（塔尔其、中道山）；燕山期铁多金属矿床（朝不楞、八十公里、查干敖包），铜锌矿床（巴林）。热液型有吉林宝力格银矿床。从而构成一个海西期、燕山期接触交代型为主的铁多金属成矿带。

该区处于中蒙边界，以往地质勘察工作程度较低，所以地球化学资料缺乏。但从该区地质构造演化历史分析，该区仍不失为一个寻找接触交代型铁多金属矿床的远景区。

六、闹牛山-水泉铜多金属成矿远景区

该成矿远景区位于嫩江深断裂带西侧，中生代断隆和断陷相间排列，呈北东向展布。已知的铜、铅、锌、银矿床均位于断隆和断陷的过渡部位，它们与燕山早期早阶段的中酸性超浅成—浅成岩浆侵入岩(173～161Ma)活动有关。与成矿有关的主要为石英闪长岩-花岗闪长岩-斜长花岗斑岩组合，与其有关的为莲花山、布敦花、闹牛山等铜矿床。这些矿床一般距嫩江深断裂30～40km。铜多金属矿体的容矿岩石为早二叠世板岩、粉砂岩、砂岩、凝灰质岩石和侵入早二叠世地层内的岩体(花岗斑岩、斜长花岗斑岩)。矿床类型有热液型(闹牛山、莲花山、布敦花、孟恩陶勒盖、敖尔盖)。成矿岩体具有基性程度高、来源深的特点。它们的$^{87}Sr/^{86}Sr$初始比值为0.704～0.705。角闪石富镁(MgO=14.25%～18.20%)，黑云母以镁质黑云母为主(MF=0.57～0.64)。相对低SiO_2(一般为66%～69%之间)，TiO_2含量高(0.32%～1.10%)，$Na_2O<K_2O$，Na_2O/K_2O比值为0.91～3.42。$\sum$REE低，$\sum Ce/\sum Y$为2.7～14.1，铕轻微亏损。这些均表明与成矿有关的岩浆岩起源于下地壳-上地幔岩浆的衍生物，混入上地壳物质较少。

该区是Cu、Pb、Zn、Ag地球化学场高背景区，成矿元素为Cu、Pb、Zn、Ag，所有矿床都伴生Au，个别矿床伴生Mo。该区存在Au地球化学块体1个，Ag地球化学矿体3个，Zn地球化学块体1个及Pb、Mo、Cu异常。

各元素化学块体特征见表5-3。

表5-3 各元素地球化学块体特征表

元素	块体编号	面积(km^2)	最大值	最小值	均值	离差	金属总量($\times10^4$t)	单位面积金属量(t/km^2)
Au	3-1-1	394.9295	200×10^{-9}	0.3×10^{-9}	10.52857×10^{-9}	43.42057	0.5613359	14.2
Ag	8-1	738.1384	0.56×10^{-6}	0.036×10^{-6}	0.0942×10^{-6}	0.0899	9.385957	127.15714
	8-2	993.3353	15.32×10^{-6}	0.039×10^{-6}	0.894×10^{-6}	2.98	119.8186	1206.22513
	9-1	913.5347	3.65×10^{-6}	0.024×10^{-6}		0.698	30.91577	338.41922
		2645.0084					160.120327	605.36793
Zn	2-1	55.1278	153.2×10^{-6}	35.630×10^{-6}	81.1020×10^{-6}	55.4447	603.5821	109487.711
	2-2	290.1778	420.9×10^{-6}	43.530×10^{-6}	170.6471×10^{-6}	158.5868	6684.932	230373.654
		345.3056					7288.5141	211074.2848

各成矿元素已探求的工业储量情况为：铜为21.9228×10^4t；银为0.09368×10^4t；锌为26.8442×10^4t；金(伴生)为1.4166t。各成矿元素的产出率：银为5.9×10^{-4}；锌为0.37%；金为0.252%。这些数值表明，无论以成矿地质条件，还是各成矿元素的成矿产出率以及近年的勘查工作成果，该成矿远景区应该是寻找铜、金、银、锌、铅的有望地区。

七、巴尔哲稀有稀土成矿远景区

该成矿远景区是我国北方早白垩世碱性晶洞花岗岩带的一部分，它们分布在中生代断陷区边部。

据王一先等（1997）的研究资料，与成矿有关的碱性晶洞花岗岩，其特征是 SiO_2 含量高达 71%～75%，Al_2O_3 为 9%～12%，(K+Na)/Al(原子比)>1，$FeO+Fe_2O_3$ 含量为 3%～6%，而 CaO、MgO 含量很低。其稀土配分模式为“V”形，LREE/HREE 值为 2.9～7.1，铕强烈亏损，δEu 仅为 0.03～0.04。其微量元素 K/Rb、Zr/Hf 比很低，分别为 20～80 和 20～30。Rb/Sr 和 Nb/Ta 值很大，分别为 40～130 和 10～50。其成矿物质来源于富集地幔。岩体时代为 125Ma。

该远景区处于大兴安岭重力梯级带内。该带有许多晶洞花岗岩（白岗岩），目前已探明超大型稀有稀土矿床 1 处，成因类型为岩浆岩型，因此可以认为该区是寻找该类型稀有稀土资源的远景区。

八、黄岗-白音诺尔锡、铜、铅、锌、钨多金属成矿远景区

该成矿远景区位于大兴安岭主峰中南段的呈北东向展布的中生代断隆带和断陷带，其南界为东西向西拉木伦深断裂。在中生代断隆带上主要分布锡、钨、铅、锌、铜、银矿床。矿体围岩为早二叠世火山-碎屑岩和碳酸盐岩。与成矿有关的花岗岩酸度高，富碱，且 $K_2O>Na_2O$，以钾长花岗岩为主，岩石富 Rb，贫 Sr，富 F、贫 Cl，富 Sn，∑REE 高，铕亏损强烈，轻稀土富集，$^{87}Sr/^{86}Sr$ 初始比值为 0.7028～0.7096；岩浆来源于下地壳，但混染了上地壳物质，其成岩时代为 148～140Ma。该区为 Sn、W、As 地球化学异常区。矿床类型有接触交代型（黄岗、莫古吐、哈达吐）、热液型（安乐、宝盖沟、沙不楞）、斑岩型（敖脑达坝）。中生代断陷带的局部断隆区分布有铅、锌、银、铜等矿床。矿体围岩主要为早二叠世碎屑岩、碳酸盐岩，少数矿体分布在侏罗纪火山岩中。与成矿有关的岩浆岩为超浅成—浅成小侵入体，其岩石组合为花岗闪长斑岩-石英正长斑岩和石英二长岩（或二长花岗岩）-钾长花岗岩，成岩时代主要为晚侏罗世—早白垩世。岩体 SiO_2 低，富碱（K_2O+Na_2O 为 7%～9%），且 $Na_2O>K_2O$，Al_2O_3 较高，富 Sr、Cl、Zn，贫 Rb、F、Sn，∑REE 较低，LREE 强烈富集，弱负铕异常。$^{87}Sr/^{86}Sr$ 初始比值为 0.706～0.707。岩浆起源于下地壳。矿床类型以接触交代型为主（白音诺尔、浩布高、小井子），次为热液型（收发地、哈拉白旗、后卜河）。该区为 Pb、Zn、Cu、Ag 地球化学异常区。西拉木伦深断裂北侧成矿与中酸性潜火山有关，岩石组合为英安斑岩-闪长玢岩-云斜煌斑岩。其成矿时代为燕山早期，但成矿时代延续长，可到 120Ma。矿床类型为热液型（大井子、敖尔盖）。该区为 Cu、Pb、Ag、Sn 地球化学异常区。

地球物理资料表明，该区处于大兴安岭主脊幔洼和嫩江深断裂幔隆之间，并为北东向重力梯级带，其局部重力异常扭曲部位是矿床或矿化集中区产出的部位。

该区存在下列元素地球化学块体：Ag 2 个；Sn 2 个；Pb 1 个，Zn 3 个，Mo 1 个，W 1 个。各元素地球化学块体特征见表 5-4。

表 5-4　各元素地球化学块体特征表

元素	块体编号	面积（km^2）	最大值（$\times10^{-6}$）	最小值（$\times10^{-6}$）	均值（$\times10^{-6}$）	离差	金属总量（$\times10^4$t）	单位面积金属量（$\times10^4 t/km^2$）
Ag	5	4362.745	4.60	0.009	0.203 777 8	0.421 898 6	120.019 10	0.027 509 997
	7	2545.416	0.85	0.039	0.155 034	0.133 200 5	53.274 52	0.020 929 593
小计		6908.161					173.293 62	0.025 085 347
Sn	1	2900.553	205	0.51	9.205 771	18.553 14	3604.747	1.242 779 220
	2	4762.842	600	0.52	14.060 17	47.519 48	9040.462	1.898 123 430
小计		7663.395					12 645.209	1.650 079 240

续表 5-4

元素	块体编号	面积（km^2）	最大值（$\times10^{-6}$）	最小值（$\times10^{-6}$）	均值（$\times10^{-6}$）	离差	金属总量（$\times10^4t$）	单位面积金属量（$\times10^4t/km^2$）
Zn	4	1040.732	327	9.00	90.2394	57.615 640	12 678.52	12.182 310 1
	3	1377.528	793	11.80	106.6698	104.451 700	19 836.98	14.400 418 7
	5	2339.972	305	29.30	108.0606	55.133 520	34 135.93	14.588 178 8
小计		4758.232					68 651.43	14.427 928 3
W	1	2731.420	21.7	0.60	3.4030	2.964 703	1254.841	0.459 409 9
Mo	4-1	382.702	10.5	0.66	2.2825	2.314 749	117.9249	0.308 137 6
Pb	1	1584.574	121	7.60	36.6378	22.458 610	2837.458	4.946 097 8

各成矿元素已求工业储量及产出率为：Ag 为 0.2401×10^4t，产出率为 0.14%；Sn 为 31.4792×10^4t，产出率为 0.25%；Zn 为 275.379×10^4t，产出率为 0.4%；W 为 5.29×10^4t，产出率为 0.42%。Mo 还未发现有矿化处；Pb 为 76.4588×10^4t，产出率为 0.98%。

该成矿远景区尽管已探明 Sn、Pb、Zn、W、Ag 等资源的工业储量，但它们找矿潜力仍然很大，因为一方面该区成矿地质条件有利，另一方面有不少地球化学异常。所以该区仍是 Sn、Pb、Zn、Mo、Ag、W 等元素成矿的有利地区。另外该区西南端亦是寻找铌、钽资源的有利地区。

九、小东沟-小营子钼、铅、锌成矿远景区

该成矿远景区位于西拉木伦河断裂和华北板块北缘深断裂之间，前中生代基底由太古宙—元古宙片麻岩、片岩，早古生代洋壳残余和基性火山-沉积岩及晚古生代碎屑岩、碳酸盐岩组成。中生代滨西太平洋活动大陆边缘构造发育阶段，形成了近东西方向排列的断隆和坳陷构造格局，发育了中酸性火山-深成岩。同时该区为区域地球化学场的 Cu、Pb、Zn、Mo、Ag 高背景区。地球物理资料表明，该区处于北东向重力梯级带向西弯曲的变异部位，是成矿的有利部位。

燕山期与成矿有关的岩浆岩为花岗岩类。燕山早期为石英闪长岩-花岗闪长岩-花岗岩组合，时代为 170～153Ma。燕山晚期为钾长花岗岩-花岗斑岩组合，时代为 125Ma。它们主要沿近东西向—北北西向断裂与北北东向断裂的交会部位产出，形成东西成矿带，北北东成矿分布的格局。钼、铅、锌矿床主要分布在中生代断隆区中燕山期花岗岩体的外接触带。控矿构造为北西-南东向的次级构造裂隙带。

该区已知矿床类型有接触交代型（小营子、余家窝铺、敖包山、柳条沟）、热液型（硐子、天桥沟、荷尔乌苏）及斑岩型（小东沟）。接触交代型矿床分布在燕山期花岗岩类与碳酸盐岩接触处形成的矽卡岩带中。热液矿床位于燕山期侵入体外接触带和晚古生代火山-沉积地层中，少数分布在燕山期侵入体和火山岩中，该区内自西向东，由铜钼矿床过渡为铅锌（银）矿床。

在 Cu、Pb、Zn、Mo、Ag 元素组合的地球化学高背景场内可圈定以下一些元素的地球化学块体：Ag 2 个；Pb 2 个；Zn 1 个；Mo 3 个。

各元素地球化学块体特征见表 5-5。

表 5-5 各元素地球化学块体特征表

元素	块体编号	面积（km^2）	最大值（$\times10^{-6}$）	最小值（$\times10^{-6}$）	均值（$\times10^{-6}$）	离差	金属总量（$\times10^4$ t）	单位面积金属量（$\times10^4$ t/km^2）
Ag	6-1	444.8618	0.56	0.055	0.196 480	0.122 756	11.799 87	0.026 524 799
	6-2	891.2313	6.50	0.030	0.314 462	0.904 249	37.834 83	0.042 452 313
小计		1336.0931					49.634 70	0.037 149 132
Pb	2-1	353.1021	193	30	64	41.314 650	1310.05	10.819 286
	2-2	1082.8350	1565	15	91.456 140	212.234 700	13 369.30	12.346 571 70
小计		1435.9371					14 679.35	10.222 836 36
Zn	6	2225.6590	220	28	104.606 300	31.979 200	31 430.42	14.121 848 90
	7	1446.0170	3109	25	171.958 300	369.902 600	33 568.38	23.214 374 40
小计		3671.6760					64 998.80	17.702 762 70
Mo	5	8614.0220	18.80	0.020	1.622 405	1.240 785	1886.68	0.219 024 70

Ag、Pb、Zn、Mo 等成矿元素已求得的工业储量及产出率为：Ag141t，产出率为 0.0028%；Mo 8814 $\times10^4$ t，产出率为 0.099%；Zn75.1389$\times10^4$ t，产出率 0.51%；Pb33.3603$\times10^4$ t，产出率为 0.23%；Cu 1.8224$\times10^4$ t，但仍有几处铜异常。

上述资料表明，该区是寻找 Mo、Cu、Pb、Zn、Ag、Nb 等成矿元素资源的极为有利的地区。

十、陈家杖子金成矿远景区

该成矿远景区位于华北板块北缘内蒙古地轴马鞍山断隆南部近东西向黑里河韧性剪切带南侧，出露地层主要为太古宙变质岩系，其原岩为基性—中酸性火山岩及其碎屑岩，次为中元古代长城系细碎屑岩。岩浆活动频繁，但以燕山晚期岩浆活动最为强烈，其岩石以花岗岩为主，次为石英闪长岩、石英二长闪长岩及少量中酸性潜火山岩。该区有一个长 7km、宽 2km，以金为主，并有 Ag、As、Sb、Cu、Pb、Zn、Sn 等元素的 1∶20 万综合异常，1∶5 万水系沉积物加密测量，该异常分解成 9 个异常，其中 3 个异常已经查证，发现了陈家杖子大型金矿床和两个有进一步工作意义的金矿化点、矿化和银多金属矿化带。

该区已有金矿床和矿化点 9 个，金矿化类型为隐爆角砾岩型和韧性剪切带型及热液型，且以前两类为最有找矿远景的金矿床类型。

总之，从成矿地质条件和地球化学异常特征分析，该区应是今后寻找金及银多金属矿床的有利地区。

十一、白乃庙-哈达庙金成矿远景区

该成矿远景区位于华北板块北缘深断裂北侧，出露地层有古元古代片麻岩、变粒岩；中元古代白乃庙群基性—中酸性火山岩及其碎屑岩。早古生代中、晚志留世地层，晚古生代晚石炭世基性—中酸性火山岩和二叠纪火山岩及碎屑岩。中生代晚侏罗世酸性火山岩及其碎屑岩。岩浆活动强烈，而与金成矿有关的岩浆岩为海西晚期花岗岩和燕山早期超浅成花岗斑岩。该区构造呈东西向展布，而控制该区成矿的断裂构造为白乃庙-镶黄旗断裂，其与北东向断裂交会处，则往往是金矿床成矿的有利部位。目前该区已知的金矿床类型有斑岩型(哈达庙)和热液型(白乃庙、毕力赫)，及白乃庙铜钼矿床中的伴生金矿。同时该区还是Cu、Au、Mo、Pb、Zn等元素组合的区域地球化学高背景场区，其中一些局部异常经查证为金、铜矿化所引起。

该区尚存在金元素化学块体2个及Mo、Cu异常。金地球化学块体特征见表5-6。

表5-6　金元素地球化学块体特征表

元素	块体编号	面积(km^2)	最大值($\times10^{-6}$)	最小值($\times10^{-6}$)	均值($\times10^{-6}$)	离差	金属总量($\times10^4t$)	单位面积金属量(t/km^2)
Au	5-1-1	632.9529	89.6	0.6	12.320 000	27.706 750	1.052 727	16.6
	5-1-2	1564.8800	56.4	0.1	3.189 189	7.044 687	0.673 744	4.13
		2197.8329					1.726 471	7.855 33

目前，该区已探求出金工业储量为21.85t，其中伴生金18.6t。因此该区金的找矿潜力还是很大的。

十二、小南山-土牧尔台金成矿远景区

该成矿远景区位于华北板块北缘深断裂南侧的中元古代白云鄂博裂谷带，并可能为该裂谷中一个次级深断陷盆地发育地段。出露地层为中元古代白云鄂博群浅变质细碎屑岩、碳酸盐岩。白云鄂博群金背景场较高，尖山岩组、哈拉霍圪特组和比鲁特组在该区广泛分布。目前该区在白云鄂博群分布区砂金分布广泛，亦发现一些岩金矿点，例如五富堂一带，但未能有所突破。该区岩浆岩主要为海西期辉长岩、花岗闪长岩和花岗岩及中生代花岗岩。1∶20万区域化探资料表明，该区有较多的金异常，并且具有一定的规模。同时亦存在3个金地球化学块体，它们的特征见表5-7。

表5-7　金元素地球化学块体特征表

元素	块体编号	面积(km^2)	最大值($\times10^{-6}$)	最小值($\times10^{-6}$)	均值($\times10^{-6}$)	离差	金属总量(t)	单位面积金属量(t/km^2)
Au	5-1-6	367.4689	4.5	0.5	1.717 391	1.173 051	825	2.32
	5-2-1	662.9789	19.6	0.2	1.459 524	3.108 216	1306.305	1.97
	5-1-7	323.3503	2.2	0.5	0.905 000	0.379 022 3	395	1.22

目前该区已求得金储量：砂金339kg，岩金916.9kg，伴生金133kg，总计1049.96kg。所以从该区金成矿条件及金的潜在资源与已求得的金储量衡量，该区仍是今后找金的远景区。

十三、卯独庆-新地沟金成矿远景区

该金成矿远景区是近几年勘查工作有所突破而发现的。其位于大青山复背斜。赋矿岩层为古元古代二道洼岩群的三岩组，主要岩石组合为绿泥片岩、绢云绿泥石英片岩、绿泥绿帘石英片岩、大理岩透镜体、大理岩。其原岩为基性火山岩及其碎屑岩。金矿赋存在绿泥片岩、绢云绿泥石英片岩夹大理岩透镜

体向厚层碳酸盐岩过渡带内。金矿受韧-脆性剪切变形变质带所控制。矿床类型为变质热液型，已知有摩天岭、卯独庆、新地沟、油篓沟、小南沟等金矿床和一批金矿点，及金盆砂金矿。1∶20万区域化探资料表明，在区域上该赋矿层位仍有一批金、银、锑、铅、锌元素组合异常，并有一个金地球化学块体，编号为6-4-1，其特征为：面积369.1593km^2，最大值为6.2×10^{-9}，最小值为2.2×10^{-9}，均值为$3.583\,333\times10^{-6}$，离差为1.951 837，金属总量为1785.808t，单位面积金属总量为484t/km^2，目前该区已求得金工业储量为：岩金为7118.44kg，砂金为10 041kg，共计17 159.44kg。据该区金矿成矿地质条件，区域化探异常数与已求得的金工业储量相衡量，可以认为该区仍不失为今后继续开展金矿勘查远景区。

十四、甲生盘-康兔沟金、锌、铅成矿远景区

该成矿远景区位于中元古代渣尔泰山裂陷槽（或裂谷）的东段。其基底为新太古代色尔腾山岩群的中浅变质岩系；它们的原岩建造为基性—中酸性火山岩及其碎屑岩和陆源碎屑岩-碳酸盐岩。构成了新太古代的绿岩带。中元古代渣尔泰山群为一套浅变质岩系，主要为石英岩、粉砂岩、碳质板岩、泥质结晶灰岩等，该群的阿古鲁沟组是铁、铜、铅、锌、金、硫等矿床赋存层位。铜、铅、锌、金、硫等矿床形成于受活动同生断层控制的次级盆地边部。甲生盘大型铅、锌、硫铁矿床即形成于这样的次级盆地内。据王保良等（1990）的资料，康兔沟一带应是渣尔泰山裂谷东段的一个次级盆地，其内渣尔泰山群堆积的厚度大于甲生盘地区。

该区目前已知金矿床均是赋存于新太古代色尔腾山岩群内的变质热液型金矿床（十八倾壕、水泉头分子、打不浪沟），而中元古代渣尔泰山群内亦发现一批金矿化点，而且在康兔沟一带阿古鲁沟组出露区，有砂金矿点。1∶20万区域化探资料显示，该区内有10余处金、银、铅、锌等多元素组合地球化学异常。

根据秦岭和辽宁青城子地区铅、锌矿床容矿层位之上存在金、银矿床的成矿元素分带特征，以及朱拉扎嘎金矿床金在上、下见铅锌矿化的情况，我们有理由认为甲生盘铅锌矿床附近及康兔沟一带应是今后开展金、铅、锌矿床勘查工作的有利地区。

十五、黄土窑金成矿远景区

该区位于内蒙古丰镇市与山西省阳高县交界处，出露地层主要为太古宙集宁岩群及TTG岩系，少量侏罗纪和白垩纪地层。本区褶皱构造以基底褶皱为主，断裂构造以近东西向为主，次为北西向和北东向，构成了格子状构造格局。岩浆活动频繁，但与成矿相关的岩浆岩是海西晚期—印支期的石英二长岩、石英斑岩、长石石英斑岩。

1∶20万区域化探资料表明，该区为Au、Ag、As、Sb多元素组合异常带，该区与山西省阳高堡子湾金矿床一起构成一个金矿化集中区。

目前，在山西省阳高县境内已发现一个隐爆角砾岩型金矿床——堡子湾金矿床，求得工业储量7607kg。

该区存在一个金元素地球化学块体，其特征见表5-8。

表5-8　金元素地球化学块体特征表

元素	块体编号	面积（km^2）	最大值（$\times10^{-6}$）	最小值（$\times10^{-6}$）	均值（$\times10^{-6}$）	离差	金属总量（$\times10^4t$）	单位面积金属量（t/km^2）
Au	6-7-1	1525.839	7.3	0.9	2.7	1.208 896	0.556 168	3.65

该区仅探求出金储量 9607kg，与金的资源量相差甚远，因此无论从金成矿地质条件出发，还是从地球化学异常考虑，该区应是找金的有望地区。

十六、甜水井-乌珠尔嘎顺金、铜、钼成矿远景区

该成矿远景区位于中、蒙边境，属塔里木板块(?)北东大陆边缘，属星星峡成矿带的觉洛塔格-黑鹰山金、铜成矿带。该区出露有早古生代奥陶纪、志留纪地层，晚古生代泥盆纪、石炭纪和二叠纪地层，而与成矿相关的地层为早石炭世海相基性—中酸性火山岩及其碎屑岩。构造展布为北西西向。岩浆活动以海西期中酸性岩浆活动为主。

目前该区已知有与早石炭世海相基性—中酸性火山岩相关的铁矿和钼矿及金矿化带。铁矿有黑鹰山、碧玉山铁矿床；铁铜矿有乌珠尔嘎顺铁铜矿床；钼矿有流沙山斑岩型钼矿床。

该区为 Au、Ag、Cu、Mo、W 多元素地球化学高背景场区，因而存在有下列元素的地球化学块体：Au 2 个，Cu 2 个，Mo 2 个；W 有高异常。各元素地球化学块体特征见表 5-9。

表 5-9　各元素地球化学块体特征表

元素	块体编号	面积(km^2)	最大值	最小值	均值	离差	金属总量($\times10^4$ t)	单位面积金属量($\times10^4$ t/km^2)
Au	1	1641.539	$4.143\,75\times10^{-9}$	$2.071\,667\times10^{-9}$	$2.683\,87\times10^{-9}$		0.594 768	0.000 362
	2	1127.963	$2.644\,304\times10^{-9}$	$2.032\,099\times10^{-9}$	$2.315\,454\times10^{-9}$		0.352 586	0.000 313
小计		2769.502					0.947 354	0.000 342
Cu	1	1209.157	$38.992\,500\times10^{-6}$	$20.145\,000\times10^{-6}$	$25.748\,380\times10^{-6}$		4203.069	3.476 032
	2	5024.611	$38.047\,370\times10^{-6}$	$20.294\,870\times10^{-6}$	$26.000\,510\times10^{-6}$		17 636.730	3.510 068
小计		6233.768					21 839.799	3.503 467
Mo	1	1382.635	$1.577\,037\times10^{-6}$	$1.152\,927\times10^{-6}$	$1.354\,019\times10^{-6}$		252.735 400	0.182 793
	2	8240.943	$2.558\,947\times10^{-6}$	$1.137\,179\times10^{-6}$	$1.479\,468\times10^{-6}$		1645.948 000	0.199 728
小计		9623.578					1898.683 400	0.197 295

该区目前仅求出 Mo 工业储量 2.069×10^4 t。Au 和 Cu 均未获得工业储量。近年，乌珠尔嘎顺发现有斑岩型铜矿化，甜水井有金矿化带。因此，该区将是寻找金、铜、钼资源极有远景的地区。

十七、七一山-老硐沟铜多金属成矿远景区

该成矿远景区是星星峡-公婆泉金、铜、铅、锌成矿带的东延部分。出露地层为中、新元古代长城系碳酸盐岩和细碎屑岩，早古生代寒武纪、奥陶纪地层及晚古生代石炭纪和二叠纪地层。岩浆活动频繁，而与成矿有关的为海西晚期、印支期和燕山晚期的中酸性岩浆岩，主要岩浆岩为闪长岩、花岗闪长岩、黑云花岗岩等。

已知矿床类型为：接触交代型索索井铁铜矿床，热液型鹰嘴红山钨矿、老硐沟金多金属矿、七一山钨钼矿床等。

1：20 万区域化探资料显示该区有一批 Au、Pb、Zn、Mo、W 多元素组合异常，并存在有铜地球化学

块体 1 个，W、Pb 高异常。铜地球化学块体特征为：编号为 3，面积 $1348.288km^2$，最大值为 $28.083\,44\times10^{-6}$，最小值为 $20.706\,25\times10^{-6}$，均值 $23.529\,45\times10^{-6}$，金属总量为 4282.805×10^4t，单位面积金属量为 $3.176\,476\times10^4t/km^2$，已知铜工业储量 0.4015×10^4t。因此，该成矿远景区仍是今后寻找铜多金属矿的远景区。

十八、雅干铜、钼成矿远景区

该成矿远景区位于中蒙边界地区，大地构造单元属塔里木板块北东大陆边缘的东北端。出露地层为中新元古代碳酸盐岩和细碎屑岩，早古生代寒武纪、奥陶纪及志留纪地层，晚古生代泥盆纪地层。在古生代该区可能为火山岛弧构造环境。岩浆活动以海西期中酸性侵入岩为主。以往该区地质勘查工作程度极低，但 1∶20 万区域化探资料表明，该区有许多具有一定规模的 Au、Ag、Cu、Mo 地球化学异常，近年在异常查证工作中亦发现了一批铜多金属矿点，并有较好的远景。所以，该区存在有 Au、Mo 元素的地球化学块体。它们的特征见表 5-10。

表 5-10　各元素地球化学块体特征表

元素	块体编号	面积（km^2）	最大值（$\times10^{-6}$）	最小值（$\times10^{-6}$）	均值（$\times10^{-6}$）	金属总量（$\times10^4t$）	单位面积金属量（$\times10^4t/km^2$）
Au	4	4442.455	2.842 857	2.003 846	2.240 906	1.343 942	0.000 303
Mo	5	1298.881	2.209 855	1.507 500	1.930 251	338.4676	0.260 584

目前该区尚未求得 Cu、Au、Ag、Mo 等成矿元素的工业储量，而 Au、Mo 地球化学块体表明该区有巨大的找矿潜力。因此，今后该区应是勘查铜、钼等成矿元素资源的远景区。

十九、苏红图铌、金成矿远景区

该成矿远景区位于塔里木板块与华北板块拼合处，在晚古生代为火山岛弧构造环境。主要出露有石炭纪基性—中酸性火山岩及其碎屑岩，海西晚期花岗岩广泛分布。以往矿床地质勘查工作程度较低，所以未能获得任何工业矿床。1∶20 万区域化探资料表明，该区有一批具一定规模的 Mo、Zn、Nb 地球化学异常，构成了 Au、Nb 地球化学块体和 Mo、Zn 高异常。Au、Nb 地球化学块体特征见表 5-11。

表 5-11　Au、Nb 元素地球化学块体特征表

元素	块体编号	面积（km^2）	最大值	最小值	均值	离差	金属总量（$\times10^4t$）
Nb	q1	934.969	$49.944\,80\times10^{-6}$	28.1864×10^{-6}	$38.438\,59\times10^{-6}$	8.332 799	4851.750
	q2	961.338	$47.091\,22\times10^{-6}$	26.6310×10^{-6}	$39.017\,21\times10^{-6}$	7.817 008	5063.678
小计		1896.307					9915.428
Au	5	1508.851	$2.727\,778\times10^{-9}$	$2.010\,667\times10^{-9}$	$2.192\,098\times10^{-9}$		0.446 519

Nb、Mo、Au 地球化学异常和地球化学块体特征表明，该区是今后值得开展矿产地质勘查的远景区。该区有大面积白垩纪火山岩，其中有许多小岩体，是找 Nb、Au 的有利地段。

二十、朱拉扎嘎金成矿远景区

该区是近几年地质勘查工作有所突破的地区。大地构造属华北板块北缘中元古代渣尔泰山裂陷槽西段，其基底为太古宙变质岩系片麻岩、混合片麻岩等。中元古代渣尔泰山群阿古鲁沟组为容矿层位，其由基性—中酸性火山岩及其碎屑岩，陆源细碎屑岩、碳酸盐岩组成。晚古生代中酸性岩浆岩发育，并与 Fe、Cu、Pb、Zn 等元素成矿相关。1∶20 万区域化探资料显示，该区由 Cu、Pb、Zn、As、Au、Ag 等元素组成一个地球化学综合异常带。目前该区已发现接触交代型铁铜矿床（沙拉西别，含金）和铁矿床（克布勒）和海相火山喷流-沉积型（?）金矿床（朱拉扎嘎），朱拉扎嘎金矿可望达超大型矿床。

地球物理资料表明，该区是北西西向重力梯级带与狼山-贺兰山重力梯级带相会并向北延伸，局部向西扭曲的部位，应是金属成矿有利地区。

该区存在 Au 地球化学块体一个，其编号为 6，面积为 1370.699km^2，其最大值为 2.748 149$\times10^{-9}$，最小值为 2.001 25$\times10^{-9}$，均值为 2.258 513$\times10^{-9}$，金的总资源量为 0.417 925$\times10^4$t，单位面积金资源量为 0.000 305$\times10^4$t/km^2。

目前该区已求得工业储量为 Fe 288$\times10^4$t；Cu 1.6813$\times10^4$t，Au 可达 50t。

从目前已求的工业储量和一批化探异常规模相衡量，表明该区 Au、Pb、Zn、Cu 找矿潜力较大，所以是这些元素的成矿远景区。

二十一、巴音乌拉山金、铅锌成矿远景区

该区是华北板块北缘西段阿拉善台隆的一部分，为中元古代渣尔泰山裂陷槽之边缘太古宙基底。出露地层为新太古代色尔腾山岩群变质岩系，为太古宙绿岩带的一部分。其地球物理场背景与朱拉扎嘎成矿远景区相同。1∶20 万区域化探资料表明，该区有 Au、Pb 异常。目前已知有两处金矿床（哈尧尔哈尔、乌兰呼都格）及众多金矿点，求得金工业储量 547kg。

该区金矿成矿地质条件指示该区应该是成矿有利地区，地球物理场特征和地球化学资料亦说明该区是找金、铅的有望地区。所以可以认为该区是今后金、铅资源勘查的有利地区。

二十二、巴音杭盖金成矿远景区

该区位于中蒙边境，狼山北东向构造带的北东端。它是古亚洲洋中的一个由古元古代宝音图岩群组成的一个古地块，在北端有中元古代温都尔庙群浅变质岩系及古生代奥陶纪和志留纪地层分布。该区在中生代经历了滨西太平洋活动大陆边缘构造发育阶段，因而形成了一批燕山晚期成矿的金矿床及金矿点。目前已知有 3 个热液型金矿床（巴音杭盖、查干此老、图古日格），并求得 4472kg 工业储量。

由于地处边境，缺乏地球化学资料，但以地质构造演化历史分析，以及目前已发现了一批金矿床和矿化点来考虑，该区还是可作为一个今后金勘查的远景区。从成矿系列的观点来看，应该有除石英脉型以外的其他类型的金矿。

第三节　矿产勘查开发建议

根据我国加快开发我国西部地区，摸清资源的方针及考虑东中部成矿有利条件和资源供需情况，今后矿产勘查开发建议如下。

一、首选勘查开发地区

(1)甜水井-乌珠尔嘎顺金、铜、钼成矿远景区。
(2)雅干铜、钼成矿远景区。
(3)苏红图铌、金成矿远景区。
(4)朱拉扎嘎金成矿远景区。
(5)得尔布干铜、钼、铅、锌、银成矿远景区。
(6)陈家杖子金成矿远景区。
(7)卯独庆-新地沟金成矿远景区。

二、近期可勘查开发地区

(1)黄岗-白音诺尔锡、铜、铅、锌、钨多金属成矿远景区。
(2)巴尔哲稀有稀土成矿远景区。
(3)闹牛山-水泉铜多金属成矿远景区。
(4)黄土窑金成矿远景区。
(5)小南山-土牧尔台金成矿远景区。
(6)甲生盘-康兔沟铅、锌、金成矿远景区。

结 束 语

本次成矿区(带)研究总结涉及了元古宙、海西期、燕山期额济纳旗—大兴安岭铜、铅、锌、金、银、铬、铌成矿区(Ⅱ$_2$)和华北地台北缘金、银、铜、铅、锌、铂、钼、硼、石墨、滑石成矿区(Ⅱ$_3$)。通过总结研究,取得了以下主要成果:

(1)首次较系统、全面地总结了各成矿区(带)内的矿床成矿系列和矿床成矿亚系列,并编制了1∶150万矿床成矿系列图。

(2)在矿床成矿系列理论指导下,总结了矿床的时空分布规律,确认了内蒙古金属矿床形成的3次成矿高峰,即元古宙(尤其是中元古代),海西晚期和中生代(尤其是燕山期),即一老一新带中间,编制了1∶150万成矿规律图。

(3)对大兴安岭中段海西期、燕山期铁、锌、钨、金、铅成矿带(Ⅲ$_4$),海西期、燕山期突泉-林西铁(锡)铜、铅、锌、银、铌(钽)成矿带(Ⅲ$_6$),朱拉扎嘎-甲生盘元古宙、古生代金、铅、锌、硫、铁、铜、铂、镍成矿带(Ⅲ$_{12}$)和太古宙、燕山期乌拉山-集宁-阜新金、银、铁、铜、铅、锌、石墨、白云母成矿带(Ⅲ$_{10}$)的东段红花沟-金厂沟梁地区等典型成矿带(地区)用区域成矿谱系表述了区域成矿作用的演化和规律。同时,对中元古代海相火山喷流-沉积矿床和白云鄂博铁、铌、稀土矿床的成矿作用演化亦用成矿谱系进行尝试性的表述。

(4)按矿床成因类型描述了39个典型矿床,并建立了成矿模式。

(5)在分析研究区域成矿地质条件,结合区域地球化学场和地球物理场特征的基础上,圈定了22个金、银、铜、铅、锌、锡、铌、钼、钨成矿远景区,并对矿产资源远景做出了评价。

(6)图件已全部数字化,地质体和矿产地均已挂上属性,为阅读和修改提供了方便。

由于时间短、人员少、经费不足等原因,有些方面做得不够深入、细致,有待今后进一步深化和提高。

参 考 文 献

陈毓川. 1∶5 000 000 中国矿床成矿系列图说明书[M]. 北京：地质出版社，1999

陈毓川，裴永富，宋天锐，等. 中国矿床成矿系列初论[M]. 北京：地质出版社，1998

陈毓川. 中国主要成矿区带矿产资源远景评价[M]. 北京：地质出版社，1999

黄崇珂，白冶，朱裕生，等. 中国铜矿床(上、下册)[M]. 北京：地质出版社，2001

黄典豪，王宝林. 额济纳旗老硐沟氧化-淋滤型金矿床成矿特征[J]. 贵金属地质，1997，6(2)：93-100

江思宏，杨岳清，聂凤军，等. 阿拉善地区朱拉扎嘎金矿床硫、铅同位素研究[J]. 地质论评，2001，47(4)：438-445

刘妍，聂凤军，江思宏. 内蒙古乌珠尔嘎顺铜矿预查区发现含金铜斑岩体[J]. 矿床地质，2001，20(2)：51-68

内蒙古自治区地质矿产局. 内蒙古自治区区域地质志[M]. 北京：地质出版社，1991

内蒙古自治区地质矿产局. 内蒙古自治区地层多重划分对比研究，内蒙古自治区岩石地层[M]. 武汉：中国地质大学出版社，1996

聂凤军，裴荣富，吴良士，等. 内蒙古白乃庙地区岩浆活动与金属成矿作用[M]. 北京：北京科学技术出版社，1993

彭润民，翟裕生. 内蒙古东升庙矿区狼山群中变质"双峰式"火山岩夹层的确认及其意义[J]. 地球科学，1997，22(6)：589-594

彭润民，翟裕生，王志刚. 内蒙古东升庙、甲生盘中元古代 SEDEX 矿床同生断裂活动及其控矿特征[J]. 地球科学，2000，25(4)：404-409

芮琮瑶，施林道，方如恒，等. 华北陆块北缘及邻区有色金属矿床地质[M]. 北京：地质出版社，1994

涂光炽，等. 中国超大型矿床[M]. 北京：科学出版社，2000

王一先，赵振华. 巴尔哲超大型稀土铌铍锆矿床地球化学和成因[J]. 地球化学，1997，26(1)：24-35

王时麒，孙承志，崔文元，等. 内蒙古赤峰地区金矿地质[M]. 呼和浩特：内蒙古人民出版社，1994

王登红，陈毓川. 与海相火山作用有关的铁-铜-铅-锌矿床成矿系列类型及成因初探[J]. 矿床地质，2001，20(2)：112-118

杨芳林，朱群，李之彤，等. 古利库金(银)矿床地质特征和成因[J]. 贵金属地质，2000，9(1)：15-19

杨岳清，张建华，刘妍，等. 内蒙古朱拉扎嘎金矿床中火山岩的发现[J]. 中国地质，2001，28(9)：13-18

左国朝，李茂松，等. 甘蒙北山地区早古生代岩石圈形成与演化[M]. 兰州：甘肃科学技术出版社，1996

张宏，权桓，张炯飞，等. 额尔古纳地区中生代应力场演化及其与金铅锌矿的关系[J]. 贵金属地质，1998，7(2)：104-112

张振强. 内蒙古呼伦贝尔盟北部地区花岗岩特征与金矿化的关系[J]. 贵金属地质，2000，9(4)：6-10

周乃武等. 论成矿系列与成矿预测的关联性[J]. 矿床地质，1998，17(增刊)

周绍芝. 堡子湾金矿区地质资料二次开发[J]. 地质与勘探，1998，34(6)：21-23

赵一鸣，王大畏，张德全，等. 内蒙古东南部铜多金属成矿地质条件及找矿模式[M]. 北京：地震出版社，1994